高等学校计算机专业系列教材

JSP程序设计

（第2版）

佟强　贺宇　王树西　编著

清華大学出版社
北京

内 容 简 介

Java Web应用程序是当前主流的服务器端技术。本书通过大量实例深入浅出地介绍Java Web应用的开发，全书共14章，内容包括：Java Web开发上手、JSP中的超文本、JSP语法、JSP内置对象、JSP中使用JavaBean、用Maven管理项目、Servlet技术、监听器和过滤器、MVC设计模式、JDBC访问数据库、表达式语言EL、标准标签库JSTL、持久层框架MyBatis、Spring MVC。

本书内容精练、结构清晰、示例小而易学，可以作为高等院校计算机及相关专业的教材，也适合广大Java Web初学人员自学使用。

图书在版编目(CIP)数据

JSP程序设计/佟强，贺宇，王树西编著. —2版. —北京：清华大学出版社，2022.3(2024.7重印)
高等学校计算机专业系列教材
ISBN 978-7-302-60203-3

Ⅰ.①J… Ⅱ.①佟… ②贺… ③王… Ⅲ.①JAVA语言－网页制作工具－高等学校－教材
Ⅳ.①TP312 ②TP393.092

中国版本图书馆CIP数据核字(2022)第030737号

责任编辑：龙启铭
封面设计：何凤霞
责任校对：胡伟民
责任印制：杨　艳

出版发行：清华大学出版社
网　　址：https://www.tup.com.cn，https://www.wqxuetang.com
地　　址：北京清华大学学研大厦A座　　**邮　　编**：100084
社 总 机：010-83470000　　**邮　　购**：010-62786544
投稿与读者服务：010-62776969，c-service@tup.tsinghua.edu.cn
质量反馈：010-62772015，zhiliang@tup.tsinghua.edu.cn
课件下载：https://www.tup.com.cn，010-83470236
印 装 者：涿州市般润文化传播有限公司
经　　销：全国新华书店
开　　本：185mm×260mm　　**印　　张**：24.25　　**字　　数**：610千字
版　　次：2013年4月第1版　2022年5月第2版　　**印　　次**：2024年7月第3次印刷
定　　价：69.00元

产品编号：070630-01

前言

JSP是一种广泛使用的动态网页技术标准。JSP能够响应客户端的请求，并动态生成HTML、XML或其他格式文档的Web页面。JSP以Java语言作为脚本语言，可以使用Java语言的大部分类库。

JSP页面中既可以有静态的HTML标签，也可以有动态的Java脚本。当一个JSP页面第一次被请求时，应用服务器首先将JSP页面编译成Servlet(.java)，然后调用Java编译器将Servlet编译成字节码文件(.class)，最后将字节码文件实例化成Java对象，并调用这个对象的service()方法为客户端请求提供服务。编译JSP页面仅仅发生在该页面第一次被请求时。对于后续的请求，应用服务器将直接使用内存中的Java对象提供服务。当然，如果JSP页面在服务器运行期间被修改，应用服务器也会重新编译这个JSP页面。

Servlet是一种运行在服务器端的Java应用程序。Servlet由应用服务器加载，并由应用服务器维护其生命周期。服务器根据客户端请求的方法调用Servlet中对应的方法。Servlet读取浏览器或其他HTTP客户端发来的请求参数，动态生成响应返回给客户端。

Servlet监听器可以监听Web应用中发生的各种事件。利用监听器，当事件发生时可以在后台自动执行某些代码。Servlet过滤器可以截获HTTP的请求和响应。多个过滤器形成一个过滤器链。利用过滤器可以将一些公共代码从Servlet和JSP中分离出来。

JSP表达式语言(Expression Language，EL)使得访问存储在JavaBean中的数据变得非常简单，EL提供了在JSP页面中以更简洁的语法输出数据的机制。JSP标准标签库(Java Server Pages Standard Tag Library，JSTL)为Java Web开发者提供了一个标准的通用标签库。通过JSTL，可以部分取代传统JSP程序中嵌入Java代码的做法，使得JSP页面的风格趋于统一，且容易维护。

MVC设计模式是Web开发常用的设计模式，核心思想是有效地组合模型(Model)、视图(View)和控制器(Controller)，每个部分各有所长，分工明确。模型负责业务逻辑处理和封装数据，视图只负责显示的界面，控制器控制着模型和视图之间的交互过程。JSP作为视图，Servlet作为控制器，JavaBean作为模型，JSP＋Servlet＋JavaBean可以实现符合MVC设计模式的Java Web程序。

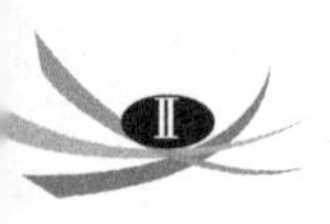

Maven 是一个软件项目管理的综合工具。基于项目对象模型（Project Object Model，POM），Maven 可以通过一小段 XML 描述信息来管理项目的构建、报告和文档。Maven 还是一个依赖管理工具，它提供了中央仓库，能够自动下载构件（Artifact）。组 ID、构件 ID、版本三个元素唯一定位一个构件。

JDBC 是 Java Database Connectivity 的缩写，职责是为 Java 应用程序访问数据库提供一种通用手段。JDBC API 为 Java 开发者使用数据库提供了统一的编程接口，它由一组 Java 类和接口组成。

对象关系映射（Object Relational Mapping，ORM）是一种为了解决面向对象与关系数据库存在的互不匹配现象的技术。ORM 可以在对象和关系数据库之间建立映射，使得程序可以通过操作对象的方式来访问关系数据库。MyBatis 是一个优秀的 Java 持久化框架，可以实现 ORM 映射、查询缓存等常用功能。

Spring 为 Java 开发提供了各种基础设施，Spring 框架是 Spring 提供的支持企业级应用开发的项目，其核心是一个控制反转（Inversion of Control，IoC）和面向切面（Aspect Oriented Programming，AOP）的容器。控制反转就是应用本身不负责依赖对象的创建及维护，依赖对象的创建及维护是由外部容器负责的。这样控制权就从应用转移到了外部容器，控制权的转移就是所谓反转。依赖注入是指在运行时，由外部容器动态地将依赖对象注入到组件中。Spring 框架就是一个大容器，可以将所有对象的创建和依赖关系的维护交给 Spring 框架管理。

Spring MVC 是 Spring 框架的一个模块，是一个 MVC 设计模式的 Web 框架。Spring MVC 中的控制器可以被注入 Spring 容器中的服务层组件，而服务层组件可以被注入持久层组件。Spring MVC 的 Web 应用由三层架构组成：Web 层、业务层、持久层。注解@Controller 和@RestController 用于定义 Web 层的控制器，注解@Service 用于定义服务层组件，注解@Repository 用于定义持久层的数据访问组件，而注解@Autowired 使得 Spring 可以自动组装组件。

Spring 为主流的应用框架提供了集成支持。在 Spring 中集成持久层框架 MyBatis，开发者可在 XML 映射文件中编写 SQL 语句，给出 Mapper 的实现，这个 XML 映射文件就相当于数据访问对象的实现类。Spring 扫描 XML 映射文件创建持久层组件，并将持久层组件注入到服务层组件中。

从头开始配置一个 Spring MVC＋Spring IoC＋MyBatis 的项目对于开发者理解控制反转、依赖注入、MVC 设计模式、Web 分层架构、面向切面等基础知识是必要的。Spring 还提供了更简单的 Spring Boot 项目来创建和配置 Spring 应用，它可以创建独立运行的、产品等级的、只需最少配置的、基于 Spring 的应用。

本书从实践出发，通过大量的小例子深入浅出地介绍 Java Web 应用程序的设计开发。第 1 章介绍 JSP 的工作原理、Java Web 应用程序的目录结构、常见的应用服务器、集成开发环境 Eclipse。第 2 章介绍 HTML 标签，以及如何读取表单数据。第 3 章介绍 JSP 的基本语法，包括指令元素、脚本元素、动作元素。第 4 章介绍 HTTP 协议和全部 9 个 JSP 内置对象。第 5 章介绍使用 JavaBean 封装业务逻辑和在 JSP 页面中使用 JavaBean。第 6 章介绍项目管理工具 Maven，它还是一个依赖管理工具，提供了中央仓库，能够自动

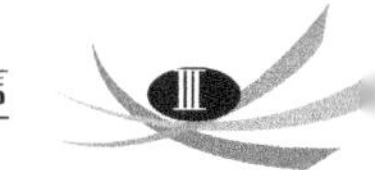

下载构件。第7章介绍JSP的基础Servlet技术，并用Servlet实现生成JPEG图片、发送电子邮件、上传文件。第8章介绍监听器和过滤器。监听器(Listener)用于监听并处理Web应用中发生的各种事件。过滤器(Filter)可以截获HTTP的请求和响应。第9章介绍MVC设计模式，使用JSP + Servlet + JavaBean可实现MVC模式。第10章介绍JDBC连接MySQL数据库，除了介绍基本数据库操作之外，还介绍事务处理、存储过程、连接池和数据源等高级数据库技术。第11章介绍表达式语言EL，它可以用更简洁的语法读取属性值。第12章介绍JSP标准标签库JSTL，使用JSTL标签可以让页面更简洁并易于维护。第13章介绍一种持久层框架MyBatis，它是一个SQL映射框架(半自动ORM框架)，而不是一个完整的ORM框架。MyBatis使用简单的XML映射器就可以免除了几乎所有的JDBC代码。第14章介绍Spring MVC，首先介绍控制反转和依赖注入的概念，接着介绍Spring MVC的概念和如何配置、接收多个请求参数、注入服务层组件、响应JSON、Spring和MyBatis的集成，以及使用AOP配置声明式数据库事务。

本书第6章使用Maven管理项目，之后的各章项目均使用Maven来管理JAR文件，学会用Maven管理项目至关重要。第10章JDBC访问数据库的内容从第4章就开始使用，需提前学习如何连接MySQL数据库和执行SELECT语句。第11章表达式语言EL和第12章标准标签库JSTL的内容可以只掌握类似${student.name}的EL和迭代标签<c: forEach>。Spring MVC + Spring IoC + MyBatis的方案是当前Java Web后端开发主流的企业级解决方案，第13章持久层框架MyBatis和第14章Spring MVC需要重点掌握。

Java Web开发是一门实践性很强的课程。本书在讲解每个知识点的时候都给出了对应的代码。希望这些代码对读者的实际开发有帮助，也希望读者能够亲自动手编写和调试这些代码。交流可以促进学习，欢迎您写信给本书作者并加入课程交流群。

佟　强

2022年4月

第 1 章 Java Web 开发上手 /1

1.1 动态网页技术 …… 1

1.1.1 CGI …… 1

1.1.2 ASP …… 1

1.1.3 ASP.NET …… 2

1.1.4 PHP …… 2

1.1.5 Servlet …… 2

1.1.6 JSP …… 2

1.2 JSP 基本概念 …… 2

1.2.1 JSP 的工作原理 …… 2

1.2.2 常见应用服务器 …… 3

1.2.3 Java Web 应用程序的目录结构 …… 3

1.2.4 开发环境 …… 4

1.3 JDK 安装与配置 …… 4

1.4 应用服务器 Tomcat …… 6

1.4.1 Tomcat 简介 …… 6

1.4.2 安装 Tomcat …… 7

1.4.3 启动/停止 Tomcat …… 7

1.4.4 使用浏览器访问 Tomcat …… 9

1.4.5 修改 Tomcat 监听端口 …… 9

1.4.6 管理 Web 应用和虚拟主机 …… 10

1.4.7 Tomcat 运行为 Windows 服务 …… 12

1.5 集成开发环境 Eclipse …… 15

1.5.1 Eclipse 简介 …… 15

1.5.2 安装 Eclipse …… 15

1.5.3 Eclipse 中添加 Tomcat …… 16

1.5.4 Web 文件的字符编码 …… 16

1.5.5 开发第一个 JSP 程序 …… 17

1.5.6 将 Web 应用打包成 WAR 文件 …… 23

本章小结 …… 25

习题一 …… 25

第 2 章　JSP 中的超文本　/27

2.1　页面 …… 27
2.2　字体 …… 29
2.3　文字布局 …… 31
2.4　图像 …… 35
2.5　表格 …… 36
2.6　框架 …… 41
2.7　表单与请求参数 …… 42
2.8　读取中文请求参数 …… 47
本章小结 …… 49
习题二 …… 50

第 3 章　JSP 语法　/51

3.1　JSP 文件的组成 …… 51
3.1.1　一个典型的 JSP 文件 …… 51
3.1.2　分析 JSP 文件中的元素 …… 52
3.1.3　JSP 文件的运行结果 …… 52
3.1.4　JSP 转译的 Java 源文件 …… 53
3.2　JSP 中的注释 …… 55
3.3　指令元素 …… 57
3.3.1　page 指令 …… 57
3.3.2　include 指令 …… 59
3.3.3　taglib 指令 …… 61
3.4　脚本元素 …… 62
3.4.1　声明<%！与%> …… 62
3.4.2　表达式 <%＝与%> …… 64
3.4.3　小脚本 <%与%> …… 65
3.4.4　表达式语言　${} …… 67
3.5　动作元素 …… 69
3.5.1　<jsp:param>提供参数 …… 69
3.5.2　<jsp:include>包含页面 …… 69
3.5.3　<jsp:forward>转发请求 …… 71
3.5.4　<jsp:useBean>使用 JavaBean …… 73
本章小结 …… 73
习题三 …… 73

第4章 JSP内置对象 /75

4.1 HTTP协议 …… 75
4.1.1 统一资源定位符URL …… 75
4.1.2 HTTP工作原理 …… 76
4.1.3 HTTP报文格式 …… 77
4.1.4 Cookie …… 80
4.2 内置对象介绍 …… 81
4.2.1 内置对象的功能 …… 81
4.2.2 内置对象的类型 …… 81
4.3 内置对象 …… 82
4.3.1 out …… 82
4.3.2 request …… 82
4.3.3 response …… 87
4.3.4 session …… 90
4.3.5 application …… 94
4.3.6 config …… 97
4.3.7 page …… 98
4.3.8 pageContext …… 98
4.3.9 exception …… 99
4.4 JSP实例 …… 101
4.4.1 用户登录 …… 102
4.4.2 最简单的购物小车 …… 103
4.4.3 考研成绩查询系统 …… 106
本章小结 …… 112
习题四 …… 112

第5章 JSP中使用JavaBean /115

5.1 JavaBean介绍 …… 115
5.1.1 JavaBean简介 …… 115
5.1.2 编写JavaBean遵循的原则 …… 116
5.1.3 JavaBean的属性 …… 116
5.2 <jsp:useBean> …… 118
5.2.1 <jsp:useBean>的基本语法 …… 118
5.2.2 JavaBean的条件化操作 …… 119
5.2.3 JavaBean存放的位置 …… 121
5.2.4 JavaBean的作用范围 …… 122
5.3 获取JavaBean的属性 …… 123

5.3.1 <jsp:getProperty> …… 123
5.3.2 使用EL获取JavaBean属性 …… 124
5.4 <jsp:setProperty> …… 125
5.4.1 value给出属性的值 …… 125
5.4.2 param给出HTTP请求参数的名字 …… 126
5.4.3 自动匹配单个HTTP请求参数 …… 127
5.4.4 自动匹配全部HTTP请求参数 …… 127
5.4.5 索引属性的HTTP请求参数自动匹配 …… 128
5.5 用户登录(JSP+JavaBean+MySQL) …… 130
5.5.1 用户表user …… 130
5.5.2 SHA-256算法 …… 130
5.5.3 用户类:User …… 131
5.5.4 JSP页面 …… 133
5.6 购物小车(JSP+JavaBean+MySQL) …… 135
5.6.1 商品表和商品类Item …… 135
5.6.2 数据库工具类DatabaseUtils …… 136
5.6.3 商品表数据访问类ItemDao …… 137
5.6.4 购物小车类CartService …… 139
5.6.5 商品列表页面shopping.jsp …… 141
5.6.6 购物小车页面cart.jsp …… 143
本章小结 …… 145
习题五 …… 146

第6章 用Maven管理项目 /148

6.1 安装和配置Maven …… 148
6.1.1 下载和安装Maven …… 148
6.1.2 Maven的配置文件 …… 148
6.1.3 Eclipse自带的Maven …… 149
6.2 创建Maven管理的动态网站项目 …… 150
6.2.1 在Eclipse内部添加Tomcat …… 150
6.2.2 设置Web文件的字符集 …… 150
6.2.3 创建动态网站项目 …… 151
6.2.4 新建JSP文件 …… 152
6.2.5 启动Server …… 154
6.2.6 使用浏览器访问JSP …… 157
6.2.7 转成Maven项目 …… 157
6.2.8 在Eclipse内部构建Maven项目 …… 159
6.3 Maven项目的目录结构 …… 162

6.3.1 Maven 目录的约定配置 …… 162
6.3.2 调整项目的目录 …… 163
6.4 管理项目依赖 …… 164
6.4.1 搜索依赖的构件 …… 164
6.4.2 依赖的作用范围 …… 165
6.5 理解 Maven 构建的过程 …… 166
6.5.1 Maven 构建的阶段 …… 166
6.5.2 Maven 常用命令 …… 166
6.5.3 使用 mvn 命令 …… 167
本章小结 …… 167
习题六 …… 168

第 7 章 Servlet 技术 /169

7.1 Servlet 介绍 …… 169
7.1.1 什么是 Servlet …… 169
7.1.2 Servlet 的特点 …… 169
7.1.3 Servlet 和 JSP 的比较 …… 170
7.2 实现 Servlet …… 170
7.2.1 Eclipse 向导创建 Servlet …… 170
7.2.2 Servlet 处理请求参数 …… 172
7.3 Servlet 的工作原理 …… 174
7.3.1 Servlet 的生命周期 …… 174
7.3.2 实现 Servlet 类 …… 175
7.3.3 部署 Servlet …… 177
7.3.4 Servlet 存放的位置 …… 179
7.3.5 获得其他 JSP 内置对象 …… 179
7.3.6 启动装入优先级 …… 180
7.4 Servlet 高级示例 …… 181
7.4.1 动态生成 JPEG 图片 …… 181
7.4.2 JavaMail 发送电子邮件 …… 183
7.4.3 Commons FileUpload 上传文件 …… 187
本章小结 …… 191
习题七 …… 191

第 8 章 监听器和过滤器 /193

8.1 监听器 …… 193
8.1.1 监听 Web 应用 …… 194
8.1.2 监听 HTTP 会话 …… 195

8.1.3 监听HTTP请求 …… 199
8.2 监听器示例 …… 201
8.2.1 统计在线人数 …… 201
8.2.2 加载后台服务对象 …… 204
8.3 过滤器 …… 206
8.3.1 过滤器的概念 …… 206
8.3.2 过滤器的链式结构 …… 207
8.3.3 实现过滤器 …… 207
8.3.4 部署过滤器 …… 209
8.4 过滤器示例 …… 210
8.4.1 字符集过滤器 …… 210
8.4.2 用户认证过滤器 …… 212
8.4.3 自定义日志过滤器 …… 214
本章小结 …… 217
习题八 …… 218

第9章 MVC设计模式 /219

9.1 JSP的两种模式 …… 219
9.1.1 模式一 …… 219
9.1.2 模式二 …… 219
9.1.3 两种模式的比较 …… 220
9.1.4 JSP和Servlet的选择 …… 220
9.2 MVC模式 …… 221
9.2.1 MVC模式的概念 …… 221
9.2.2 各种技术总结 …… 221
9.2.3 MVC模式的实现 …… 222
9.3 MVC示例 …… 222
9.3.1 Hello MVC …… 222
9.3.2 个人主页模板 …… 225
本章小结 …… 233
习题九 …… 234

第10章 JDBC访问数据库 /235

10.1 JDBC的接口和类 …… 235
10.1.1 JDBC简介 …… 235
10.1.2 Driver …… 235
10.1.3 DriverManager …… 236
10.1.4 Connection …… 236

10.1.5 Statement …… 237

10.1.6 ResultSet …… 237

10.1.7 PreparedStatement …… 238

10.1.8 DatabaseMetadata …… 238

10.1.9 ResultSetMetadata …… 238

10.2 连接 MySQL 数据库 …… 238

10.2.1 安装和使用 MySQL …… 238

10.2.2 通过 JDBC 连接 MySQL …… 239

10.3 基本数据库操作 …… 241

10.3.1 查询数据 …… 242

10.3.2 插入数据 …… 243

10.3.3 带参数的 SQL 语句 …… 244

10.3.4 更新数据 …… 245

10.3.5 删除数据 …… 246

10.3.6 获取元数据 …… 247

10.4 高级数据库操作 …… 249

10.4.1 获得数据库生成的主键 …… 249

10.4.2 事务处理 …… 251

10.4.3 存储过程 …… 254

10.4.4 批处理 …… 257

10.4.5 分页显示查询结果 …… 259

10.5 连接池和数据源 …… 261

10.5.1 Tomcat 下配置数据源 …… 262

10.5.2 JSP 页面中使用数据源 …… 262

本章小结 …… 263

习题十 …… 264

第 11 章 表达式语言 EL /265

11.1 EL 简介 …… 265

11.2 EL 语法 …… 265

11.2.1 字面值 …… 266

11.2.2 操作符“[]”和“.” …… 266

11.2.3 算术运算符 …… 269

11.2.4 关系运算符 …… 269

11.2.5 逻辑运算符 …… 269

11.2.6 empty 运算符 …… 269

11.2.7 条件运算符 …… 270

11.3 EL 中的隐含对象 …… 270

11.3.1 pageContext 对象…… 271
11.3.2 范围对象 …… 272
11.3.3 请求参数对象 …… 273
11.3.4 请求头对象 …… 276
11.3.5 Cookie 对象 …… 277
11.3.6 初始化参数 …… 277
本章小结…… 278
习题十一…… 278

第 12 章 标准标签库 JSTL /280

12.1 JSTL 介绍 …… 280
12.1.1 JSTL 的功能 …… 280
12.1.2 JSTL 的优点 …… 280
12.1.3 JSTL 的安装 …… 281
12.1.4 JSTL 的使用 …… 281
12.2 一般用途的标签…… 282
12.2.1 <c:out> …… 282
12.2.2 <c:set>…… 283
12.2.3 <c:remove>…… 284
12.2.4 <c:catch>…… 285
12.3 条件标签…… 286
12.3.1 <c:if> …… 286
12.3.2 <c:choose> …… 287
12.4 迭代标签…… 288
12.4.1 <c:forEach>…… 288
12.4.2 <c:forTokens> …… 294
12.5 SQL 标签 …… 295
12.5.1 <sql:setDataSource> …… 295
12.5.2 <sql:query>…… 296
12.5.3 <sql:update> …… 297
12.5.4 <sql:transaction> …… 298
12.5.5 <sql:param> …… 299
12.5.6 <sql:dateParam>…… 299
12.6 投票系统(JSTL＋MySQL) …… 299
12.6.1 创建投票数据库 …… 299
12.6.2 数据库连接池配置 …… 300
12.6.3 投票页面 …… 301
本章小结…… 302

习题十二…… 303

第 13 章 持久层框架 MyBatis /305

13.1 ORM 和 MyBatis …… 305
13.1.1 ORM 相关概念 …… 305
13.1.2 什么是 MyBatis …… 307
13.2 MyBatis Generator …… 307
13.2.1 MyBatis Generator 简介 …… 307
13.2.2 安装 MyBatis Generator …… 308
13.2.3 创建 MySQL 数据库 …… 309
13.2.4 配置和运行 MyBatis Generator …… 311
13.3 使用 MyBatis …… 314
13.3.1 MyBatis 配置文件 …… 314
13.3.2 修改生成的代码 …… 315
13.3.3 使用 MyBatis 访问表 …… 316
13.4 理解 MyBatis …… 319
13.4.1 关于 SqlSessionFactory …… 319
13.4.2 核心对象的生命周期 …… 320
本章小结…… 321
习题十三…… 322

第 14 章 Spring MVC /324

14.1 Spring 框架简介…… 325
14.1.1 Spring 框架的核心 …… 325
14.1.2 Spring MVC 简介 …… 325
14.2 理解控制反转…… 326
14.2.1 添加 Spring 依赖 …… 326
14.2.2 设计依赖注入需要的类 …… 327
14.2.3 配置 Spring 依赖注入 …… 330
14.3 Spring MVC 起步 …… 331
14.3.1 添加 Sping MVC 依赖…… 331
14.3.2 配置分发器 DispatcherServlet …… 332
14.3.3 编写 Spring MVC 配置文件 …… 334
14.3.4 编写 Spring MVC 控制器 …… 336
14.4 接收多个请求参数…… 338
14.4.1 使用 JavaBean 接收 …… 338
14.4.2 其他接收多个请求参数的方法 …… 340
14.5 Spring MVC 进阶 …… 344

14.5.1 Model和ModelMap …… 344
14.5.2 映射下一级路径 …… 346
14.5.3 控制器子包和多个控制器包 …… 347
14.5.4 注入服务层组件 …… 348
14.5.5 响应JSON格式的文本 …… 350
14.6 Spring集成MyBatis …… 352
14.6.1 添加MyBatis相关的依赖 …… 352
14.6.2 集成MyBatis的配置文件 …… 353
14.6.3 MVC中使用MyBatis …… 356
14.6.4 AOP声明式事务管理 …… 365
14.7 本章pom.xml文件 …… 366
本章小结 …… 370
习题十四 …… 371

第1章 Java Web开发上手

本章介绍常见的动态网页技术、JSP基本概念、JDK安装与配置、常见的应用服务器、集成开发环境。详细介绍如何使用应用服务器Tomcat和集成开发环境Eclipse,使用Eclipse开发第一个JSP程序,并打包成WAR文件。

1.1 动态网页技术

本节内容包括动态网页的概念,以及常见动态网页技术CGI、ASP、ASP.NET、PHP、Servlet、JSP的介绍。

存放在Web服务器上的HTML文件、JPG图片、GIF图片是静态的资源。当浏览器请求这些资源时,服务器仅仅是读取位于文件系统上的文件,然后通过HTTP响应发送给请求某个资源的浏览器。

动态网页实际上是位于服务器上的程序。浏览器在不同的时间、不同的地点、以不同的请求参数请求动态网页时,会引发服务器上程序的执行,程序将执行的结果反馈给浏览器。动态网页具有如下特点:

- 动态网页可以根据用户的要求和选择而动态改变和响应。
- 不同时间、不同的用户访问同一网址时会产生不同的页面。
- 动态网页需要服务器端程序的支持。

1.1.1 CGI

CGI是早期的动态网页技术,CGI即公共网关接口(Common Gateway Interface),它是一段程序,运行在服务器上提供响应客户端HTML页面的接口。CGI程序可以是Python脚本、Perl脚本、Shell脚本、C或者C++程序等。CGI程序用来解释处理来自表单的输入信息,并在服务器产生相应的处理,将相应的信息反馈给浏览器。

1.1.2 ASP

ASP是Active Server Page的缩写,意为“动态服务器页面”。ASP是微软公司开发的代替CGI脚本程序的一种应用,它可以与数据库和其他程序进行交互,是一种简单、方便的编程工具。ASP网页可以包含HTML标记、普通文本、脚本命令以及COM组件等。ASP可以向网页中添加交互式内容,可以创建使用HTML网页作为用户界面的Web应用程序。ASP运行在IIS(Internet Information Server)下。

1.1.3 ASP.NET

ASP.NET不是ASP的下一个版本，而是一种建立在通用语言上的程序架构。不像以前的ASP即时解释程序，而是将程序在服务器端首次运行时进行编译，这样的执行效果，当然比逐条地解释执行强很多。ASP.NET架构可以用Microsoft公司的Visual Studio开发环境进行开发，所见即所得（What You See Is What You Get，WYSIWYG）的编辑。当创建ASP.NET应用程序时，开发人员可以使用Web窗体或XML Web Services，或以其认为合适的任何方式进行组合。

1.1.4 PHP

PHP是超文本预处理语言（Hypertext Preprocessor，PHP）的缩写，是一种在服务器端执行的嵌入HTML文档的脚本语言。PHP与Apache服务器紧密结合，PHP开源免费。PHP脚本引擎——Zend引擎，使用了一种更有效的编译和执行方式。

1.1.5 Servlet

Servlet是一种独立于平台和协议的服务器端的Java应用程序，可以生成动态的Web页面。Servlet是位于Web服务器内部的服务器端的Java应用程序，与传统的从命令行启动的Java应用程序不同，Servlet由Web服务器进行加载，该Web服务器必须包含支持Servlet的Java虚拟机。不是由用户或程序员调用，而是由另外一个应用程序（容器）调用。Servlet没有图形界面，运行在服务器端。

1.1.6 JSP

Java Server Pages（JSP）是一种实现普通静态HTML和动态Java代码混合编码的技术。JSP并没有增加任何本质上不能用Servlet实现的功能，但是在JSP中编写静态HTML更加方便，不必再用println()函数来输出每一行HTML代码。JSP在第一次被请求时，由应用服务器编译成Servlet，JSP本质上也是Servlet。JSP和Servlet最终为客户端提供服务的都是Java对象。

1.2 JSP基本概念

本节介绍JSP的工作原理、常用应用服务器和Java Web应用程序的目录结构。

1.2.1 JSP的工作原理

JSP是在传统的网页HTML文件（*.htm、*.html）中插入Java程序段（Scriptlet）和JSP标签（Tag），从而形成JSP文件（*.jsp）。用JSP开发的Web应用是跨平台的，既能在Windows、Linux下运行，也能在其他安装Java虚拟机的操作系统上运行。服务器在页面被客户端请求以后对这些Java代码进行处理，然后将生成的HTML页面返回给客户端的浏览器。Java Servlet是JSP的技术基础，且大型的Web应用程序的开发需要

Java Servlet 和 JSP 配合才能完成。

当服务器上的一个 JSP 页面被第一次请求执行时，服务器上的 JSP 引擎首先将 JSP 页面文件转译成一个 Java 文件，再将这个 Java 文件编译生成字节码文件，然后通过执行字节码文件响应客户的请求。当多个客户请求同一个 JSP 页面时，JSP 引擎为每个客户分配一个线程，该线程负责调用常驻内存的 Java 对象来响应相应客户端的请求。

1.2.2 常见应用服务器

常见的应用服务器有 Tomcat、Jboss、Resin、Weblogic、WebSphere，具体网址如下。

- Tomcat，http://tomcat.apache.org。
- Jboss，http://www.jboss.org。
- Resin，http://www.caucho.com。
- Weblogic，https://www.oracle.com/java/weblogic。
- WebSphere，http://www.ibm.com/websphere。

1.2.3 Java Web 应用程序的目录结构

一般来讲，应用服务器在安装目录下有个 webapps 目录，此处可以用于部署 Web 应用程序。ROOT 目录用于部署根应用，通过 http://domain: port 即可访问，不需要虚拟路径名。webapps 下每个目录是一个 Web 应用，比如可以在 webapps 下新建一个 myweb 目录作为一个新的 Web 应用，访问的 URL 是 http://domain: port/myweb。也可以把打包的 Web 应用(.war 文件)直接放到 webapps 文件夹，Web 应用一般会自动部署。

一个典型的 Web 应用程序的目录结构如图 1-1 所示，其中各个目录和文件的作用如下所述。

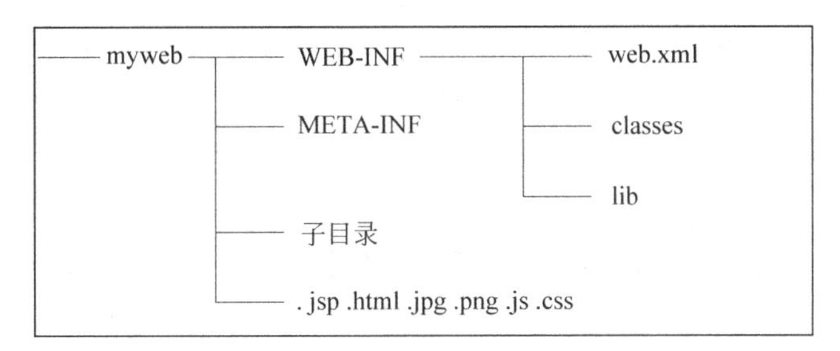

图 1-1 Web 应用程序的目录结构

- myweb/WEB-INF，供应用程序内部使用的文件夹，浏览器无法直接访问。
- myweb/WEB-INF/web.xml，应用程序部署的描述文件，可以定义 Servlet、Filter、Listener，将 Servlet 和 Filter 映射到 URL。
- myweb/WEB-INF/classes，用于存放.class 文件的目录。
- myweb/WEB-INF/lib，用于存放类库的目录，里面存放扩展名为.jar 的文件。

- myweb/META-INF,用于存放某些元数据描述文件,比如 Tomcat 配置连接池的 context.xml 文件可以放在 META-INF 目录下。
- myweb/子目录,Web 应用的下一级子目录。
- .jsp 为 JSP 文件,.html 为 HTML 文件,.jpg 和.png 为图片文件,.css 为层叠样式表文件,.js 为 JavaScript 文件。

1.2.4 开发环境

1. JDK——Java 开发工具包

Oracle JDK(商用收费),网址为 http://www.oracle.com。

Open JDK(完全免费),网址为 http://openjdk.java.net。

2. 集成开发环境(IDE)

当前流行的用于开发 Java Web 应用的集成开发环境有 Eclipse 和 IntelliJ IDEA。

Eclipse,网址为 http://www.eclipse.org。

IntelliJ IDEA,网址为 https://www.jetbrains.com/idea。

3. MySQL 数据库

MySQL,网址为 http://www.mysql.com。

1.3 JDK 安装与配置

Java SE,Java Platform, Standard Edition,旧版分为 Java 开发工具包 JDK 和 Java 运行时环境 JRE,新版 Java SE 已经取消了 JRE,只有 JDK。且 Oracle 官方的 JDK 不再免费,已改成商用,每台服务器按月收费。

JDK(Java SE Development Kit)即 Java 标准版开发工具包,JDK 包含 JRE。

JRE(Java SE Runtime Environment)即 Java 标准版运行时环境,如果只运行 Java 程序而不开发 Java 程序,则可以只下载 JRE。Java SE 新版已经没有 JRE 了。

从 oracle.com 下载的是 Oracle JDK,私用版免费,商用版收费。私用版包括 Personal Use 和 Development Use,前者表示一些个人用途,比方说在自己的计算机上写一些小工具,做一些数据分析等;后者表示开发用途,比如日常开发、测试、演示等。商用版不是很好界定,比如把网站部署到生产环境,在公司内部系统使用等。Oracle JDK 允许私用也只是想让开发者养成习惯,将来开发者做公司项目时,非常有可能会习惯性去 Oracle 官网下载 JDK,这样就导致了商用项目未经许可违规使用。64 位 Windows 平台的 Oracle JDK 下载后的文件是 jdk-16.0.2_windows-x64_bin.exe,如采用默认安装路径,安装后 JDK 位于文件夹 C:\Program Files\Java\jdk-16.0.2。

如果不想付费,可以使用 Open JDK。开发者可以从下面网址下载免费的 Open JDK。下载的文件名是:openjdk-16.0.2_windows-x64_bin.zip。Open JDK 无须安装,直接解压到 C 盘根目录,解压生成的 C:\jdk-16.0.2 就是 JDK 的目录。

```
http://openjdk.java.net
```

下面配置环境变量 JAVA_HOME 和 Path，这可以让应用服务器找到 JDK 所在的路径，依次单击“开始”菜单→“设置”→“关于”→“高级系统设置”→“高级”→“环境变量”→“系统变量”，最终配置结果如图 1-2 所示。

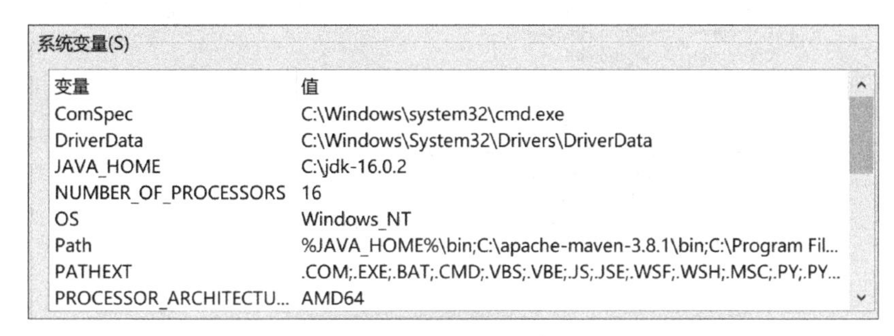

系统变量(S)

变量	值
ComSpec	C:\Windows\system32\cmd.exe
DriverData	C:\Windows\System32\Drivers\DriverData
JAVA_HOME	C:\jdk-16.0.2
NUMBER_OF_PROCESSORS	16
OS	Windows_NT
Path	%JAVA_HOME%\bin;C:\apache-maven-3.8.1\bin;C:\Program Fil...
PATHEXT	.COM;.EXE;.BAT;.CMD;.VBS;.VBE;.JS;.JSE;.WSF;.WSH;.MSC;.PY;.PY...
PROCESSOR_ARCHITECTU...	AMD64

图 1-2　系统环境变量

环境变量分为用户变量和系统变量。用户变量仅作用于当前用户，系统变量作用于所有用户。在系统变量中新建环境变量 JAVA_HOME，变量值设置为 JDK 所在路径，如果选择 Open JDK，则 JAVA_HOME=C:\jdk-16.0.2，如图 1-3 所示。

新建系统变量

变量名(N):　JAVA_HOME

变量值(V):　C:\jdk-16.0.2

浏览目录(D)...　浏览文件(F)...　确定　取消

图 1-3　新建环境变量 JAVA_HOME

环境变量 Path 是运行程序时操作系统寻找可执行文件的路径，它是多个以分号分隔的路径。各个路径是有先后顺序的，如果在位于前面的路径中找到了可执行文件，将不会继续查找后面的路径。编辑系统变量中的环境变量 Path，将 Java 开发工具包中的二进制文件所在的路径(内含 java.exe 和 javac.exe 的路径)添加到 Path 中，如图 1-4 所示。可以引用已经存在的环境变量 JAVA_HOME，Windows 使用两个百分号来引用另外一个环境变量，%JAVA_HOME%\bin 即表示 JDK 下的 bin 路径。“Path=%JAVA_HOME%\bin;…”是将 JDK 的 bin 路径放到了 Path 中多个路径中的第一个，如果系统中还有其他版本的 JDK，可以将默认使用的 JDK 添加到最前面。

```
%JAVA_HOME%\bin = C:\jdk16.0.2\bin
```

在 Windows 命令提示符下使用 echo 命令可以查看环境变量的值，如图 1-5 所示，查看 JAVA_HOME 和 Path 的值可以验证环境变量是否配置成功。

```
echo %JAVA_HOME%
echo %Path%
```

图 1-4　编辑环境变量 Path

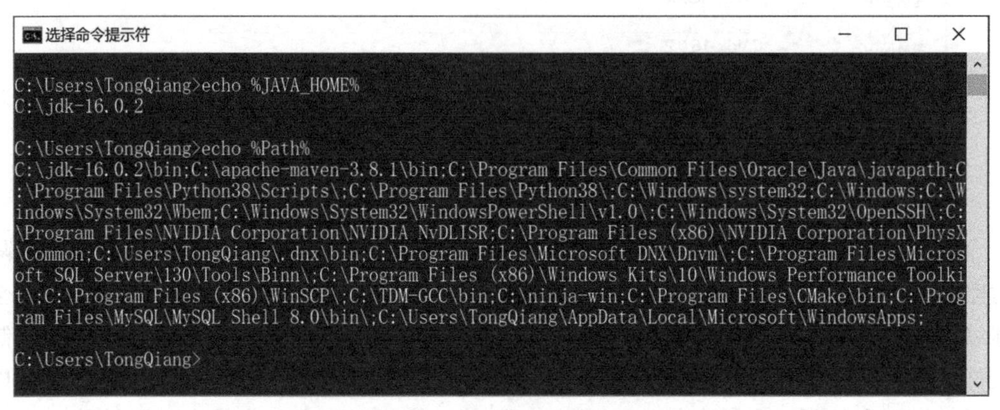

图 1-5　使用 echo 命令查看环境变量的值

1.4　应用服务器 Tomcat

本节内容包括 Tomcat 简介、安装 Tomcat、启动/停止 Tomcat、使用浏览器访问 Tomcat、修改 Tomcat 监听端口、管理 Web 应用和虚拟主机，以及将 Tomcat 运行为 Windows 服务。

1.4.1　Tomcat 简介

Tomcat 服务器是免费的、开放源代码的、轻量级的 Java Web 应用服务器。Tomcat

是 Apache 软件基金会(Apache Software Foundation)的一个核心项目。

最新的 Java Servlet 和 JSP 规范总能在 Tomcat 中得到体现,Tomcat 9.0 支持 Servlet 4.0 和 JSP 2.3 规范。

因为 Tomcat 技术先进、性能稳定,且免费,所以深受 Java 爱好者的喜爱并得到了大部分软件开发商的认可,成为目前比较流行的 Web 应用服务器。

特别注意:Tomcat 10.0 从 Java EE 迁移到了 Jakarta EE,以至于 Tomcat 10 主要包的命名从 javax.* 改成了 jakarta.*,Web 应用从 Tomcat 9 或更早版本迁移到 Tomcat 10 需要修改代码。新的名称 Jakarta EE 是 Java EE 的第二次重命名。2006 年 5 月,J2EE 一词被弃用,并选择了 Java EE 这个名称。

1.4.2　安装 Tomcat

Tomcat 可以从 Apache 软件基金会的 Tomcat 项目网站下载。

```
http://tomcat.apache.org
```

Tomcat Core 有三种格式:.zip 文件、.tar.gz 文件和.exe 文件,其中.exe 格式将作为 Windows 服务安装,.zip 文件和.tar.gz 文件下载之后解压缩即可使用。

在 Eclipse 集成开发环境下开发 JSP 和 Servlet 使用解压版更方便,因此下载 zip 格式的文件 apache-tomcat-9.0.50.zip,然后解压到 C:\apache-tomcat-9.0.50,解压后的 Tomcat 各个目录简单介绍如下。

- /bin:二进制文件路径,其中 startup.bat 用于以控制台应用的形式启动 Tomcat,shutdown.bat 用于停止 Tomcat。
- /conf:配置文件路径,包含 tomcat-users.xml、context.xml、server.xml、web.xml 和 logging.properties 等配置文件。
- /lib:类库文件路径,包含 jsp-api.jar、servlet-api.jar、tomcat-dbcp.jar、el-api.jar 等 30 多个 Java 类库文件。
- /logs:日志文件路径,包含运行日志和访问日志。程序运行中出现的异常信息以及程序员在代码中添加的控制台输出都会在运行日志中。
  运行日志:catalina.{yyyy-MM-dd}.log 和 localhost.{yyyy-MM-dd}.log。
  访问日志:localhost_access_log.{yyyy-MM-dd}.log。
- /webapps:部署 Web 应用的路径,需要注意的是,这并不是存放 Web 文件的根目录,其子目录 ROOT 才是根目录。
- /work:工作目录,Tomcat 将 JSP 文件转换成 Java 源文件(.java)并最终编译成 Java 字节码文件(.class)都生成在这个目录的子目录中。
- temp:临时目录。

需要注意的是,Tomcat 自身不带 JDK(Java Development Kit,Java 开发工具包),开发者需要在使用 Tomcat 之前下载 JDK,并配置好环境变量 JAVA_HOME。

1.4.3　启动/停止 Tomcat

由于 Windows 控制台使用的是简体中文字符集 GBK,所以需要修改 Tomcat 日志属性文件“conf/logging.properties”,将下行中的属性值由 UTF-8 改为 GB18030 或 GBK。

```
java.util.logging.ConsoleHandler.encoding = GB18030
```

如图 1-6 所示,将 Tomcat 启动为控制台应用程序的步骤如下:

- Tomcat 需要 JDK 的支持,它需要知道 JDK 所在的路径,为此需要配置环境变量 JAVA_HOME 或者 JRE_HOME,配置方法见第 1.3 节。
- 进入命令提示符:依次单击“开始”→“Windows 系统”→“命令提示符”;或按 Win+R 组合键,输入 cmd↙。
- 进入 Tomcat 可执行文件所在路径:cd \apache-tomcat-9.0.50\bin↙。
- 启动 Tomcat:startup.bat ↙。
- 停止 Tomcat:shutdown.bat ↙。

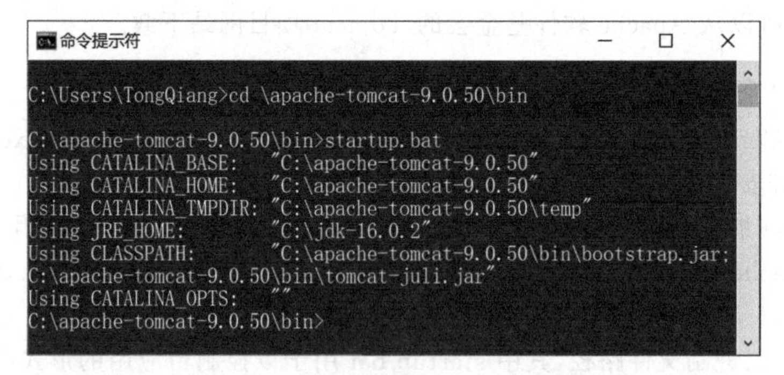

图 1-6 进入 Tomcat 目录运行 startup.bat 启动 Tomcat

如果 Tomcat 启动成功,会弹出 Tomcat 控制台窗口。Tomcat 控制台日志的每一行输出都很长,手动把窗口拉长,更方便查看,如图 1-7 所示。

图 1-7 Tomcat 启动为控制台应用程序

特别注意:Tomcat 默认占用的端口是 8005 和 8080,其中 8080 端口是 HTTP 协议监听的端口,8005 端口用于停止 Tomcat。修改 server.xml 还可以启用 8009 端口,它是 AJP 的端口。AJP(Apache JServ Protocol)用于 Tomcat 与其他 Web 服务器集成以提高性能,集成后其他 Web 服务器(比如 Apache HTTP Server 或 Microsoft IIS)处理静态页面和图片，Tomcat 仅处理 JSP 和 Servlet。

如果系统中的其他应用程序占用了 8080 或 8005 端口，将导致 Tomcat 无法正常启动。可以使用 netstat 命令查看处于监听状态的端口，常用的命令参数是“netstat -ano”，如图 1-8 所示，其中最后一列显示的是进程标识符 PID。在 Windows 任务管理器中查看进程的详细信息中加入进程 PID，就可以知道端口被哪个应用程序占用了。避免端口冲突的方式有以下两种：

- 停止占用端口的其他应用程序，根据“netstat -ano”显示的 PID 和任务管理器中的 PID，确定占用端口的进程，然后设法停止进程对应的应用程序。
- 修改 Tomcat 的配置文件，各个端口的定义可以在“conf/server.xml”中找到。

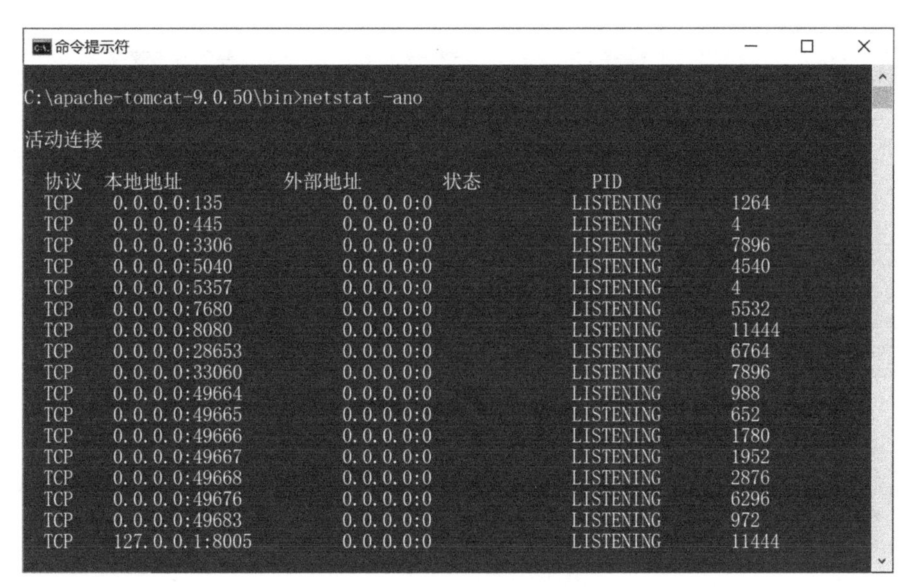

图 1-8 用 netstat 命令查看处于监听状态的端口

1.4.4 使用浏览器访问 Tomcat

Tomcat 启动之后，就可以使用浏览器来访问 Tomcat，首页如图 1-9 所示。

- 打开浏览器（比如 Microsoft Edge），在地址栏输入 http://localhost:8080，即可以访问 Tomcat 的 ROOT 应用。
- 如果要访问已经部署的某个特定的应用（比如 Tomcat 自带的 examples），可以在浏览器地址栏输入：http://localhost:8080/examples。

1.4.5 修改 Tomcat 监听端口

Tomcat 默认的监听端口为 8080，用户使用浏览器访问 Tomcat 时需要在浏览器地址栏中输入端口号，例如：

```
http://www.mydomain.com:8080
```

HTTP 协议的默认端口是 80，当浏览器访问服务器时，如果没有给出要访问的端口

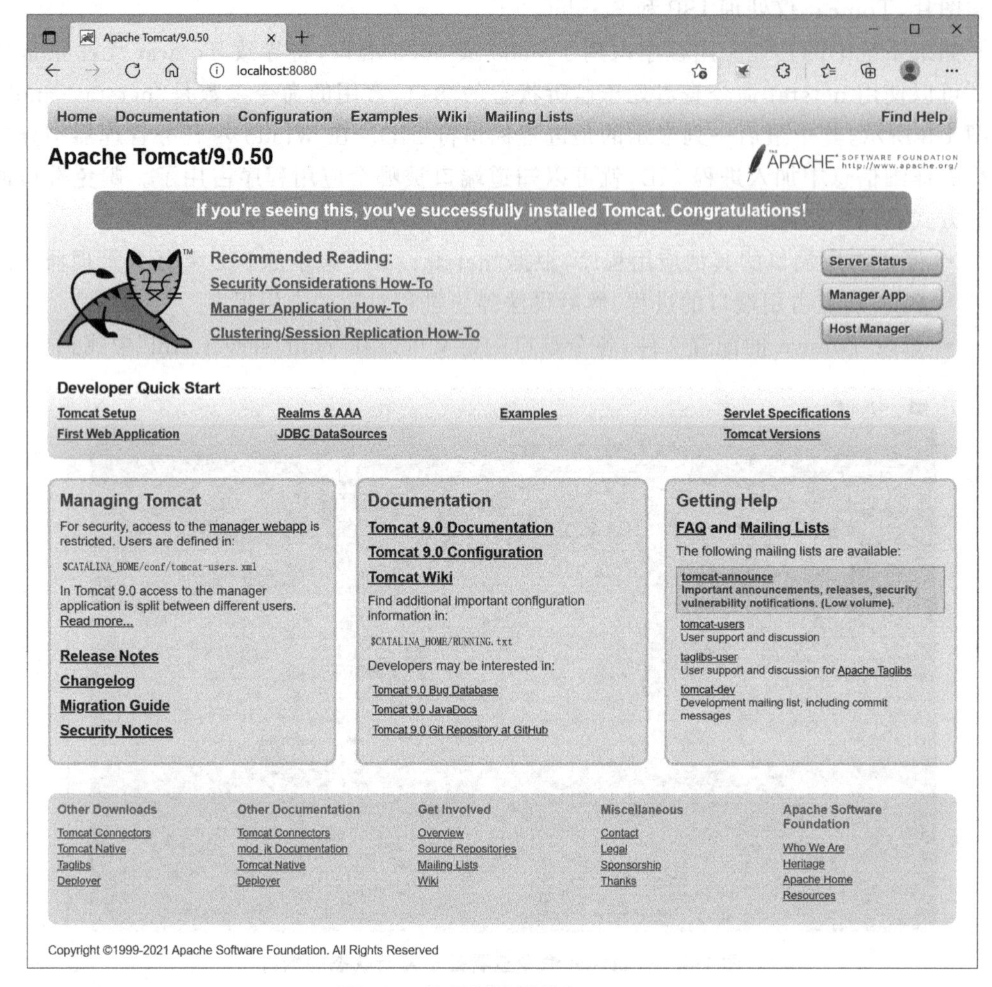

图 1-9 使用浏览器访问 Tomcat

号，浏览器将访问默认的 80 端口。用户可以通过修改 Tomcat 的配置文件 server.xml 来修改 Tomcat 的监听端口。server.xml 位于 Tomcat 目录下的 conf 子目录中。在 server.xml 中找到如下片段，把其中的 port="8080" 修改成 port="80"，就可以在访问 Tomcat 时不给出端口号了。

```
<!-- Define a non-SSL/TLS HTTP/1.1 Connector on port 8080 -->
<Connector port="8080" protocol="HTTP/1.1"
           connectionTimeout="20000" redirectPort="8443" />
```

注意：如果已经有其他 Web 服务器占用了 80 端口，Tomcat 将无法启动。此时用户可以在命令提示符界面输入“netstat -ano”查看处于监听状态的端口。

1.4.6 管理 Web 应用和虚拟主机

使用 Web 应用管理器（Tomcat Web Application Manager）可以部署和移除 Web 应

用，使用Web应用管理器之前需要先配置一个具有manager-gui角色的用户。使用虚拟主机管理器(Tomcat Virtual Host Manager)可以查看和添加虚拟主机，使用虚拟主机管理器的用户需要具有角色admin-gui。默认情况下，Web应用管理器和虚拟主机管理器只能使用浏览器在运行Tomcat的同一台计算机上访问。这个限制可以在context.xml中修改。

编辑配置文件conf\tomcat-users.xml，在其中添加用户如下：

```
<user username="tomcat" password="tomcat" roles="manager-gui,admin-gui"/>
```

这样就在tomcat-users.xml中配置了一个用户，用户名为tomcat，密码也是tomcat，具有manager-gui角色和admin-gui角色。重启Tomcat后，使用浏览器即可进入Manager App管理Web应用，如图1-10所示。

/manager

localhost:8080/manager/html

Tomcat Web应用程序管理者

消息:	OK

管理器

应用程序列表	HTML管理器帮助	管理者帮助	服务器状态

应用程序

路径	版本号	显示.名称	运行中	会话	命令
/	未指定	Welcome to Tomcat	true	0	启动 停止 重新加载 卸载 过期会话 闲置 ≥ 30 分钟
/docs	未指定	Tomcat Documentation	true	0	启动 停止 重新加载 卸载 过期会话 闲置 ≥ 30 分钟
/examples	未指定	Servlet and JSP Examples	true	0	启动 停止 重新加载 卸载 过期会话 闲置 ≥ 30 分钟
/host-manager	未指定	Tomcat Host Manager Application	true	0	启动 停止 重新加载 卸载 过期会话 闲置 ≥ 30 分钟
/manager	未指定	Tomcat Manager Application	true	1	启动 停止 重新加载 卸载 过期会话 闲置 ≥ 30 分钟

部署

服务器上.部署的目录或WAR文件

Context路径:

版本号（并行部署）

XML配置文件路径:

WAR文件或文件夹路径:

部署

要部署的WAR文件

选择要上传的WAR文件 选择文件 未选择文件

部署

图1-10 Web应用管理器

单击Tomcat主页的Host Manager进入虚拟主机管理器，如图1-11所示，在此可以查看虚拟主机和添加虚拟主机。虚拟主机允许在同一个IP地址配置多个域名，使用不同域名访问时对应不同的 Web 应用根目录(App base)。

图 1-11　虚拟主机管理器

1.4.7　Tomcat 运行为 Windows 服务

Tomcat 除了运行为控制台应用程序之外，也可以运行为 Windows 服务，随着 Windows 操作系统的启动而自动启动。一般在开发时使用无须安装的.zip 版本，在部署到生产环境时使用安装版。从 Tomcat 网站下载二进制发行版“32-bit/64-bit Windows Service Installer”，下载后的文件名是 apache-tomcat-9.0.50.exe。

运行 Tomcat 安装程序，在 Choose Components 这一步选择需要安装的组件，选中 Tomcat/Service Startup 和 Tomcat/Native，如图 1-12 所示。Tomcat/Service Startup 使得 Tomcat 可以随着 Windows 操作系统的启动而自动启动。Tomcat/Native 将安装基于 APR (Apache Portable Runtime) 的动态链接库 tcnative-1.dll，为生产环境提供更好的性能和可扩展性。

在 Configuration 这一步可以修改 Tomcat 监听的端口号、指定 Windows 服务的名称，以及添加 Tomcat 管理员用户。如图 1-13 所示，HTTP 默认监听的端口是 8080，

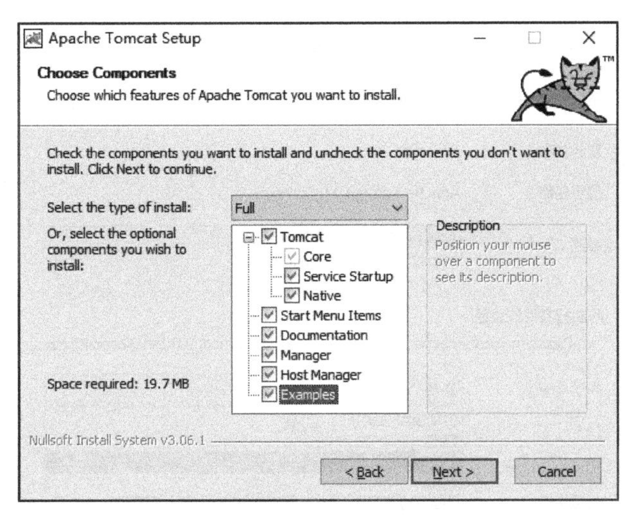

图 1-12　选择 Tomcat 要安装的组件

Windows 服务的名称是 Tomcat9，管理员用户名是 tomcat，输入的密码也是 tomcat。管理员用户具有角色 admin-gui 和 manager-gui，这两种角色分别可以管理虚拟主机和 Web 应用。在生成的配置文件 tomcat-user.xml 中将添加一行如下的配置信息：

```
<user username="tomcat" password="tomcat" roles="admin-gui,manager-gui" />
```

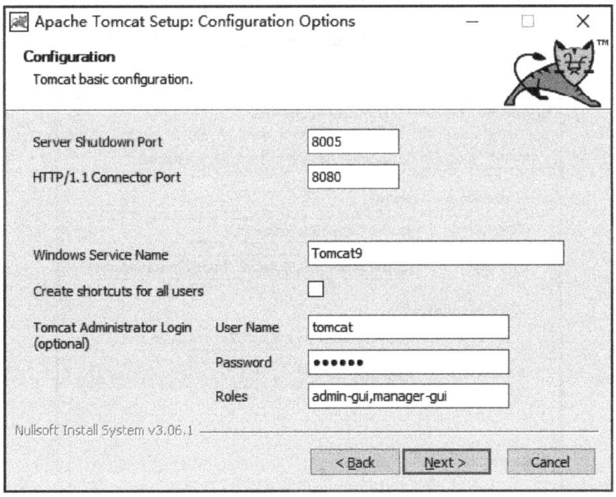

图 1-13　配置 Tomcat

安装完成后，将会新增加一个 Windows 服务，可以在依次单击“控制面板”→“管理工具”→“服务”，找到 Apache Tomcat 9.0 Tomcat9，双击这个服务名，可以将“启动类型”修改为“自动”“手动”和“禁用”，也可以启动和停止服务，如图 1-14 所示。

Tomcat 提供了配置和监控服务的工具，从 Windows“开始”菜单的 Apache Tomcat 9.0 Tomcat9 子菜单下可以选择 Configure Tomcat 和 Monitor Tomcat，会出现如图 1-15 所示的对话框，可以查看服务状态，启动和停止服务，以及修改运行参数。如果遇到无法

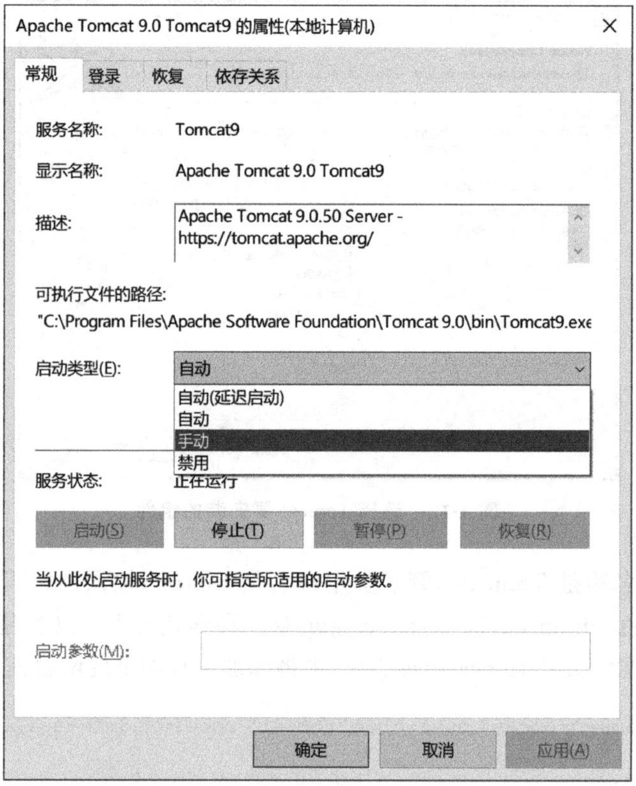

Apache Tomcat 9.0 Tomcat9 的属性(本地计算机)

常规 登录 恢复 依存关系

服务名称: Tomcat9

显示名称: Apache Tomcat 9.0 Tomcat9

描述: Apache Tomcat 9.0.50 Server - https://tomcat.apache.org/

可执行文件的路径:
"C:\Program Files\Apache Software Foundation\Tomcat 9.0\bin\Tomcat9.exe

启动类型(E): 自动
自动(延迟启动)
自动
手动
禁用

服务状态: 正在运行

启动(S) 停止(T) 暂停(P) 恢复(R)

当从此处启动服务时，你可指定所适用的启动参数。

启动参数(M):

确定 取消 应用(A)

图 1-14 在控制面板中管理 Tomcat 服务

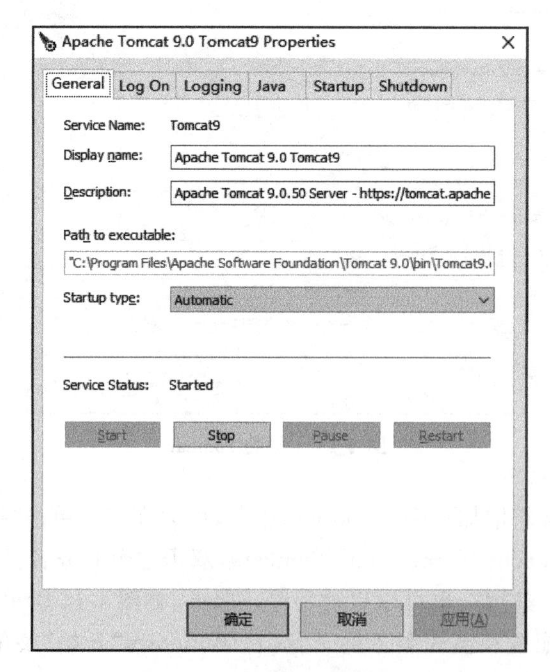

图 1-15 配置和监控 Tomcat

启动的情况，可能是 Tomcat 运行的用户权限不足。在图 1-14 的“登录”选项卡和图 1-15 的 Log On 选项卡中可以选择 Tomcat 的运行用户，如有必要可以将运行用户加入到管理员组。

1.5　集成开发环境 Eclipse

本节内容包括 Eclipse 简介、安装 Eclipse、Eclipse 中添加 Tomcat、Web 文件的字符编码、开发第一个 JSP 程序，以及将 Web 应用打包成 WAR 文件。

1.5.1　Eclipse 简介

集成开发环境（Integrated Development Environment，IDE）是用于提供程序开发环境的应用程序，一般包括代码编辑器、编译器、调试器和图形用户界面等工具。Eclipse 是一个开放源代码的、基于 Java 的可扩展开发平台。就其本身而言，它只是一个框架和一组服务，用于通过插件和组件构建开发环境。

虽然大多数用户很乐于将 Eclipse 当作 Java IDE 来使用，但 Eclipse 的功能不仅限于此。Eclipse 还包括插件开发环境（Plug-in Development Environment，PDE），这个组件主要针对希望扩展 Eclipse 的软件开发人员，因为它允许其构建与 Eclipse 环境无缝集成的工具。

1.5.2　安装 Eclipse

从 Eclipse 的官方网站可以下载各种版本的 Eclipse，具体网址如下。

```
http://www.eclipse.org
```

对于 Java Web 应用程序的开发者，需要下载 Eclipse IDE for Java EE Developers 的版本 Jave EE，即 Java 企业版（Java Enterprise Edition）。下载后的文件名是 eclipse-jee-2021-06-R-win32-x86_64.zip，解压后运行 eclipse.exe 来启动 Eclipse，启动界面如图 1-16 所示。

图 1-16　Eclipse 启动界面

Eclipse之前的版本不带JDK(Java开发工具包,Java Development Kit),用户需要在使用Eclipse之前下载并安装JDK。新版Eclipse是自带JDK的,文件eclipse.ini中-vm下一行给出的就是Eclipse自带的JDK。

1.5.3 Eclipse中添加Tomcat

前面介绍了Tomcat的两种运行方式,一种是作为控制台应用程序,一种是作为Windows服务。这里介绍第三种运行方式,即运行在Eclipse集成开发环境中。但是需要注意,由于Tomcat占用8005和8080端口,各处的Tomcat是不能同时运行的。

依次选择Eclipse→Window→Preferences→Server→Runtime Environments→Add→Apache Tomcat v9.0→Tomcat installation directory,单击Browse按钮设置解压后的Tomcat目录,比如C:\apache-tomcat-9.0.50,结果如图1-17所示。

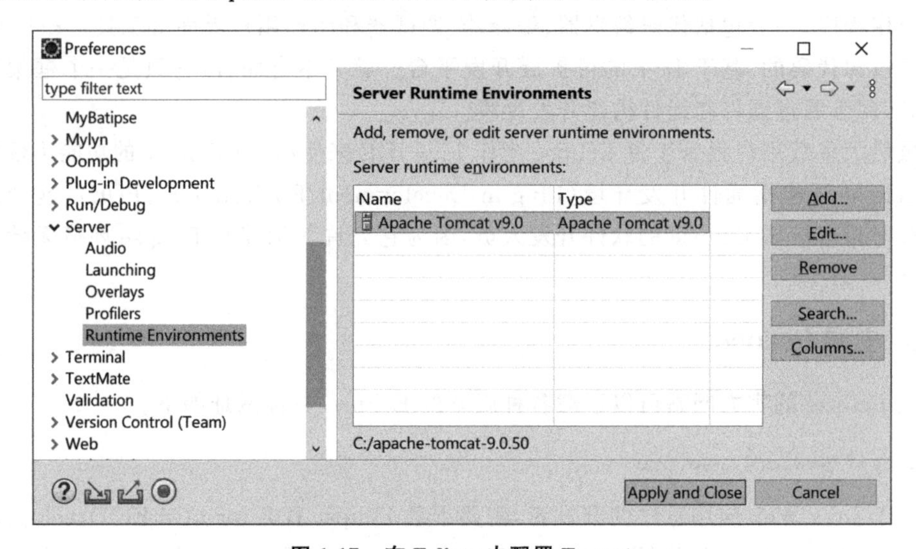

图1-17 在Eclipse中配置Tomcat

1.5.4 Web文件的字符编码

依次选择Eclipse→Window→Preferences→Web,如图1-18所示,单击JSP Files设置JSP文件的编码,单击HTML Files设置HTML文件的编码,单击CSS Files设置CSS文件的编码。Encoding后面的下拉列表选择"Chinese, National Standard"将文件的编码设置为GB18030,选择ISO 10646/Unicode(UTF-8)将文件的编码设置为UTF-8。设置后的编码将作用于此后新建的文件。

GB18030和UTF-8都可用于表示中文简体的汉字,GB18030是中国的国家标准,UTF-8是Unicode的一种编码实现。

对于已经存在的Web文件,比如JSP文件hello.jsp,可以用鼠标右击这个文件,在弹出的快捷菜单里选择Properties,在Text file encoding下选择这个文件要使用的字符集。

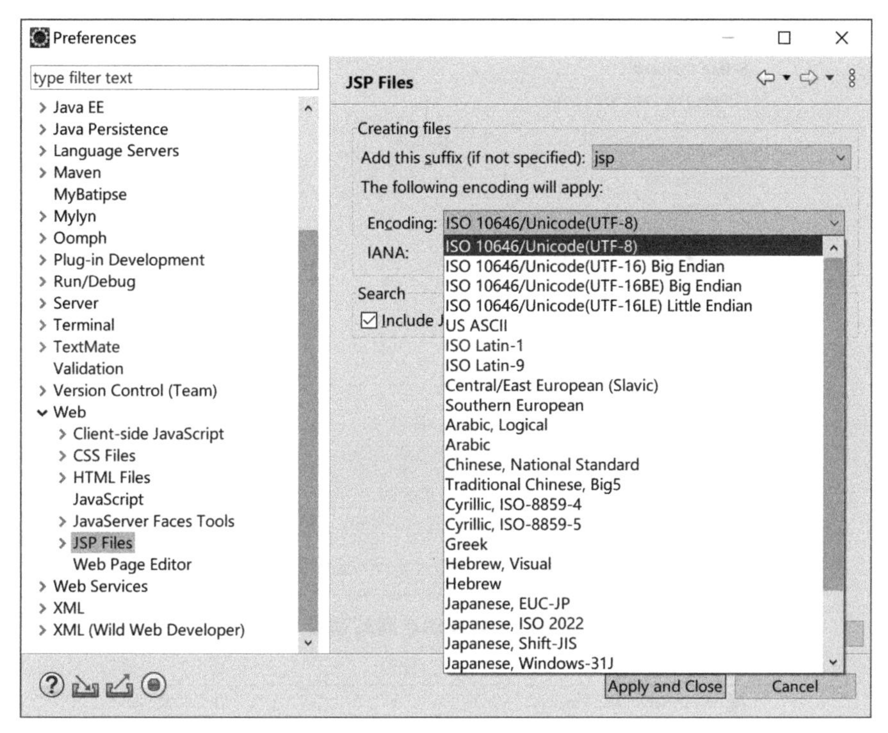

图 1-18 设置文件编码

1.5.5 开发第一个 JSP 程序

下面介绍使用 Eclipse IDE 开发第一个 JSP 程序，并在 Eclipse IDE 内启动 Tomcat，以及通过浏览器访问 JSP 页面，步骤如下。

(1) 新建动态网站项目(Dynamic Web Project)。

依次选择 Eclipse→File→New→Other→Web→Dynamic Web Project，如图 1-19 所示。

(2) 单击 Next 按钮，在弹出的窗口中，输入项目名称，比如 myweb，如图 1-20 所示。

(3) 单击 Next 按钮，在弹出的窗口中配置 Java 源文件目录，如图 1-21 所示。Source folders on build path 是存放 Java 源文件的目录，默认包含名称是 src\main\java 的文件夹。开发者可以单击 Add Folder 按钮添加更多源文件夹。开发时通常会把各种配置文件放在单独的源文件夹中，可添加一个名称是 src\main\resources 的源文件夹。各个源文件夹的内容编译后都会最终复制到 WEB-INF/classes 目录下。

(4) 单击 Next 按钮，在弹出的窗口中配置 Web 应用，如图 1-22 所示，其中 Context root 是 Web 应用的上下文路径，Content directory 是这个 Web 应用的根目录。Context root 决定在浏览器上访问时所使用的路径，如果输入的是“myweb”，则在浏览器中访问的 URL 是：

```
http://localhost:8080/myweb
```

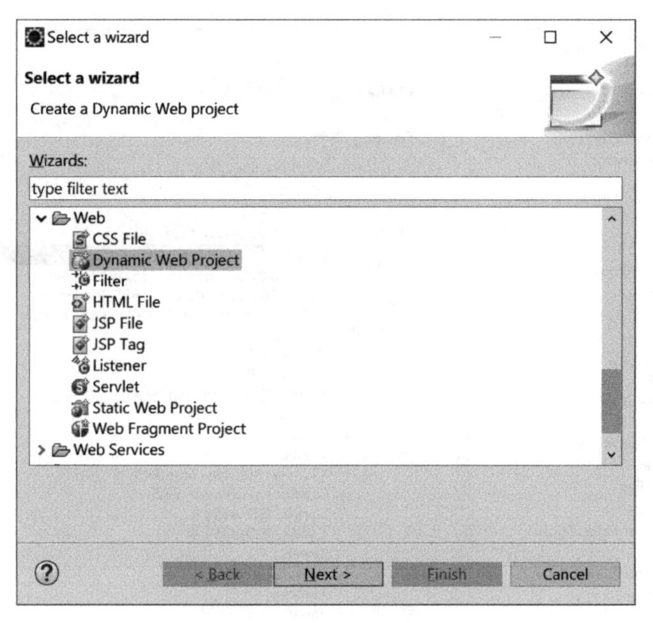

图 1-19　新建动态网站项目

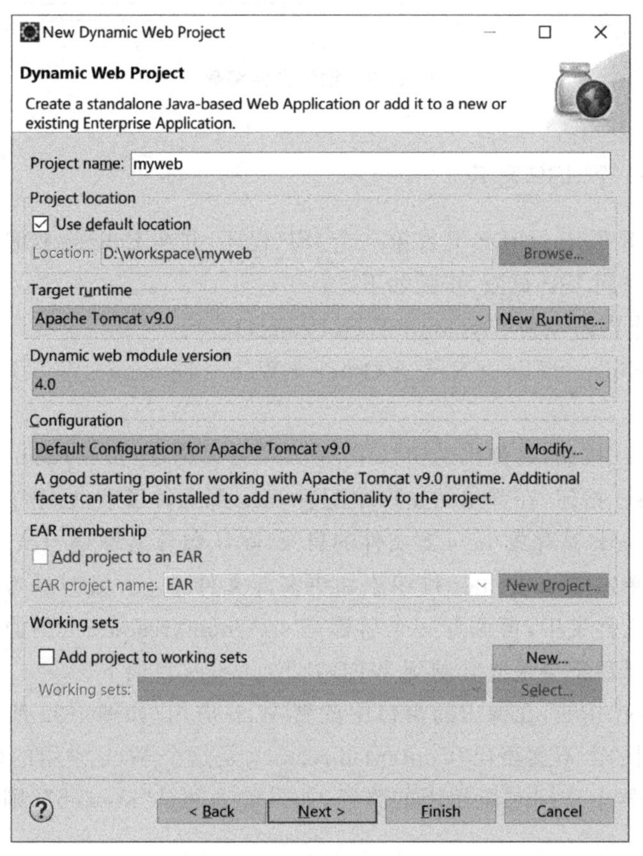

图 1-20　输入项目名称

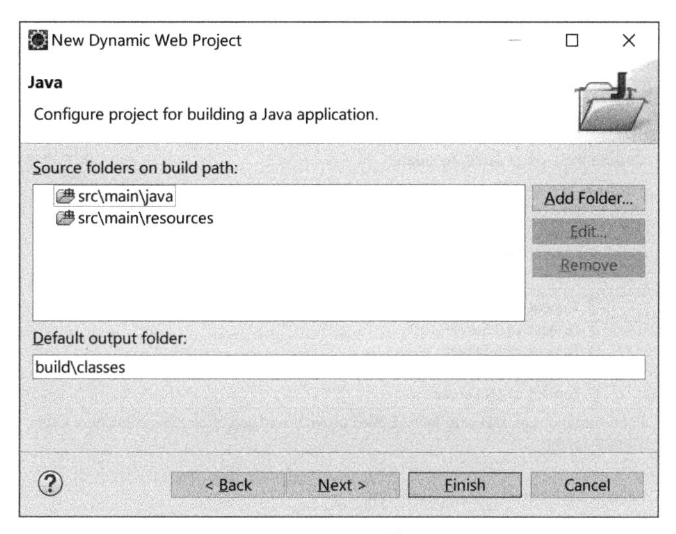

图 1-21 配置 Java 源文件目录

src/main/webapp 文件夹是项目里存放网站文件的目录，JSP 文件、HTML 文件、CSS 文件、图片都存储在这个文件夹或其子文件夹中。webapp 文件夹仅存在于 Eclipse 的项目中，在实际部署环境下并不存在 webapp 文件夹，而是在 Web 应用文件夹(myweb)下直接存放网站文件。选中 Generate web.xml deployment descriptor 复选框，Eclipse 会在 src/main/webapp/WEB-INF 文件夹下生成部署描述文件 web.xml。

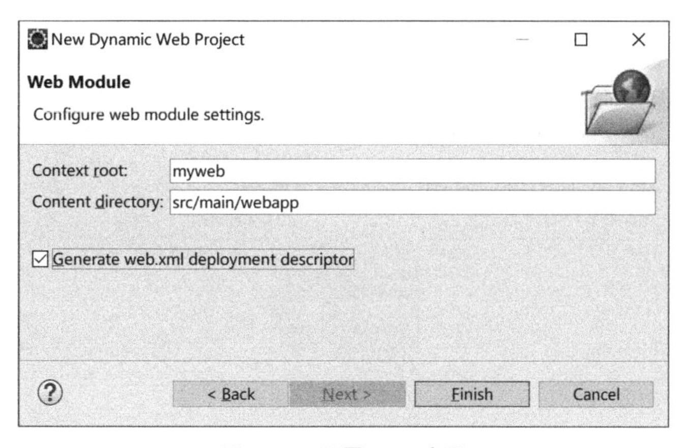

图 1-22 配置 Web 应用

(5) 将 Web 应用添加到服务器 Tomcat 中，依次选择 File→New→Other→Server→Server，单击 Next 按钮，然后选择 Tomcat v9.0 Server，如图 1-23 所示。

(6) 增加和移除项目，如图 1-24 所示，Configured projects 是部署到 Tomcat 中的 Web 项目，而 Available 是可用的 Web 项目。配置完成之后，仍然可以在 Servers 视图中的 Tomcat v9.0 Server at localhost 上右击鼠标，从弹出的快捷菜单中选择 Add and Remove，再次弹出这个对话框，如图 1-25 所示。

New Server

Define a New Server

Choose the type of server to create

Select the server type:

type filter text

Tomcat v7.0 Server
Tomcat v8.0 Server
Tomcat v8.5 Server
Tomcat v9.0 Server
Tomcat v10.0 Server

Publishes and runs J2EE and Java EE Web projects and server configurations to a local Tomcat server.

Server's host name: localhost

Server name: Tomcat v9.0 Server at localhost

Server runtime environment: Apache Tomcat v9.0 Add...

Configure runtime environments...

< Back Next > Finish Cancel

图 1-23 选择服务器类型

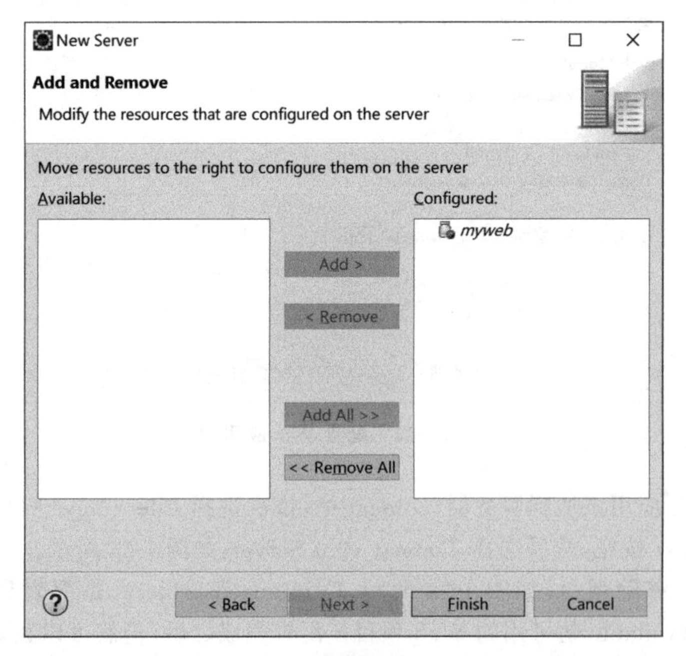

图 1-24 增加和移除 Web 项目

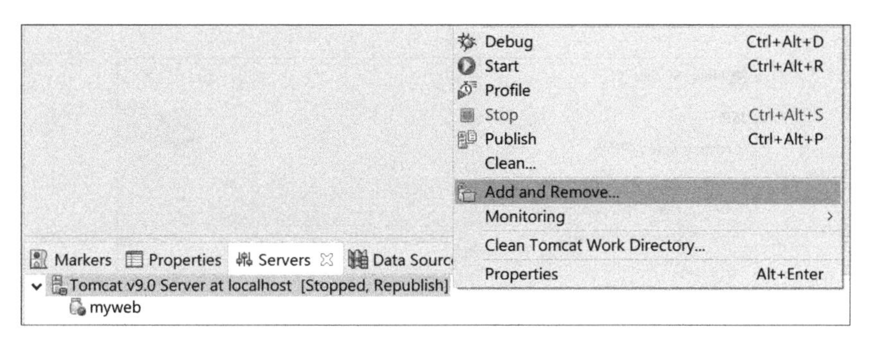

图 1-25 管理 Tomcat 上部署的 Web 应用

(7) 新建 JSP 页面，在 src/main/webapp 文件夹上右击鼠标，从弹出的快捷菜单中依次选择 New→JSP File，如图 1-26 所示。

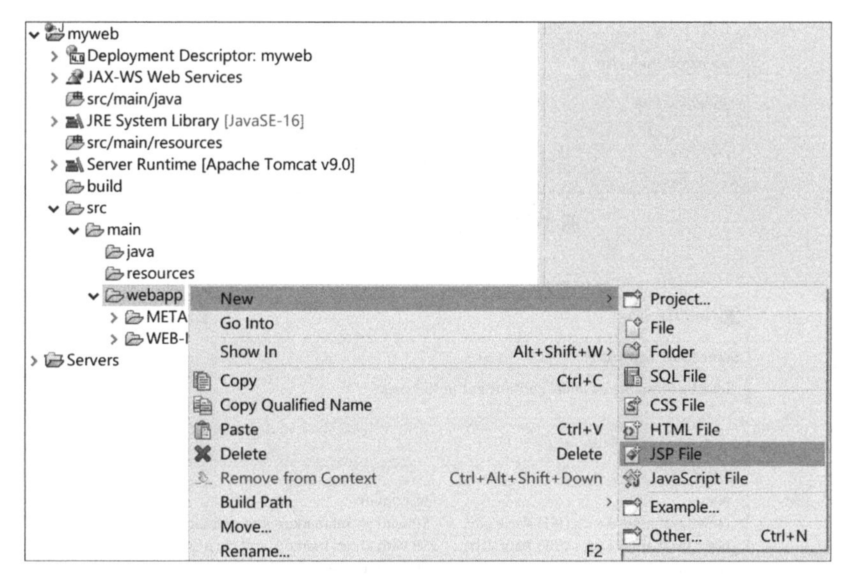

图 1-26 新建 JSP 页面

(8) 输入 JSP 文件名，可以输入扩展名.jsp，也可以不输入。注意选择存放 JSP 文件的位置是 webapp 文件夹，如图 1-27 所示。

(9) 选择创建 JSP 文件时使用的 JSP 模板，如图 1-28 所示，选择 New JSP File (html 5) 可创建 HTML5 标准的 JSP 文件。

(10) 编辑 JSP 文件 hello.jsp，修改<title>标签内的文字为 Hello World，在<body>内部使用标签<p>输入一个段落。“<%”和“%>”之间是 Java Scriptlet，即动态的 Java 代码部分。request 对象和 out 对象是 JSP 文件的内建对象，request 对象封装了客户端的 HTTP 请求，out 对象用于向客户端输出文本内容。

```
<%@ page contentType="text/html; charset=UTF-8"
        import="java.util.*,java.text.*" %>
<!DOCTYPE html>
```

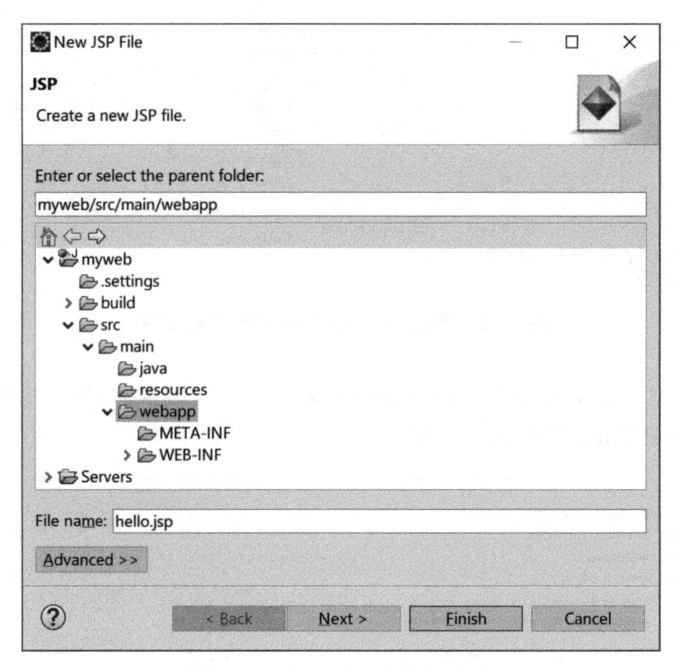

图 1-27 输入 JSP 文件的名字

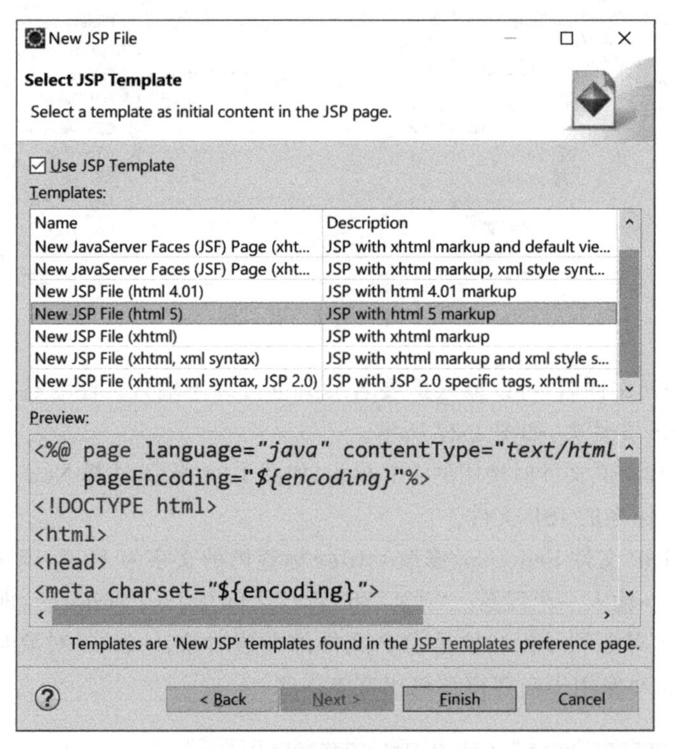

图 1-28 选择 JSP 模板文件

```
<html>
<head>
<meta charset="UTF-8">
<title>Hello World</title>
</head>
<body>
<p>Hello World!</p>
<%
request.setCharacterEncoding("UTF-8");                   //设置从请求对象读取的字符集
String userName = request.getParameter("uname");    //获取请求参数
out.println("<p>Hi, " + userName + "</p>");
Date now = new Date();                                            //当前时间的 Date 对象
SimpleDateFormat df = new SimpleDateFormat("yyyy-MM-dd HH:mm:ss");
out.println("<p>" + df.format(now) + "</p>");
%>
</body>
</html>
```

(11) 单击 Servers 视图中的 Start the server 来启动服务器，如图 1-29 所示。

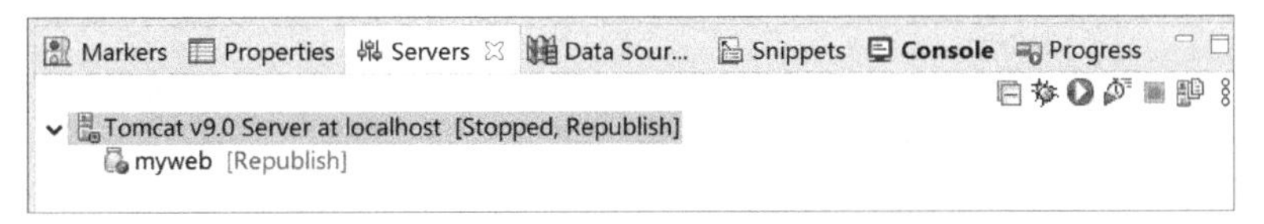

图 1-29　启动服务器

(12) 使用浏览器访问编辑好的 JSP 文件 hello.jsp，打开浏览器，在地址栏输入 http://localhost:8080/myweb/hello.jsp? uname=佟强，其中 localhost 是本机的域名，解析得到的 IPv4 地址是 127.0.0.1，这个 IP 代表本机，测试结果如图 1-30 所示。8080 是 Tomcat 监听的端口。myweb 是 Web 应用的上下文路径，即 Context root。hello.jsp 是 JSP 的文件名。问号后面跟的是查询串(Query String)。

图 1-30　使用浏览器访问 hello.jsp

1.5.6　将 Web 应用打包成 WAR 文件

通常一个 Web 应用的目录和文件是非常多的，要将这个 Web 应用部署到服务器上，可以将 Web 应用打包成 Web 归档文件(WAR 文件)，这个过程和把 Java 类文件打包成

JAR 文件的过程类似。利用 WAR 文件，可以把 Servlet 类文件和相关的资源集中在一起进行发布。在这个过程中，Web 应用程序就不是按照目录层次结构来进行部署了，而是把 WAR 文件作为部署单元来使用。

一个 WAR 文件就是一个 Web 应用程序，建立 WAR 文件，就是把整个 Web 应用程序压缩成一个扩展名是.war 的压缩文件。Eclipse 可以将一个 Web 应用项目导出成 WAR 文件，将导出后的 WAR 文件复制到 Tomcat 的 webapps 文件夹就可以完成 Web 应用的自动部署。在 Eclipse 中导出 WAR 文件的方法是：依次单击 File→Export→Web→WAR file，如图 1-31 所示。

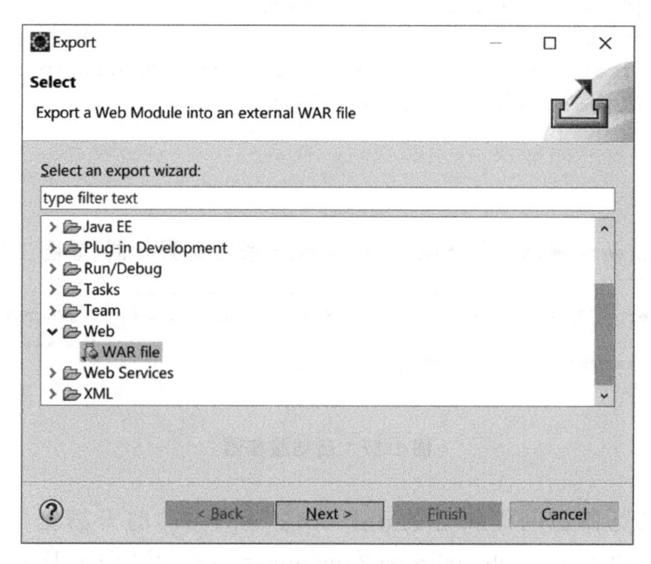

图 1-31　选择导出类型为 WAR file

单击 Next 按钮进入如图 1-32 所示的 WAR Export 窗口，在 Web project 下拉列表

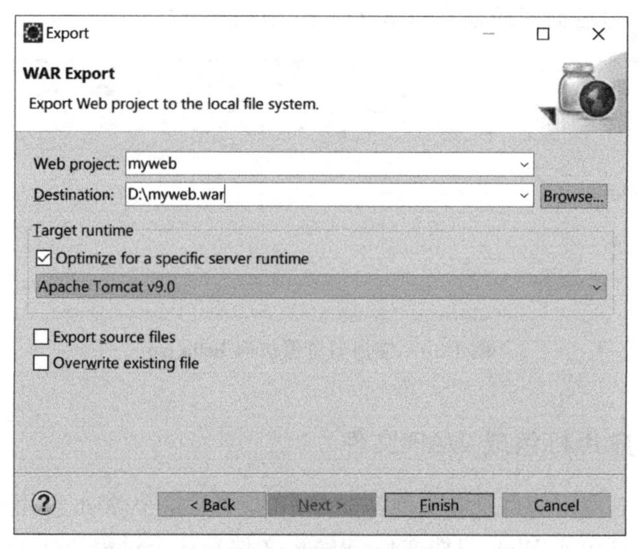

图 1-32　选择导出的项目和设定目标文件

中选择要导出的 Web 项目，单击 Destination 后面的 Browse 按钮浏览目标文件存放的位置。此例中单击 Finish 按钮后将生成文件 D:\myweb.war，将 myweb.war 复制到 webapps 文件夹下，Tomcat 会自动解压并部署这个 Web 应用。

本章小结

动态网页实际上是位于服务器上的程序。浏览器在不同的时间、不同的地点、以不同的请求参数请求动态网页时，会引发服务器上程序的执行，程序将执行的结果反馈给浏览器。常见的动态网页技术有 CGI、ASP、ASP.NET、PHP、Servlet、JSP 等。

JSP 是在传统的网页 HTML 文件中插入 Java 程序段(Scriptlet)和 JSP 标签(Tag)，从而形成 JSP 文件(*.jsp)。常见的支持 JSP 的应用服务器有 Tomcat、Jboss、Resin、Weblogic、WebSphere 等。开发 JSP 的集成开发环境有 Eclipse 和 IntelliJ IDEA。

Java Web 应用程序具有固定的目录结构，WEB-INF 是浏览器无法直接访问的目录，WEB-INF/web.xml 是部署描述文件，WEB-INF/classes 用于存放零散的类文件(*.class)，WEB-INF/lib 用于存放类库(*.jar)，META-INF 目录用于存放元数据。

Tomcat 是 Apache 软件基金会开发的一个开源免费的轻量级应用服务器，是开发 Java Web 应用程序的首选服务器。

Eclipse 是一个开放源代码的、基于 Java 的可扩展开发平台。Eclipse IDE for Java EE Developers 可以用于开发 Java Web 应用程序，而且能很好地和 Tomcat 集成。

在 Eclipse 中开发 Java Web 应用程序时，应该建立动态网站项目(Dynamic Web Project)，并把项目添加到内部的 Tomcat 服务器中，在 Eclipse 中启动 Tomcat 后，即可使用浏览器访问项目中的 JSP 文件。

使用 Eclipse 的导出功能，可以将动态网站项目打包成一个 WAR 文件，将其复制到 Tomcat 的 webapps 文件夹下，Tomcat 会自动解压并部署成一个 Web 应用。

习 题 一

1. 下列关于 JSP 的描述，不正确的是(　　)。

   A. JSP 中既可以有静态的 HTML 标签，也可以有动态的 Java 代码。

   B. JSP 先编译成 Servlet，然后再编译成字节码文件。

   C. JSP 是跨平台的，可以在不同的操作系统和应用服务器上运行。

   D. 应用服务器在每次客户端请求时编译 JSP 文件为客户端提供服务。

2. 下列(　　)应用服务器不支持 JSP。

   A. Tomcat　　B. Resin　　C. IIS　　D. WebLogic

3. 当服务器上的一个 JSP 页面被第一次请求执行时，服务器上的 JSP 引擎首先将 JSP 页面文件转译成一个________文件，再将这个________文件编译生成________文件，然后通过________响应客户端的请求。

4. 怎样启动和关闭 Tomcat 服务器？Tomcat 控制台中文乱码怎么解决？

5. 怎样访问Web服务目录子目录中的JSP页面？

6. 如果想修改Tomcat服务器的端口号，应当修改哪个文件？能否将端口号修改为80？

7. 比较JSP与其他动态网页技术。

8. 简述Java Web应用程序的目录结构。

9. 将本章中的Java Web应用程序打包成.war文件，然后部署到以后台服务形式运行的Tomcat服务器上，要求重新开机后可自动启动服务器和部署Web应用。

第2章 JSP中的超文本

在传统的 HTML 页面中插入 Java 程序段和 JSP 标签，可生成 JSP 文件，它的运行结果是动态生成的 HTML。超文本标记语言(Hyper Text Markup Language，HTML)，是制作网页文件的语言。

本章介绍常用的 HTML 标签(Tag)。HTML 文档中的 HTML 元素是通过 HTML 标签进行标记的，HTML 标签由开始标签和结束标签组成，开始标签是被尖括号包围的元素名，结束标签是被尖括号包围的斜杠和元素名，比如<p>和</p>，而某些 HTML 元素没有结束标签，比如
。HTML 标准分为 HTML 4.0、XHTML 和 HTML5，XHTML 是语法更严谨的 HTML，而 HTML5 是新一代的 HTML 标准。

2.1 页　　面

本节介绍 HTML 文档结构、语言字符集信息、背景颜色和文字色彩、页边空白、链接、水平线、注释等。

1. HTML 文档结构

一个 HTML 文件不仅包含文本内容，还包含一些 Tag，中文称为标签，浏览器负责把 HTML 显示为超文本展现给用户。HTML 文件的扩展名是“.html”。一个简单的 HTML 5 文档如下：

```
<!DOCTYPE html><html>
<head>
<meta charset="UTF-8">
<title>学习使我快乐</title>
</head>
<body>
    <h1>我的第一个标题</h1>
    <p>我的第一个段落。</p>
</body>
</html>
```

其中各个标签的含义解释如下：

- <html></html>：整个 HTML 文档。
- <head></head>：文档头部。

- <body></body>：文档主体。
- <title></title>：文档标题。
- <meta>：元数据。
- <h1>：标题一。
- <p>：段落。

2. 语言字符集信息

在HTML文件中可给出文本的字符集。用户在浏览页面时，也可以手动在浏览器中选择浏览时使用的字符集(Encoding)。如果HTML文件里给出了字符集信息，浏览器就会自动设置字符集。用户在浏览页面时，若未正确设置字符集，将会显示乱码。可以用于中文的字符集有：GB2312、GBK、GB18030、UTF-8。HTML 5使用如下<meta>标签声明字符集。

```
<meta charset="UTF-8">
```

3. 背景颜色和文字色彩

<body>标签是HTML文档的主体部分，文档的背景颜色和文字色彩可以通过<body>标签的属性进行修饰，其格式如下：

```
<body bgcolor=#  text=#  link=#  alink=#  vlink=#>
```

- bgcolor：背景色彩。
- text：非链接文字的色彩。
- link：链接文字的色彩。
- alink：正被单击的链接文字的色彩。
- vlink：已经单击(访问)过的链接文字的色彩。

其中，#=rrggbb，红绿蓝每种颜色分别用1字节表示。24位色彩用3字节的16进制数表示，红-绿-蓝(red-green-blue，RGB)各1字节，比如红色是#FF0000。

4. 页边空白

<body>标签的属性leftmargin和topmargin用来说明文档左边和上边的空白。

- 页面左边的空白 <body leftmargin=#>。
- 页面上方的空白 <body topmargin=#>。

#=margin amount，即空白的大小。

5. 链接

标签<a>用来声明一个超链接，这里介绍3种常见的用法。

(1) 在当前窗口打开的链接：

```
<a href="http://www.edu.cn">中国教育和科研计算机网</a>
```

说明：href属性给出链接到的URL，<a></a>之间的文字是显示出来的链接文字。

(2) 本页链接：

```
<a name="myname">名称</a>
<a href="#myname">链接文字</a>
```

说明：name 属性定义一个锚，名字为 myname。在 href 的属性值中给出 #myname 链接到名字为 myname 的锚。

(3) 在新窗口中打开的链接：

```
<a href="http://www.edu.cn" target="_blank">中国教育和科研计算机网</a>
```

说明：target 属性的值为_blank 说明在新窗口中打开超链接。

6. 水平线

<hr>标签用来定义一条水平线，其很多属性在 HTML 5 中不再支持。

- 基本语法：<hr>。
- 高度：<hr size="10">。
- 宽度：<hr width="300">　<hr width="80%">。
- 对齐方式：<hr align="left | center | right">。
- 是否有阴影：<hr noshade="noshade">。

7. 注释

HTML 注释在浏览器解析 HTML 文件时被忽略，HTML 注释以“<! --”开始，以“-->”结束，页面开发人员可以利用注释进行备注。例如：

```
<!--
    这里是注释内容，浏览器会忽略注释
-->
```

2.2 字　　体

本节介绍如何修饰 HTML 文件中的字体，内容包括标题、字号、物理样式、逻辑样式、字体颜色、客户端字体、字符实体。

1. 标题

<h1>、<h2>、<h3>、<h4>、<h5>、<h6>用来定义各级标题。

- 标题 1：<h1>标题 1 名称</h1>。
- 标题 2：<h2>标题 2 名称</h2>。
- 标题 3：<h3>标题 3 名称</h3>。
- 标题 4：<h4>标题 4 名称</h4>。
- 标题 5：<h5>标题 5 名称</h5>。
- 标题 6：<h6>标题 6 名称</h6>。

2. 字号

<font>标签的 size 属性说明字体的大小，取值越大，字号越大。

```
<font size="">......</font>
size=1,2,3,4,5,6,7
```

3. 物理样式

物理样式说明字体显示为粗体、斜体、下画线、删除线、上标、下标、定宽。

- 粗体：<b></b>，例如**我是粗体**。
- 斜体：<i></i>，例如*我是斜体*。
- 下画线：<u></u>，例如我带下画线。
- 删除线：<s></s>或者<strike></strike>，例如~~我带删除线~~。
- 上标：，例如 X^2。
- 下标：，例如 A_2。

4. 逻辑样式

逻辑样式说明字体为强调、加强语气、计算机代码、代码范例、引用、大字体、小字体、变量。逻辑样式通过物理样式显示出来。

- 强调：<em></em>，HTML 超文本标记语言。
- 加强语气：<strong></strong>，HTML 超文本标记语言。
- 计算机代码：<code></code>，例如 int i,j;double price;。
- 代码范例：<samp></samp>，例如 while(* dest++= * src++);。
- 引用：<cite></cite>，HTML 超文本标记语言。
- 小字体：<small></small>，HTML 超文本标记语言 H5 不再支持<big>。
- 变量：<var></var>，HTML 超文本标记语言。

5. 字体颜色

<font>标签的 color 属性说明字体的颜色，可以是颜色的英文名称，也可以是十六进制表示的 RGB 颜色。

```
<font color="颜色英文名称"></font>
```

- 黑色：black。
- 橄榄色：olive。
- 凫蓝：teal。
- 红色：red。
- 蓝色：blue。
- 栗色：maroon。
- 藏青色：navy。
- 灰色：gray。
- 酸橙色：lime。
- 紫红色：fuchsia。
- 绿色：green。
- 紫色：purple。
- 银灰色：silver。
- 黄色：yellow。
- 浅绿色：aqua。
- 白色：white。

```
<font color="#rrggbb">  </font>
```

RGB颜色用十六进制表示(0,1,2,3,4,5,6,7,8,9,A,B,C,D,E,F)。

顺序为红绿蓝,每种颜色1字节。

比如:<font color="#C2F9CC">　</font>

6. 客户端字体

<font>标签的face属性说明浏览器显示文字采用的字体列表。浏览器优先选用字体列表中前面的字体。

```
<font face="幼圆,隶书,Arial,Helvetica">  </font>
```

7. 字符实体

字符实体允许在HTML页面中插入特定的字符。一个经常使用的字符实体是" ",即空格。由于HTML会把多个连续的空格当成一个空格处理,当需要输入多个空格时,可以输入多个" "。Dreamweaver中输入" "的组合键是"Ctrl+Shift+空格键"。

- &: &
- <: <
- >: >
- ": "
- ©: ©
- ≤: ≤
- ∀: ∀
- ®: ®

2.3 文字布局

本节讲述文字的布局,包括行的控制、文字的对齐、文字的分区、列表、定制列表元素、预格式化文本。

1. 行的控制

<p>标签定义一个段落,不同的段落之间会换行,并留有一定的段落间距。
标签用来换行。在Dreamweaver中直接回车将产生一个新的段落,即生成标签<p>。产生标签
的组合键是Shift+Enter。

- <p></p>,段落(Paragraph)。
-
,换行。

2. 文字的对齐

标签的align属性规定文字的水平对齐方式。对齐方式的取值有:left(靠左)、center(居中)、right(靠右)。

```
<h1 align="center"></h1>
<p align="left"></p>
```

3. DIV 标签

DIV 标签可以把 HTML 页面分成多个区块。DIV + CSS 已经成为当前主流的网页布局技术。CSS 即层叠样式表(Cascading Style Sheets),它用来描述 HTML 标签的样式。

(1) 根据标签的名字选择样式:

```
<style type="text/css">
    /* 标题 1 的样式 */
    h1{
        font-size: 22px;
        color:#0000FF;
    }
    /*段落的格式*/
    p{
        font-size:14px;
        color: #FF0000;
    }
</style>
<h1>字体大小为 22 像素的蓝色标题一</h1>
<p>字体大小为 14 像素的红色段落</p>
```

说明:<style>标签通常放在<head>标签的内部。上述 HTML 文件中的所有标题一<h1>都显示为 22 像素的蓝色字体,所有段落<p>都显示为 14 像素的红色字体。

(2) 根据 class 选择样式:

```
<style type="text/css">
    /*定一个 class,名字为 block1 */
    .block1{
        width: 200px;
        height: 100px;
        background-color: blue;
    }
    /*定义第二个 class,名字为 block2 */
    .block2{
        width: 300px;
        height: 180px;
        background-color: red;
    }
</style>
<div class="block1"></div>
<div class="block2"></div>
<div class="block1"></div>
```

以“.”开头定义的样式(.block1 和 .block2)可以通过标签的 class 属性进行选择,决定使用哪个样式。一个 class 可以被多个标签同时使用,多个标签都使用该 class 定义的样式。

第 1 个 div 标签使用 .block1 定义的样式,显示为一个宽 200 像素、高 100 像素的蓝色区块。第 2 个 div 标签使用 .block2 定义的样式,显示为一个宽 300 像素、高 180 像素的红色区块。第 3 个 div 标签也使用 .block1 定义的样式,显示为一个宽 200 像素、高 100 像素的蓝色区块。第 1 个 div 标签和第 3 个 div 标签使用了共同的样式 .block1。

(3) 根据标签的 id 选择样式:

```
<style type="text/css">
    /* body 标签的样式 */
    body{
        text-align: center;
        margin:0;
        padding:0;
    }
    /* 定义一个放所有页面内容的容器 */
    #container{
        width: 800px;
        height: auto;
        margin: 0 auto;
        text-align:left;
    }
    /* 定义页面头部 */
    #header{
        width: 800px;
        height: 60px;
        background-color: red;
    }
    /* 定义页面中部 */
    #content{
        width: 800px;
        height:680px;
        background-color: green;
    }
    /* 定义页面底部 */
    #footer{
        width: 800px;
        height: 40px;
        background-color: blue;
    }
</style>
<body>
```

```
    <div id="container">
        <div id="header"></div>
        <div id="content"></div>
        <div id="footer"></div>
    </div>
</body>
```

以“#”开头定义的样式根据标签的id选择使用哪个样式，一个页面内标签的id应该是唯一的。container、header、content、footer 都是页面设计者自己定义的 id 的名字。container定义了一个居中的宽800像素的块，在其内部定义了页面头部 header、页面中部 content、页面底部 footer。

4. 列表

(1) 无序列表。

<ul>标签定义无序的列表，<li>标签定义列表中的每一个列表项。

```
<ul>                                    • item
    <li>item</li>                       • item
    <li>item</li>                       • item
    <li>item</li>
</ul>
```

(2) 有序列表。

<ol>标签定义有序列表，<li>标签定义列表中的每一个列表项。

```
<ol>                                    1. item
    <li>item</li>                       2. item
    <li>item</li>                       3. item
    <li>item</li>
</ol>
```

(3) 自定义列表。

<dl>标签定义自定义列表，<dt>标签定义列表项的标题，<dd>标签给出列表项的内容。

```
<dl>
    <dt>HTML</dt>                       HTML
    <dd>超文本标记语言</dd>                    超文本标记语言
    <dt>CSS</dt>                        CSS
    <dd>层叠样式表</dd>                        层叠样式表
    <dt>JSP</dt>                        JSP
    <dd>Java Server Pages</dd>                Java Server Pages
</dl>
```

5. 定制列表元素

定制表中的标记有<li type="#">、#=disc、circle、square。

```
<ul>
    <li type="disc">ONE</li>
    <li type="circle">TWO</li>
    <li type="square">THREE</li>
</ul>
```

```
• ONE
◦ TWO
▪ THREE
```

6. 预格式化文本

<pre>标签用来定义预格式化的文本。被包围在<pre>标签中的文本会保留空格和换行符,文本也会呈现为等宽字体。<pre>标签的一个常见应用就是用来表示计算机的源代码。

```
<pre>
    int[10] a;
    for(int i=0; i<10; i++) {
        a[i] = i * i;
    }
</pre>
```

2.4 图 像

本节介绍 HTML 文件中插入图像的基本语法、图像的超链接和图像映射图。

1. 插入图像

(1) 基本语法。

<img>标签可以在 HTML 里面插入图片,如图 2-1 所示,基本的语法如下:

```
<img src="url"/>
```

url 表示图片的路径和文件名,可以是相对路径,也可以是绝对路径。

```
<img src="images/javalogo.gif"/>
<img src="http://cs.uibe.edu.cn/imgs/cat.jpg"/>
```

图 2-1 使用<img>标签插入图像

(2) 图像 alt 属性。

<img>中有一个 alt 属性,英文为 alternate text。

```
<img src = "images/javalogo.gif" alt="Java 语言">
```

如果浏览器没有载入图片的功能,浏览器就会转而显示 alt 的属性值。其实,现在大多数浏览器都支持图片载入。在此介绍 alt 属性,是因为它的另外一个重要功能。目前搜索引擎抓取工具无法识别图像中所含的文字,所以用 alt 属性写上图片的说明,便于搜索引擎抓取网页的内容。

(3) 图像的大小。

在默认情况下,图片显示原有的大小。可以用 height 和 width 属性改变图片的大小。不过图片的宽和高比例一旦被改变,显示出来的结果可能会很难看。

```
<img src="images/logo.jpg" width="120" height="40" />
```

(4) 图像的边框。

border属性说明图像边框的粗细,单位为像素,一般都是声明 border="0"。

```
<img src="images/logo.jpg" border="0" />
```

2. 图像的超链接

图像的链接和文字的链接方法是一样的,都是用<a>标签来完成,只要将<img>标签放在<a>和</a>之间就可以了。图像加上 border="0"避免出现蓝色边框。

```
<a href=url><img src=imageUrl border="0"/></a>
```

3. 图像映射图

<map>标签定义一个客户端图像映射,如图 2-2 所示。图像映射(image-map)指带有可单击区域的一幅图像。

```
<img src=img.gif  usemap="MAP-Name">
<map name="MAP-Name">
    <area shape="#" coords="#" href="url">
</map>
  shape="rect" coords="A,A',B,B'"
  (A,A')=Upper Left, (B,B')=Lower Right
  shape="circle" coords="A,A',R'"
  (A,A')=Center, R=Radius
  shape="poly" coords="A,A',B,B',C,C'..."
  (A,A'>=First Corner, (B,B')=Second Corner, ...
```

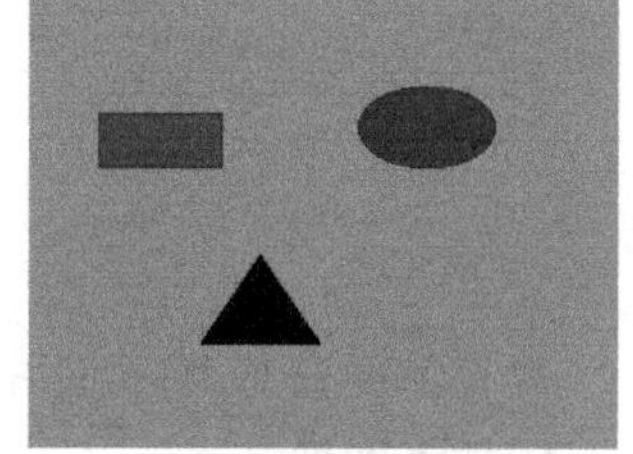

图 2-2 图像映射图

2.5 表 格

本节介绍表格的基本语法、跨多行的单元格、跨多列的单元格、表格尺寸设置、表格内文字的对齐、表格在页面中的对齐、表格不同部分分组显示和表格嵌套。

1. 表格的基本语法

<table>标签用来定义表格,一个表格从<table>开始,到</table>结束。<tr>标签用来定义表格的一行,<th>标签用来给出表头的一个单元格,<td>标签用来给出表格的一个单元格。下面的HTML代码定义了一个2行3列的表格,显示效果如图 2-3 所示。

学号	姓名	专业
202101001	张三	计算机

图 2-3 表格

```
<table border=1>
  <tr>
    <th>学号</th><th>姓名</th><th>专业</th>
  </tr>
  <tr>
```

```
    <td>202101001</td><td>张三</td><td>计算机</td>
  </tr>
</table>
```

2. 跨多行多列的单元格

(1) 跨多行的单元格。

<td>标签的 rowspan 属性给出一个单元格占的行数。如图 2-4 所示，表格第一行第一个单元格 rowspan=3，占 3 行，第二个<tr>和第三个<tr>标签内部就没有第一个<td>了。

联 系 人	佟强	tongqiang@uibe.edu.cn
	张三	zhangsan@uibe.edu.cn
	李四	lisi@uibe.edu.cn

图 2-4　跨多行的单元格

```
<table border=1>
    <tr>
        <td rowspan=3>联<br/>系<br/>人</td>
        <td>佟强</td>
        <td>tongqiang@uibe.edu.cn</td>
    </tr>
    <tr><td>张三</td>
        <td>zhangsan@uibe.edu.cn</td></tr>
    <tr><td>李四</td>
        <td>lisi@uibe.edu.cn</td></tr>
</table>
```

(2) 跨多列的单元格。

<td>标签的 colspan 属性给出一个单元格占的列数。如图 2-5 所示，下面表格第一行的第一个单元格 colspan=3，占 3 列，这导致第一行就没有第二个和第三个<td>标签了。

```
<table border=1>
  <tr><td colspan=3 align=center>学生情况表</td></tr>
  <tr>
    <th>学号</th><th>姓名</th><th>专业</th>
  </tr>
  <tr>
    <td>202101002</td>
    <td>李四</td>
    <td>信息管理</td>
  </tr>
</table>
```

学生情况表		
学号	**姓名**	**专业**
202101002	李四	信息管理

图 2-5　跨多列的单元格

3. 尺寸设置

(1) 表格边框。

<table>标签去掉 border 属性，一般会显示无边框的表格，效果如图 2-6 所示。

Food	Drink	Sweet
A	B	C

图 2-6　无边框的表格

```
<table>
  <tr>
    <th>Food</th><th>Drink</th><th>Sweet</th>
  </tr>
  <tr>
    <td>A</td><td>B</td><td>C</td>
  </tr>
</table>
```

(2) 宽度和高度。

HTML 5 已经不再支持<table>标签的 width 和 height 属性。在 HTML 5 中,使用 CSS 来描述表格的宽度和高度,可以给出像素,也可以给出百分比。

```
<style type="text/css">
.mytb{
  width: 170px;  height: 100px;
}
</style>
<table class="mytb"  border="1">
  <tr><th>Food</th><th>Drink</th><th>Sweet</th></tr>
  <tr><td>A</td><td>B</td><td>C</td></tr>
</table>
```

下面定义的表格始终占表格上层标签宽度的 80%。

```
<style type="text/css">
.mytb{  width: 80%;  }
</style>
<table class="mytb"  border="1">
  <tr><th>Food</th><th>Drink</th><th>Sweet</th></tr>
  <tr><td>A</td><td>B</td><td>C</td></tr>
</table>
```

(3) 单元格间隙和内部填充。

<table>标签的 cellspacing 属性给出表格单元格之间的间隙,cellpadding 属性给出单元格内部的填充,单位均为像素。HTML 5 不再支持 cellspacing 和 cellpadding,而是要使用 CSS 来实现,以下表格效果如图 2-7 所示。border-collapse 修饰的是表格,默认值是 separate,表示单元格是分离的。border-spacing 的作用是给出单元格之间的间隙,它仅在 border-collapse 的值为 separate 时才有效。修饰标签<td>的 padding 给出单元格内部的填充。

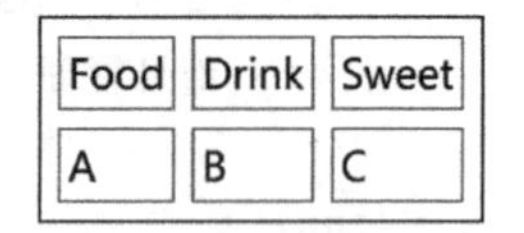

图 2-7　间隙和填充

```
<!DOCTYPE html><html><head><meta charset="UTF-8">
<title>单元间隙与填充</title>
<style type="text/css">
```

```
.mytb{
  border-collapse: seperate;
  border-spacing: 7px;
  border: solid 1px navy;
}
.mytb td{
  padding: 3px;  border: solid 1px forestgreen;
}
</style></head><body>
<table class="mytb">
  <tr><td>Food</td><td>Drink</td><td>Sweet</td></tr>
  <tr><td>A</td><td>B</td><td>C</td></tr>
</table></body></html>
```

将 border-collapse 的值修改为 collapse，就去掉了表格边框，给出单元格边框和单元格内部填充，显示效果如图 2-8 所示。

```
.mytb{ border-collapse: collapse; }
.mytb td{
  padding: 3px;
  border: solid 1px forestgreen;
}
```

Food	Drink	Sweet
A	B	C

图 2-8　边框 collapse

4. 单元格对齐方式

(1) 水平对齐方式。

单元格的水平对齐方式指单元格中的内容在单元格内部水平方向上的摆放位置，可以通过设置<tr>、<th>、<td>标签的 align 属性实现靠左对齐(left)、水平居中(center)、靠右对齐(right)。

(2) 垂直对齐方式。

单元格的垂直对齐方式指单元格中的内容在单元格内部垂直方向上的摆放位置，可以通过设置<tr>、<th>、<td>标签的 valign 属性实现靠上对齐(top)、垂直居中(middle)、靠下对齐(bottom)、基线对齐(baseline)。

(3) CSS 实现单元格对齐，效果如图 2-9 所示。

```
.mytb{ border-collapse: collapse;}
.mytb td{
  padding: 3px;  border: solid 1px black;
  width: 70px;  height: 40px;
  text-align: center;
  vertical-align: middle;
}
<table class="mytb">
<tr><td>Food</td><td>Drink</td><td>Sweet</td></tr>
<tr><td>A</td><td>B</td><td>C</td></tr>
</table>
```

Food	Drink	Sweet
A	B	C

图 2-9　单元格对齐

5. 表格在页面中的对齐

HTML4 和 XHTML 表格自身在页面中的对齐方式可以通过设置<table>标签的 align 属性实现左对齐(left)、水平居中(center)、右对齐(right)。

```
<table align="left | center | right">
```

HTML5 已经不支持 table 的 align 属性,可使用“margin: 0 auto”实现居中。

```
.mytb{
    border-collapse: collapse;
    margin: 0 auto;
}
.mytb td{
  padding: 3px;  border: solid 1px black;
}
<table class="mytb">
  <tr><td>Food</td><td>Drink</td><td>Sweet</td></tr>
  <tr><td>A</td><td>B</td><td>C</td></tr>
</table>
```

6. 分组显示

<thead>、<tbody>、<tfoot>标签可以对表格中的行进行分组。当创建某个表格时,也许希望拥有一个标题行,一些带有数据的行,以及位于底部的一个总计行。这种划分使浏览器有能力支持独立于表格标题和页脚的表格正文滚动。当长的表格被打印时,表格的表头和页脚可被打印在包含表格数据的每张页面上。

```
<table>
    <thead>
        <tr><th>Food</th><th>Drink</th><th>Sweet</th>
    </thead>
    <tbody>
        <tr><td>A</td><td>B</td><td>C</td>
        <tr><td>D</td><td>E</td><td>F</td>
    </tbody>
    <tfoot><tr><td>X</td><td>Y</td><td>Z</td></tfoot>
</table>
```

7. 表格嵌套

在 HTML 页面中,使用表格排版是通过表格的嵌套来完成的,即一个表格的单元格内部可以嵌套另一个表格。

用表格来排版页面的思路是:由总表格规划整体的结构,由嵌套的表格负责各个子栏目的排版,并插入到表格的相应位置,这样就可以使页面的各个部分有条不紊,互不冲突,看上去清晰整洁。在实际制作网页时一般不显示边框,边框的显示可根据自己的喜好来设定。

现在新的设计更倾向于采用 DIV+CSS 来实现网页内容的布局。

2.6 框　架

本节介绍框架的基本语法、框架布局、框架间的相互操作、外观、内联框架。

1. 框架基本语法

<frameset>标签用来定义一个框架集，被用来组织多个窗口（框架）。每个框架显示一个独立的文档。<frameset>标签通过 cols 属性和 rows 属性规定在框架集中有多少列或多少行。一个<frameset>内部可以定义<frame>，也可以定义<frameset>。

<frame>标签在一个<frameset>中定义一个框架，其 src 属性给出这个框架显示的一个 HTML 文件的 URL。<noframes>标签可为那些不支持框架的浏览器给出显示文本，它位于<frameset>标签内部。

2. 框架布局

(1) 纵向排列多个窗口。

<frameset>标签的 cols 属性可以把窗口分割成纵向的几个窗口，如图 2-10 所示。

```
<frameset cols="30%,20%,50%">
    <frame src="A.html">
    <frame src="B.html">
    <frame src="C.html">
</frameset>
```

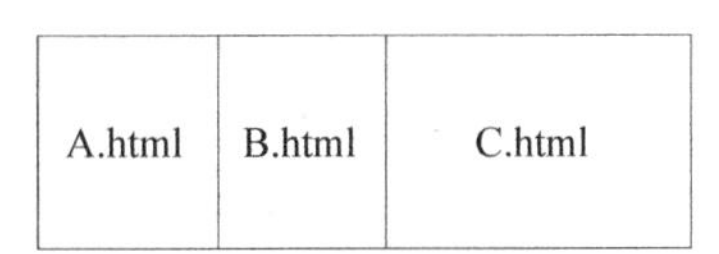

图 2-10　纵向排列多个窗口

(2) 横向排列多个窗口。

<frameset>标签的 rows 属性可以把窗口分割成横向的几个窗口，如图 2-11 所示。

```
<frameset rows="30%,20%,50%">
    <frame src="A.html">
    <frame src="B.html">
    <frame src="C.html">
</frameset>
```

A.html | B.html | C.html

图 2-11　横向排列多个窗口

(3) 纵横排列多个窗口。

外层<frameset>将窗口垂直分割成多个窗口，内层<frameset>将其中一个窗口进一步分割成多个水平的窗口。当然，也可以先水平分割，然后再垂直分割。图 2-12 给出了纵横排列多个窗口的效果。

```
<frameset cols="20%,*">
    <frame src="A.html">
    <frameset rows="40%,*">
        <frame src="B.html">
        <frame src="C.html">
    </frameset>
</frameset>
```

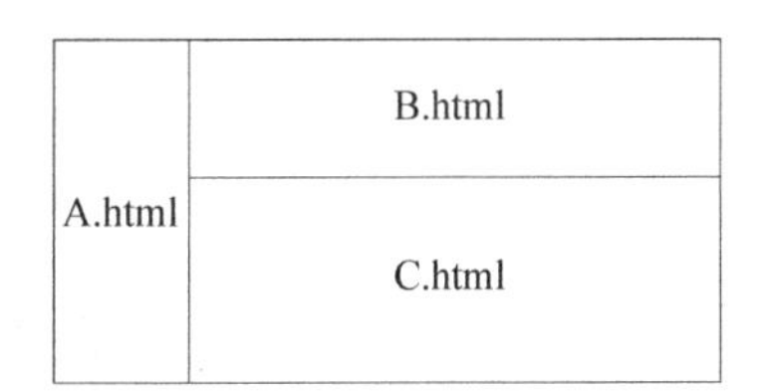

图 2-12　纵横排列多个窗口

3. 框架间的互操作

(1) 超链接结果显示到指定框架。

要实现框架之间的互操作,需要给框架指定一个名字。通过<frame>标签的 name 属性给出框架名。

```
<frame name="myframe">
```

如果一个超链接想让浏览器用户单击超链接时把结果显示在一个框架中,可通过<a>标签的 target 属性给出框架名。

```
<a target="myframe"></a>
<frameset cols="50%,50%">
    <frame src="A.html">
    <frame src="B.html" name="myframe">
</frameset>
```

在 A.html 中的超链接<a href="C.html" target="myframe">我的链接</a>。

(2) 特殊的 4 类窗口。

```
<a href="url" target="_blank">      新窗口
<a href="url" target="_self">       本窗口
<a href="url" target="_parent">     父窗口
<a href="url" target="_top">        整个浏览器窗口
```

4. 内联框架

<iframe>标签可以创建一个包含另外一个 HTML 文档的内联框架。<frame>只能定义在<frameset>标签的内部,而<iframe>可以在 HTML 正文中定义,使用更加灵活。

```
<iframe src=# name=##> ... </iframe>
# = 初始页面的 URL
## = 框架名,之后可根据名字进行各框架间的互操作
<center>
  <iframe src="A.html" name="myiframe" width="400" height="300"></iframe>
  <br/><br/>
  <a href="A.html" target="myiframe">Load A</a><br>
  <a href="B.html" target="myiframe">Load B</a><br>
  <a href="C.html" target="myiframe">Load C</a><br>
</center>
```

2.7 表单与请求参数

本节介绍表单的基本语法和常用的表单域:文本框(text)、密码框(password)、复选框(checkbox)、单选框(radio)、隐藏表单(hidden)、列表框(select, option)、文本区域

(textarea)、按钮(button、submit、reset)、文件上传(file)、图像按钮(image)。

HTML5增加的表单元素：<datalist>、<keygen>、<output>。HTML5增加了多个新的input类型：color、date、datetime、datetime-local、email、month、number、range、search、tel、time、url、week。如果是浏览器不支持的新的输入类型，则输入类型会被视为text。

1. 表单的基本语法

<form>标签用来定义表单，其url属性给出表单提交到的URL，method属性说明提交表单的方法，一般都为POST方法。

```
<form action="url" method= * >
...
   <input type="submit"> <input type="reset">
</form>
* =GET, POST
```

表单中提供给用户的输入形式：

```
<input type= * name=**>
*=text, password, checkbox, radio, image, hidden, submit, reset
**=Symbolic Name for server side script(服务器端用于读取的参数名)
```

2. 按钮

input类型为submit定义提交按钮。用户单击提交按钮时，表单提交到action属性给出的URL进行处理。如果提交到JSP页面，可以在JSP页面中使用request对象的getParameter()方法读取单值参数，使用getParameterValues()方法读取多值参数。

```
<input type="submit" name= * value=**>
```

input类型为reset声明重置按钮。用户单击重置按钮时，浏览器将表单中各个表单域的内容清空。

```
<input type="reset" name= * value=**>
```

input类型为button是普通按钮。单击普通按钮时，浏览器不会自动产生任何动作。

```
<input type="button" name= * value=**>
```

submit、reset、button这3种按钮的value属性给出在按钮上显示的文字。提交表单时，按钮名和值也分别作为一个参数和对应值提交给服务器。

3. 文本框和密码框

input类型为text定义文本框，input类型为password定义密码框。文本框中的文本在用户输入时会显示在屏幕上，而密码框的内容在用户输入时不会显示用户输入的实际内容。下面的HTML定义了一个文本框和一个密码框，显示效果如图2-13所示。

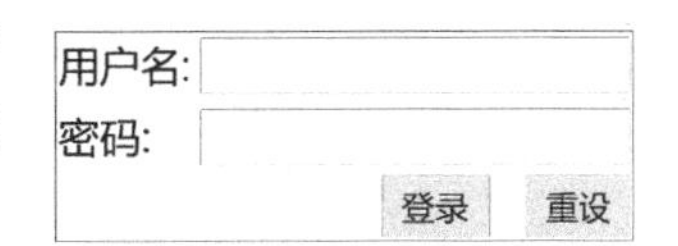

图2-13　文本框和密码框

```
<input type= * value=**>
```

```
*=text, password
<form action="login.jsp" method="POST"><table>
  <tr><td>用户名:</td><td><input type="text" name="userName"/></td></tr>
  <tr><td>密码:</td><td><input type="password" name="password"/></td></tr>
  <tr><td colspan="2" align="right">
        <input type="submit" value="登录"/>  
        <input type="reset" value="重设"/>
     </td>
  </tr></table></form>
```

在 login.jsp 中，根据表单域的 name 属性读取表单中的参数。代码如下：

```
<%
    String userName = request.getParameter("userName");
    String password = request.getParameter("password");
%>
```

String 后面的 userName 和 password 是函数的局部变量，而 getParameter()方法里面用双引号引起来的是浏览器传递过来的请求参数的名字。

4. 复选框

input 类型为 checkbox 可以定义复选框。所谓复选框是指允许在一组复选框中同时选择多个选项。如果想让一个复选框默认选中，需要设置复选框的 checked 属性。下面的 HTML 代码定义了 3 个复选框，显示效果如图 2-14 所示。

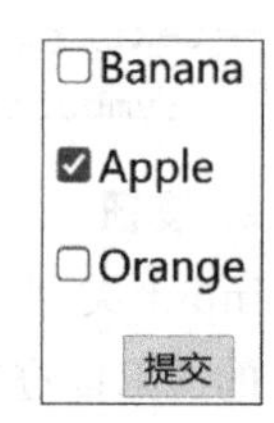

图 2-14　复选框

```
<input type="checkbox" name=* value=** checked>
<form action=check.jsp method=post>
  <p><input type=checkbox name=fruits value=banana>Banana</p>
  <p><input type=checkbox name=fruits checked value=apple>Apple</p>
  <p><input type=checkbox name=fruits value=orange>Orange</p>
  <p style="padding-left:30px;"><input type=submit></p>
</form>
```

为了让服务器端的 JSP 页面中(check.jsp)按照同一个名字读取复选框的值，同一组复选框需要起一个同样的名字，比如复选框名都是 fruits。服务器端读取到的参数值是复选框的 value 属性给出的，而不是复选框后面显示的内容。

```
<%
    String[] fruits = request.getParameterValues("fruits");
    if(fruits!=null){
        for( int i=0; i< fruits.length; i++) {
            out.println(fruits[i] + "<br/>");
        }
    }
%>
```

5. 单选框

input 类型为 radio 可以定义单选框。所谓单选框是指只允许在一组单选框中同时选择一个选项。下面的 HTML 代码定义了 3 个单选框，如果想让一个单选框默认选中，则需要设置单选框的 checked 属性。显示效果如图 2-15 所示。

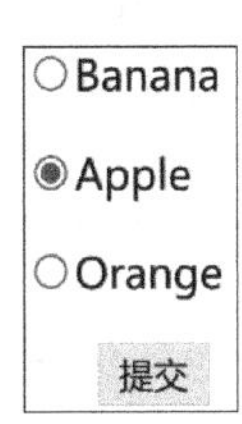

图 2-15　单选框

```
<input type="radio" name=* value=** checked>
<form action=radio.jsp method=post>
    <p><input type=radio name=fruit value=banana>Banana</p>
    <p><input type=radio name=fruit value=apple checked>Apple</p>
    <p><input type=radio name=fruit value=orange>Orange</p>
    <p style="padding-left:30px;"><input type=submit></p>
</form>
```

页面中的同一组单选框需要起一样的名字，而其中每个单选框的 value 属性各不相同。在页面 radio.jsp 中读取单选框值的代码如下：

```
<%
    String userName = request.getParameter("fruit");
%>
```

6. 隐藏表单域

input 类型为 hidden 可以声明隐藏表单域。隐藏表单域具有一个名字和对应的值，会在表单提交时传递给服务器，但是隐藏表单域不会显示在页面中。一般用于提交本页用户不可见但又必须传递的元素信息。

```
<input type="hidden" name=* value=**>
<form action="hidden.jsp" method="post">
    <input type="hidden" name="email" value="tongqiang@yeah.net" />
    <input type="submit" />
</form>
```

在 hidden.jsp 中读取上面隐藏表单域的代码为：

```
<%
    String email = request.getParameter("email");
%>
```

7. 列表框

<select>标签用于声明下拉列表，每个下拉列表项使用<option>标签来声明。传递给服务器的参数名由<select>标签的 name 属性给出，传递到服务器的值由被用户所选的<option>标签的 value 属性给出，<option>和</option>之间的是显示给浏览器用户的内容。如果希望一个<option>默认被选中，则需要设置该选项的 selected 属性。下面的 HTML 代码声明了一个下拉框，如图 2-16 所示。

图 2-16　下拉框

```
<form action=select.jsp  method=post>
<p><select name="fruit">
    <option value="banana">Banana</option>
    <option value="apple" selected>Apple</option>
    <option value="orange">Orange</option>
</select></p>
<p><input type=submit></p>
</form>
```

在 select.jsp 中读取上面下拉列表的代码如下:

```
<%  String fruit = request.getParameter("fruit");  %>
```

多选列表框允许用户同时选中多个选项。按住 Ctrl 键的同时单击选项可以选择多个不连续的选项;单击一个选项作为开始,然后按住 Shift 键再单击另一个选项作为结束,可以选择开始选项到结束选项之间的全部选项。

<select>标签也可以用于声明多选列表框,需要设置 multiple 选项允许多选,设置 size 属性值给出列表框同时显示的行数。如果选项的数目超过 size 的值,列表框会自动产生垂直滚动条。下面的 HTML 代码定义了一个多选列表框,显示效果如图 2-17 所示。

图 2-17 多选列表框

```
<form action=multiselect.jsp  method=post>
  <p><select name=fruits size=3 multiple>
    <option value=banana>Banana</option>
    <option value=apple selected>Apple</option>
    <option value=orange selected>Orange</option>
    <option value=litchi>Litchi</option>
    <option value=watermelon>Watermelon</option>
    </select></p>
  <p><input type=submit></p>
</form>
```

在页面 multiselect.jsp 中读取多选列表框参数值的代码如下:

```
<%
String[] fruits=request.getParameterValues("fruits");
if( fruits!=null ){
    for( int i=0; i<fruits.length; i++) {
        out.println(fruits[i] + "<br/>");
    }
}
%>
```

8. 文本区域

文本区域是一个多行多列、支持水平和垂直滚动的文本输入表单域。<textarea>标签用来定义文本区域,rows 属性给出文本区域显示的行数,cols 属性给出每行显示的字符数。下面 HTML 代码定义了一个文本区域，显示效果如图 2-18 所示。

```
<textarea name= * rows=** cols=**> ... <textarea>
<form action=textarea.jsp method=post>
    <textarea name="comment" rows=5 cols=35>
        初始文本内容
    </textarea>
    <p><input type="submit" /></p>
</form>
```

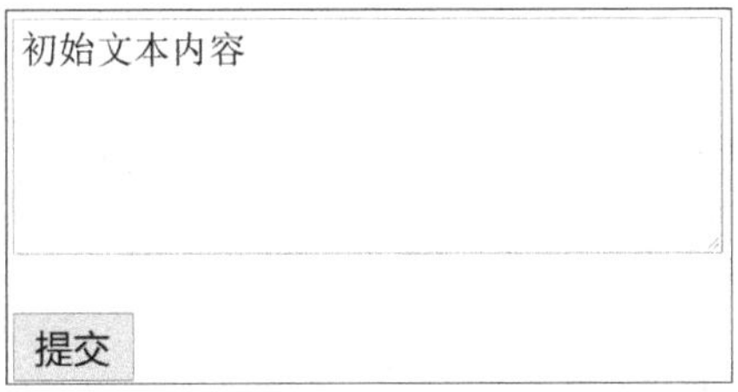

初始文本内容

提交

图 2-18　文本区域

在页面 textarea.jsp 中，读取上面文本区域的参数值的代码如下：

```
<%
    String comment = request.getParameter("comment");
%>
```

9. 文件上传

input 类型为 file 定义了一个文件上传的文本框和浏览按钮。支持文件上传的表单需要设置 enctype 属性为“multipart/form-data”。这样的表单发送给服务器的数据是编码后的二进制数据，不能继续使用 getParameter()方法读取表单参数。

```
<form method="post" action=url  enctype="multipart/form-data">
    <input type="file" name="myfilename"/>
</form>
```

关于如何上传文件到服务器本书将在 Servlet 部分继续介绍。

10. 图像按钮

input 类型为 image 定义一个图像按钮，src 属性给出按钮所用图片的路径，用户单击图像按钮时默认提交表单。

```
<input type="image" src="images/btn.jpg" >
```

2.8　读取中文请求参数

request 对象读取请求参数时，默认采用的是英文字符集 ISO-8859-1。如果请求的参数值含有中文字符，则读出的字符串将是乱码。读取含中文字符的参数值需要在读取前正确地设置 request 对象的字符编码。

JSP 页面需要在调用 getParameter()方法之前，调用 setCharacterEncoding()方法设置使用什么字符集从请求对象中进行读取。常用的表示中文的字符集有：GB2312、GBK、GB18030、UTF-8。字符集的设置应该和发送请求的 JSP 页面的编码一致。

encoding.jsp：读取中文请求参数

```
<%@ page contentType="text/html; charset=UTF-8" %>
<!DOCTYPE html><html><head><meta charset="UTF-8">
<title>字符集编码</title></head>
<body>
<form action="encoding.jsp" method="post">
    <p>姓名：<input type="text" name="name"/></p>
    <p><input type="submit"  value="提交"/></p>
</form>
<%
    //设置字符集语句需要放在所有 getParameter()方法之前
    request.setCharacterEncoding("UTF-8");
    String name = request.getParameter("name");
    if(name!=null) {
        out.println("<h3>姓名：" + name+"</h3>");
    }
%>
</body>
</html>
```

去掉 request.setCharaterEncoding("UTF-8")，出现乱码的情况如图 2-19 所示。正确读取中文字符串的测试结果如图 2-20 所示。

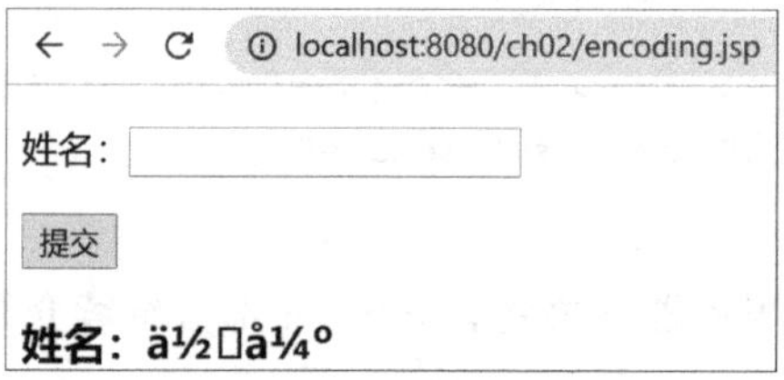

图 2-19　出现乱码

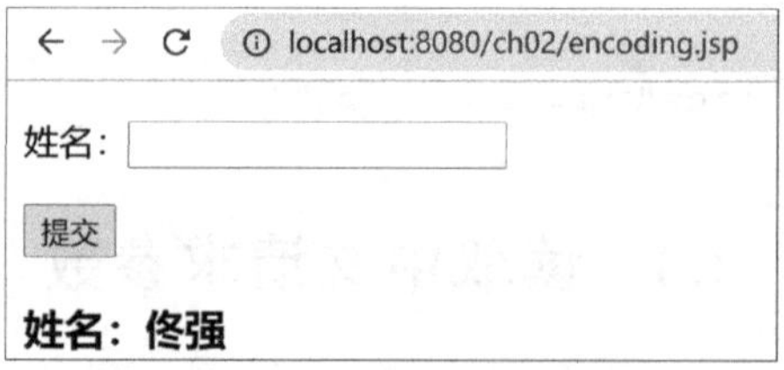

图 2-20　正确读取中文字符串

本章小结

超文本标记语言(Hyper Text Markup Language,HTML),是制作网页文件的语言。CSS是层叠样式表(Cascading Style Sheets),它用来修饰HTML标签的样式。浏览器可以根据标签名选择样式,根据class属性选择样式,也可以根据id属性选择样式。

常用的HTML标签功能如下:

标签	功能	标签	功能
<html></html>	HTML文档	<form></form>	表单
<head></head>	文档头部	<input type="text">	文本框
<title></title>	文档标题	<input type="password">	密码框
<body></body>	文档主体	<input type="submit">	提交按钮
<a></a>	超链接	<input type="reset">	重置按钮
<hr/>	水平线	<input type="button">	普通按钮
<! -- -->	注释	<input type="checkbox">	复选框
<h1>、<h2>、<h3>	标题	<input type="radio">	单选框
<p></p>	段落	<input type="hidden">	隐藏表单
 	换行	<input type="image">	图像按钮
<ul></ul>	无序列表	<input type="file">	文件上传
<ol></ol>	有序列表	<select></select>	列表框
<li></li>	列表项	<option></option>	列表项
<pre></pre>	预格式化文本	<textarea></textarea>	文本区域
<img/>	图片	<font></font>	字体
<div>	分块	<b></b>	加粗
<table></table>	表格	<i></i>	斜体
<tr></tr>	表格的一行	<u></u>	下画线
<td></td>	表格的一个单元格	<s></s>	删除线
<thead></thead>	表格头部		上标
<tbody></tbody>	表格主体		下标
<tfoot></tfoot>	表格底部		空格
<th></th>	表格头部单元格	<	<
<frameset>	框架集	>	>
<frame>	框架	"	"
<iframe>	内联框架	&	&

在JSP中读取HTTP请求参数相关的方法如下。

- request.setCharacterEncoding():在读取请求参数之前,设置request对象的字符集,设置的字符集需要与发起请求的页面字符集一致。
- request.getParameter():读取请求参数对应的第一个值,返回单个字符串。
- request.getParameterValues():读取请求参数对应的全部值。

习 题 二

1. 下列(　　)项<input>标签表示的不是按钮。

A. type="submit"　　B. type="checkbox"

C. type="image"　　D. type="button"

2. 下列(　　)项是换行标签。

A. <body>　　B. <font>　　C.
　　D. <p>

3. 在 HTML 中,标签<pre>的作用是(　　)。

A. 标题　　B. 预排版　　C. 换行　　D. 文字效果

4. 以下标签中,用于定义一个单元格的是(　　)。

A. <td></td>　　B. <tr></tr>

C. <table></table>　　D. <thead></thead>

5. 用 HTML 标记语言编写一个简单的网页,网页最基本的结构是(　　)。

A. <html><head>…</head><frame>…</frame></html>

B. <html><title>…</title><body>…</body></html>

C. <html><title>…</title><frame>…</frame></html>

D. <html><head>…</head><body>…</body></html>

6. 在制作 HTML 页面时,页面的布局技术主要分为(　　)。

A. 框架布局　　B. 表格布局

C. DIV 层布局　　D. 以上全部选项

7. 下列在新窗口打开网页文档的是(　　)。

A. _self　　B. _blank　　C. _top　　D. _parent

8. CSS 修饰表格的宽度可以用像素和________两种单位来设置。

9. 设计一个用户注册表单,包含文本框、密码框、单选框、复选框、列表框、文本区域和提交按钮,编写一个 JSP 页面在服务器端读取传递给服务器端的请求参数的值。

10. HTML4、XHTML、HTML5 的区别有哪些?

11. 什么是 CSS? CSS 是如何实现内容和表现分离的?

12. 标签选择 CSS 样式的方式有哪几种?

第3章 JSP语法

本章介绍JSP的基本语法，包括指令元素、脚本元素、动作元素、注释。指令元素告诉JSP容器如何编译JSP文件，脚本元素是JSP文件中的Java代码，动作元素是用来协助处理客户请求的。

3.1 JSP文件的组成

JSP是HTML和Java脚本混合的文本文件，可以处理用户的HTTP请求，并返回动态的页面。JSP由指令元素、脚本元素、动作元素、注释和HTML标签构成。

3.1.1 一个典型的JSP文件

一个典型的JSP文件如下，文件名为typical.jsp。文件中包含page指令、声明、表达式、小脚本，以及HTML标签。

```
<%@ page contentType="text/html; charset=GB18030"%>
<html><head>
<meta http-equiv="Content-Type" content="text/html; charset=GB18030" />
<title>一个典型的 JSP 文件</title></head>
<%!
    int count = 10;
    String getDate(){
        return new java.util.Date().toString();
    }
%>
<body>
<h2>当前时间是: <%=getDate()%></h2>
<table width="400" border="1" >
<tr>
    <td width="100">学号</td>
    <td width="300">姓名</td>
</tr>
<%
for(int i=1;i<=count;i++){
    %>
```

```
        <tr><td><%=i%></td><td><%="Name"+i%></td></tr>
        <%
    }
    %>
    </table></body></html>
```

3.1.2 分析 JSP 文件中的元素

typical.jsp 文件的内容简单分析如下：

- <%@ page contentType="text/html; charset=GB18030" %>，page 指令用来说明如何编译 JSP 文件。
- <%!   %>声明，用来定义类的成员变量和成员方法。
- <%   %>Scriptlet(小脚本)，即 Java 代码。
- <%=   %>表达式，计算并输出 Java 表达式的值。
- <html></html>，HTML 文档的标识符。
- <head></head>，文档头部。
- <title></title>，文档标题。
- <body></body>，文档正文。
- <h3></h3>，标题 3。
- <table></table>，表格。
- <tr></tr>，表格的一行。
- <td></td>，表格的一个单元格。

3.1.3 JSP 文件的运行结果

在 Eclipse 中新建动态网站项目(Dynamic Web Project)，项目名为 ch03。在项目的 src/main/webapp 目录中新建 JSP 文件，文件名为 typical.jsp。在 Eclipse 中启动服务器 Tomcat，然后打开浏览器并在地址栏输入下面 URL，就可以看到 JSP 文件的运行结果，如图 3-1 所示。

```
http://localhost:8080/ch03/typical.jsp
```

上面给出的是浏览器把 HTML 解释后展现给用户的效果，实际的 HTML 文件的内容如下：

```
<html><head>
<meta http-equiv="Content-Type" content="text/html; charset=GB18030" />
<title>第一个 JSP 文件</title></head>
<body>
<h3>当前时间是: Web Aug 04 16:40:58 CST 2021</h3>
<table width="400" border="1" >
  <tr>
    <td width="100">学号</td>
```

图 3-1　JSP 文件的运行结果

```
      <td width="300">姓名</td>
    </tr>
    <tr><td>1</td><td>Name1</td></tr>
    <tr><td>2</td><td>Name2</td></tr>
    <tr><td>3</td><td>Name3</td></tr>
    <tr><td>4</td><td>Name4</td></tr>
    <tr><td>5</td><td>Name5</td></tr>
    <tr><td>6</td><td>Name6</td></tr>
    <tr><td>7</td><td>Name7</td></tr>
    <tr><td>8</td><td>Name8</td></tr>
    <tr><td>9</td><td>Name9</td></tr>
    <tr><td>10</td><td>Name10</td></tr>
  </table></body></html>
```

3.1.4　JSP 转译的 Java 源文件

当服务器上的一个 JSP 页面第一次被请求执行时，服务器上的 JSP 引擎首先将 JSP 页面文件转译成一个 Java 文件，再将 Java 文件编译生成字节码文件，然后通过访问字节码文件实例化的 Java 对象响应客户端的请求。当多个客户请求同一个 JSP 页面时，JSP 引擎为每个客户分配一个线程池里已有的线程，该线程负责访问已经驻留在内存中的 Java 对象来响应客户的请求。

注意： 多个线程并发访问同一个 Java 对象，会存在线程安全问题。

typical.jsp 被 Tomcat 转译成 Java 源文件 typical_jsp.java。由于该源文件是 Tomcat 自动转译的，格式比较不规范，下面的源文件经过作者手工排版，并加入了注释。

```
package org.apache.jsp;
import javax.servlet.*;
import javax.servlet.http.*;
import javax.servlet.jsp.*;
import java.io.*;
import org.apache.jasper.runtime.*;
public final class typical_jsp extends HttpJspBase
                                    implements JspSourceDependent {
  //变量声明转译成类的成员变量
  int count = 10;
  //方法声明转译成类的方法
  String getDate(){
    return new java.util.Date().toString();
  }
  private static java.util.List _jspx_dependants;
  public Object getDependants() {
    return _jspx_dependants;
  }
  public void _jspService(HttpServletRequest request,
                      HttpServletResponse response)
                      throws IOException, ServletException {
    JspFactory _jspxFactory = null;
    PageContext pageContext = null;
    HttpSession session = null;
    ServletContext application = null;
    ServletConfig config = null;
    JspWriter out = null;
    Object page = this;
    JspWriter _jspx_out = null;
    PageContext _jspx_page_context = null;
    try {
      _jspxFactory = JspFactory.getDefaultFactory();
      response.setContentType("text/html; charset=GB18030");
      pageContext = _jspxFactory.getPageContext(this, request, response,
            null, true, 8192, true);
      _jspx_page_context = pageContext;
      application = pageContext.getServletContext();
      config = pageContext.getServletConfig();
      session = pageContext.getSession();
      out = pageContext.getOut();
      _jspx_out = out;
      out.write("\r\n");
      out.write("<html>\r\n");
      out.write("<head>\r\n");
```

```
        out.write("<meta http-equiv=\"Content-Type\" ");
        out.write("content=\"text/html; charset=GB18030\" />\r\n");
        out.write("<title>一个典型的 JSP 文件</title>\r\n");
        out.write("</head>\r\n");
        out.write("<body>\r\n");
        out.write("<h2>当前时间是: ");
        out.print(getDate());
        out.write("</h2>\r\n");
        out.write("<table width=\"400\" border=\"1\" >\r\n");
        out.write("<tr>\r\n");
        out.write("  <td width=\"100\">学号</td>\r\n");
        out.write("  <td width=\"300\">姓名</td>\r\n");
        out.write("</tr>\r\n");
        //for 循环
        for(int i=1;i<=count;i++){
          out.write("<tr><td>");
          out.print(i);                  //表达式
          out.write("</td><td>");
          out.print("Name"+i);           //表达式
          out.write("</td></tr>\r\n");
        }
        out.write("</table>\r\n");
        out.write("</body>\r\n");
        out.write("</html>\r\n");
      } catch (Throwable t) {
        if(!(t instanceof SkipPageException)){
          out = _jspx_out;
          if (out != null && out.getBufferSize() != 0)
            out.clearBuffer();
          if (_jspx_page_context != null)
            _jspx_page_context.handlePageException(t);
        }
      }finally{
          if (_jspxFactory != null)
            _jspxFactory.releasePageContext(_jspx_page_context);
      }
    }
  }
```

3.2 JSP 中的注释

注释可以增强 JSP 页面的可读性,并易于 JSP 页面的维护。JSP 页面中的注释可分为以下 3 种:

(1) HTML 注释：在标记符号"<%--"和"--%>"之间加入注释内容。例如：

```
<!--    注释内容    -->
```

JSP 引擎会计算注释中的 JSP 表达式,并把 HTML 注释交给用户,因此用户通过浏览器查看 JSP 页面的源文件时,能够看到 HTML 注释。

(2) JSP 注释：在标记符号"<%--"和"--%>"之间加入注释内容。例如：

```
<%--  注释内容 --%>
```

JSP 引擎忽略 JSP 注释,即在编译 JSP 页面时忽略 JSP 注释,因此浏览器用户是无法通过查看源文件看到 JSP 注释的。

(3) Java 注释：在"/ * "和" * /"之间可以加入单行或多行注释,在"//"后可以加入单行注释。例如：

```
/*   注释行 1
     注释行 2
     注释行 3
*/
//单行注释内容
```

1. comment.jsp：演示 JSP 中的注释

```
<%@ page contentType="text/html; charset=GB18030" %>
<html><head><title>comment</title></head><body>
<h2>HTML 注释举例</h2>
<!-- HTML 注释  -->
<!-- 含表达式的 HTML 注释 <%= new java.util.Date()%> -->
<h2>JSP 注释举例</h2>
<%-- JSP 注释  --%>
<h2>Java 注释举例</h2>
<%
  /*
     多行注释
  */
  //单行注释
  String developer = "佟强";
%>
</body>
</html>
```

2. comment.jsp：输出的 HTML 内容

```
<html><head><title>comment</title></head><body>
<h2>HTML 注释举例</h2>
<!-- HTML 注释  -->
<!-- 含表达式的 HTML 注释 Web Aug 04 16:50:58 CST 2021 -->
```

```
<h2>JSP 注释举例</h2>
<h2>Java 注释举例</h2>
</body>
</html>
```

3.3　指令元素

JSP指令元素用来告诉JSP容器如何编译JSP文件,JSP指令元素有三个:页面指令page、包含指令include、标签库指令taglib。

3.3.1　page指令

page指令用来定义JSP文件中的全局属性。一个JSP页面可以包含多个page指令,除了import属性外,其他属性只能出现一次。page指令的作用对整个JSP页面有效,与其书写的位置无关,但习惯把page指令写在JSP页面的最前面。

```
<%@ page
    [language="java"]
    [import="{package.clazz|package.* },..."]
    [contentType="TYPE;charset=CHARSET"]
    [session="true|false"]
    [buffer="none|8kb|sizekb"]
    [autoFlash="true|false"]
    [isThreadSafe="true|false"]
    [info="text"]
    [errorPage="relativeURL]
    [isErrorPage="true|false"]
    [extends="package.class"]
    [isELIgnored="true|false"]
    [pageEncoding="CHARSET"]
%>
```

例如:

```
<%@ page language="java" contentType="text/html; charset=GB18030"
    pageEncoding="GB18030" session="true"
    import="java.io.*,java.sql.*,javax.sql.*,java.util.*" %>
```

在对浏览器的响应中,应用服务器负责通知浏览器使用什么样的方法来处理接收到的信息,这就要求JSP页面必须设置响应的MIME类型和字符集,即设置contentType属性。MIME是Multipurpose Internet Mail Extensions的缩写,是一个互联网标准,扩展了电子邮件标准。在万维网中使用的HTTP协议也使用了MIME的框架,标准被扩展为互联网媒体类型。JSP页面输出HTML的MIME类型是text/html,而其他类型通常使用Servlet输出。如果用户的浏览器不支持某种MIME类型,那么用户的浏览器就

无法用相应的应用程序处理接收到的信息。除 text/html，常见的 MIME 类型还有：

- image/jpeg，JPEG 图像。
- image/png，PNG 图像。
- image/gif，GIF 图形。
- text/plain，普通文本。
- application/zip，ZIP 压缩文件。
- application/pdf，PDF 文件。
- application/octet-stream，任意的二进制数据。
- application/vnd.ms-excel，.xls 格式的 Excel 工作簿。

.xlsx 格式的 Excel 工作簿文件的 MIME 类型是：

```
application/vnd.openxmlformats-officedocument.spreadsheetml.sheet
```

page 指令的属性描述、默认值和示例，如表 3-1 所示。

表 3-1 page 指令的属性描述、默认值和示例

属　性	描　述	默认值	示　例
language	定义要使用的脚本语言，目前只能是"java"	"java"	language="java"
import	和一般的 Java import 意义一样，用于引入要使用的类，用逗号","隔开包和类的列表	默认省略	import="java.io.*, java.util.HashMap"
session	指定所在页面是否参与 HTTP 会话	"true"	session="true"
buffer	指定客户端输出流的缓冲模式。如果为 none，则不缓冲；可指定具体大小，与 autoFlash 一起使用	默认 8KB	buffer="64kb"
autoFlush	为 true 则缓冲区满时，输出缓冲区被刷新；为 false 则缓冲区满时，出现运行异常，表示缓冲区溢出	"true"	autoFlush="true"
info	关于 JSP 页面的信息，定义一个字符串，可以使用 servlet.getServletInfo()获得	默认省略	info="测试页面"
isErrorPage	表明当前页是否为其他页的 errorPage 目标。如果被设置为 true，则可以使用 exception 对象。相反，如果被设置为 false，则不可以使用 exception 对象	"false"	isErrorPage="true"
errorPage	定义此页面出现异常时调用的页面	默认省略	errorPage="err.jsp"
isThreadSafe	用来设置 JSP 文件是否能多线程使用。如果设置为 true，那么一个 JSP 能够同时处理多个用户的请求；如果设置为 false，一个 JSP 只能一次处理一个请求	"true"	isThreadSafe="true"
contentType	定义 JSP 页面响应的 MIME 类型和响应内容的字符编码	text/html; charset=ISO-8859-1	"text/html; charset=GB18030"

续表

属 性	描 述	默认值	示 例
pageEncoding	JSP 页面的字符编码	ISO-8859-1	pageEncoding="GB18030"
isELIgnored	指定 EL(表达式语言)是否被忽略。如果为true,则容器忽略"${}"表达式的计算	"false"	isELIgnored="true"

3.3.2 include 指令

include 指令通知容器在当前 JSP 页面中指定的位置嵌入其他文件。被包含的文件内容可以被 JSP 解析,这种解析发生在编译期间。

```
<%@ include file="filename" %>
```

其中 filename 为要包含的文件名。需要注意的是,一经编译,内容就不可变,如果要改变内容,必须重新编译 JSP 文件。相比运行时包含,编译时包含的 JSP 执行效率更高。而且,Tomcat 会检测文件的改动,并自动重新编译文件。

如果 filename 以"/"开头,那么路径是参照 Web 应用所在的根路径;如果 filename 是文件名,或者是以目录名开头,那么路径是以 JSP 文件所在路径为参照的相对路径。

例如,设计网站时,为了让网站具有统一的风格,可以将页面头部和页面底部做成公共的页面,如图 3-2 所示。然后在其他页面中使用 include 指令将页面头部和页面底部包含进来。需要注意的是,头部和底部的页面应是 HTML 片段,而不是完整的 HTML 文档。

图 3-2 include 指令举例

1. 页面文件 home.jsp

```
<%@ page contentType="text/html; charset=GB18030" %>
<html><head>
<style type="text/css">
/* body 标签的样式 */
body{
    text-align: center;
    margin:0;
    padding:0;
}
/* 标题 1 去掉 margin 和 padding */
h1{
    margin:0;
    padding:0;
}
```

```
/*段落去掉margin和padding*/
p{
    margin:0; padding:0;
}
/*定义一个放所有页面内容的容器*/
#container{
    width: 800px;
    height: auto;
    margin: 0  auto;
    text-align:left;
}
/*定义页面头部*/
#header{
    width: 800px;
    height: 60px;
    line-height: 60px;
    background-color: red;
}
/*定义页面中部*/
#content{
    width: 800px;
    height:680px;
    background-color: green;
}
/*定义页面底部*/
#footer{
    width: 800px;
    height: 40px;
    line-height: 40px;
    background-color: blue;
}
</style>
<title>使用include指令包含页面头部和页面底部</title>
</head>
<body>
<div id="container">
    <div id="header">
        <%@ include file="header.jsp" %>
    </div>
    <div id="content">
        <h1>文档的标题</h1>
        <p>文档内容</p>
    </div>
    <div id="footer">
```

```
        <%@ include file="footer.jsp" %>
    </div>
</div>
</body>
</html>
```

2. 页面头部文件 header.jsp

```
<%@ page contentType="text/html; charset=GB18030" pageEncoding="GB18030"%>
<h1>页面的头部</h1>
```

3. 页面底部文件 footer.jsp

```
<%@ page contentType="text/html; charset=GB18030" pageEncoding="GB18030"%>
<p>页面的底部</p>
```

3.3.3 taglib 指令

taglib 指令允许页面使用自定义标签。用户可以开发标签库，为标签库编写.tld 配置文件，然后在 JSP 页面中使用 taglib 指令引入标签库。在 JSP 2.0 规范中引入了标准标签库 JSTL。如何使用表达式语言 EL 和标准标签库 JSTL 请分别参考第 11 章表达式语言 EL 和第 12 章标准标签库 JSTL，可提前阅读。JSP 中使用 taglib 指令引入标签库的语法如下：

```
<%@ taglib uri="taglibURI" prefix="tagPrefix"%>
```

uri 用来告诉 JSP 引擎怎么找到标签描述文件和标签库。prefix 定义在 JSP 页面中引用标签使用的前缀，前缀不可以是：jsp、jspx、java、javax、sun、servlet 和 sunw。

例如，引入 JSTL 核心标签库的 taglib 指令是：

```
<%@ taglib uri="http://java.sun.com/jsp/jstl/core" prefix="c" %>
```

引入核心标签库之后，就可以使用 JSTL 核心标签库中定义的标签，例如使用迭代标签<c:forEach>输出表格数据行的代码如下：

```
<table width="600" border="1">
<thead>
  <tr><th>学号</th> <th>姓名</th></tr>
</thead>
<tbody>
  <c:forEach var="student" items="${students}">
    <td>${student.id}</td>
    <td>${student.name}</td>
  </c:forEach>
</tbody>
</table>
```

3.4 脚本元素

JSP脚本元素是JSP最烦琐的元素，特别是Scriptlet，在早期的JSP代码中占主导地位。脚本元素通常是Java编写的脚本代码，可以声明变量和方法，可以包含任意的Java代码和表达式计算。

3.4.1 声明<%!与%>

在JSP中，声明(Declaration)是一段Java代码，它用来定义在产生的类文件中类的属性和方法。声明后面的变量和方法可以在JSP的任意地方使用。可以声明方法，也可以声明变量。声明的格式如下：

```
<%!
    variable declaration
    method declaration(paramType param, ...)
%>
```

1. 变量声明

```
<%!
    int m, n=100, k;
    String message="Hello World!";
    Date date;
%>
```

由“<%!”和“%>”之间定义的变量是类的成员变量，这些变量在整个JSP页面内都有效，与“<%!”和“%>”标记符在页面中所在的位置无关，但习惯上通常把“<%!”和“%>”标记符写在JSP页面的前面。当多个客户端请求同一个JSP页面时，JSP引擎会为每个客户端分配一个线程，这些线程共享类的成员变量，任何一个客户端对成员变量的修改都将影响其他客户端。因此，声明的成员变量存在线程的安全问题，应该尽量避免使用。

在小脚本中使用上面所声明变量的代码如下：

```
<%
    m = 20;
    k = m+n;
    date = new Date();
    out.println(message);
%>
```

2. 方法声明

```
<%!
    /*将两个整数相加,返回相加的结果*/
```

```
    int add(int x, int y) {
        return x+y;
    }
    /* 计算 n 的阶乘 */
    long factorial(long n) {
        long fact = 1;
        for(long i=2; i<=n; i++) {
           fact *=i;
        }
        return fact;
    }
%>
```

在“<%!”和“%>”之间定义的方法是类的成员方法，在整个 JSP 页面内有效。但方法内部定义的变量是局部变量，方法被调用时才分配局部变量的存储空间，调用完毕即释放所占的内存。

在小脚本中使用上面定义的 add()方法：

```
<%
    int a = 100;
    int b = 23;
    int c = add(a,b);
    out.println("a="+a+" "+"b="+b+" "+"c="+c);
%>
```

在表达式中使用 factorial()方法：

```
<h3>10 的阶乘是<%=factorial(10)%></h3>
```

将以上变量声明和方法声明的代码应用到一个 JSP 文件中(declaration.jsp)，运行结果如图 3-3 所示。

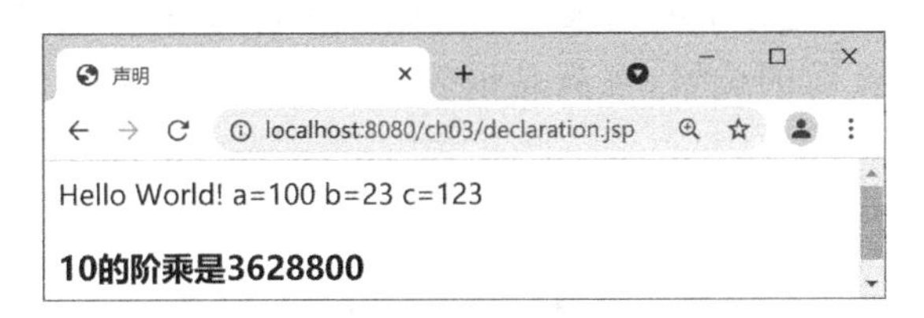

图 3-3　declaration.jsp 的运行结果

3. 页面计数器 page_counter.jsp

变量声明为类的成员变量，多个线程同时访问的是一个对象中的同一个变量。我们利用一个成员变量“counter”实现一个页面计数器，可以验证多次访问对应同一个 Java 对象。

```
<%! int counter = 0; %>
```

如果在页面的小脚本部分直接修改counter,可能导致线程安全问题。比如第一个线程读取了counter的值为10,还没来得及给counter加1,这时第二个线程读到counter的值仍为10。然后,第一个线程执行加1写回操作,counter的值被更新为11;第二个线程也执行加1写回操作,也把counter的值更新为11。两个线程都执行加1操作之后counter的取值应该是12,但是这里却得到了错误结果11。

为了解决针对一个对象的互斥访问,Java语言提供了synchoronized关键字。Java虚拟机确保同时只能有一个线程进入有synchoronized关键字修饰的方法。定义一个有synchoronized关键字修饰的方法来执行counter加1的操作。

```
<%!
    synchronized int incrementCounter( ) {
        return ++counter;
    }
%>
```

在JSP页面中显示页面被访问次数的代码如下:

```
<h2>当前页面被访问计数: <%=incrementCounter()%></h2>
```

将以上代码应用到page_counter.jsp,每次刷新计数加1,运行结果如图3-4所示。

图3-4 page_counter.jsp的运行结果

3.4.2 表达式<%=与%>

表达式(Expression)是在JSP请求处理阶段计算它的值,所得的结果转换为字符串并输出。表达式所在页面的位置,也就是该表达式计算结果显示的位置。表达式的语法是:

```
<%= Java Expression %>
```

表达式必须能求值,且不能以“;”(英文分号)结束,因为表达式不是Java的语句。

表达式的示例:expression.jsp

```
<%@ page contentType="text/html; charset=GB18030" %>
<html><head><title>表达式</title></head>
<body>
<%
    //局部变量的定义
    double a=9, b=5, c=16;
    int x=12, y=10;
```

```
%>
<p>ax+y^2-by+c 的值: <%=a*x+y*y-b*y+c%></p>
<p>x&gt;y&amp;&amp;a==b 的值: <%=x>y&&a==b%></p>
<p>sin(x)+cos(y)的值: <%=Math.sin(x)+Math.cos(y)%></p>
<p>16 的平方根: <%=Math.sqrt(16)%></p>
</body>
</html>
```

expression.jsp 的运行结果如图 3-5 所示。

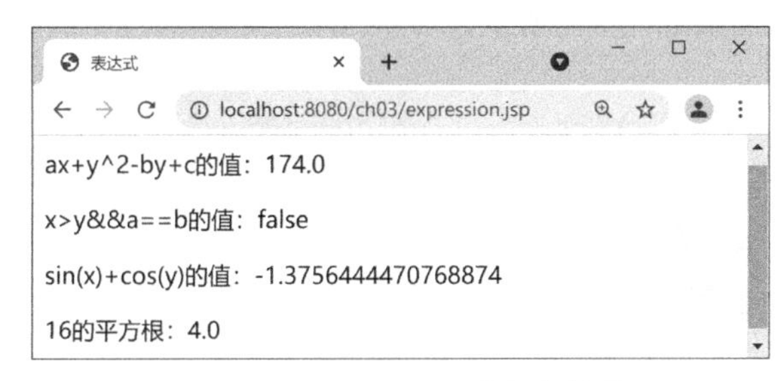

图 3-5 expression.jsp 的运行结果

3.4.3 小脚本 <%与%>

小脚本(Scriptlet)是 JSP 页面处理请求时执行的 Java 代码,Scriptlet 包括在"<%"和"%>"之间。它可以产生输出,可以是一些流程控制语句,也可以包含 Java 注释。Scriptlet 的语法是:

```
<%
   Java Statements
%>
```

在"<%"和"%>"之间定义的变量是函数的局部变量。局部变量的有效范围和其定义的位置有关,即局部变量在定义的位置之后才有效。JSP 引擎将 JSP 文件转译成 Java 文件时,将各个小脚本中的局部变量都转化为 Java 类的"_jspService()"方法的局部变量。

1. Java 小脚本(Scriptlet)示例:name.jsp

```
<%@ page contentType="text/html; charset=GB18030" %>
<html>
<head>
<title>小脚本(Scriptlet)</title>
</head>
<body>
<%
  String[] names = {"施耐庵","曹雪芹","佟强","罗贯中"};
  for(int i=0; i<names.length; i++){
     out.print(names[i]);
```

```
        if(names[i].equals("佟强")){
            out.print("是本书的作者。");
        }
        out.println("<br/>");
    }
%>
</body>
</html>
```

name.jsp 的运行结果如图 3-6 所示。

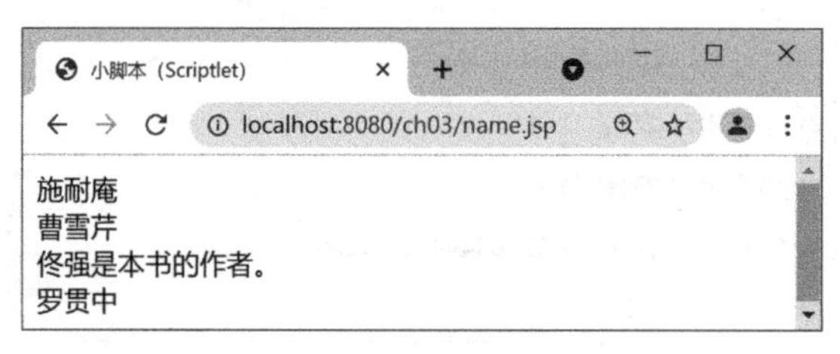

图 3-6　name.jsp 的运行结果

下面再来分析一个复杂一点的小脚本示例，静态和动态都可以在循环时切换。

2. score.jsp

```
<%@ page contentType="text/html; charset=GB18030" import="java.util.*" %>
<html>
<head>
<meta http-equiv="Content-Type" content="text/html; charset=GB18030" />
<title>小脚本(Scriptlet)</title>
</head>
<body>
<% //Map 里面存储的是多组关键字和与其对应的值
    Map<String,Float> students = new HashMap<String,Float>();
    students.put("张三", 78.5F);      //张三,78.5 分
    students.put("李四", 87.0F);      //李四,87 分
    students.put("赵五", 92.5F);      //赵五,92.5 分
%>
<h1 align="center">学生成绩表</h1>
<table width="600" border="1" align="center">
  <thead>
    <tr align="center">
      <th>姓名</th><th>成绩</th>
    </tr>
  </thead>
  <tbody>
  <%
  //获得学生姓名的集合
  Set<String> studentNames = students.keySet();
```

```
  //获得姓名集合的迭代器
  Iterator<String> it = studentNames.iterator();
  //迭代姓名集合
  while(it.hasNext()){
      //取出一个姓名
      String name = it.next();
      //get()方法根据关键字得到对应的值
      Float score = students.get(name);
      %>
        <tr align="center"><td><%=name%></td><td><%=score%></td></tr>
      <%
  }
  %>
  </tbody>
  </table>
</body>
</html>
```

score.jsp 的运行结果如图 3-7 所示。

小脚本 (Scriptlet)
localhost:8080/ch03/score.jsp

学生成绩表

姓名	成绩
李四	87.0
张三	78.5
赵五	92.5

图 3-7　score.jsp 的运行结果

3.4.4　表达式语言${ }

表达式语言(Expression Language,EL)是 JSP 2.0 增加的技术,通过表达式语言,可以简化 JSP 的开发,使代码整洁。EL 表达式使用“${ }”表示,用于读取 pageContext、request、session、application 对象上绑定的属性(Attribute)。

表达式语言可以读取 request 对象上的属性,下面代码在 request 对象上绑定一个属性 message,属性的取值是 String 对象。

```
<%
   request.setAttribute("message","Hello Expression Language!");
%>
```

在 JSP 页面中静态的 HTML 部分使用 EL 读取属性值并输出,可使用${message}。

```
<h3>${message}</h3>
```

使用EL也可以很方便地读取JavaBean(绑定在request等对象上的自定义Java对象)的属性，以下代码创建了一个Student对象，并将这个对象绑定到request对象上，属性名是“student”。这样，student就成为了一个request范围内的一个JavaBean，其自身具有属性学号(stuNo)、姓名(name)和成绩(score)。

```
<%
    Student student = new Student("201501001","王小花",96.5F);
    //将 Student 对象绑定到 request 上,属性名是 student
    request.setAttribute("student", student);
%>
```

在JSP页面的静态HTML部分，可以使用如下EL表达式读取student对象的属性。但是需要强调的是，EL表达式并不直接读取student对象的数据成员，而是通过调用对应的Getter方法来读取数据成员，比如，表达式${student.name}将调用student.getName()方法。

```
<p>${student.stuNo} ${student.name} ${student.score}</p>
```

将以上程序段和EL表达式应用到el.jsp中，运行结果如图3-8所示。另外需要的Student类的定义如下：

```
package cn.edu.uibe.domain;
public class Student {
    private String stuNo;              //学号
    private String name;               //姓名
    private float score;               //成绩
    public Student(String stuNo,String name,float score){
        this.stuNo = stuNo;
        this.name = name;
        this.score = score;
    }
    public String getStuNo() { return stuNo; }
    public void setStuNo(String stuNo) { this.stuNo = stuNo; }
    public String getName() { return name; }
    public void setName(String name) { this.name = name; }
    public float getScore() { return score; }
    public void setScore(float score) { this.score = score; }
}
```

图3-8 el.jsp的运行结果

3.5　动作元素

JSP动作元素是在请求处理阶段按照其在页面中出现的顺序执行的，该类元素只有在被执行时才实现其所具有的功能，这与指令元素不同。JSP指令元素是在编译时发生作用，指导JSP引擎将JSP页面转译成Servlet。JSP动作元素使用XML语法，有以下两种格式：

```
<prefix:tag attribute=value attribute-list .../>
```

或者：

```
<prefix:tag attribute=value attribute-list ...>
    ......
</prefix:tag>
```

在JSP页面中，常用的动作元素包括<jsp:include>、<jsp:forward>、<jsp:useBean>、<jsp:setProperty>、<jsp:getProperty>、<jsp:param>。

3.5.1　<jsp:param> 提供参数

<jsp:param>操作是以"名称-值"对的形式为其他标签提供额外参数。它可与<jsp:include>和<jsp:forward>一起使用，在动态包含和转发时为目标JSP页面提供参数。它的使用形式如下：

```
<jsp:param name="paramName" value="paramValue"/>
```

其中name为参数名，value为参数值。例如：

```
<jsp:param name="productId" value="1048485790"/>
```

3.5.2　<jsp:include> 包含页面

<jsp:include>操作在处理用户请求时动态地引入其他资源(JSP、HTML)。被包含的对象只有对JSP Writer对象的访问权，不能设置Header或者Cookie。与include指令相比，<jsp:include>操作发生在处理用户请求时，是动态的；而include指令发生在JSP文件编译时，是静态的。<jsp:include>是运行时调用另外一个JSP页面，并将另外一个页面的运行结果输出到当前页面中include动作元素所在的位置；而<%@ include>是在编译时将被包含的文件复制到include指令所在位置，然后作为一个整体编译。<jsp:include>语法如下：

```
<jsp:include page="url" flush="true"/>
```

或者：

```
<jsp:include page="url" flush="true">
    <jsp:param name="paramName" value="paramValue"/>
```

```
    ......
</jsp:include>
```

其中，page属性给出被包含页面的URL，flush属性标识当输出缓冲区满时，是否清空缓冲区。page属性的url如果以“/”开头，则从当前应用所在路径开始查找页面文件，如果以文件名或目录名开头，则以当前路径为基础查找被包含的页面文件。flush属性的默认值是false，通常情况下设置为true。<jsp:param>子元素可以向被包含的JSP页面传递参数。

以下<jsp:include>的示例由2个页面构成，jspinclude1.jsp页面中使用include动作元素动态地包含jspinclude2.jsp，并使用<jsp:param>传递了参数message。

1. 动态包含另外一个文件：jspinclude1.jsp

```
<%@ page contentType="text/html; charset=GB18030" %>
<html><head>
<title>jsp:include demo</title>
</head><body>
<h3>包含前</h3>
<jsp:include page="jspinclude2.jsp">
    <jsp:param name="message" value="Hello Include!"/>
</jsp:include>
<h3>包含后</h3>
</body></html>
```

2. 被包含的文件：jspinclude2.jsp

```
<%@ page contentType="text/html; charset=GB18030" %>
<%
    String message = request.getParameter("message");
    out.println("<h3>被包含页面: "+message+"</h3>");
%>
```

3. 分析运行结果

在浏览器中访问第一个JSP文件jspinclude1.jsp，运行结果如图3-9所示。

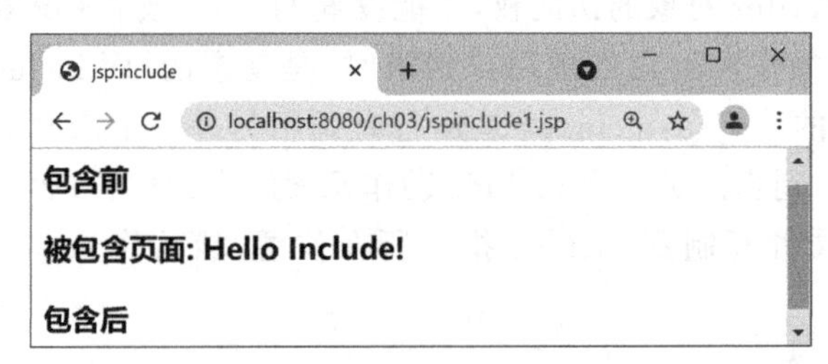

图3-9 jspinclude1.jsp的运行结果

需要注意的是，被包含的JSP文件只能输出HTML片段，而不能是完整的HTML文件，否则将导致输出的结果包含重复的<html>、<head>、<title>、<body>等标签。通过在浏览器中查看源代码，可以查看运行结果的 HTML 源文件，可见最终输出的 HTML 内容中来自被包含文件的只有一行，即：

```
<h3>被包含页面: Hello Include!</h3>
```

jspinclude1.jsp 运行结果的源代码如下：

```
<html><head>
<title>jsp:include demo</title>
</head><body>
<h3>包含前</h3>
<h3>被包含页面: Hello Include!</h3>
<h3>包含后</h3>
</body></html>
```

3.5.3 <jsp:forward> 转发请求

<jsp:forward>操作可以将请求转发到另一个 JSP、Servlet 或者静态页面。请求被转向到的页面必须位于与 JSP 发送请求相同的 web 应用中。当遇到此操作时，就停止执行当前的 JSP，转而执行转向的资源。

```
<jsp:forward page="uri" />
```

或者：

```
<jsp:forward page="uri">
    <jsp:param name="paramName" value="paramValue" />
    ......
</jsp:forward>
```

其中，page 属性给出要转到的目标页面的 URI，目标页面必需位于当前 Web 应用中。page 属性的 uri 如果以"/"开头，则从当前应用所在路径开始查找页面文件，如果以文件名或目录名开头，则以当前路径为基础查找被包含的页面文件。<jsp:param>子元素可以向目标 JSP 页面传递参数。

以下<jsp:forward>的示例由两个页面构成，jspforward1.jsp 页面中使用 forward 动作元素动态地转到 jspforward2.jsp，转发时使用<jsp:param>传递了参数 message。转发的条件是请求参数 num 的值为负数。在第一个页面中读取一个请求参数 num，如果读到的字符串代表一个负数，则转发到目标页面，否则不转发。

1. 可能转发的页面：jspforward1.jsp

```
<%@ page contentType="text/html; charset=GB18030" %>
<html><head><title>jsp:forward</title></head><body>
<%
  String num = request.getParameter("num");
  if(num==null){
     num = "0";
```

```
    }
    int n;
    try {
      n = Integer.parseInt(num);
    } catch(NumberFormatException e) {
      n = 0;
    }
    //n 小于 0 时转发请求
    if(n<0){
      %>
        <jsp:forward page="jspforward2.jsp">
            <jsp:param name="message" value="Hello Forward!"/>
        </jsp:forward>
      <%
    }
%>
<h3>第一个页面</h3>
</body></html>
```

2. 转发的目标页面：jspforward2.jsp

```
<%@ page contentType="text/html; charset=GB18030" %>
<html><head>
<title>jsp:forward</title>
</head><body>
<h3>第二个页面</h3>
<p><%=request.getParameter("message")%></p>
</body></html>
```

使用浏览器访问 jspforward1.jsp?num=5 时传递的参数是正数，没有转发，输出第一个 JSP 页面的结果，如图 3-10 所示。访问 jspforward1.jsp?num=－5 时传递的参数是负数，转发到第二个 JSP 页面，输出第二个页面的结果，如图 3-11 所示。

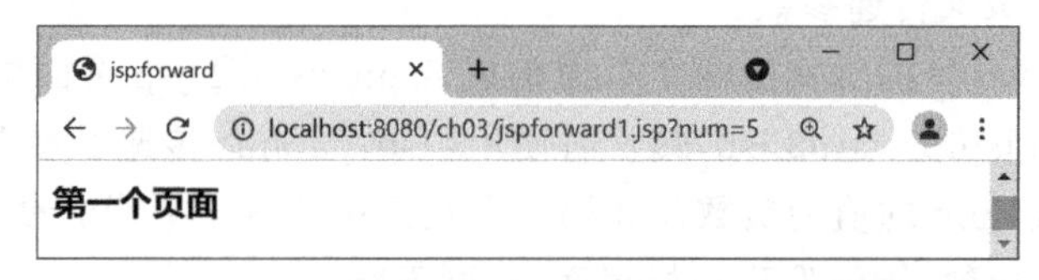

图 3-10 jspforward1.jsp 输出的第一个 JSP 页面

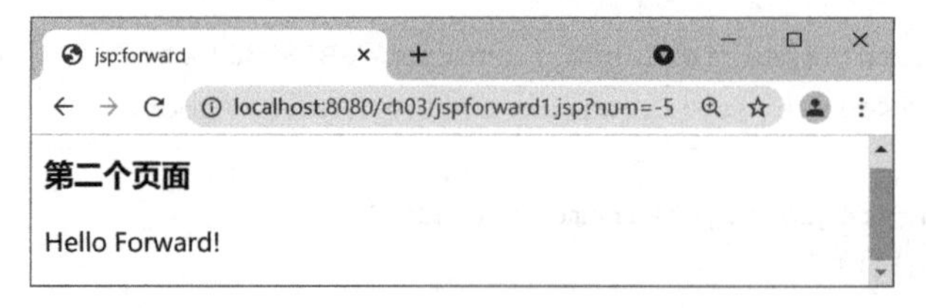

图 3-11 jspforward1.jsp 输出的第二个 JSP 页面

3. forward 操作存在的问题

forward 操作必须在 JSP 文件输出缓冲区刷新之前进行，一旦缓冲区被刷新，意味着已经向浏览器真正输出数据，这时就不能再使用 forward 操作了，因此 forward 操作必须尽早做出。

forward 到的页面如果和当前页面不在一个目录下，而那个页面里面使用相对 URL 引入了图片、CSS 文件、JavaScript 文件，则将导致引入的文件无法找到。

3.5.4 <jsp:useBean> 使用 JavaBean

JSP 可以和 JavaBean 配合使用，JavaBean 用于封装业务处理逻辑的代码和显示的数据，而 JSP 负责页面展示，从而实现业务逻辑和表现形式的分离。<jsp:useBean>操作用来在 JSP 页面中获取或者创建一个 JavaBean 实例，并指定它的名字和作用范围。JSP 容器确保 JavaBean 对象在指定的范围内可用。JavaBean 的生存周期可以是 page、request、session、application 四种。

关于 JavaBean 的用法，本书将在第 5 章进行详细讲解。

本 章 小 结

JSP 页面由 HTML 标签、脚本元素、指令元素、动作元素和注释构成。JSP 引擎在 JSP 页面第一次被访问时，将 JSP 页面转译成 Java 文件(.java 文件)，然后编译为字节码文件(.class 文件)，实例化为 Java 对象为用户提供服务。

指令元素是告诉 JSP 引擎如何编译 JSP 页面的，作用在编译时。page 指令主要用来定义 JSP 页面响应的内容类型和导入其他类库。include 指令静态包含一个文件到 JSP 页面中。taglib 指令在 JSP 页面中引入标签库。

脚本元素是 JSP 页面中的 Java 代码。声明，即<%!...%>，用于定义类的成员变量和方法。表达式，即<%=...%>，用于输出一个 Java 表达式的值。小脚本，即<%...%>，可以是任何合法的 Java 语句。表达式语言 EL，即 ${...}，提供更简洁的读取属性的方法。

动作元素在请求处理阶段作用，协助处理用户的请求。动作元素发生在动态运行时，而脚本元素发生在编译时。<jsp:include>动态调用另外一个 JSP 页面。<jsp:forward>将请求转发到另外一个 JSP 页面。<jsp:param>配合<jsp:include>和<jsp:forward>使用，提供请求参数。<jsp:useBean>在 page、request、session、application 范围内选取或者实例化一个 JavaBean。

JSP 中的注释有 HTML 注释(<!--...-->)、JSP 注释(<%--...--%>)和 Java 注释(多行注释/*...*/和单行注释//)。

习 题 三

1. 下面不属于 JSP 本身已加载的基本类的是(　　)。

A. java.lang.*　　　　B. java.io.*

C. javax.servlet.*　　D. javax.servlet.jsp.*

2. 对于声明<%!　%>的说法错误的是(　　)。

A. 一次可声明多个变量和方法,只要以";"结尾就行

B. 一个声明仅在一个页面中有效

C. 声明的变量将作为局部变量

D. 在声明中定义的变量将在JSP页面初始化时初始化

3. 在JSP中,page指令的(　　)属性用来引入需要的包或类。

A. extends　　B. import

C. language　　D. contentType

4. 要设置某个JSP页面为错误处理页面,以下page指令正确的是(　　)。

A. <%@ page errorPage="true" %>

B. <%@ page isErrorPage="true" %>

C. <%@ page extends="javax.servlet.jsp.JspErrorPage" %>

D. <%@ page info="error" %>

5. 在JSP中,(　　)动作用于将请求转发给其他JSP页面。

A. <jsp:forward>　　B. <jsp:include>

C. <jsp:useBean>　　D. <jsp:setProperty>

6. JSP由________元素、________元素、________元素和HTML标签构成。

7. "<%!"和"%>"之间定义的变量与"<%"和"%>"之间定义的变量有何不同?

8. JSP的include指令元素(<%@ include file="filename" %>)和include动作元素(<jsp:include page="url" />)有何不同?

9. JSP中含有哪几个指令元素?它们的作用分别是什么?

10. 应用服务器在什么时候编译JSP文件,编译的结果是什么?

第4章 JSP内置对象

本章首先介绍HTTP协议相关的基础知识，让读者理解JSP内置对象的原理。然后，详细介绍JSP的9个内置对象：out、request、response、session、application、config、page、pageContext、exception。最后，给出几个典型的示例，以达到综合运用JSP语法和JSP内置对象的目的。

4.1 HTTP协议

本节介绍HTTP协议相关的基础知识，内容包括统一资源定位符URL、超文本传输协议(HTTP)的工作原理、HTTP报文的格式和Cookie。

4.1.1 统一资源定位符URL

统一资源定位符URL(Uniform Resource Locator)用来表示因特网上资源的位置和访问这些资源的方法。URL给资源的位置提供一种统一的抽象的表示方法，并用这种方法给资源定位。只要能够对资源定位，用户就可以对资源进行各种操作，如存取、更新、替换和查看属性。

这里所说的"资源"是指在因特网上可以被访问的任何对象，包括目录、文件、图像、声音，以及与因特网相连的任何形式的数据。URL相当于文件名在网络范围的扩展。由于访问不同资源所使用的协议不同，所以URL还给出访问某个资源时所使用的协议。URL的一般形式如下：

```
<协议>://<主机>:<端口>/<路径>/<文件名>
```

例如：

```
https://new.qq.com/omn/20210805/20210805A0BDCE00.html
```

<协议>指出使用什么协议来获取该因特网资源。现在最常用的协议就是HTTP(超文本传输协议)，其次是FTP(文件传输协议)。在<协议>后面规定必须写上的格式"://"，不能省略。<主机>指出万维网文档是在哪一台主机上，可以给出域名，也可以给出IP地址。<端口>是服务器监听的端口，HTTP协议的默认端口是80，FTP协议的默认端口是21。<路径>和<文件名>进一步给出资源在服务器上的位置，但是它们的名称是虚拟的，和服务器上的物理名称可能不同。

对于动态网页,用户通常还需要给服务器提供访问动态网页的参数。因此,URL的后面还可以跟上一个英文问号("?"),问号的后面以"参数名=参数值"的形式给出多组参数,每组之间用符号"&"分隔,称为查询串(Query String)。

```
<协议>://<主机>:<端口>/<路径>/<文件名>?<参数1>=<值1>&<参数2>=<值2>
```

例如:

```
http://cs.uibe.edu.cn:8080/ch04/cart.jsp?op=add&id=100
```

4.1.2 HTTP工作原理

1. HTTP工作过程

HTTP协议定义了Web客户端如何从Web服务器请求Web页面,以及服务器如何把Web页面传送给客户端。HTTP协议采用了请求/响应模型。客户端向服务器发送一个请求报文,请求报文包含请求的方法、URL、HTTP协议版本、请求头和请求数据。服务器以一个状态行作为响应,响应的内容包括HTTP协议版本、成功或者错误代码、服务器信息、响应头和响应数据。图4-1给出了这种请求/响应模型。

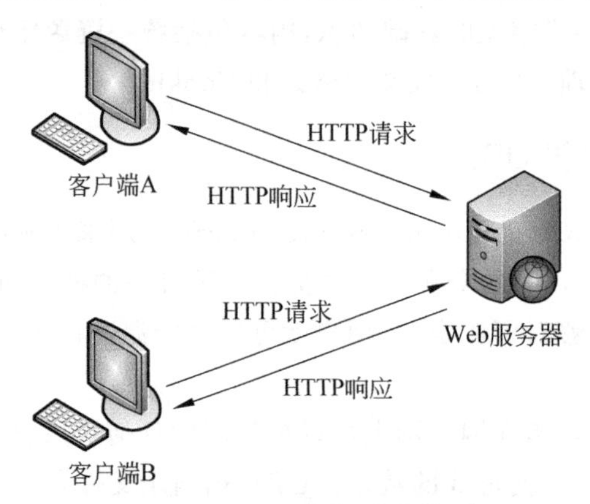

图4-1 HTTP请求/响应模型

以下是HTTP协议请求/响应的步骤。

(1) 客户端连接到Web服务器。

HTTP客户端,通常是浏览器,与Web服务器的HTTP端口(默认为80)建立一个TCP套接字连接。"telnet cs.uibe.edu.cn 80"可以模拟这个步骤。依次单击"控制面板"→"程序和功能"→"启用或关闭Windows功能",选中"Telnet客户端",单击"确定"按钮来安装Telnet。

(2) 发送HTTP请求。

通过TCP套接字,客户端向Web服务器发送一个文本的请求报文,请求报文由请求行、请求头、空行和请求数据4部分组成。在telnet的黑窗口中粘贴如下两行请求内容,粘贴后黑窗口不会有任何输出,按回车后可以得到服务器的响应,如图4-2所示。

```
GET / HTTP/1.1
```

```
Host:cs.uibe.edu.cn
```

(3) 服务器接受请求并返回 HTTP 响应。

Web 服务器解析请求,定位请求资源。服务器将资源复本写到 TCP 套接字,由客户端读取。响应由状态行、响应头、空行和响应数据 4 部分组成。

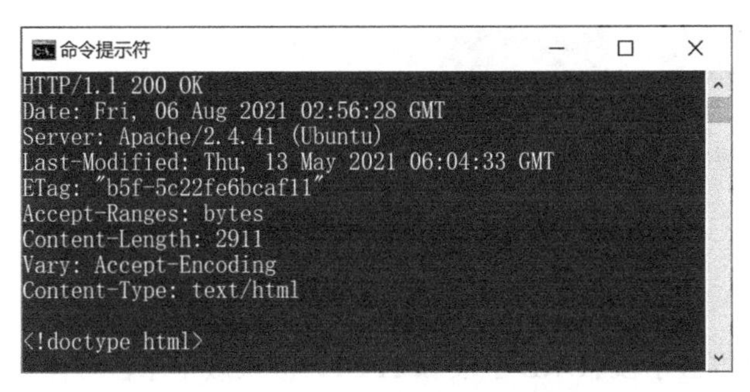

图 4-2 telnet 连接 HTTP 服务器发送请求得到的响应

(4) 释放 TCP 连接。

Web 服务器主动关闭 TCP 套接字,释放 TCP 连接。客户端被动关闭 TCP 套接字,释放 TCP 连接。

(5) 客户端浏览器解析 HTML 内容。

客户端浏览器首先解析状态行,查看表明请求是否成功的状态代码。然后解析每一个响应头,响应头告知以下为若干字节的 HTML 文档和文档的字符集。客户端浏览器读取响应数据 HTML,根据 HTML 的语法对其进行格式化,并在浏览器窗口中显示。

2. HTTP 协议的无状态性

HTTP 协议是无状态的(stateless),也就是说,同一个客户端第二次访问同一个服务器上的页面时,服务器无法知道这个客户端曾经访问过,服务器也无法分辨不同的客户端。HTTP 的无状态特性简化了服务器的设计,使服务器更容易支持大量并发的 HTTP 请求。

3. 持久连接

HTTP 1.0 使用的是非持久连接,客户端必须为每一个待请求的对象建立并维护一个新的连接。因为同一个页面可能存在多个对象,所以非持久连接可能使一个页面的下载变得十分缓慢,而且这种短连接增加了网络传输的负荷。HTTP 1.1 引入了持久连接,允许在同一个连接中存在多次数据的请求和响应,即在持久连接情况下,服务器在发送完响应后暂时不关闭 TCP 连接,而客户端可以通过这个连接继续请求其他对象。

4.1.3 HTTP 报文格式

HTTP 报文是面向文本的,报文中的每个字段都是一些 ASCII 码串,各个字段的长度是不确定的。HTTP 有两类报文:请求报文和响应报文。

1. 请求报文

HTTP 请求报文由请求行(request line)、请求头(header)、空行和请求数据 4 个部分组成，图 4-3 给出了 HTTP 请求报文的一般格式。

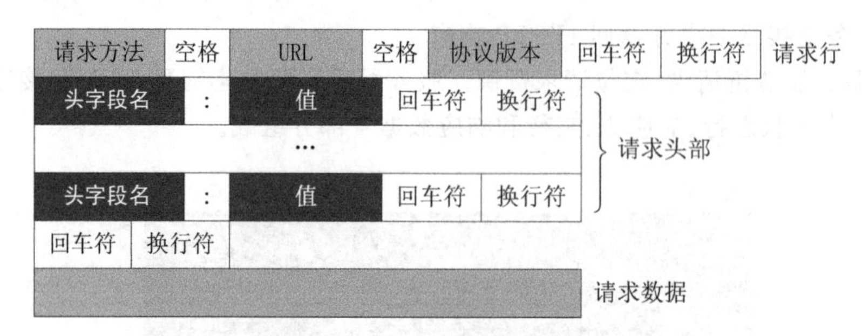

图 4-3　HTTP 请求报文格式

(1) 请求行。

请求行由请求方法字段、URL 字段和 HTTP 协议版本字段 3 个字段组成，它们用空格分隔。例如，GET/index.html HTTP/1.1。

HTTP 协议的请求方法有 GET、POST、HEAD、PUT、DELETE、OPTIONS、TRACE、CONNECT。这里介绍最常用的 GET 方法和 POST 方法。

- GET 方法：当客户端要从服务器中读取文档时，使用 GET 方法。GET 方法要求服务器将 URL 定位的资源放在响应报文的数据部分，回送给客户端。使用 GET 方法时，请求参数和对应的值附加在 URL 后面，利用一个问号代表 URL 的结尾与请求参数的开始，传递参数长度受限制。例如，/ch04/cart.jsp?id=100&op=add。
- POST 方法：当客户端给服务器提供信息较多时，可以使用 POST 方法。POST 方法将请求参数封装在 HTTP 请求数据中，以名称/值对的形式出现，可以传输大量数据。

(2) 请求头。

请求头由关键字/值对组成，每行一对，关键字和值用英文冒号“:”分隔。请求头通知服务器有关于客户端请求的信息，典型的请求头包括：

- User-Agent：产生请求的浏览器类型。
- Accept：客户端可识别的内容类型列表。
- Host：请求的主机名，允许多个域名同处一个 IP 地址，即虚拟主机。

(3) 空行。

最后一个请求头之后是一个空行，发送回车符和换行符，通知服务器以下不再有请求头。

(4) 请求数据。

请求数据不在 GET 方法中使用，而是在 POST 方法中使用。POST 方法适用于需要客户填写表单的场合。与请求数据相关的最常使用的请求头是 Content-Type 和 Content-Length。

2. 响应报文

HTTP 响应报文由状态行、响应头、空行和响应数据 4 个部分组成。图 4-4 给出了响应报文的一般格式。

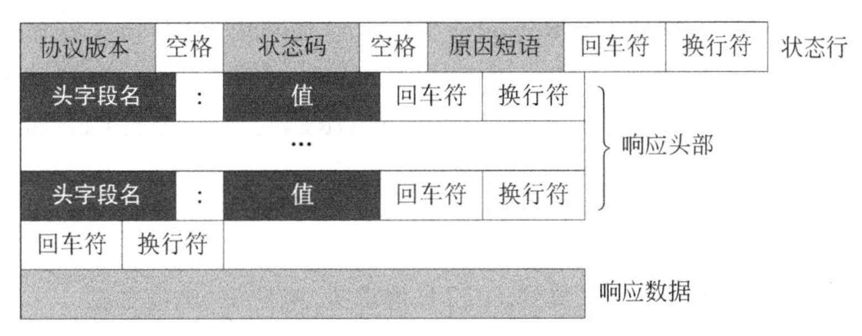

图 4-4 HTTP 响应报文格式

(1) 状态行。

状态行由 HTTP 版本、状态码和原因短语 3 个标记组成。HTTP 版本向客户端声明服务器可理解的最高版本；状态码由三位十进制数字组成，它们出现在由 HTTP 服务器所发送响应的第一行，指出请求的成功或失败，如果失败，则指出原因；原因短语是状态码的可读性解释。例如，HTTP/1.1 200 OK。

HTTP 状态码分为 5 种类型，由它们的第一位数字区分。

- 1xx：信息响应，表示接收到请求并继续处理。
- 2xx：处理成功响应，表示动作被成功接收、理解和接受。
- 3xx：重定向响应，为了完成指定的动作，必须接受进一步处理。
- 4xx：客户端错误，请求包含语法错误或者请求无法实现。
- 5xx：服务器错误，服务器不能正常执行一个正确的请求。

最常用的 HTTP 状态码有以下几个：

- 200 OK：请求成功，并且被请求的资源将会在响应信息中返回。
- 301 Moved Permanently：客户请求的对象已永久性迁移，新的 URL 在 Location 头中给出，浏览器会自动地访问新的 URL。
- 302 Moved Temporarily：所请求的对象被暂时迁移。
- 400 Bad Request：服务器无法理解客户端的请求。
- 404 Not Found：服务器上不存在所请求的文档。客户端在对该请求做出更改之前，不应再次向服务器重复发送该请求。
- 500 Server Error：服务器异常，不能完成客户的请求。最常见的情况是服务器端脚本出现语法错误，或者脚本不能正常运行。
- 505 HTTP Version Not Supported：服务器不支持所请求的 HTTP 协议版本。

(2) 响应头。

和请求头一样，它指出服务器的功能，标识出响应数据的细节。

(3) 空行。

最后一个响应头之后是一个空行，发送回车符和换行符，表明服务器以下不再有响应头。

(4) 响应数据。

HTML 文档和图像等，也就是 HTML 本身。

3. 使用 curl 查看 HTTP 请求头和响应头

curl(Command line Uniform Resource Locator)是利用 URL 语法在命令行方式下工作的开源数据传输工具。它被广泛应用在 Unix、多种 Linux 发行版中，并且有 Windows 下的移植版本。使用“curl -v”请求一个 URL，可以看到 HTTP 协议请求和响应的过程。

```
curl -v cs.uibe.edu.cn
```

运行结果如图 4-5 所示，可以看到 HTTP 请求头、响应头、响应数据。

```
命令提示符
C:\>curl -v cs.uibe.edu.cn
* Rebuilt URL to: cs.uibe.edu.cn/
*   Trying 202.204.161.69...
* TCP_NODELAY set
* Connected to cs.uibe.edu.cn (202.204.161.69) port 80 (#0)
> GET / HTTP/1.1
> Host: cs.uibe.edu.cn
> User-Agent: curl/7.55.1
> Accept: */*
>
< HTTP/1.1 200 OK
< Date: Thu, 05 Aug 2021 03:53:21 GMT
< Server: Apache/2.4.41 (Ubuntu)
< Last-Modified: Thu, 13 May 2021 06:04:33 GMT
< ETag: "b5f-5c22fe6bcaf11"
< Accept-Ranges: bytes
< Content-Length: 2911
< Vary: Accept-Encoding
< Content-Type: text/html
<
<!doctype html>
<html>
<head>
<meta charset="utf-8">
<title>学生实践服务器</title>
</head>
<body>
```

图 4-5　curl 查看 http 请求头和响应头

4.1.4　Cookie

HTTP 协议是无状态的，这样设计使服务器可以支持大量并发的 HTTP 请求。但在实际应用中，一些网站常常希望能够跟踪用户。例如，在网上购物时，一个用户要购买多种物品。当其把选好的一件商品放入购物车后，还要继续浏览和选购其他商品。因此，服务器需要记住这个用户的身份，使其再接着选购的商品能够放入同一个购物车中，以便统一结账。要做到这点，可以在 HTTP 传输中使用 Cookie。

Cookie 是当用户浏览网站时，网站存储在用户本地硬盘上的一小段数据。Cookie 是与特定的 Web 文档关联在一起的，保存了该客户机访问这个 Web 文档时的信息，当客户机再次访问这个 Web 文档时，这些信息可供该文档使用。Cookie 可用于保存客户端的用户名、会话 ID、鉴权 Token 等信息。当用户再次访问该 Web 文档时，程序通过读取 Cookie，得到用户的相关信息，就可以做出相应的动作，如在页面显示欢迎用户的标语，或者让用户不用输入用户名、密码就直接登录等等。

要了解 Cookie,必不可少地要知道它的工作原理。每个 Cookie 具有一个名字、值和超时时间。一般来说,Cookie 通过 HTTP 响应头从服务器端返回给客户端浏览器。服务器端在响应中利用 Set-Cookie 响应头来创建一个 Cookie 发送给浏览器,浏览器将 Cookie 写到文件系统上。只要 Cookie 没有超时,哪怕浏览器所在的计算机重新启动,浏览器会在后续的对同一个 Web 文档的 HTTP 请求中通过 Cookie 请求头包含这个已经创建的 Cookie,将它发送至服务器。服务器程序读取浏览器发送过来的 Cookie,得到 Cookie 的名字和值,从而获得用户的相关信息。一个服务器可以给一个浏览器发送多个 Cookie,这些 Cookie 会在该浏览器对这个服务器的后续访问中以 HTTP 请求头的形式传回服务器。通过 Cookie,可以实现无状态协议 HTTP 上的用户跟踪。

4.2 内置对象介绍

为了简化页面的开发,JSP 提供了一些内置对象。这些内置对象不需要由 JSP 的开发者实例化,它们由容器实现和管理,开发者可以在 JSP 页面中直接使用这些对象。所有的内置对象可以在小脚本 Scriptlet(<% %>)和表达式(<%= %>)中使用,但是在声明(<%! %>)中不可用。

JSP 的内置对象有 9 个:out、request、response、pageContext、session、application、out、config、page、exception。其中 exception 只有在错误处理页面才可以使用(错误处理页面在 page 指令中设置属性 isErrorPage="true")。

4.2.1 内置对象的功能

JSP 内置对象的功能简要地介绍如下:

- out:输出对象,用于向客户端输出文本数据。
- request:请求对象,用于获取用户请求参数、HTTP 请求头,用户 IP 地址等。
- response:响应对象,用于设置 HTTP 响应头,重定向,设置响应的 MIME 类型等。
- session:会话对象,通过 Cookie 或者 URL 重写维护会话 ID,用于跟踪用户。
- application:应用对象,表示整个 Web 应用。
- page:页面对象,表示当前页面,相当于 this 引用。
- config:配置对象,表示 Servlet 配置。
- pageContext:页面上下文对象。
- exception:异常对象,表示 JSP 执行期间发生的异常。

4.2.2 内置对象的类型

JSP 的每个内置对象对应 Java 的类或者接口,内置对象的类型如表 4-1 所示。

表 4-1 JSP内置对象的类型

对　　象	类　　型	描　　述
request	javax.servlet.http.HttpServletRequest	请求对象
response	javax.servlet.http.HttpServletResponse	响应对象
pageContext	javax.servlet.jsp.PageContext	页面上下文对象
session	javax.servlet.http.HttpSession	会话对象
application	javax.servlet.ServletContext	应用对象
out	javax.servlet.jsp.JspWriter	输出对象
config	javax.servlet.ServletConfig	配置对象
page	java.lang.Object	当前页面
exception	java.lang.Throwable	异常对象

4.3 内置对象

本节详细介绍 9 个内置对象：out、request、response、session、application、page、config、pageContext 和 exception。

4.3.1 out

out 对象表示对客户端的输出，可以使用它向客户端发送字符型的数据。out 对象的主要方法如下所示。

- out.print()：输出各种类型的数据。
- out.println()：输出各种类型的数据，并输出一个换行符。

方法 println()和 print()的区别是：println()会向客户端输出一个换行符，而 print()不输出换行。但是，由于 println()输出的换行在浏览器解析时会被忽略，如果想让浏览器显示的内容换行，可以通过 out.println("<br/>")来实现。

4.3.2 request

request 对象封装了客户端的 HTTP 请求报文，它实现了 HttpServletRequest 接口，通过它可以获得用户的请求参数，获得 Cookie，获得 HTTP 请求头，获得用户的 IP 地址等等。request 对象的主要方法如表 4-2 所示。

表 4-2 request 对象的主要方法

方　　法	描　　述
getParameter(String name)	获得客户端传送给服务器端的参数值，该参数可由表单的 name 属性指定
getParameterValues(String name)	获得客户端传送给服务器的参数的所有值，返回一个字符串数组

续表

方　　法	描　　述
getParameterNames()	获得客户端传送给服务器的所有参数的名字，其结果是一个枚举的实例
getHeader(String name)	获得一个 HTTP 请求头的值
getHeaders(String name)	获得一个 HTTP 请求头的所有值
getHeaderNames()	获得所有 HTTP 请求头的名字
getMethod()	获得请求方法(GET、POST)
getCookies()	获得 Cookie 的数组
setAttribute(String n,Object o)	在 request 上设置一个属性和属性的值
getAttribute(String name)	获得 request 对象上的一个属性的值
removeAttribute(String name)	删除 request 对象的一个属性
getAttributeNames()	获得 request 对象上的所有属性的值
getRequestURL()	获得客户端请求的 URL
getRequestURI()	获得客户端请求的 URI
getQueryString()	获得查询字符串，即客户端通过 GET 方法传递参数时附加在 URI 后面的字符串
getServerName()	获得服务器的名字
getServerPort()	获得服务器的端口
getContextPath()	获得 Web 应用的虚拟路径
getLocalAddr()	获得客户端请求的服务器的 IP 地址
getRemoteAddr()	获得客户端的 IP 地址
getLocale()	获得客户端语言
getSession([boolean create])	返回与请求相关的 HttpSession 对象
getRequestDispatcher(String path)	获得 path 对应的 RequestDispatcher 对象
setCharacterEncoding(String enc)	设置读取请求参数使用的字符集

1. 获取请求参数

无论请求参数是以 GET 方法，还是以 POST 方法提交到 JSP 页面的，都可以使用 request 对象的 getParameter()或 getParameterValues()来读取请求参数值。

表单域的 name 属性为传递到 JSP 页面的参数名，value 属性为传递的值。常用的表单域参数值的读取方法已经在第 2 章表单部分介绍。

request 对象读取请求参数时默认采用的英文字符集 ISO-8859-1。如果请求参数值含有中文字符，读出的字符串将是乱码。读取含中文字符的参数值需要正确的设置 request 对象的字符集，这就要在调用 getParameter()之前，调用 setCharacterEncoding()

方法来设置使用什么字符集。常用的表示中文的字符集有：GB2312、GBK、GB18030、BIG5、UTF-8。字符集的设置应该和发送请求的JSP页面的编码一致。例如：

```
request.setCharacterEncoding("GB18030");
```

2. 获得用户使用的浏览器信息 user_agent.jsp

浏览器信息存在于HTTP请求头中，对应的请求头名称是"User-Agent"，可以使用getHeader()方法读取HTTP这个请求头。程序可以通过HTTP请求头"User-Agent"来判断用户使用的浏览器。

```
<%
   String userAgent =request.getHeader("User-Agent");
   out.println(userAgent);
%>
```

Edge浏览器请求时，输出是：

```
Mozilla/5.0 (Windows NT 10.0; Win64; x64) AppleWebKit/537.36 (KHTML, like
Gecko) Chrome/92.0.4515.107 Safari/537.36 Edg/92.0.902.62
```

谷歌浏览器请求时，输出是：

```
Mozilla/5.0 (Windows NT 10.0; Win64; x64) AppleWebKit/537.36 (KHTML, like
Gecko) Chrome/92.0.4515.131 Safari/537.36
```

3. 获得链接的来源：referer1.jsp、referer2.jsp

HTTP referer是一个HTTP请求头，名字是"referer"，当浏览器向Web服务器发送请求的时候，会带上referer，告诉服务器是从哪个页面链接过来的，如图4-6所示。服务器可以获得referer用于处理一些相关事务，比如统计每天有多少访问是从搜索引擎链接过来的。

referer1.jsp，里面有一个到referer2.jsp的链接。

```
<%@ page contentType="text/html; charset=GB18030"%>
<html><head><title>referer</title></head><body>
<p><a href="referer2.jsp">链接到 referer2.jsp</a></p>
</body></html>
referer2.jsp,获取 HTTP referer。
<%@ page contentType="text/html; charset=GB18030" %>
<html><head><title>获得链接的来源</title></head><body>
<%
  String referer = request.getHeader("referer");
%>
<p>您是从<%=referer%>链接到本网页的。</p>
</body></html>
```

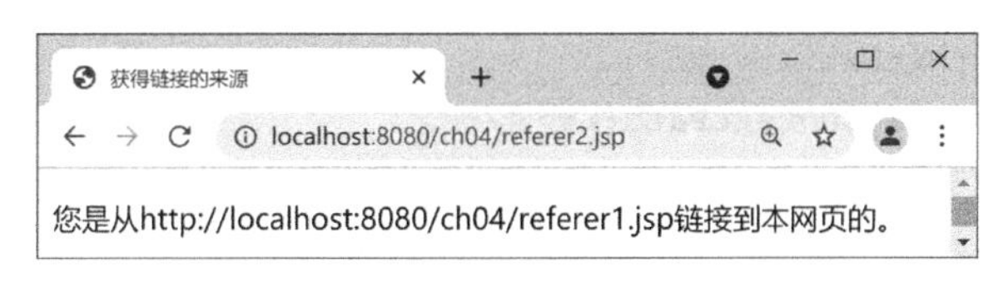

图 4-6 HTTP referer

4. 请求相关的一些信息：request_info.jsp

HTML 表格默认显示的边框不太好看，在 request_info.jsp 的页面中，利用 CSS 修饰了表格的背景、表头单元格的背景和单元格的背景，并设置了表格边框 border="0"和单元格间隙 cellspacing="1"，这样单元格间隙显示了表格背景色，看起来就像表格的边框。request_info.jsp 代码如下所示，运行结果如图 4-7 所示。

```
<%@ page contentType="text/html; charset=GB18030" %>
<html><head><title>用户请求相关的一些信息</title>
<style type="text/css">
table{ background-color:#CCCCCC; font-size:16px; }
tr{ height:20px; line-height:20px; }
th{ background-color:#EEEEEE; }
td{ background-color:#FFFFFF; }
</style>
</head><body>
<table width="780" border="0" align="center" cellspacing="1">
<tr align="center"><th>项目</th><th>方法</th><th>方法返回值</th></tr>
<tr align="center">
    <td>请求的 URL</td><td>getRequestURL()</td>
    <td><%=request.getRequestURL()%></td>
</tr>
<tr align="center">
    <td>请求的 URI</td><td>getRequestURI()</td>
    <td><%=request.getRequestURI()%></td>
</tr>
<tr align="center">
    <td>查询串</td><td>getQueryString()</td>
     <td><%=request.getQueryString()%></td>
</tr>
<tr align="center">
     <td>服务器域名</td><td>getServerName()</td>
     <td><%=request.getServerName()%></td>
</tr>
<tr align="center">
     <td>服务器端口</td><td>getServerPort()</td>
     <td><%=request.getServerPort()%></td>
</tr>
<tr align="center">
     <td>Web 应用虚拟路径</td>
```

```
        <td>getContextPath()</td>
    <td><%=request.getContextPath()%></td>
    </tr>
    <tr align="center">
        <td>请求的服务器 IP</td><td>getLocalAddr()</td>
        <td><%=request.getLocalAddr()%></td>
    </tr>
    <tr align="center">
        <td>客户端的 IP</td><td>getRemoteAddr()</td>
        <td><%=request.getRemoteAddr()%></td>
    </tr>
    <tr align="center">
        <td>客户端语言</td><td>getLocale()</td>
        <td><%=request.getLocale()%></td>
    </tr>
    </table></body></html>
```

用户请求相关的一些信息

localhost:8080/ch04/request_info.jsp?id=100&op=add

项目	方法	方法返回值
请求的URL	getRequestURL()	http://localhost:8080/ch04/request_info.jsp
请求的URI	getRequestURI()	/ch04/request_info.jsp
查询串	getQueryString()	id=100&op=add
服务器域名	getServerName()	localhost
服务器端口	getServerPort()	8080
Web应用虚拟路径	getContextPath()	/ch04
请求的服务器IP	getLocalAddr()	0:0:0:0:0:0:0:1
客户端的IP	getRemoteAddr()	0:0:0:0:0:0:0:1
客户端语言	getLocale()	zh_CN

图 4-7　请求相关的信息

5. request 范围内的共享属性：request_attribute.jsp

request 对象上可以绑定属性，绑定的属性在用户一次请求的范围内有效。用户的一次请求是可能经过多个页面的，使用<jsp:include>包含的，或者使用<jsp:forward>转向的页面与当前页面共享同一个 request 对象。此外，如果请求经过监听器或过滤器，监听器或过滤器里使用的 request 对象和被请求的 JSP 页面中的 request 对象是同一个对象。request_attribute.jsp 是请求范围内共享属性的示例，运行结果如图 4-8 所示。

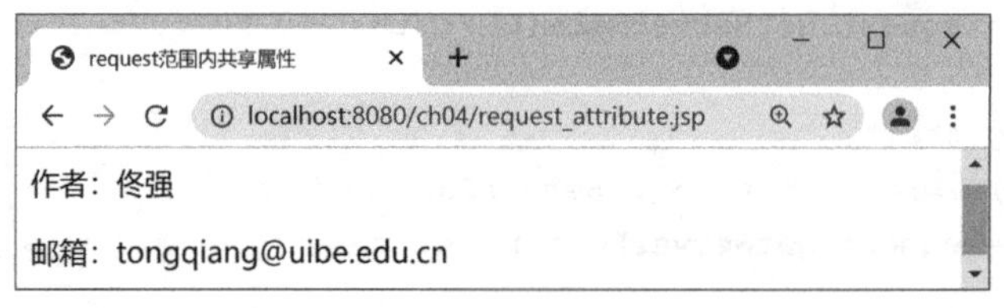

图 4-8　请求范围内的共享属性

request 对象上的属性可以使用 getAttribute()方法读取，也可以使用表达式语言 EL 以非常简洁的方式读取。

```
<%@ page contentType="text/html; charset=GB18030" %>
<!DOCTYPE HTML><html><head><meta charset="GB18030">
<title>request 范围内共享属性</title></head><body>
<%
  request.setAttribute("author","佟强");
  request.setAttribute("email","tongqiang@uibe.edu.cn");
%>
<p>作者: <%=request.getAttribute("author")%></p>
<p>邮箱: ${email}</p>
</body></html>
```

4.3.3 response

response 对象实现了 HttpServletResponse 接口。response 对象封装了 JSP 产生的响应，它被发送到客户端以响应客户端的请求。由于输出流是有缓冲的，所以 response 也可以设置 HTTP 状态码和响应头。response 对象的主要方法如表 4-3 所示。

表 4-3 response 对象的主要方法

方　法	描　述
setContentType(String ct)	设置 HTTP 响应集的 MIME 类型
addCookie(Cookie c)	添加一个 Cookie，发送给客户端后，浏览器会把 Cookie 保存到客户端本地文件系统中
addHeader(String n, String v)	添加一个 HTTP 响应头，如果已经存在同名的 header，则会覆盖已有的 header
containsHeader()	判断指定名字的 HTTP 响应头是否已经存在
encodeURL(String url)	如果需要，把 sessionId 编码到 URL 中
encodeRedirectURL(String url)	如果需要，把 sessionId 编码到重定向 URL 中
getWriter()	返回可以向客户端发送文本信息的 PrintWriter
getOutputStream()	获得到客户端的输出流对象
sendRedirect(String location)	向客户端发送重定向状态码 302，并发送重定向的 URL，即 location。客户端收到这个响应之后会请求 location 给出的 URL
sendError(int c, String msg)	向客户端发送错误代码。这些错误代码是 HTTP 协议规定的，比如 404 是文件未找到

1. 发送和读取 Cookie：cookie_send.jsp 和 cookie_read.jsp

Cookie 是网站为了辨别用户身份而储存在用户本地终端上的数据。每个 Cookie 包含名字、值、生存时间等信息。服务器将 Cookie 通过 HTTP 响应头发送给浏览器，浏览器将 Cookie 存储在本地文件系统中，并在后续的访问中把该服务器发送的 Cookie 传回服务器。服务器可以利用 Cookie 跟踪用户。

向用户浏览器发送 Cookie 使用 response 对象的 addCookie()方法。编辑 JSP 页面 cookie_read.jsp,使用 curl 请求它可以看到 HTTP 响应头中的 Cookie,如图 4-9 所示。

```
<%
  Cookie myCookie = new Cookie("myCookieName","myCookieValue");
  myCookie.setMaxAge(60 * 60 * 24 * 7);      //生存时间,单位为秒,1 周
  response.addCookie(myCookie);
%>
```

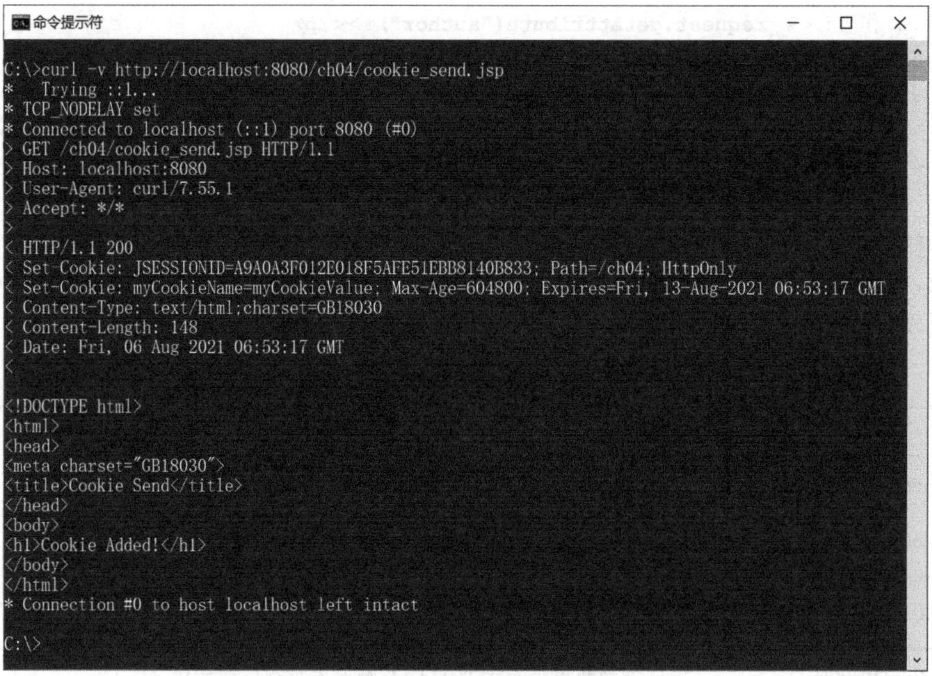

```
命令提示符
C:\>curl -v http://localhost:8080/ch04/cookie_send.jsp
*   Trying ::1...
* TCP_NODELAY set
* Connected to localhost (::1) port 8080 (#0)
> GET /ch04/cookie_send.jsp HTTP/1.1
> Host: localhost:8080
> User-Agent: curl/7.55.1
> Accept: */*
>
< HTTP/1.1 200
< Set-Cookie: JSESSIONID=A9A0A3F012E018F5AFE51EBB8140B833; Path=/ch04; HttpOnly
< Set-Cookie: myCookieName=myCookieValue; Max-Age=604800; Expires=Fri, 13-Aug-2021 06:53:17 GMT
< Content-Type: text/html;charset=GB18030
< Content-Length: 148
< Date: Fri, 06 Aug 2021 06:53:17 GMT
<

<!DOCTYPE html>
<html>
<head>
<meta charset="GB18030">
<title>Cookie Send</title>
</head>
<body>
<h1>Cookie Added!</h1>
</body>
</html>
* Connection #0 to host localhost left intact

C:\>
```

图 4-9 curl 查看 HTTP 响应头中的 Cookie

要获得浏览器传递过来的 Cookie,使用 request 对象的 getCookies()方法。该方法返回一个 Cookie 数组,遍历这个数组即可获得浏览器发送到服务器的全部 Cookie。

```
<%
  Cookie[] cookies = request.getCookies();
  if(cookies!=null){
    for(int i=0; i<cookies.length; i++){
      out.println(cookies[i].getName()+" = "
                + cookies[i].getValue() + "<br/>");
    }
  }
%>
```

使用浏览器先访问 cookie_send.jsp,再访问 cookie_read.jsp,可以读到两个 Cookie,

如图4-10所示。一个名字为myCookieName，这个Cookie是cookie_send.jsp发送的。另外一个名字为JSESSIONID，这个Cookie是Tomcat为了维护用户会话而发送的，内容为session对象的ID，默认的超时时间为30分钟，不会写到文件系统中。

图4-10 读取Cookie

2. URL重写url.jsp

Tomcat通过一个名为JSESSIONID的Cookie来跟踪用户，但是如果用户的浏览器禁用了Cookie，则还可以选择使用URL重写跟踪用户。所谓URL重写就是把JSESSIONID编码到URL中。response对象的encodeURL()方法提供了URL重写的功能，它可以在用户浏览器禁用Cookie时将JSESSIONID编码在URL中，如果用户浏览器没有禁用Cookie，则不会把JSESSIONID编码到URL中。

```
<%@ page contentType="text/html; charset=GB18030" %>
<html><head><title>URL重写</title></head><body>
<%
  String url = "http://localhost:8080/ch04/url.jsp?myparam=myvalue";
  url = response.encodeURL(url);
  out.println(session.getId());
%>
<p><a href="<%=url%>"><%=url%></a></p>
</body></html>
```

默认情况下浏览器是接受Cookie的，因此是看不到JSESSIONID编码到URL中的。

```
http://localhost:8080/ch04/url.jsp?myparam=myvalue
```

如果浏览器禁用了Cookie，再次访问url.jsp将看到JSESSIONID编码到URL中。

```
http://localhost:8080/ch04/url.jsp;jsessionid=594E782A912EDB6DB1B8BB1D94BE14DD?
myparam=myvalue
```

3. 重定向redirect.jsp

重定向可以使用户的浏览器重新请求另外一个URL。JSP中可以使用response对象的sendRedirect()方法使得用户的浏览器重新请求该方法给出的URL。一般用户登录失败，或者超时退出之后，可以重定向到登录页面。

下面这段代码演示请求参数num为负数时，重定向到另外一个URL。

```
<%@ page contentType="text/html; charset=GB18030" %>
<html><head><title>重定向</title></head><body>
```

```
<%  String num = request.getParameter("num");
    if(num==null){ num = "0"; }
    int n;
    try{
        n = Integer.parseInt(num);
    }catch(NumberFormatException e){
        n = 0;
    }
    if(n<0){
      response.sendRedirect("http://cs.uibe.edu.cn/");
    }
%>
<h1>没有重定向,请求参数 num 小于 0 时将重定向</h1>
</body></html>
```

重定向的原理：重定向实际上是向浏览器发送状态码 302,说明请求的资源被临时迁移,并通过响应头 Location 给出新的 URL。因此 response.sendRedirect(url)等效于下面两行代码(redirect2.jsp)。

```
response.addHeader("Location","http://cs.uibe.edu.cn/");
response.sendError(302);
```

4.3.4 session

session 对象实现了 HttpSession 接口,用于保存每个用户的状态。session 对象保存在容器里,sessionId 通过 Cookie 在服务器和客户端之间往返发送。如果客户端不支持 Cookie,就可以转换为使用 URL 重写。

一般情况下,客户端首次访问 Web 应用时,容器为其创建 session 对象,session 对象具有一个唯一的 ID。在容器对首次访问的响应中,容器将这个唯一的 ID 通过 Cookie 方式发送到客户端浏览器。浏览器在后续的每次访问时会把 Cookie 发送到服务器,容器从 Cookie 中获得 sessionId,根据 sessionId 在容器中找到该用户的 session。因此,一个用户的多次 HTTP 请求对应的是同一个 session 对象。

session 超时：一方面,由于容器要保存和管理 session 对象,这会占用系统资源;另一方面,为了安全的原因,如果用户没有正常退出系统,用户应该经过一段时间后能够自动退出系统。因此,session 是会超时的,当 session 超时后,session 对象和 session 对象上的属性就被容器销毁了。session 对象的主要方法如表 4-4 所示。

表 4-4 session 对象的主要方法

方　法	描　述
setAttribute(String n, Object v)	在 session 对象上设置一个属性的值
getAttribute(String name)	获得 session 对象上指定名字的属性值

续表

方　法	描　述
removeAttribute(String name)	删除 session 对象上指定名字的属性
getAttributeNames()	获得 session 对象上所有属性的名字
getId()	获得 sessionId,每个 session 的 ID 是不同的
getCreationTime()	获得 session 创建的时间,自 1970 年 1 月 1 日毫秒数
getLastAccessedTime()	获得 session 对应的客户端最后一次访问的时间
getMaxInactiveInterval()	获得 session 对象的超时时间间隔,单位秒
setMaxInactiveInterval(int t)	设置 session 对象的超时时间间隔,单位秒
invalidate()	销毁 session 对象
getServletContext()	获得 ServletContext 对象,即 application

1. session 范围内的共享属性：session1.jsp 和 session2.jsp

session 提供了一个客户端的多次请求之间共享数据的机制。一个 JSP 页面可以在 session 对象上设置属性,而在另外一个 JSP 页面中可以读取设置的属性。但是 session 局限于同一个客户端的多次请求之间共享数据,session 无法实现不同客户端之间的数据共享。

页面 session1.jsp 在 session 对象上设置了两个属性 userName 和 email,页面访问效果如图 4-11 所示。

```
<%@ page contentType="text/html; charset=GB18030"%>
<html><head>
<title>在 session 对象上设置属性</title></head><body>
<%
  session.setAttribute("userName","tongqiang");
  session.setAttribute("email","tongqiang@uibe.edu.cn");
%>
<p>session 设置了属性,到另外一个页面 <a href="session2.jsp">session2.jsp</a>读取</p>
</body></html>
```

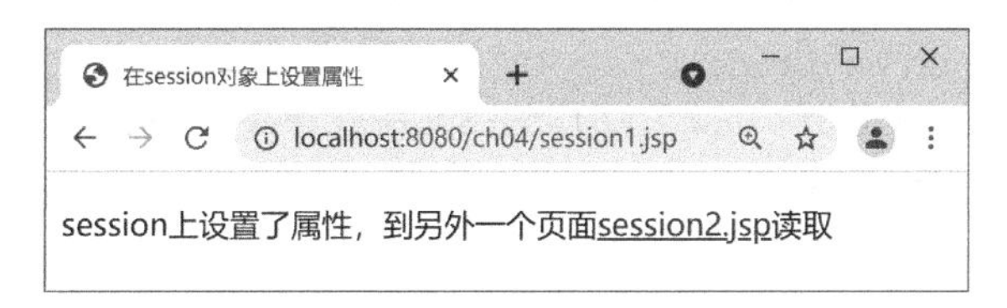

图 4-11　session 对象上设置属性

如图 4-12 所示,session2.jsp 中使用 session.getAttribute()方法或表达式语言 EL 读取 session 对象的属性。

```
<%@ page  contentType="text/html; charset=GB18030"%>
<html><head><title>读取 session 对象上的属性</title></head><body>
<%
  String userName = (String)session.getAttribute("userName");
  out.println("<p>"+userName+"</p>");
%>
<p>${email}</p>
</body></html>
```

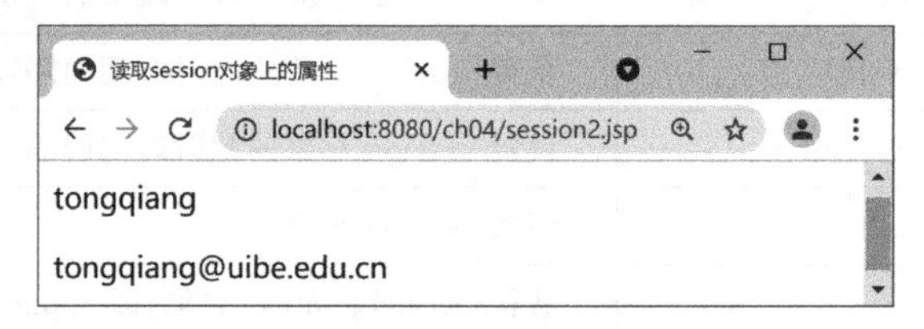

图 4-12　从 session 对象上读取属性

关闭全部浏览器窗口，重新启动浏览器，直接访问 session2.jsp。这时已经不是同一个客户端了，对应不同的 session 对象，读取 session 上的属性将为 null，如图 4-13 所示。或者从其他计算机上访问，也是不同客户端的会话。

图 4-13　验证 session 结束后属性是否为空

2. session 相关信息：session_info.jsp

如图 4-14 所示，session_info.jsp 获取 session 相关的信息并显示出来。

```
<%@ page contentType="text/html;charset=GB18030"
                        import="java.text.*, java.util.*" %>
<html><head><title>session 相关信息</title></head><body>
<%!
//格式化时间的方法,time 为 1970 年 1 月 1 日到现在的毫秒数
String formatTime(long time){
    SimpleDateFormat df= new SimpleDateFormat("yyyy-MM-dd HH:mm:ss");
    return df.format(new Date(time));
}
%>
<table width="780" border="0" align="center" cellspacing="1">
<tr align="center">
  <th>项目</th><th>方法</th><th>方法返回值</th>
</tr>
```

```
<tr align="center">
  <td>会话 ID</td><td>getId()</td><td><%=session.getId()%></td>
</tr>
<tr align="center">
  <td>会话超时间隔时间</td><td>getMaxInactiveInterval()</td>
  <td><%=session.getMaxInactiveInterval()%>秒</td>
</tr>
<tr align="center">
  <td>会话创建时间</td><td>getCreationTime()</td>
  <td><%=formatTime(session.getCreationTime())%></td>
</tr>
<tr align="center">
  <td>客户端最后访问时间</td><td>getLastAccessedTime()</td>
  <td><%=formatTime(session.getLastAccessedTime())%></td>
</tr>
<tr align="center">
  <td>客户端超时时间</td><td>最后访问时间+超时间隔</td>
  <td><%=formatTime(session.getLastAccessedTime()+
                    session.getMaxInactiveInterval() * 1000) %>
  </td>
</tr>
</table></body></html>
```

session相关信息 ×

localhost:8080/ch04/session_info.jsp

项目	方法	方法返回值
会话ID	getId()	B96880932A4AC03F357C0C702E071194
会话超时间隔时间	getMaxInactiveInterval()	1800秒
会话创建时间	getCreationTime()	2021-08-05 13:35:55
客户端最后访问时间	getLastAccessedTime()	2021-08-05 13:36:20
客户端超时时间	最后访问时间+超时间隔	2021-08-05 14:06:20

图 4-14 session 相关信息

3. session 超时

session 对象的超时是可以控制的，有如下 3 种控制方法：

(1) session 超时的时间间隔一般默认为 30 分钟，但是可以在/WEB-INF/web.xml 中配置超时间隔的时间，单位为分钟。

```
<session-config>
    <session-timeout>60</session-timeout>
</session-config>
```

(2) 调用 session 对象的 setMaxInactiveInterval()方法设置超时时间间隔，单位为秒。但是这种方法仅影响当前客户端的超时间隔，对于其他客户端没有影响。页面

session_interval.jsp 修改了 session 的超时间隔，运行结果如图 4-15 所示。

```
<%@ page  contentType="text/html; charset=GB18030"%>
<html><head><title>设置 session 超时时间间隔</title></head><body>
<%
  session.setMaxInactiveInterval(60 * 20);          //设置超时间隔为 20 分钟
%>
<p>超时间隔被更改为 20 分钟,到
    <a href="session_info.jsp">session_info.jsp</a>查看</p>
</body></html>
```

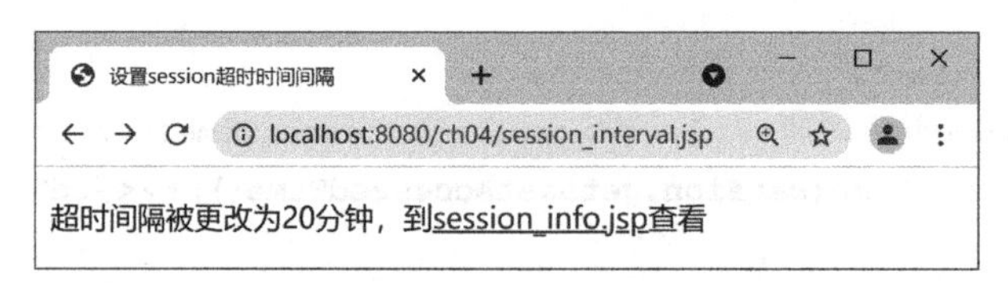

图 4-15　程序设置 session 超时

(3) 立刻超时：通过调用 session 对象的 invalidate()方法使 session 对象立刻超时。一般来讲，Web 应用需要提供一个安全退出的超链接，当用户单击它的时候，程序调用一下 invalidate()方法，确保 session 对象及 session 对象上的属性被销毁。

session_invalidate.jsp 中销毁了 session，运行结果如图 4-16 所示。

```
<%@ page contentType="text/html; charset=GB18030" %>
<html><head><title>session 立刻超时</title></head><body>
<%
    String sessionId = new String(session.getId()); //保存当前会话 ID
    session.invalidate();                           //销毁 session
%>
<p>ID 为<%=sessionId%>的会话已销毁。</p>
<p>到<a href="session_info.jsp">session_info.jsp</a>将看到新的会话 ID。</p>
</body></html>
```

图 4-16　销毁 session 对象

4.3.5　application

application 对象实现了 ServletContext 接口，它对应的是一个 Web 应用的范围。一个 Web 应用加载后，就会自动创建 application 对象，这个对象一直存在，直到 Web 应用停止。不同的客户端，不同的 HTTP 请求访问的都是同一个 application 对象。因此同一个 Web 应用的 Servlet、JSP 页面之间可以在 application 上设置属性和读取属性以达到共享数据的目的。一个服务器上，不同的 Web 应用的 application 对象是不同的。

application 对象的主要方法如表 4-5 所示。

表 4-5 application 对象的主要方法

方　法	描　述
getAttribute(String name)	获得属性名为 name 的 application 对象上绑定的属性值
setAttribute(String n,Object o)	在 application 对象上绑定属性，给出属性的名字和属性的值
getAttributeNames()	获得 application 对象上绑定的所有属性的名字，返回类型为枚举
removeAttribute(String name)	删除 application 对象上指定名字的属性
getInitParameter(String name)	获得指定名字的 Web 应用的初始化参数，参数是在 web.xml 中给出的
getRealPath(String path)	根据虚拟路径得到物理路径，一般上传文件时需要得到物理路径才能把文件保存到服务器文件系统中

1. application 范围内的共享属性：application1.jsp 和 application2.jsp

application1.jsp 在 application 对象上设置两个属性，如图 4-17 所示。

```
<%@ page contentType="text/html; charset=GB18030" %>
<html><head><title>在 application 对象上设置属性</title></head><body>
<%
  application.setAttribute("siteName","我的电商网站");
  application.setAttribute("sitePlace","北京市朝阳区");
%>
<p>application 对象上属性已经设置。</p>
</body></html>
```

图 4-17 application 对象上设置属性

application2.jsp 使用 application 对象的 getAttribute()方法和表达式语言 EL 读取 application 对象上的属性。使用不同的浏览器访问，也能读取 application 对象上设置的属性，如图 4-18 所示。

```
<%@ page contentType="text/html; charset=GB18030" %>
<html><head><title>读取 application 对象上的属性</title></head><body>
<%  String siteName = (String)application.getAttribute("siteName");
```

```
    out.println("<p>"+siteName+"</p>"); %>
<p>${sitePlace}</p>
</body></html>
```

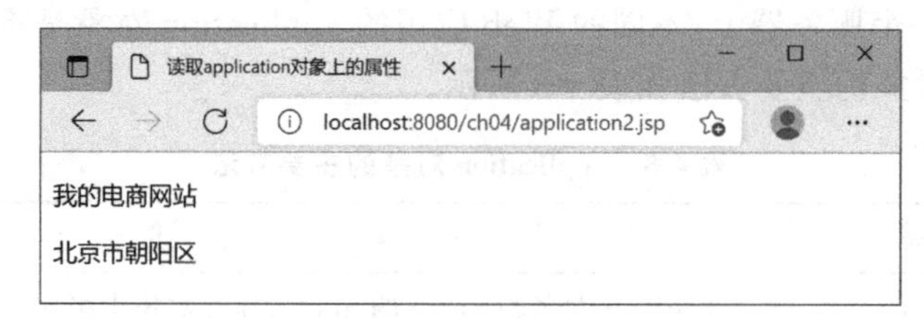

图 4-18　读取 application 上的属性

2. Web 应用的初始化参数：application_init.jsp

在 web.xml 中可以配置 Web 应用的初始化参数，然后可以使用 application 对象的 getInitParameter()方法读取初始化参数的值。

在 web.xml 中配置两个初始化参数 site 和 copyright。

```
<context-param>
    <param-name>site</param-name>
    <param-value>http://cs.uibe.edu.cn</param-value>
</context-param>
<context-param>
    <param-name>copyright</param-name>
    <param-value>2007-2021</param-value>
</context-param>
```

在 JSP 页面中读取 Web 应用的初始化参数值，运行结果如图 4-19 所示。

```
<%
    String site = application.getInitParameter("site");
    String copyright = application.getInitParameter("copyright");
    out.println("<p>"+site+" &copy;"+copyright+"</p>");
%>
```

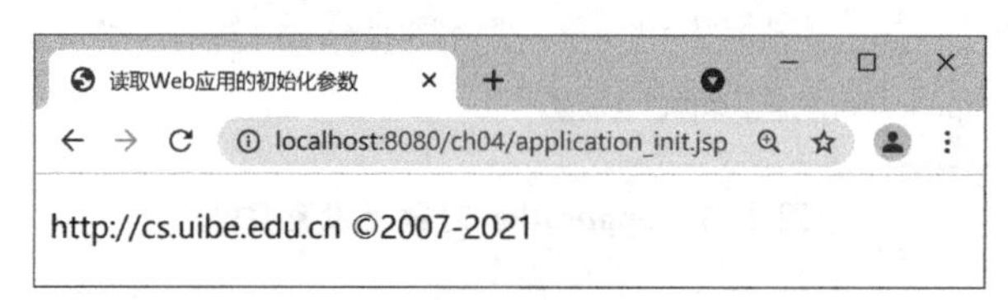

图 4-19　读取 Web 应用的初始化参数

3. 物理路径：real_path.jsp

application 对象的 getRealPath()方法可以根据虚拟路径得到物理路径，一般上传文件时需要得到物理路径才能把文件保存到服务器文件系统中。

```
<%@ page contentType="text/html; charset=GB18030" %>
```

```
<html><head><title>物理路径</title></head><body>
<%
  String realPath = application.getRealPath("/");   //Web应用根的物理路径
  out.println("<p>"+realPath+"</p>");
%>
</body></html>
```

如图4-20所示，显示的路径是Eclipse中启动Tomcat的结果，可见Eclipse将Web应用复制到了那个文件夹中并启动。

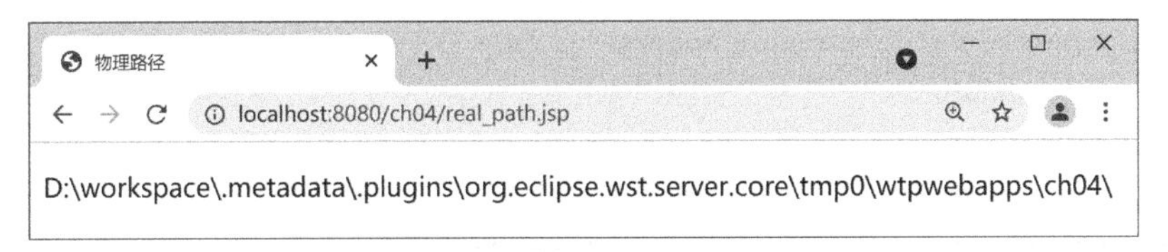

图4-20 获得Web应用的物理路径

4.3.6 config

config对象实现了ServletConfig接口，表示一个Servlet的配置，配置信息是在web.xml中给出的。当加载一个Web应用时，容器把配置信息通过config对象传递给Servlet。config对象的主要方法如表4-6所示。

表4-6 config对象的主要方法

方　法	描　述
getInitParameter(String name)	获得指定名称的初始化参数的值
getInitParameterNames()	获得所有初始化参数的名称，返回一个枚举对象
getServletContext()	获得对应的Servlet上下文对象ServletContext，即application对象

JSP文件的初始化参数：jsp_init.jsp

(1) jsp_init.jsp，读取初始化参数。

```
<%@ page contentType="text/html; charset=GB18030" %>
<html><head><title>JSP的初始化参数</title></head><body>
<%
  String param1 = config.getInitParameter("param1");
  String param2 = config.getInitParameter("param2");
  out.println("<p>param1="+param1+" param2="+param2+"</p>");
%>
</body></html>
```

(2) 在web.xml中把JSP文件配置成一个Servlet，就可以传递初始化参数，运行结果如图4-21所示。注意需要按照<url-pattern>给出的URL访问Servlet，如果<url-pattern>和JSP文件名相同，则用户将无法直接访问JSP文件。

```
<servlet>
    <servlet-name>jsp_init</servlet-name>
    <jsp-file>/jsp_init.jsp</jsp-file>
    <init-param>
        <param-name>param1</param-name>
        <param-value>value1</param-value>
    </init-param>
    <init-param>
        <param-name>param2</param-name>
        <param-value>value2</param-value>
    </init-param>
</servlet>
<servlet-mapping>
    <servlet-name>jsp_init</servlet-name>
    <url-pattern>/jsp_init.jsp</url-pattern>
</servlet-mapping>
```

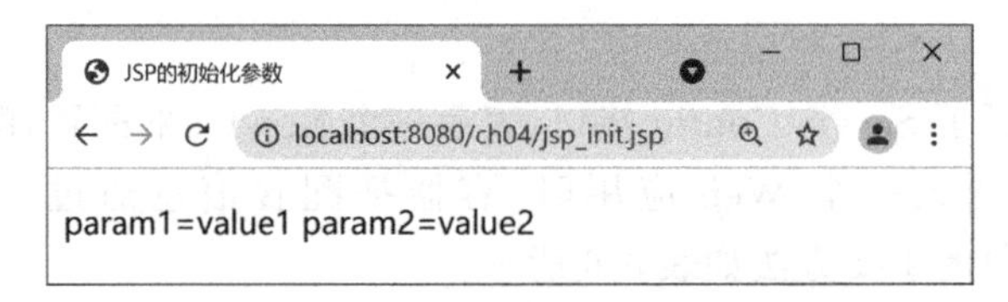

图 4-21 将 JSP 配置成 Servlet 并给出初始化参数

4.3.7 page

page 对象是 java.lang.Object 类的一个实例。它指的是 JSP 实现类的实例,也就是说,它是 JSP 本身,只有在 JSP 页面的范围内才是合法的。

4.3.8 pageContext

pageContext 对象是 JSP 页面的上下文对象,通过它可以获得 request 对象、response 对象、session 对象、application 对象、config 对象、page 对象、exception 对象,可以设置、读取和删除 pageContext、request、session、application 上绑定的属性。pageContext 对象的主要方法如表 4-7 所示。

表 4-7 pageContext 对象的主要方法

方　　法	描　　述
getRequest()	获得 request 对象
getResponse()	获得 response 对象
getSession()	获得 session 对象
getServletContext()	获得 application 对象

续表

方 法	描 述
getServletConfig()	获得 config 对象
getPage()	获得 page 对象
getAttribute(String name)	获得 pageContext 上指定名称的属性值
getAttribute(String n, int s)	获得特定范围上的指定名称的属性值
setAttribute(String n,Object o)	在 pageContext 上绑定一个属性
setAttribute(String n,Object o,int s)	在指定范围上设置一个属性
removeAttribute(String name)	删除 pageContext 对象的一个属性
removeAttribute(String n,int s)	删除特定范围上的指定名称的属性

page 范围内共享属性：page_attribute.jsp

pageContext 上设置的属性仅在当前页面有效，示例代码的运行结果如图 4-22 所示。

```
<%@ page contentType="text/html; charset=GB18030" %>
<html><head><title>页面范围内共享属性</title></head><body>
<%
  pageContext.setAttribute("page_attribute1","page_value1");
  pageContext.setAttribute("page_attribute2","page_value2");
%>
<%
  String attr1 = (String)pageContext.getAttribute("page_attribute1");
  out.println("<p>"+attr1+"</p>");
%>
<p>${page_attribute2}</p>
</body></html>
```

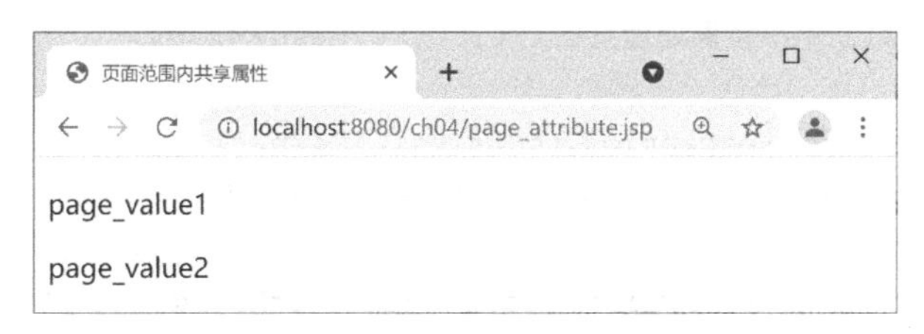

图 4-22 page 范围内的共享属性

4.3.9 exception

exception 对象是 java.lang.Throwable 类的一个实例。它指的是运行时的异常，也就是指 JSP 页面运行过程中抛出的异常。只有在错误处理页面（在 page 指令中有 isErrorPage="true"的页面）中才可以使用。

exception 对象的示例：error_occur.jsp 和 error.jsp

error_occur.jsp 是指可能发生异常的 JSP 页面，根据请求参数 num 的不同取值，会产生不同的异常。通过设置 page 指令的属性 errorPage="error.jsp"，使得一旦发生异常就转到错误处理页面 error.jsp。

```
<%@ page contentType="text/html; charset=GB18030" errorPage="error.jsp" %>
<html><head><title>可能发生错误的页面</title></head><body>
<%
    String num = request.getParameter("num");
    if(num==null){
        num = "1";
    }
    //转化为整数,有可能抛出 NumberFormatException
    int n;
    n = Integer.parseInt(num);
    //n 作为数组下标,可能抛出 ArrayIndexOutOfBoundsException
    int[] a = new int[10];
    a[n]=500;
    //n 作为除数,如果为 0,会抛出 ArithmeticException
    int m;
    m= 100/n;
%>
<p>n=<%=n%> m=<%=m%></p>
</body></html>
```

error.jsp 设置 page 指令的 isErrorPage="true"，说明它是一个错误处理页面。在错误处理页面中，exception 对象可用。在错误处理页面中，程序通过 instanceof 运算符进一步判断是什么异常子类，并给出错误信息。

```
<%@ page contentType="text/html; charset=GB18030" isErrorPage="true" %>
<html><head><title>错误处理页面</title></head><body>
<%
  out.println("<p>"+exception.toString()+"</p>");
  if(exception instanceof NumberFormatException){
      out.println("<p>"+"参数 num 转换成整数失败!"+"</p>");
  }else if(exception instanceof ArrayIndexOutOfBoundsException){
      out.println("<p>"+"参数 num 作为数组下标,范围是[0,9]!"+"</p>");
  }else if(exception instanceof ArithmeticException){
      out.println("<p>"+"参数 num 作为除数,不能为 0!"+"</p>");
  }
%>
</body></html>
```

使用浏览器访问 error_occur.jsp，传递参数 num=2，运行结果如图 4-23 所示。

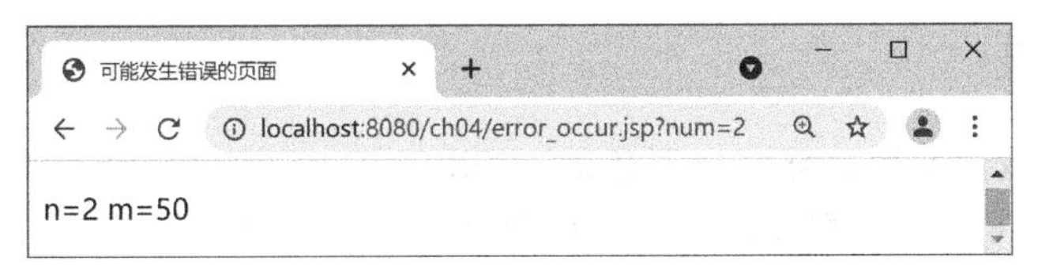

图 4-23　没有异常发生

如果传递参数 num=abc，则会抛出 NumberFormatException，因为 abc 不能转化为整数，运行结果如图 4-24 所示。

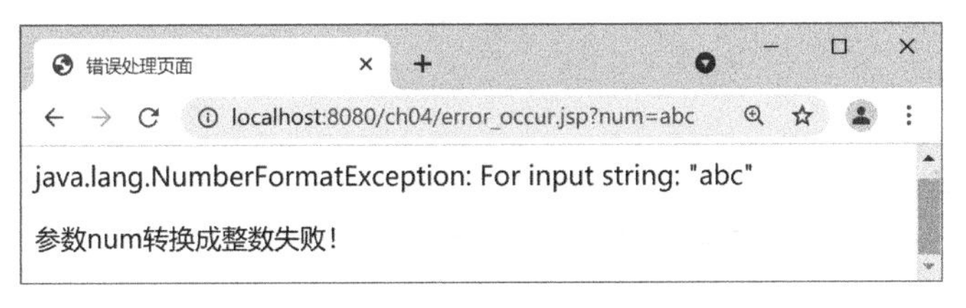

图 4-24　发生了 NumberFormatException

如果传递参数 num=10，则会抛出 ArrayIndexOutOfBoundsException，因为 a[10]是越界访问，运行结果如图 4-25 所示。

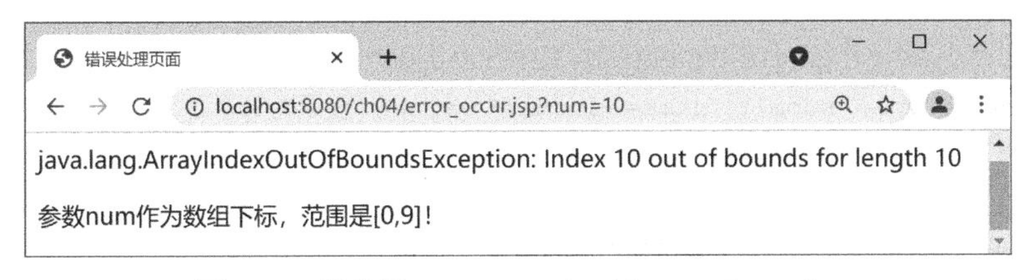

图 4-25　发生了 ArrayIndexOutOfBoundsException

如果传递参数 num=0，由于 0 不能为除数，会抛出 ArithmeticException，运行结果如图 4-26 所示。

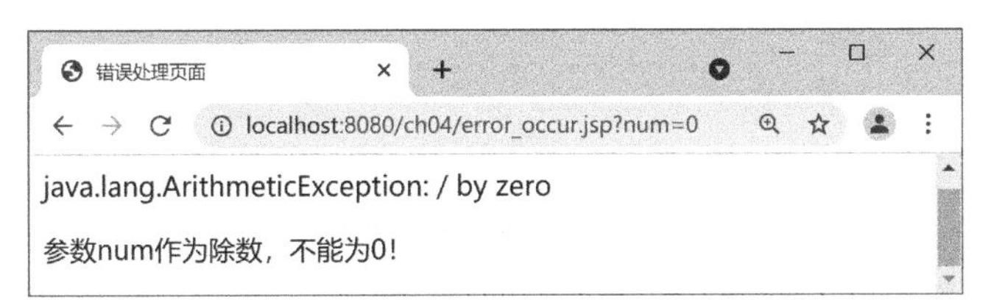

图 4-26　发生了 ArithmeticException

4.4　JSP 实 例

本节介绍几个 JSP 开发的典型示例，用户登录、购物小车、考研成绩查询系统。代码力求精简，以便让读者更容易掌握关键内容。

4.4.1 用户登录

用户登录失败后使用 response 对象的 sendRedirect()方法重新定向到 input.jsp。用户登录成功后在 session 对象上绑定属性标识登录成功的用户。

1. 用户登录页面：input.jsp

```
<%@ page contentType="text/html; charset=GB18030"%>
<!DOCTYPE html><html><head><meta charset="GB18030">
<title>用户登录</title></head><body>
<form action="login.jsp" method="post">
<table>
<tr>
  <td>用户名: </td>
  <td><input name="userName" type="text"/></td>
</tr>
<tr>
  <td style="text-align:right;">密码: </td>
  <td><input name="password" type="password"/></td>
</tr>
<tr>
  <td colspan="2" style="padding-left:200px;">
    <input type="submit" name="submit" value="登录"/>
  </td>
</tr>
</table></form></body></html>
```

如图 4-27 所示,input.jsp 运行结果为用户登录页面。

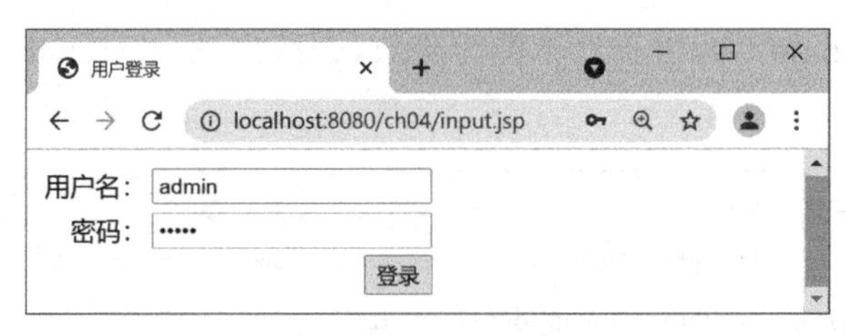

图 4-27 用户登录页面

2. 处理登录的页面：login.jsp

```
<%@ page contentType="text/html; charset=GB18030" %>
<html><head><title>处理登录表单</title></head><body>
<%
    String userName = request.getParameter("userName");
    if(userName==null){
        userName = "";                              //空串
    }else{
```

```
        userName = userName.trim();                    //去掉两端空格
    }
    String password = request.getParameter("password");
    if(password==null){
        password = "";                                 //空串
    }else{
        password = password.trim();                    //去掉两端空格
    }
    //假定可登录用户只有一个,用户名和密码都是 admin
    if(userName.equals("admin") && password.equals("admin")){
        //登录成功,在 session 上绑定属性,以识别用户
        session.setAttribute("userName",userName);
        out.println("<p>登录成功!</p>");
        out.println("<p>进入欢迎页面<a href=\"welcome.jsp\">
                                    welcome.jsp </a></p>");
    }else{
        //登录失败,重定向到输入页面
        response.sendRedirect("input.jsp");
    }
%>
</body></html>
```

处理用户登录页面 login.jsp 的运行结果如图 4-28 所示。

图 4-28 处理用户登录页面

3. 欢迎页面：welcome.jsp

```
<%@ page contentType="text/html; charset=GB18030" %>
<html><head><title>欢迎页面</title></head>
<body>
    <p>欢迎${userName}来到本网站!</p>
</body></html>
```

欢迎页面 welcome.jsp 的运行结果如图 4-29 所示。

4.4.2 最简单的购物小车

session 对象可以在一个用户的多次请求过程中共享数据,因此可以把购物小车绑定到 session 对象上。本例中商品就是图书,且书名都为英文。

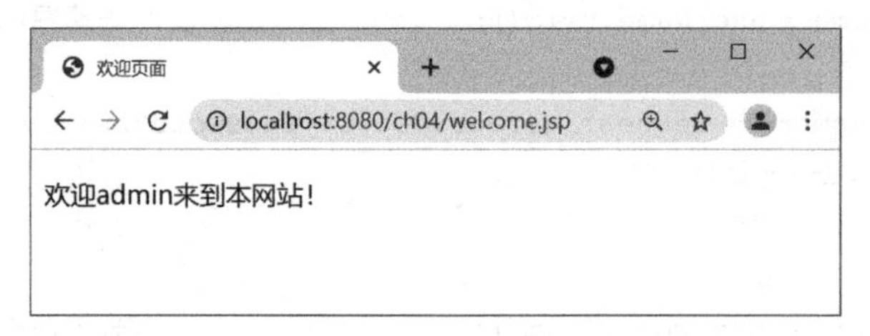

图 4-29　欢迎页面

1. 图书列表页面：book.jsp

book.jsp 是图书列表页面，图书存储在一个字符串数组中，利用 for 循环输出表格中的数据行。book.jsp 的运行结果如图 4-30 所示。

```
<%@ page contentType="text/html; charset=GB18030"%>
<html><head><title>图书列表</title></head><body>
<%
  String[] books={"JSP","Java","C++","C","PHP","ASP.NET"};
%>
<h2 align="center">图书列表</h2>
<table width="450" align="center" border="0" cellspacing="1">
<tr>
<   th width="270">图书</th><th width="180">操作</th>
</tr>
<%
  for(int i=0; i<books.length; i++){
    %>
    <tr valign="middle">
      <td><%=books[i] %></td>
      <td>
      <a href="cart.jsp? op=add&book=<%=books[i]%>">增加到购物车</a>
      </td>
    </tr>
    <%
  }
%>
</table>
<p align="center"><a href="cart.jsp">显示购物车</a></p>
</body></html>
```

2. 购物小车页面：cart.jsp

cart.jsp 是购物小车页面，能够处理增加图书(add)、删除图书(delete)、清空购物车(clear)三种操作，并能显示购物小车中的图书。为了简化代码，每本书只能购买一册。cart.jsp 接受两个参数，其中“op”表示操作，可以是 add、delete 和 clear，“book”参数直接传递书名。cart.jsp 的运行结果如图 4-31 所示。

图 4-30 图书列表页面

```
<%@ page contentType="text/html; charset=GB18030" import="java.util.*" %>
<html><head><title>购物小车</title></head><body>
<%
  String op = request.getParameter("op");
  String book = request.getParameter("book");
  if(op==null) op="";
  if(book==null) book="";
  @SuppressWarnings("unchecked")
  List<String> cart = (List<String>)session.getAttribute("cart");
  //第一次增加商品时,创建购物车
  if(cart==null){
   cart = new ArrayList<String>();
   session.setAttribute("cart",cart);
  }
  if(op.equals("clear")){                    //如果操作是清空购物车
      cart.clear();
  }else{                                     //在图书列表中查找 book
      boolean found = false;
      int index;
      for(index=0; index<cart.size(); index++){
        String current = (String)cart.get(index);
        if(book.equals(current)){
         found=true;
         break;
        }
       }
       if(op.equals("add")){                 //处理增加到购物车操作,显示每本书一册
           if(!found){
               cart.add(book);
           }
```

```
        }else if(op.equals("delete")){       //处理删除操作
            if(found){
                cart.remove(index);
            }
        }
    }
%>
<h2 align="center">购物小车</h2>
<table width="450" align="center" border="0" cellspacing="1">
<tr><th width="270">图书</th><th width="180">操作</th></tr>
<%
  for(int i=0; i<cart.size(); i++){
  String item = (String)cart.get(i);
  %>
  <tr>
    <td><%=item%></td>
    <td><a href="cart.jsp?op=delete&book=<%=item%>">删除</a></td>
  </tr>
  <%
  }
%>
</table>
<p align="center">
  <a href="cart.jsp?op=clear">清空购物车</a> | <a href="book.jsp">继续购物</a>
</p></body></html>
```

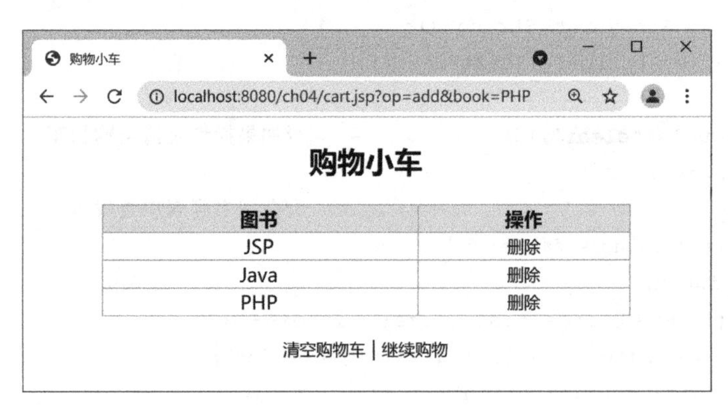

图 4-31　购物小车页面

4.4.3　考研成绩查询系统

系统采用 MySQL 8.0 社区版数据库，考生成绩存储在数据库 graduate 的 score 表中，表的字段有身份证号码、姓名、数学成绩、英语成绩、政治成绩、专业综合成绩、总分。考生可以在页面上输入身份证号码和姓名，查询自己的成绩。系统在 score 表中找到身份证号对应的成绩记录后，进一步检查身份证号码和姓名是否匹配，如果匹配则显示查询结果。考研成绩查询系统运行效果如图 4-32 所示。

图 4-32　考研成绩查询页面

1. 创建 MySQL 数据库 graduate

从 MySQL 官方网站 https://www.mysql.com 下载 Community 版本的数据库服务器 MySQL Community Server 8.0.25。下载得到的文件为 mysql-installer-community-8.0.25.0.msi，运行安装程序，可以只安装 MySQL Server。如果你在安装 MySQL 的最后一步启动失败，原因很可能是 MySQL Server 运行的用户“NETWORK SERVICE”的权限不足导致的。解决方法是为 MySQL 服务选择一个有管理员权限的用户，或者将网络服务添加到管理员组(Administrators)。另外，还需要手工将 MySQL 可执行文件的目录添加到 Path 环境变量中，然后就可以使用命令 mysql 连接数据库服务器了。

```
mysql -h localhost -u root -p --default-character-set=gbk
```

使用 root 用户登录成功的界面如图 4-33 所示。

```
命令提示符 - mysql  -h localhost -u root -p

C:\>where mysql
C:\Program Files\MySQL\MySQL Server 8.0\bin\mysql.exe

C:\>mysql -h localhost -u root -p
Enter password: ******
Welcome to the MySQL monitor.  Commands end with ; or \g.
Your MySQL connection id is 11
Server version: 8.0.25 MySQL Community Server - GPL

Copyright (c) 2000, 2021, Oracle and/or its affiliates.

Oracle is a registered trademark of Oracle Corporation and/or its
affiliates. Other names may be trademarks of their respective
owners.

Type 'help;' or '\h' for help. Type '\c' to clear the current input statement.

mysql>
```

图 4-33　登录 MySQL 数据库

```
create database graduate default character set gbk;       /* 创建数据库 */
show databases;                                            /* 显示有哪些数据库 */
use graduate;                                              /* 使用数据库 */
create table score(                                        /* 创建成绩表 */
  id_card varchar(18) primary key,
  name varchar(50),
  math float,
  english float,
  politics float,
  major float,
  total_score float
) engine=InnoDB default charset=gbk;
show tables;                                               /* 显示有哪些表 */
desc score;                                                /* 查看表的结构 */
```

执行命令“desc score”，运行结果如图 4-34 所示。

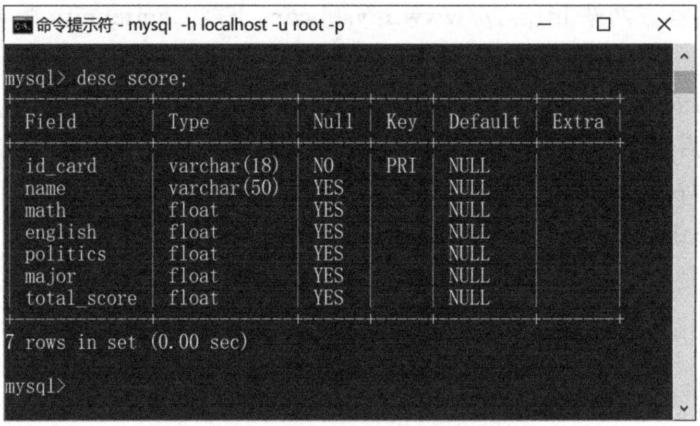

```
命令提示符 - mysql -h localhost -u root -p

mysql> desc score;
+-------------+-------------+------+-----+---------+-------+
| Field       | Type        | Null | Key | Default | Extra |
+-------------+-------------+------+-----+---------+-------+
| id_card     | varchar(18) | NO   | PRI | NULL    |       |
| name        | varchar(50) | YES  |     | NULL    |       |
| math        | float       | YES  |     | NULL    |       |
| english     | float       | YES  |     | NULL    |       |
| politics    | float       | YES  |     | NULL    |       |
| major       | float       | YES  |     | NULL    |       |
| total_score | float       | YES  |     | NULL    |       |
+-------------+-------------+------+-----+---------+-------+
7 rows in set (0.00 sec)

mysql>
```

图 4-34　用 DESC 命令查看表结构

```
/* 插入几条数据 */
insert into score(id_card,name,math,english,politics,major)
                  values('1','张三',130,70,69,120);
insert into score(id_card,name,math,english,politics,major)
                  values('2','李四',120,75,65,126);
insert into score(id_card,name,math,english,politics,major)
                  values('3','赵五',110,67,60,105);
update score set total_score=math+english+politics+major;    /* 计算总分 */
select * from score;                                          /* 查询记录 */
```

上面 select 语句的运行结果如图 4-35 所示。

```
mysql> select * from score;
+---------+------+------+---------+----------+-------+-------------+
| id_card | name | math | english | politics | major | total_score |
+---------+------+------+---------+----------+-------+-------------+
| 1       | 张三 | 130  |      70 |       69 | 120   |         389 |
| 2       | 李四 | 120  |      75 |       65 | 126   |         386 |
| 3       | 赵五 | 110  |      67 |       60 | 105   |         342 |
+---------+------+------+---------+----------+-------+-------------+
3 rows in set (0.00 sec)

mysql>
```

图 4-35 用 SELECT 语句查询表

```
/* 创建用户 */
create user 'webuser'@'localhost' identified by 'webpass';
create user 'webuser'@'%' identified by 'webpass';
grant all privileges on graduate.* to 'webuser'@'localhost';
grant all privileges on graduate.* to 'webuser'@'%';
flush privileges;
show grants for 'webuser'@'localhost';
show grants for 'webuser'@'%';
exit /* 退出 root 用户的登录 */
/* 测试新用户 webuser 和密码 webpass 是否能够登录 */
mysql -u webuser --default-character-set=gbk -p
```

使用新建用户 webuser 登录成功的界面如图 4-36 所示。

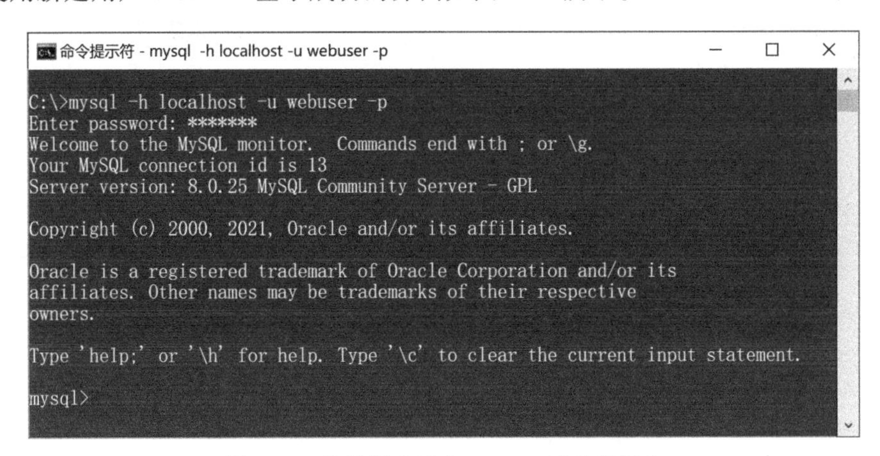

图 4-36 使用新建用户 webuser 登录数据库

2. 成绩查询页面：score.jsp

从 MySQL 网站下载 mysql-connector-java-8.0.25.zip 文件后，解压得到文件 mysql-connector-java-8.0.25.jar，将它复制到 src/main/webapp/WEB-INF/lib 文件夹(可以直接用鼠标左键拖动到 Eclipse 里面，并在 lib 目录上松开鼠标)。如果是从文件系统复制的，需要刷新一下 Eclipse 的项目，右键单击 ch04 项目，在弹出的快捷菜单中选择 Refresh。

```
<%@ page contentType="text/html; charset=GB18030" import="java.sql.*"%>
<html><head><title>考研成绩查询系统</title></head><body>
<%
  request.setCharacterEncoding("GB18030");          //为了读取中文参数
  String idcard= request.getParameter("idcard");    //身份证号码
  String name = request.getParameter("name");       //姓名
  idcard = idcard==null?"":idcard.trim();           //处理空指针和两侧空格
  name = name==null?"":name.trim();
  request.setAttribute("idcard",idcard);            //绑定属性,以便使用 EL 读取
  request.setAttribute("name",name);
%>
<h3>考研成绩查询系统</h3>
<form action="score.jsp" method="post">
<p>身份证: <input name="idcard" type="text" value="${idcard}"/></p>
<p>姓名: <input name="name" type="text" value="${name}"/></p>
<p style="padding-left:150px;">
<input type="submit" name="submit" value="查询"/>
</p>
</form>
<%
if(!idcard.equals("")&&!name.equals("")) {
Connection conn=null;                                 //数据库连接
Statement stmt=null;                                  //SQL 语句
ResultSet rs=null;                                    //结果集
try {
    //1.加载驱动程序,lib 目录下需要有 MySQL 的 JDBC 驱动
    Class.forName("com.mysql.cj.jdbc.Driver");
    //2.给出连接字符串
    String url = "jdbc:mysql://127.0.0.1:3306/graduate?"+
                 +"useUnicode=true&characterEncoding=gbk"
                 +"&useSSL=false&serverTimezone=Asia/Shanghai";
    //3.建立连接
    conn = DriverManager.getConnection(url, "webuser", "webpass");
    //4.创建语句对象
    stmt = conn.createStatement();
    //5.给出 select 语句
    String sql = "select * from score where id_card='"+idcard+"'";
    System.out.println(sql);                          //在控制台输出 SQL 语句
    //6.执行查询,返回结果集
    rs = stmt.executeQuery(sql);
    //7.是否查到成绩,如果查到,则结果集会有一条记录
    if (rs.next()) {
        String nameDB = rs.getString("name");
        //身份证号和姓名是否匹配
```

```
        if(name.equals(nameDB)){
            float math = rs.getFloat("math");
            float english = rs.getFloat("english");
            float politics = rs.getFloat("politics");
            float major = rs.getFloat("major");
            float total = rs.getFloat("total_score");
            %>
            <table width="580" border="0" cellspacing="1">
              <tr align="center">
                <th>身份证号码</th><th>姓名</th><th>数学</th>
                <th>英语</th><th>政治</th><th>专业综合</th><th>总分</th>
              </tr>
              <tr align="center">
                <td><%=idcard%></td>
                <td><%=name%></td>
                <td><%=math%></td>
                <td><%=english%></td>
                <td><%=politics%></td>
                <td><%=major%></td>
                <td><%=total%></td>
              </tr>
            </table>
            <%
        }else{
            out.println("<p>身份证和姓名不匹配！身份证号："
                                 +idcard+" 姓名："+name+"</p>");
        }
    }else{
        //没有查到记录
        out.println("<p>没有查到记录！身份证号：" + idcard
                         + " 姓名：" + name + "</p>");
    }
} catch (ClassNotFoundException e) {
    e.printStackTrace();
} catch (SQLException sqle) {
    sqle.printStackTrace();
} finally {
        //8. 确保关闭结果集、语句对象和数据库连接
        try {rs.close();}catch(Exception ignore){}
        try {stmt.close();}catch(Exception ignore){}
        try {conn.close();}catch(Exception ignore){}
}
} //end of if
%>
</body></html>
```

本章小结

HTTP协议是基于文本的请求/响应协议,是无状态的协议。客户端使用GET方法传递参数时,在URL的后面跟上英文问号,问号的后面以"参数名称=参数值"的形式给出多组参数,每组之间用符号"&"分隔,称为查询串(Query String)。客户端使用POST方法传递参数是跟在HTTP请求头后面传递的,可以传输大量数据。如果需要跟踪用户,可以使用Cookie,它允许服务器将Cookie发送给浏览器,浏览器将Cookie存储在客户机本地文件系统上,并在后续的HTTP请求中传回服务器。

request对象封装了客户端的HTTP请求,读取单值参数使用getParameter()方法,读取多值参数则需要使用getParameterValues()方法。读取中文参数需要在读取前调用setCharacterEncoding()方法设置字符集。getHeader()方法用来获得HTTP请求头。请求头"User-Agent"包含了浏览器的信息。请求头"referrer"告诉服务器是从哪个页面链接过来的。

response对象封装了对客户端的HTTP响应。out对象用于向客户端输出文本数据。可以使用response对象的addCookie()方法向浏览器发送Cookie,使用sendRedirect()方法使浏览器重定向到另外的URL。当浏览器不支持或者禁用Cookie时,可以使用encodeURL()方法把sessionId编码到URL中,称之为URL重写。

session对象底层使用Cookie或者URL重写实现,对应一个用户在一段时间内的多次请求的时间范围。session对象上绑定的属性在一个用户的多次访问间共享。用户登录成功后,在session对象上绑定属性标识这个用户。购物小车可绑定在session对象上。

application对象对应Web应用启动直到停止的时间范围,在application对象上绑定的属性为所有客户端所共享。getInitParameter()方法读取在web.xml中配置的Web应用的初始化参数,getRealPath()方法可以获得Web应用的物理路径。

config对象可以用于读取Servlet的初始化参数。page对象代表当前页面。pageContext是页面的上下文对象,其他JSP内置对象可以从它得到。

exception对象表示JSP运行时抛出的异常,只能在isErrorPage="true"的页面中使用。在错误处理页面中,可以使用运算符instanceof进一步判断是什么异常。

在JSP页面中访问MySQL数据库需要在page指令中设置属性import="java.sql.*",并把MySQL的JDBC驱动程序复制到WEB-INF/lib目录下。

JSP的内置对象可以绑定属性的有四个:pageContext、request、session和application,它们的时间范围依次增大:同一个页面,同一次请求,同一个用户的会话、同一个Web应用。

习 题 四

1. 以下关于URL的描述,不正确的是(　　)。

A. URL用来表示因特网上资源的位置和访问这些资源方法

B. URL的一般形式是：<协议>://<主机>：<端口>/<路径>/<文件名>
C. URL中的路径和服务器上的物理位置相同
D. URL的协议可以是HTTP,也可以是FTP

2. 以下关于HTTP协议的描述,不正确的是（　　）。
A. HTTP协议使用的传输层协议是TCP
B. HTTP协议的无状态性使服务器更容易支持大量并发的HTTP请求
C. HTTP 1.1引入了持久连接,允许在同一个连接中存在多次请求和响应
D. HTTP服务器等待客户端释放连接,而不会主动释放套接字

3. 以下关于HTTP报文的描述,不正确的是（　　）。
A. HTTP报文是面向文本的,报文中的每一个字段都是一些ASCII码串
B. HTTP有2类报文：请求报文和响应报文
C. 请求方法GET和POST都可以从服务器获取数据
D. HTTP响应状态码500表示请求的文档不存在

4. 以下关于Cookie的描述,不正确的是（　　）。
A. Cookie提供了无状态协议HTTP上的用户跟踪机制
B. 每个Cookie具有名字、值和超时时间
C. Cookie通过HTTP响应头从服务器端发送到浏览器
D. 浏览器将Cookie保存在内存中,而不会写到文件系统上

5. 以下关于JSP内置对象的描述,不正确的是（　　）。
A. response对象可以设置响应头,设置响应的MIME类型,执行重定向
B. out对象用于输出文本类型的数据
C. in对象用于读取页面的输入参数
D. session对象用于跟踪用户

6. 下列JSP内部对象,不能绑定属性的是（　　）。
A. request　　B. response　　C. session　　D. application

7. 要获得客户端使用的是什么浏览器,可以调用request对象的（　　）方法。
A. getParameter()　　B. getAttribute()
C. getHeader()　　D. getRequestURI()

8. 关于session对象的描述,不正确的是（　　）。
A. session对象实现了HttpSession接口,用于保存每个用户的状态
B. 应用服务器使用Cookie或URL重写来传递会话ID
C. 会话超时前,一个用户的多次请求对应同一个session对象
D. session的超时只能通过在web.xml配置超时时间

9. 下列（　　）方法可以获得虚拟路径在服务器上对应的物理路径。
A. application.getRealPath()　　B. request.getURL()
C. request.getURI()　　D. request.getContextPath()

10. 假设JSP使用的表单中有如下的GUI(多选择框)：

<input type=checkbox name=item value=dog>狗

<input type=checkbox name=item value=stone>石头

<input type=checkbox name=item value=cat>猫

<input type=checkbox name=item value=water>水

该表单所请求的JSP可以使用内置对象request获取该表单提交的数据,那么,下列(　　)是request获取该表单提交的值的正确语句。

A. String a = request.getParameter("item");

B. String b = request.getParameter("checkbox");

C. String[] c = request.getParameterValues("item");

D. String[] d = request.getParameterValues("checkbox");

11. JSP的9个内部对象分别是什么?

12. 如果表单提交的信息中有汉字,接受该信息的页面应做怎样的处理?

13. 调用response对象的sendRedirect(String url)方法的作用是什么?

14. 关于session对象,请回答下列问题:

(1) 一个用户在不同Web应用中的session对象相同吗?

(2) 一个用户在同一Web应用的不同子目录中的session对象相同吗?

(3) 如果用户长时间不关闭浏览器,用户的session对象会消失吗?

(4) 用户关闭浏览器后,用户的session对象一定消失吗?

第5章 JSP 中使用 JavaBean

JSP 最强有力的一个方面就是能够使用 JavaBean 组件。JavaBean 是一个可重复使用的软件组件。JavaBean 是一种 Java 类,通过封装属性和方法成为具有某种功能或者能够处理某些业务的对象,简称 Bean。

一个基本的 JSP 页面由静态的 HTML 标签和 Java 脚本组成,如果 Java 脚本和 HTML 标签大量掺杂在一起,就显得页面混杂,不易维护。JSP 页面可以将数据的处理过程指派给一个或者几个 JavaBean 来完成,而在 JSP 页面中调用 JavaBean。不提倡大量的数据处理都用页面中的 Java 脚本来完成。JSP 页面中调用 JavaBean,可有效地分离静态工作部分和动态工作部分,实现业务逻辑和表现形式的分离。JavaBean 负责业务逻辑的处理,JSP 负责页面的展示,如图 5-1 所示。

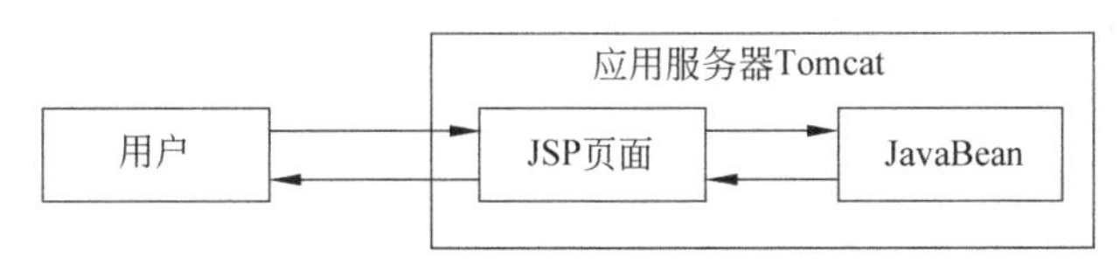

图 5-1 JSP+JavaBean 模型

5.1 JavaBean 介绍

JavaBean 体系结构是全面基于组件的标准模型。JavaBean 是 Java 描述的软件组件模型,有点类似于 Microsoft 的 COM 组件概念。JavaBean 组件是 Java 类,这些类遵循特定的接口格式,以便于容器按照标准的方式使用方法命名、底层行为来构造和访问 JavaBean 对象。

5.1.1 JavaBean 简介

1. JavaBean 的特点

- 可以实现代码的重复利用。
- 易编写、易维护、易使用。
- 可以在任何支持 Java 的平台上工作,而不需要重新编译。
- 可以通过网络传输。
- 可以与其他 Java 类同时使用。

2. JavaBean 的应用范围

JavaBean 传统的应用在于可视化领域,如 AWT(抽象窗口工具集)和 Swing 下的应用。现在,JavaBean 更多的应用在于非可视化领域,它在服务器端应用方面表现出了越来越强的生命力。非可视化的 JavaBean 和可视化的 JavaBean 同样使用属性和事件。非可视化的 JavaBean 在 JSP 程序中常用来封装业务逻辑、数据库操作等,可以很好地实现业务逻辑和前台页面的分离,使得系统具有更好的健壮性和灵活性。

注意:JavaBean 和 EJB(Enterprise JavaBean)的概念是完全不同的。EJB 分为三类:会话 Bean(Session Bean)、实体 Bean(Entity Bean)、消息驱动 Bean(Message Driven Bean)。EJB 很复杂,而 JavaBean 是非常简单朴素的。

5.1.2 编写 JavaBean 遵循的原则

编写 JavaBean 就是编写一个 Java 的类,所以只要学会写类就能编写一个 JavaBean,这个类创建的一个对象称之为 JavaBean。为了让使用 JavaBean 的应用程序构建工具(比如 JSP 引擎)知道这个 Bean 的属性和方法,JavaBean 的类需要遵守以下规则:

- 必须具备一个零参数的构造方法,显式地定义这样一个无参构造方法或者省略所有的构造方法都能满足这项要求。
- 成员变量也称为属性,JavaBean 不应该有公开的成员变量,需使用存取方法读取和修改属性,不允许对字段直接访问。属性的名字建议以小写英文字母开头。
- 属性的值通过 getXxx()和 setXxx()方法来访问。例如,如果类有 String 类型的属性 title,读取 title 的方法是返回 String 的 getTitle(),修改 title 的方法是 setTitle(String title)。
- 布尔型属性的读取方法可以使用 getXxx(),也可以使用 isXxx()。
- JavaBean 需要定义在包里面,package 保留字给出类所在的包。

具有两个属性的 JavaBean:User 类

```
package cn.edu.uibe.model;
public class User {
    private String userName;
    private String password;
    public String getUserName() { return userName; }
    public void setUserName(String userName) { this.userName = userName; }
    public String getPassword() { return password; }
    public void setPassword(String password) { this.password = password; }
}
```

【技巧】 Eclipse 可以帮助我们生成 Getter 和 Setter 方法,依次选择 Eclipse→Source,打开 Generate Getters and Setters 对话框,如图 5-2 所示。

5.1.3 JavaBean 的属性

属性是 JavaBean 组件内部状态的表示,JavaBean 的属性可以分为以下 4 类:

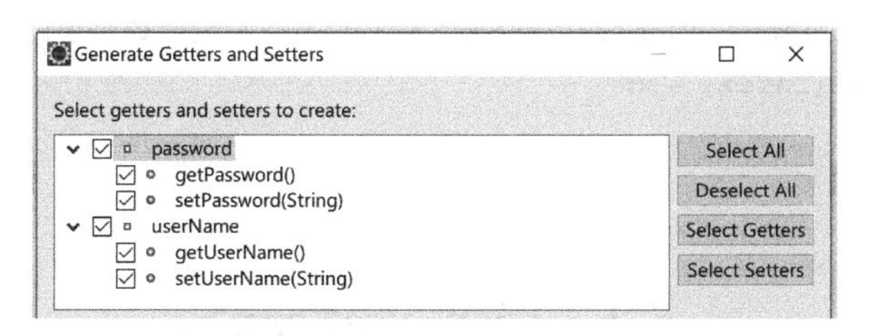

图 5-2　使用 Eclipse 生成 Getter 和 Setter 方法

- Simple(简单属性)。
- Indexed(索引属性)。
- Bound(绑定属性)。
- Constrained(约束属性)。

可以在 JSP 页面中使用的属性是简单属性和索引属性，而绑定属性和约束属性是在图形界面开发时才会用到，下面介绍简单属性和索引属性。

1. 简单属性

```
package cn.edu.uibe.model;
public class SimpleAttrBean {
    private String attr ;                      //JavaBean 的属性
    public SimpleAttrBean() { }                //零参数的构造方法
    public String getAttr() {                  //读取属性的方法
        return attr;
    }
    public void setAttr(String attr) {         //设置属性的方法
        this.attr = attr;
    }
}
```

2. 索引属性

索引属性是一个数组，读取和写入属性也是使用 Getter 方法和 Setter 方法。

```
package cn.edu.uibe.model;
public class IndexedAttrBean {
    private int[] dataSet = {1,2,3,4,5};       //索引属性
    public IndexedAttrBean() {}                //零参数构造方法
    public int[] getDataSet() {                //返回整个数组
        return dataSet;
    }
    public int getDataSet(int index) {         //返回数组中的一个元素
        return dataSet[index];
    }
    public void setDataSet(int[] x) {          //设置整个数组
        dataSet = x;
    }
```

```
    public void setDataSet(int index, int x){    //设置数组中的一个值
        dataSet[index] = x;
    }
}
```

5.2 <jsp:useBean>

在JSP页面中<jsp:useBean>动作元素可以使用JavaBean对象,这样就可以将大部分业务处理逻辑封装在JavaBean里面。本节介绍<jsp:useBean>的基本语法、JavaBean的条件化操作、JavaBean的存放位置和JavaBean的作用范围。

5.2.1 <jsp:useBean>的基本语法

<jsp:useBean>动作元素用来在JSP页面中获取或者创建一个JavaBean对象,并指定它的名字和作用范围。JSP容器确保JavaBean对象在指定的范围内可以使用。<jsp:useBean>的语法格式如下:

```
<jsp:useBean id="beanName" class="package.BeanClassName"
             scope="page | request | session | application"/>
<jsp:useBean id="beanName" class="package.BeanClassName"
             scope="page | request | session | application">
</jsp:useBean>
<jsp:useBean id="beanName" class="package.BeanClassName"
           scope="page | request | session | application">
    //仅当JavaBean实例化时才执行
    <jsp:setProperty name="propertyName" value="propertyValue"/>
    ...
</jsp:useBean>
```

当服务器上某个含有<jsp:useBean>动作元素的JSP页面被加载执行时,JSP引擎首先根据ID给出的JavaBean的名字(beanName),在scope范围对应的JSP内部对象上查找是否有这个名字的属性(Attribute)。如果在指定范围内找到了与beanName同名的属性,JSP引擎返回属性对应的对象引用。如果在指定的范围内没有找到与beanName同名的属性,JSP引擎根据class属性给出的包名和类名,创建一个该类的对象,并将该对象作为属性名为beanName的属性值,绑定到scope范围对应的JSP内部对象上。创建JavaBean对象时,JSP引擎使用无参数的构造方法。由于pageContext对象可以操作各个范围的属性,实际上JavaBean的查找和绑定都是通过pageContext对象来完成的。如果没有指定JavaBean的范围,默认范围是page。

<jsp:useBean>的含义可以通过下面的代码来理解:

```
Object beanName = pageContext.getAttribute("beanName", SCOPE);
if(beanName==null){
    Object bean = new package.BeanClassName();
```

```
    pageContext.setAttribute("beanName", bean, SCOPE);
}
```

在 pageContext 类的定义中，SCOPE 的取值有：PAGE_SCOPE、REQUEST_SCOPE、SESSION_SCOPE 和 APPLICATION_SCOPE，对应的 JSP 内部对象分别是 pageContext、request、session 和 application。

例如，将 User.java 中定义的类 cn.edu.uibe.model.User 定义为名字为 user，范围是 request 的 JavaBean。

```
<jsp:useBean id="user" class="cn.edu.uibe.model.User" scope="request"/>
```

或者：

```
<jsp:useBean id="user" class="cn.edu.uibe.model.User" scope="request">
</jsp:useBean>
```

5.2.2 JavaBean 的条件化操作

使用<jsp:useBean>在 JSP 页面中操作 JavaBean 对象时，bean 对象不一定是新创建的，<jsp:useBean>和</jsp: useBean>之间的语句也不一定执行。

1. bean 的条件化创建

- 仅当找不到相同 id 和 scope 的 bean 时，<jsp:useBean>才会引发 bean 新实例的创建。
- 如果找到相同 id 和 scope 的 bean，则仅仅是将已经存在的 bean 赋值给由 id 指定的变量。

HelloBean.java 中定义了一个 JavaBean 的类 HelloBean，它只有一个属性 message，bean 提供了 getMessage()和 setMessage()方法来访问属性 message。

```
package cn.edu.uibe.model;
public class HelloBean {
    private String message;
    public String getMessage() {
        return message;
    }
    public void setMessage(String message) {
        this.message = message;
        System.out.println(message);
    }
}
```

request_bean1.jsp 中使用<jsp: useBean>动作元素创建了一个 HelloBean 类的 JavaBean 对象，范围是 request，bean 的名字为 hello。页面的小脚本中的调用 hello.setMessage()方法将 message 属性值设置为字符串"Hello JavaBean!"。页面又使用<jsp:include>动作元素包含了另外一个 JSP 页面 request_bean2.jsp。这两个 JSP 页面对

应的是同一个 request 对象,可以共享范围是 request 的 JavaBean 对象。

```
<%@ page contentType="text/html; charset=GB18030" %>
<!DOCTYPE html><html><head><meta charset="GB18030">
<title>Bean的条件化创建</title></head><body>
<jsp:useBean id="hello" class ="cn.edu.uibe.model.HelloBean"
             scope="request"/>
<%
  //可以在脚本中直接使用 JavaBean 对象
  hello.setMessage("Hello JavaBean!");
%>
<jsp:include page="request_bean2.jsp"/>
</body></html>
```

在被包含的 JSP 页面 request_bean2.jsp 中,也有一个<jsp:useBean>动作元素,id 为 hello,class 为 cn.edu.uibe.model.HelloBean,scope 为 request,但这并不会导致重新实例化一个 JavaBean 对象,因为 request 范围内已经有了一个名字为 hello 的 JavaBean,这里仅仅是引用那个 JavaBean 对象而已。页面中调用 hello.getMessage()将得到在第一个页面中设置的属性值,即"Hello JavaBean!"。如果在第二个页面中是重新实例化的 JavaBean 对象,那么 getMessage()的输出将是空值 null。

```
<%@ page contentType="text/html; charset=GB18030" %>
<jsp:useBean id="hello" class="cn.edu.uibe.model.HelloBean"
             scope="request"/>
<%
    String message = hello.getMessage();
%>
<p><%=message%></p>
```

使用浏览器访问 request_bean1.jsp,运行结果如图 5-3 所示。

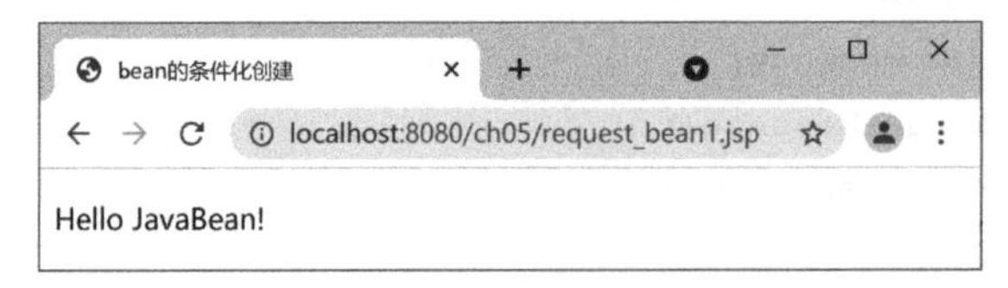

图 5-3　bean 的条件化创建

2. bean 属性的条件化设置

- 将<jsp:useBean ... />替换为<jsp:useBean ...>　</jsp: useBean>。
- 标签内部的语句仅当创建新的 bean 时才执行,如果找到已有的 bean,则不执行。

request_bean3.jsp 中使用<jsp: useBean>动作元素创建了一个 HelloBean 类的 JavaBean 对象,范围为 request,bean 的名字为 hello,属性 message 的值设置为字符串"好消息!"。页面又使用<jsp: include>动作元素包含了另外一个 JSP 页面 request_bean4.jsp。

```
<%@ page contentType="text/html; charset=GB18030" %>
<!DOCTYPE html><html><head><meta charset="GB18030">
<title>Bean 的条件化创建</title></head><body>
<jsp:useBean id="hello" class="cn.edu.uibe.model.HelloBean"
             scope="request">
<%
    hello.setMessage("好消息!");
%>
</jsp:useBean>
<jsp:include page="request_bean4.jsp"/>
</body></html>
```

在被包含的JSP页面request_bean4.jsp中，也有一个<jsp:useBean>动作元素，id为hello，class为cn.edu.uibe.model.HelloBean，scope为request。在<jsp:useBean>和</jsp:useBean>之间，使用hello.setMessage()重新设置属性的值为"坏消息!"。请读者思考：这行语句会执行吗？输出是“好消息!”还是“坏消息!”？

```
<%@ page contentType="text/html; charset=GB18030" %>
<jsp:useBean id="hello" class="cn.edu.uibe.model.HelloBean"
              scope= "request">
<%
    hello.setMessage("坏消息!");
%>
</jsp:useBean>
<p><%=hello.getMessage()%></p>
```

使用浏览器访问request_bean3.jsp，运行结果如图5-4所示。

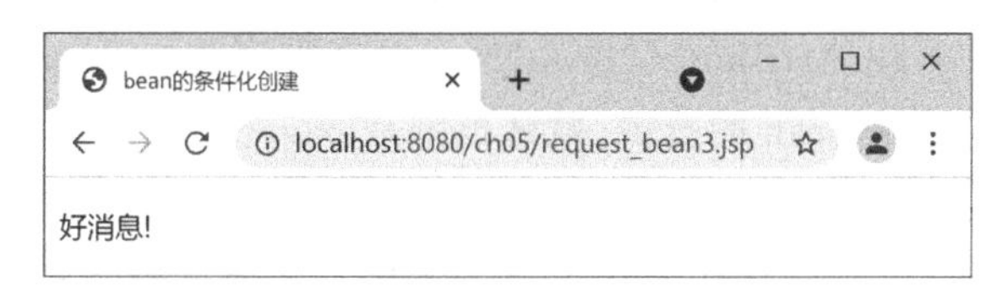

图5-4 bean属性的条件化设置

5.2.3 JavaBean存放的位置

为了在JSP页面中使用JavaBean，应用服务器需要使用字节码文件(扩展名为.class)来创建Java对象，这就要求应用服务器能找到字节码，因此字节码文件需要位于特定的目录中。

1. 零散存放

Java的每个类都对应一个.class文件，零散存放是指将这些.class文件存放在Web应用的/WEB-INF/classes目录下包名对应的子目录中。例如，在JSP页面中有：

```
<jsp:useBean id="hello" class="cn.edu.uibe.model.HelloBean" />
```

这个 bean 的名字是 hello，类是 cn.edu.uibe.model.HelloBean，生成的字节码文件是 HelloBean.class，它存放的位置是：

```
/WEB-INF/classes/cn/edu/uibe/model/HelloBean.class
```

2. 打包存放

Java 允许将多个.class 文件打包成一个扩展名为.jar 的压缩文件，实际上采用的压缩格式就是 ZIP 格式。多个 JavaBean 可以打包成一个.jar 文件，然后将打包后的.jar 文件存放在 Web 应用的/WEB-INF/lib 目录下。

Eclipse 提供了将.class 文件打包的工具：依次单击 Eclipse→File→Export→Java→JAR File，导出时选择要导出哪些 package 并给出生成的 jar 文件的文件名。在压缩文件内部，扩展名为.class 的文件存放在包名对应的子目录中。

例如将 cn.edu.uibe.model.HelloBean 的字节码文件 HelloBean.class 打包在文件名是 hello.jar 的压缩文件中，那么 hello.jar 压缩文件内部的目录结构是 cn/edu/uibe/model/HelloBean.class，而文件 hello.jar 存放的位置是 Web 应用的/WEB-INF/lib 目录。

5.2.4 JavaBean 的作用范围

JSP 中使用 JavaBean 实际上是将 JavaBean 对象作为一个属性(Attribute)绑定到了 pageContext 对象、request 对象、session 对象或者 application 对象上。scope 对应的取值分别为 page、request、session 和 application，JavaBean 的作用范围分别对应一个页面、一次请求、一个用户的会话和一个 Web 应用。

1. page 范围

- 指定为 page 范围的 JavaBean 仅在定义的 JSP 页面内有效。
- page 范围的 JavaBean 实际上是绑定在 pageContext 对象上的一个属性，可以通过 pageContext.getAttribute("beanName")来得到这个 JavaBean 对象。
- 如果没有指定 JavaBean 的范围，默认范围是 page。

2. request 范围

- 指定为 request 范围的 JavaBean 在客户端的一次请求期间有效。
- request 范围的 JavaBean 实际上是绑定在 request 对象上的一个属性，可以通过 request.getAttribute("beanName")来得到这个 JavaBean 对象。
- request 范围的 JavaBean 可以在客户端的一次请求期间共享和传递数据。

一次请求会经过多个处理环节的情况有：

- 当使用<jsp:include>、<jsp:forward>时，包含或者转向的页面与当前页面对应一个 request 对象。
- 当使用 RequestDispatcher 分发请求时，请求会转发到其他页面。
- 当使用过滤器 Filter 时，请求对象 request 会被过滤器截获。
- 当使用请求相关的监听器时，请求对象 request 可在监听器内部获得。

3. session 范围

- 指定为 session 范围的 JavaBean 在用户的一个会话期间有效。一个会话对应一

段时间内客户端的多次 HTTP 请求。

- session 范围的 JavaBean 实际上是绑定在 session 对象上的一个属性，可以通过 session.getAttribute("beanName")来得到这个 JavaBean 对象。
- session 范围的 JavaBean 可以在同一个客户端的多次请求期间共享和传递数据。

session 范围的 JavaBean 一般用于：

- 用户登录后，在 session 上绑定 JavaBean 来保存用户信息。
- session 上绑定存储商品列表的 JavaBean 来实现购物车。

4. application 范围

- 指定为 application 范围的 JavaBean 在 Web 应用停止之前一直有效。
- application 范围的 JavaBean 实际上是绑定在 application 对象上的一个属性，程序可以通过 application.getAttribute("beanName")来得到这个 JavaBean 对象。
- application 范围的 JavaBean 的作用域是所在的 Web 应用。通过 application 范围的 JavaBean，可以在不同客户端的不同次请求间共享和传递数据。

5.3 获取 JavaBean 的属性

在 JSP 页面中可以使用<jsp:getProperty>动作元素获取并输出 JavaBean 的属性，也允许使用表达式语言 EL 获取并输出 JavaBean 的属性。

5.3.1 <jsp:getProperty>

<jsp:getProperty>动作元素用来访问 JavaBean 的属性。访问的属性值将被转化成字符串，然后发送到输出流中。如果属性是一个对象，将调用该对象的 toString()方法。<jsp:getProperty>动作元素是通过调用 JavaBean 的 Getter 方法获取属性值的。

```
<jsp:getProperty name="beanName" property="propertyName"/>
```

或者：

```
<jsp:getProperty name="beanName" property="propertyName"></jsp:getProperty>
```

特别需要注意的是，<jsp:getProperty>使用 name 属性给出 JavaBean 的名字，而<jsp:useBean>使用 id 属性给出 JavaBean 的名字，实际上它们是一致的，都是指绑定在特定范围对象的一个属性(Attribute)名。

1. 读取属性　getproperty.jsp

示例 getproperty.jsp 文件内容如下，运行结果如图 5-5 所示。

```
<%@ page contentType="text/html; charset=GB18030" %>
<!DOCTYPE html><html><head>
<meta charset="GB18030">
<title>获取并输出属性的值</title>
<jsp:useBean id="hello" class="cn.edu.uibe.model.HelloBean"/>
<%  hello.setMessage("Hello JavaBean Again!");  %>
```

```
</head><body>
<p><jsp:getProperty name="hello" property="message"/></p>
</body></html>
```

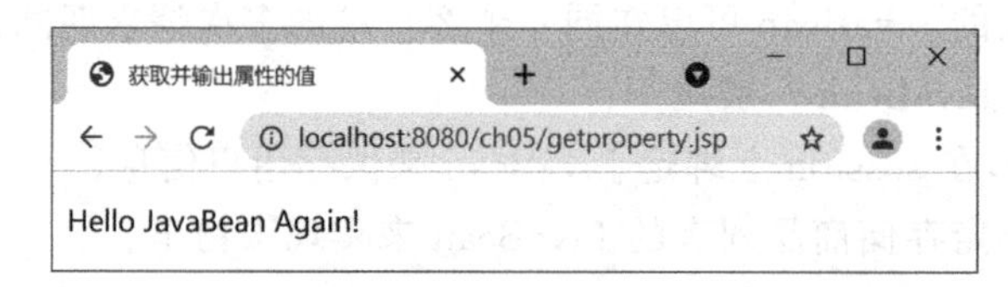

图 5-5　使用<jsp:getProperty>读取 JavaBean 的属性

2. 深刻理解<jsp:getProperty>：getproperty2.jsp

JSP 中使用<jsp:getProperty>读取 JavaBean 的属性时，实际是通过调用 Getter 方法完成的，而不管 JavaBean 中是否真的有与属性名对应的成员变量的定义。下面示例中，JSP 内读取 message 属性时，实际上是调用 getMessage()方法，即使 message 属性不存在，也能通过调用 getMessage()方法得到一个字符串，运行结果如图 5-6 所示。

```
package cn.edu.uibe.model;
public class MyBean {
    public String getMessage() {  return "重大利好!";  }
}
```

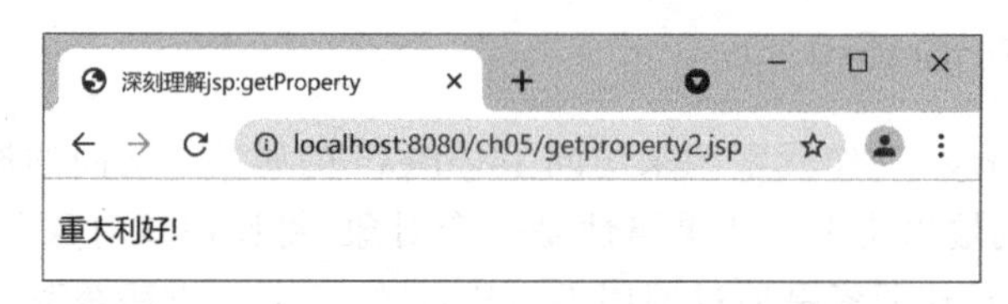

图 5-6　<jsp:getProperty>是调用 getMessage()方法，而不是直接访问属性

getproperty2.jsp 中实例化一个 MyBean 类的对象，并使用<jsp:getProperty>读取属性 message。而在 MyBean 类的定义中，是没有名字为 message 的成员变量的，但仍然能调用 getMessage()方法返回结果。

```
<%@ page contentType="text/html; charset=GB18030" %>
<!DOCTYPE html><html><head><meta charset="GB18030">
<title>深刻理解 jsp:getProperty</title>
<jsp:useBean id="mybean" class="cn.edu.uibe.model.MyBean"/>
</head><body><p>
<jsp:getProperty name="mybean" property="message"/>
</p></body></html>
```

5.3.2　使用 EL 获取 JavaBean 属性

在 JSP 2.0 及之后的版本中，可以使用表达式语言 EL 获取并输出 JavaBean 的属性，它与<jsp:getProperty>动作元素的功能相同，但语法更加简洁。EL 实际上也是调用

JavaBean 的 Getter 方法。演示代码 elproperty.jsp 的运行结果如图 5-7 所示。

```
${beanName.propertyName}
${beanName['propertyName']}  或  ${beanName["propertyName"]}
```

EL 读取 bean 的属性：elproperty.jsp

```
<%@ page contentType="text/html; charset=GB18030" %>
<!DOCTYPE html><html><head><meta charset="GB18030">
<title>表达式语言 EL 读取 JavaBean 的属性</title>
<jsp:useBean id="hello" class="cn.edu.uibe.model.HelloBean"/>
<%
  hello.setMessage("Hello JavaBean & Expression Language.");
%></head><body>
<p>${hello.message}</p>
<p>${hello['message']}</p>
</body></html>
```

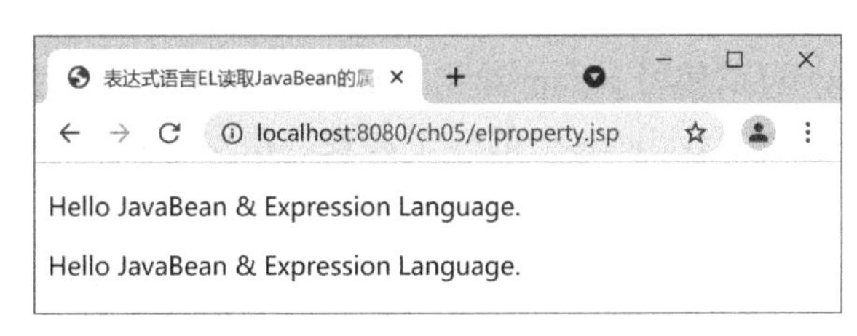

图 5-7 EL 读取 JavaBean 的属性

5.4 <jsp:setProperty>

<jsp:setProperty>动作元素用来设置 JavaBean 的属性，包括简单属性和索引属性。<jsp:setProperty>使用 JavaBean 的 Setter 方法设置一个或多个属性的值。

5.4.1 value 给出属性的值

<jsp:setProperty>可以使用 value 给出属性的取值，取值可以是一个字符串，也可以是一个 JSP 表达式(<%= %>)。演示代码 setp1.jsp 的运行结果如图 5-8 所示。

```
<jsp:setProperty name="beanName" property="propertyName"
                 value= "propertyValue"/>
```

value 给出属性值：setp1.jsp

```
<%@ page contentType="text/html; charset=GB18030"%>
<!DOCTYPE html><html><head><meta charset="GB18030">
<title>value 给出属性的值</title>
<jsp:useBean id="hello" class="cn.edu.uibe.model.HelloBean"/>
</head><body>
```

```
<jsp:setProperty name="hello" property="message" value="Hello JavaBean!"/>
<p>${hello.message}</p>
<jsp:setProperty name="hello" property="message"
      value="<%=(new java.util.Date()).toString()%>"/>
<p>${hello.message}</p>
</body></html>
```

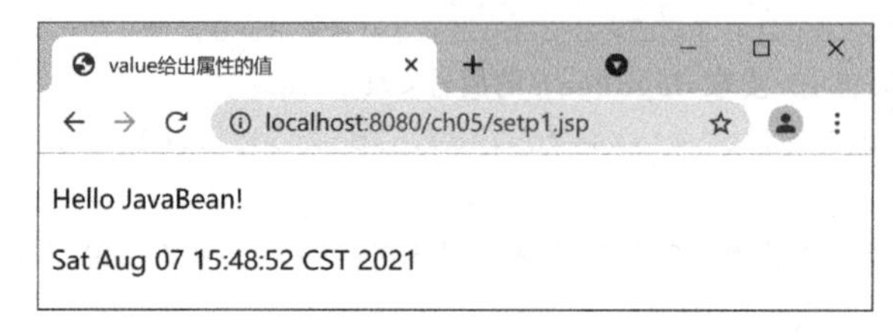

图 5-8　<jsp:setProperty>通过 value 给出属性值

5.4.2　param 给出 HTTP 请求参数的名字

<jsp:setProperty>可以使用 param 给出 HTTP 请求参数的名字,JSP 引擎将对应的 HTTP 请求参数值赋值给 JavaBean 中的一个属性。演示代码 setp2.jsp 的运行结果如图 5-9 所示。

```
<jsp:setProperty name="beanName" property="propertyName"
                    param= "parameterName"/>
```

param 给出 HTTP 参数名:setp2.jsp

```
<%@ page contentType="text/html; charset=GB18030" %>
<!DOCTYPE html><html><head>
<meta charset="GB18030">
<title>param给出 HTTP 请求参数的名字</title>
<jsp:useBean id="hello" class="cn.edu.uibe.model.HelloBean"/>
</head><body>
<jsp:setProperty name="hello" property="message" param="msg"/>
<p>${hello.message}</p>
</body></html>
```

访问 setp2.jsp 时给出 msg 请求参数,即“setp2.jsp?msg=请求参数的值”。

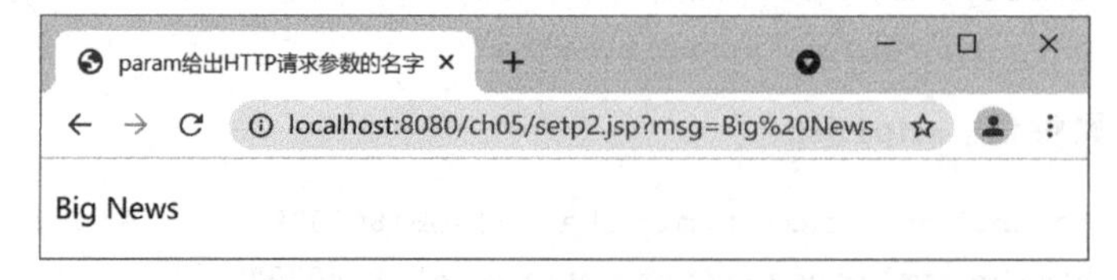

图 5-9　<jsp:setProperty>中 param 给出 HTTP 参数名

5.4.3　自动匹配单个 HTTP 请求参数

JSP 引擎可以将一个 HTTP 请求参数与 JavaBean 的单个属性自动匹配，并将 HTTP 请求参数的值赋值给 JavaBean 的同名属性。setp3.jsp 的运行结果如图 5-10 所示。

```
<jsp:setProperty name="beanName" property="propertyName"/>
```

自动匹配一个 HTTP 请求参数：setp3.jsp

```
<%@ page contentType="text/html; charset=GB18030" %>
<!DOCTYPE html><html><head>
<meta charset="GB18030">
<title>自动匹配一个 HTTP 请求参数</title>
<jsp:useBean id="hello" class="cn.edu.uibe.model.HelloBean"/>
</head><body>
<jsp:setProperty name="hello" property="message"/>
<p>${hello.message}</p>
</body></html>
```

访问 setp3.jsp 时给出请求参数 message，即“setp3.jsp?message=请求参数的值”。这里请求参数 message 和 JavaBean 的属性 message 同名。

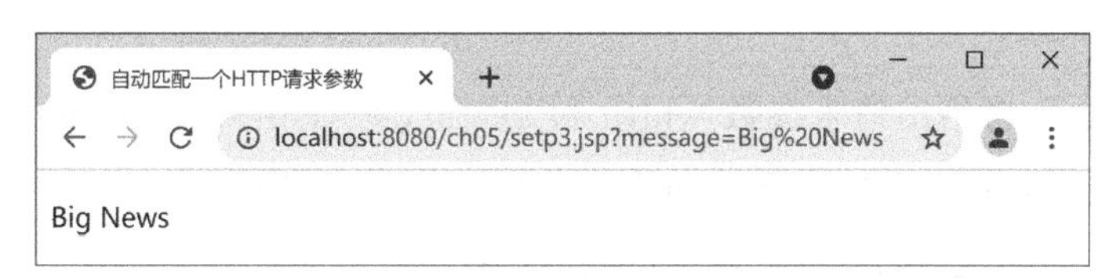

图 5-10　<jsp:setProperty>自动匹配单个 HTTP 请求参数

5.4.4　自动匹配全部 HTTP 请求参数

JSP 引擎可以将全部 HTTP 请求参数与 JavaBean 的属性自动进行匹配，并将 HTTP 请求参数的值赋值给 JavaBean 的同名属性。setp4.jsp 的运行结果如图 5-11 所示。

```
<jsp:setProperty name="beanName" property="*"/>
```

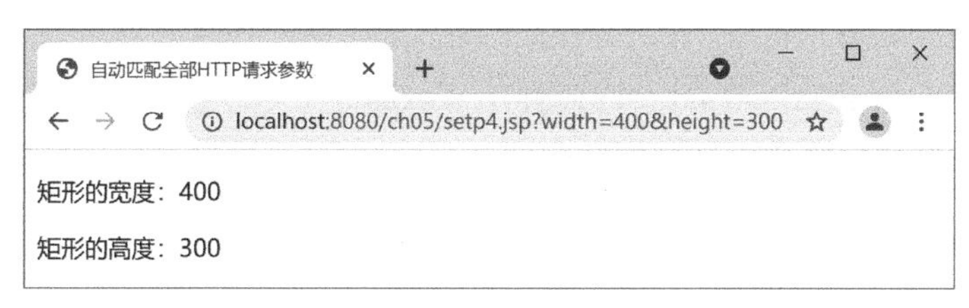

图 5-11　<jsp:setProperty>自动匹配全部请求参数

1. 矩形类：Rectangle

```
package cn.edu.uibe.model;
public class Rectangle {
    private int width;                                  //矩形的宽度
    private int height;                                 //矩形的高度
    public int getWidth() { return width; }
    public void setWidth(int width) { this.width = width; }
    public int getHeight() { return height; }
    public void setHeight(int height) { this.height = height; }
}
```

2. 自动匹配全部 HTTP 请求参数：setp4.jsp

```
<%@ page contentType="text/html; charset=GB18030" %>
<!DOCTYPE html><html><head><meta charset="GB18030">
<title>自动匹配全部 HTTP 请求参数</title>
<jsp:useBean id="rect" class="cn.edu.uibe.model.Rectangle"/>
</head><body>
<jsp:setProperty name="rect" property="*"/>
<p>矩形的宽度: ${rect.width}</p>
<p>矩形的高度: ${rect.height}</p>
</body></html>
```

访问 setp4.jsp 时给出请求参数 width 和 height，则<jsp:setProperty>自动将 width 的值赋值给 bean 的属性 width，将 heigth 的值赋值给 bean 的属性 height。

5.4.5 索引属性的 HTTP 请求参数自动匹配

<jsp:setProperty>不仅可以将 HTTP 请求参数与简单属性自动匹配赋值，也能将 HTTP 的多值请求参数与索引属性自动匹配赋值。

1. 顾客类：Customer

```
package cn.edu.uibe.model;
public class Customer {
    private String[] interest;                          //兴趣
    public String[] getInterest() {
        return interest;
    }
    public void setInterest(String[] interest) {
        this.interest = interest;
    }
}
```

2. 复选框自动匹配：interest.jsp

interest.jsp 中定义了多个复选框，name 属性都为 interest，那么 interest 请求参数是多值的。<jsp:setProperty>自动匹配请求参数的多值属性 interest 和 JavaBean 的属性 interest,并赋值。演示代码 interest.jsp 的运行结果如图 5-12 所示。

```
<%@ page contentType="text/html; charset=GB18030" %>
<!DOCTYPE html><html><head><meta charset="GB18030">
<title>索引属性的请求参数自动匹配</title>
<jsp:useBean id="customer" class="cn.edu.uibe.model.Customer"/>
<% request.setCharacterEncoding("GB18030"); %>
<jsp:setProperty name="customer" property="*" />
</head><body>
<p>请选择您的兴趣:</p>
<form action="interest.jsp" method="post" style="padding-left:2em;">
  <input name="interest" type="checkbox" value="读书"/> 读书<br/>
  <input name="interest" type="checkbox" value="上网"/> 上网<br/>
  <input name="interest" type="checkbox" value="旅游"/> 旅游<br/>
  <input name="interest" type="checkbox" value="交友"/> 交友<br/>
  <input name="interest" type="checkbox" value="运动"/> 运动<br/>
  <input name="interest" type="checkbox" value="看电视"/> 看电视<br/>
  <input name="interest" type="checkbox" value="看电影"/> 看电影<br/>
  <input type="submit" name="submit" value="提交" />
</form>
<p>您选择的兴趣有:
<%
  String[] interest = customer.getInterest();
  if(interest!=null){
      for(int i=0; i<interest.length; i++){
          out.print(interest[i]+"  ");
      }
  }
%>
</p></body></html>
```

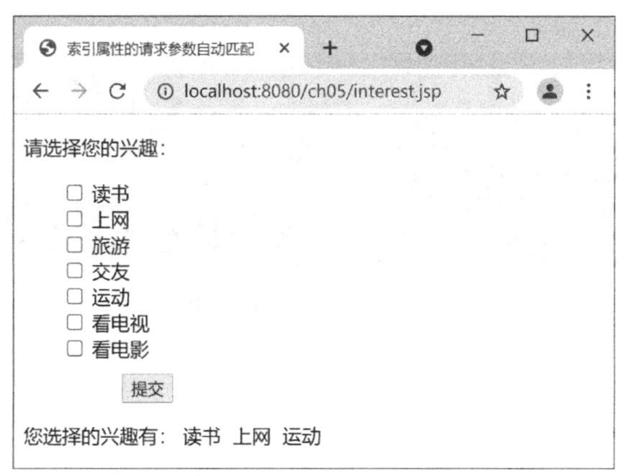

图 5-12　<jsp:setProperty>自动匹配索引属性

5.5 用户登录(JSP+JavaBean+MySQL)

本示例将连接数据库验证用户名和密码的代码封装在 JavaBean 中,很大程度地减少了 JSP 文件中的 Java 代码量,实现了业务逻辑和表现形式的分离。系统由用户表 user、用户类 User 和三个 JSP 页面构成。

5.5.1 用户表 user

数据库采用 MySQL 8.0 社区版,数据库名为 shop,用户表名为 user,表中初始插入一条用户名和密码都是 admin 的记录。密码字段使用 MySQL 提供的 sha2()函数加密存储,这样只有用户本人才知道密码,即使是数据库管理员,也是无法知道用户的密码的。user 表的数据如图 5-13 所示,密码是使用 SHA-256 算法加密存储的长度是 64 位的字符串。

```
mysql -u root -p --default-character-set=gbk
/* 创建数据库 */
create database shop default character set gbk;
/* 使用数据库 */
use shop;
/* 创建用户表 */
create table user (
   id bigint not null auto_increment,             /* 用户 ID */
   user_name varchar(50),                         /* 用户名 */
   password varchar(64),                          /* 密码 */
   primary key(Id),                               /* 主键 */
   unique key index_user (user_name)              /* 用户名的唯一索引 */
) engine=InnoDB default charset=gbk;
/* 插入一条记录,用户名和密码都是 admin,sha2()是 mysql 的加密函数 */
insert into user(user_name,password) values('admin',sha2('admin',256));
/*查询表,将会发现密码是加密的 */
select * from user;
```

图 5-13 用户表的数据

5.5.2 SHA-256 算法

java.security.MessageDigest 类用于为应用程序提供信息摘要算法的功能,如 MD5

或 SHA 算法。简单点说就是用于生成散列码。信息摘要是安全的单向哈希函数,它接收任意大小的数据,输出固定长度的哈希值。

MessageDigest 类的 digest()函数的参数和返回值都是 byte[],以下自定义工具类可以接收明文字符串,返回值是使用 SHA-256 算法散列的长度为 64 位的字符串。

```
package cn.edu.uibe.util;
import java.security.MessageDigest;
import java.security.NoSuchAlgorithmException;
public class PasswordUtils {
    public static void main(String[] args) {
        System.out.println(sha256("admin"));
    }
    public static String sha256(String plainText) {
        MessageDigest algorithm = null;
        try {
            algorithm = MessageDigest.getInstance("sha256");
        } catch (NoSuchAlgorithmException e) {
            throw new RuntimeException("没有 SHA-256 这个算法!");
        }
        byte[] encryptedBytes = algorithm.digest(plainText.getBytes());
        return new String(encodeHex(encryptedBytes));
    }
    private static final char[] HEX_CHARS = {
       '0', '1', '2', '3', '4', '5', '6', '7',
       '8', '9', 'a', 'b', 'c', 'd', 'e', 'f'
    };
    private static char[] encodeHex(byte[] bytes) {
        char[] chars = new char[bytes.length * 2];
        for (int i=0; i<chars.length; i+=2) {
            byte b = bytes[i/2];
            chars[i] = HEX_CHARS[(b >>> 4) & 0xf];
            chars[i+1] = HEX_CHARS[b & 0xf];
        }
        return chars;
    }
}
```

5.5.3 用户类: User

用户类 User 的实例用来作为一个 JavaBean 接收请求参数 userName 和 password。User 类的 login()方法连接数据库,在用户表中查找 userName 对应的记录。由于密码是加密存储的,还需要将明文密码散列后与数据库中的密码进行比较。

```
package cn.edu.uibe.model;
```

```
import java.sql.*;
import cn.edu.uibe.util.PasswordUtils;
public class User {
    private String userName;
    private String password;
    public boolean login() {
        if (userName == null || password == null) {
            return false;
        }
        Connection conn = null;                    //数据库连接
        PreparedStatement pstmt = null;            //预编译的SQL语句
        ResultSet rs = null;                       //结果集
        try {
            //1.加载驱动程序
            Class.forName("com.mysql.cj.jdbc.Driver");
            //2.给出连接字符串
            String url = "jdbc:mysql://127.0.0.1:3306/shop"
                    + "?useUnicode=true&characterEncoding=gbk"
                    + "&useSSL=false&serverTimezone=Asia/Shanghai";
            //3.建立连接
            conn = DriverManager.getConnection(url, "root", "123456");
            //4.准备预编译语句对象
            String sql = "select * from user where user_name=?";
            pstmt = conn.prepareStatement(sql);
            //5.执行查询,返回结果集
            pstmt.setString(1, userName);
            rs = pstmt.executeQuery();
            //6.如果查到用户名和密码对应的记录
            if (rs.next()) {
                String passwordDB = rs.getString("password");
                //将用户传递过来的password用SHA-256算法加密
                String encryptedPassword = PasswordUtils.sha256(password);
                if (passwordDB.equals(encryptedPassword)) {
                    return true;    //return语句会等待finally语句块执行完才执行
                }
            }
        } catch (ClassNotFoundException e) {
            e.printStackTrace();
        } catch (SQLException sqle) {
            sqle.printStackTrace();
        } finally {
            System.out.println("会在return前执行。");
            //确保关闭结果集、语句对象和数据库连接
            try { rs.close(); } catch (Exception ignore) { }
```

```
            try { pstmt.close(); } catch (Exception ignore) { }
            try { conn.close(); } catch (Exception ignore) { }
        }
        return false;
    }
    public String getUserName() { return userName; }
    public void setUserName(String userName) {  this.userName = userName;  }
    public String getPassword() {  return password;  }
    public void setPassword(String password) {  this.password = password;  }
}
```

5.5.4 JSP 页面

JSP 页面有 3 个：input.jsp、login.jsp 和 welcome.jsp。input.jsp 是用户登录页面，login.jsp 用来处理用户登录，welcome.jsp 用来显示已登录用户信息。

1. 用户登录页面：input.jsp

input.jsp 是用户输入用户名和密码的登录页面，定义了一个表单，action="login.jsp"指明用 login.jsp 来处理这个表单，表单域有文本框 userName、密码框 password 和提交按钮 submit。

```
<%@ page contentType="text/html; charset=GB18030" %>
<!DOCTYPE html><html><head><meta charset="GB18030">
<title>用户登录</title>
</head><body>
<form action="login.jsp" method="post">
<p>用户名: <input name="userName" type="text"/></p>
<p>密码: <input name="password" type="password"/></p>
<p style="padding-left:150px;">
<input type="submit" name="submit" value="登录"/>
</p></form></body></html>
```

2. 处理用户登录页面：login.jsp

login.jsp 中利用<jsp:useBean>在页面中定义了一个 JavaBean，bean 的 id 是 user，class 是 cn.edu.uibe.model.User。<jsp:setProperty>中的 property="*"可以把 userName 和 password 两个请求参数的值分别赋值给 bean 中的属性 userName 和 password。bean 的 login()方法连接数据库，查询用户表中是否有 userName 给出的记录，然后将用户输入的密码加密后和数据库中的密码进行比较，如果相等，则返回 true；否则返回 false。如果登录成功，在 session 上绑定属性 userName，以识别用户。登录失败重定向到用户登录页面 input.jsp。

```
<%@ page contentType="text/html; charset=GB18030" %>
<!DOCTYPE html><html><head>
<meta charset="GB18030">
<title>处理登录表单</title>
```

```
<jsp:useBean id="user" class="cn.edu.uibe.model.User"/>
<jsp:setProperty name="user" property="*" />
</head><body>
<%
if(user.login()){
  //登录成功,在 session 上绑定属性,以识别用户
  session.setAttribute("userName",user.getUserName());
  out.println("<p>"+user.getUserName()+"登录成功!</p>");
  out.println("<p>进入欢迎页面<a href=\"welcome.jsp\">welcome.jsp
              </a></p>");
}else{
  response.sendRedirect("input.jsp");          //登录失败,重定向到输入页面
}
%>
</body></html>
```

登录成功的界面如图 5-14 所示,登录失败时则会重定向到 input.jsp。

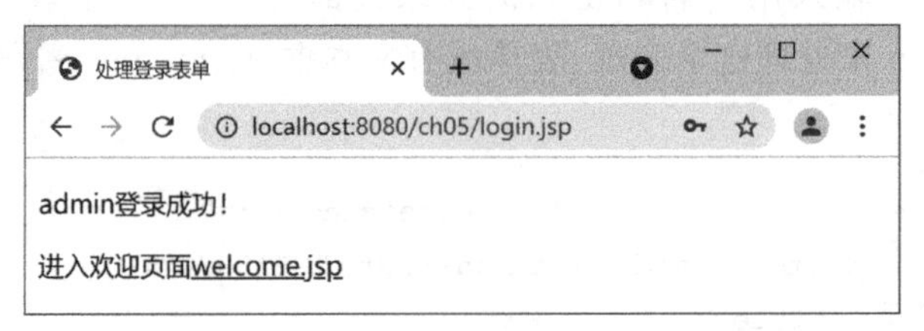

图 5-14　登录成功

3. 欢迎页面:welcome.jsp

welcome.jsp 用来显示已经登录的用户信息,本例中仅使用 EL 读取了 session 对象上的属性 userName 并显示出来,运行结果如图 5-15 所示。

```
<%@ page contentType="text/html; charset=GB18030"%>
<!DOCTYPE html><html><head>
<meta charset="GB18030">
<title>欢迎页面</title>
</head><body>
<p>欢迎${userName}来到本网站!</p>
</body></html>
```

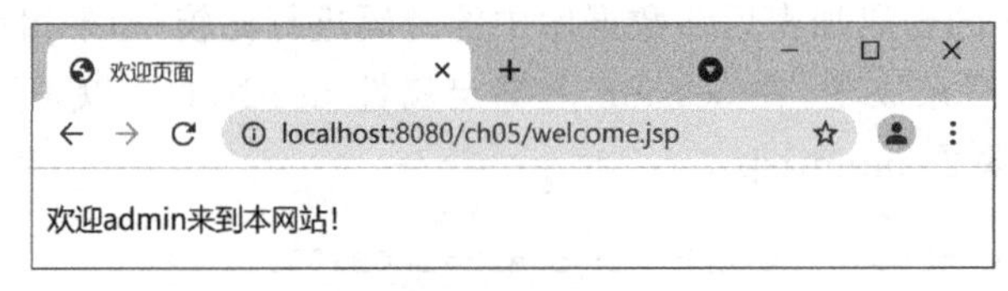

图 5-15　欢迎页面

5.6 购物小车(JSP+JavaBean+MySQL)

本示例中商品信息存储在MySQL数据库中,商品表的图片字段存储图片的相对URL,而图片文件位于/src/main/webapp/images目录下。mysql-connector-java-8.0.25.jar是MySQL数据库的JDBC驱动,需要放在/WEB-INF/lib目录下。Item.java中定义和商品表对应的类Item。DatabaseUtils.java中定义访问数据库的工具类DatabaseUtils。ItemDao.java中定义用于访问数据库商品表的数据访问类ItemDao,这个类给出了访问数据库商品表的基本方法。CartService.java中定义购物小车类CartService。shopping.jsp是商品列表页面,cart.jsp是购物小车页面。

5.6.1 商品表和商品类Item

数据库采用MySQL 8.0社区版,数据库名为shop,商品表名为item,商品表中插入8条商品记录用于测试。商品表的字段有商品ID、商品名称、商品图片的URL和商品价格,其中商品ID是由数据库生成的表的主键。

```
use shop;                                            /* 使用数据库 */
create table item (                                  /* 创建商品表 */
    id bigint not null auto_increment,               /* 商品 ID */
    name varchar(50),                                /* 商品名称 */
    picture varchar(255),                            /* 商品图片的 URL */
    price float,                                     /* 商品价格 */
    primary key(Id)                                  /* 主键 */
) engine=InnoDB default charset=gbk;
/* 插入 8 条商品记录,picture 位于 Web 应用的 images 目录下,这里是相对 URL */
insert into item(name,picture,price)
    values("Spring Boot Up & Run",'images/1.jpg',39.0);
insert into item(name,picture,price)
    values("Clean Code",'images/2.jpg',36.0);
insert into item(name,picture,price)
    values("Learn Java in one day",'images/3.jpg',34.0);
insert into item(name,picture,price)
    values("Python Crash Course",'images/4.jpg',35.0);
insert into item(name,picture,price)
    values("Algorithms",'images/5.jpg',37.0);
insert into item(name,picture,price)
    values("The Manager's Path",'images/6.jpg',36.0);
insert into item(name,picture,price)
    values("The Linux Command Line",'images/7.jpg',39.0);
insert into item(name,picture,price)
    values("HTML & CSS",'images/8.jpg',37.0);
```

商品类Item的每个对象是一个商品,对应商品表中的一条记录,也对应购物小车中的一个商品。商品类的属性有商品ID、商品名称、商品图片的URL、商品价格和购买数量。

```
package cn.edu.uibe.domain;
public class Item {
    private long id;                                      //商品 ID
    private String name;                                  //商品名称
    private String picture;                               //商品图片的 URL
    private float price;                                  //商品单价
    private int count;                                    //购买数量,用于购物车
    public long getId() { return id; }
    public void setId(long id) { this.id = id; }
    public String getName() { return name; }
    public void setName(String name) { this.name = name; }
    public String getPicture() { return picture; }
    public void setPicture(String picture) { this.picture = picture; }
    public float getPrice() { return price; }
    public void setPrice(float price) { this.price = price; }
    public int getCount() { return count; }
    public void setCount(int count) { this.count = count; }
}
```

5.6.2 数据库工具类 DatabaseUtils

数据库工具类DatabaseUtils用于获取数据库连接和关闭结果集、语句和连接，方法connect()用来建立数据库连接，方法close()用来关闭结果集、语句对象和数据库连接。

```
package cn.edu.uibe.util;
import java.sql.*;
public class DatabaseUtils {
    private static final String url;                  //连接数据库的 URL
    private static final String dbUser;               //数据库用户
    private static final String dbPass;               //数据库密码
    static {
        url = "jdbc:mysql://127.0.0.1:3306/shop"
            + "?useUnicode=true&characterEncoding=gbk"
            + "&useSSL=false&serverTimezone=Asia/Shanghai";
        dbUser = "root";
        dbPass = "123456";
    }
    public static void main(String[] args) throws Exception{
        Connection conn = DatabaseUtils.connect();
        DatabaseMetaData meta = conn.getMetaData();
        System.out.print("成功连接到: ");
        System.out.print(meta.getDatabaseProductName()+" ");
```

```
        System.out.print(meta.getDatabaseProductVersion());
        DatabaseUtils.close(conn);
    }
    public static Connection connect()
                    throws ClassNotFoundException, SQLException {
        Class.forName("com.mysql.cj.jdbc.Driver");
        Connection conn = DriverManager.getConnection(url,dbUser,dbPass);
        return conn;
    }
    public static void close(ResultSet rs, Statement stmt, Connection conn){
        if(rs!=null) try{rs.close();}catch(Exception ignore){ }
        if(stmt!=null) try{stmt.close();}catch(Exception ignore){ }
        if(conn!=null) try{conn.close();}catch(Exception ignore){ }
    }
    public static void close(Statement pstmt, Connection conn) {
        close(null, pstmt, conn);
    }
    public static void close(Connection conn) {
        close(null, null, conn);
    }
}
```

5.6.3 商品表数据访问类 ItemDao

商品表数据访问类 ItemDao 的实例用于从商品表存取商品对象。方法 getItemById()根据商品 ID 获得一个商品对象，方法 getAllItems()返回商品表的全部记录，返回类型是商品对象的列表。

```
package cn.edu.uibe.dao;
import java.sql.*;
import java.util.*;
import cn.edu.uibe.domain.Item;
import cn.edu.uibe.util.DatabaseUtils;
public class ItemDao{
    /**
     * 根据商品 ID 获得商品对象
     * @param id 商品 ID
     * @return 商品对象
     */
    public Item getItemById(long id){
        Connection conn = null;
        PreparedStatement pstmt = null;
        ResultSet rs = null;
        try{
```

```
            conn = DatabaseUtils.connect();
            pstmt = conn.prepareStatement("select * from item where id=? ");
            pstmt.setLong(1, id);
            rs = pstmt.executeQuery();
            if(rs.next()){
                Item item = new Item();
                item.setId(rs.getLong("id"));
                item.setName(rs.getString("name"));
                item.setPrice(rs.getFloat("price"));
                item.setPicture(rs.getString("picture"));
                return item;
            }
        }catch(Exception e){
            e.printStackTrace();
        }finally{
            DatabaseUtils.close(rs,pstmt,conn);
        }
        return null;
    }
    /**
     * 获得全部商品的列表
     * @return 全部商品列表
     */
    public List<Item> getAllItems() {
        List<Item> items = new ArrayList<Item>();
        Connection conn = null;
        Statement stmt = null;
        ResultSet rs = null;
        try{
            conn = DatabaseUtils.connect();
            stmt = conn.createStatement();
            String sql = "select * from item order by id";
            rs = stmt.executeQuery(sql);
            items.clear();
            while(rs.next()){
                Item item = new Item();
                item.setId(rs.getLong("id"));
                item.setName(rs.getString("name"));
                item.setPrice(rs.getFloat("price"));
                item.setPicture(rs.getString("picture"));
                items.add(item);                    //增加到商品列表
            }
        }catch(Exception e){
            e.printStackTrace();
```

```
        }finally{
            DatabaseUtils.close(rs, stmt, conn);
        }
        return items;
    }
}
```

5.6.4 购物小车类 CartService

购物小车类 CartService 封装了购物小车的数据和对购物小车的操作。购物小车中的全部商品存储在一个列表中，每种商品是一个商品类 Item 的对象。购物小车的属性 id、op 和 count 用来接收 HTTP 请求参数，含义分别是商品 ID、对购物车的操作类型和购买数量。对购物车的操作有增加一种商品的 add、删除一种商品的 remove、更新某种商品数量的 updateCount 和清空购物车的 clear，而方法 execute()根据参数 op 来分发不同的操作。

```
package cn.edu.uibe.service;
import java.util.*;
import cn.edu.uibe.dao.ItemDao;
import cn.edu.uibe.domain.Item;
public class CartService {
    //购物小车中的商品列表
    private List<Item> items = new ArrayList<Item>();
    private String op;                                  //对购物车的操作
    private Long id;                                    //商品 ID
    private int count;                                  //购物车中某件商品的数量
    private ItemDao itemDao;                            //数据访问对象
    /**
     * 执行对购物小车的操作
     * @return
     */
    public String execute(){
        if(op==null || op.trim().equals("")){
            return "fail";
        }
        if(op.equals("add")){
            add(id);                                    //增加商品
        }else if(op.equals("remove")){
            remove(id);                                 //移除商品
        }else if(op.equals("updateCount")){
            updateCount(id,count);                      //更新某件商品的购买数量
        }else if(op.equals("clear")){
            items.clear();                              //清空购物车
        }else{
```

```
            return "fail";
        }
        return "success";
    }
    /**
     * 增加商品到购物车,如果购物车中有该商品,则数量加 1
     * @param id 商品 ID
     */
    public void add(Long id) {
        for(Item item: items) {
            if(id.equals(item.getId())) {
                item.setCount(item.getCount()+1);        //已有商品数量加 1
                return;                                   //立即返回
            }
        }
        itemDao = new ItemDao();
        Item it = itemDao.getItemById(id);
        it.setCount(1);                                   //新增 1 件该商品
        items.add(it);
    }
    /**
     * 从购物小车移除一件商品
     * @param id 商品 ID
     */
    public void remove(Long id) {
        for(Item item: items) {
            if(id.equals(item.getId())) {
                items.remove(item);
                return;                                   //立即返回
            }
        }
    }
    /**
     * 更新某件商品的购买数量
     * @param id 要更新的商品的 ID
     * @param count 新的购买数量
     */
    public void updateCount(Long id,int count) {
        if(count<1) return;
        for(Item item: items) {
            if(id.equals(item.getId())) {
                item.setCount(count);
                return;                                   //立即返回
            }
```

```
        }
    }
    /**
     * 获得购物车中全部商品的总价
     * @return 总价
     */
    public float getTotalPrice(){
        float total=0.0F;
        for(Item item: items){
            total += item.getPrice() * item.getCount();
        }
        return total;
    }
    /** 获得购物车中全部商品的数量
     * @return 商品总数
     */
    public int getTotalCount(){
        int totalCount = 0;
        for(Item item: items){
            totalCount +=  item.getCount();
        }
        return totalCount;
    }
    public String getOp() { return op; }
    public void setOp(String op) { this.op = op; }
    public Long getId() { return id; }
    public void setId(Long id) { this.id = id; }
    public int getCount() { return count; }
    public void setCount(int count) { this.count = count; }
    public List<Item> getItems() { return items; }
}
```

5.6.5 商品列表页面 shopping.jsp

在商品列表页面 shopping.jsp 中，<jsp:useBean>动作元素定义了一个 ItemDao 类的 JavaBean，在小脚本中调用 getAllItems()方法获得全部商品的列表，并使用 for 循环的每次循环输出一件商品，每次循环输出一个 class="item"的 DIV 标签用来控制一件商品在页面中的位置。每次循环输出一个用来将一件商品添加到购物车的表单，表单通过隐藏的表单域 op 和 id 给 cart.jsp 传递参数。shopping.jsp 的运行结果如图 5-16 所示。

```
<%@ page contentType="text/html; charset=GB18030"
        import="java.util.*,cn.edu.uibe.domain.*" %>
<!DOCTYPE html><html><head>
<meta charset="GB18030">
```

```
<title>商品列表</title>
<style type="text/css">
body{
    margin:0; padding:0; text-align:center; font-size:14px;
}
#itemList{
    text-align:left; margin:0 auto; width:800px;
}
.item{
    width:200px; height:270px; float:left;
}
a{
    text-decoration:none; color:navy;
}
</style>
<jsp:useBean id="itemDao" class="cn.edu.uibe.dao.ItemDao"/>
</head><body>
<h2 align="center">商品列表</h2>
<div id="itemList">
<p align="center"><a href="cart.jsp">查看购物车</a></p>
<%
List<Item> items = itemDao.getAllItems();
for(Item item : items){
  %>
  <div class="item">
    <form action="cart.jsp" method="post">
    <table>
    <tr>
      <td colspan="2" valign="middle">
        <img src="<%=item.getPicture()%>" width="140" height="180"/>
      </td>
    </tr>
    <tr><td colspan="2" height="32"><%=item.getName()%></td></tr>
    <tr>
      <td width="70">¥<%=item.getPrice()%></td>
      <td width="130">
        <input type="hidden" name="id" value="<%=item.getId()%>"/>
        <input type="hidden" name="op" value="add"/>
        <input type="submit" name="submit" value="购买"/>
      </td>
     </tr>
    <tr><td colspan="2"> </td></tr>
    </table>
    </form>
```

```
  </div>
  <%
}
%>
</div>
</body></html>
```

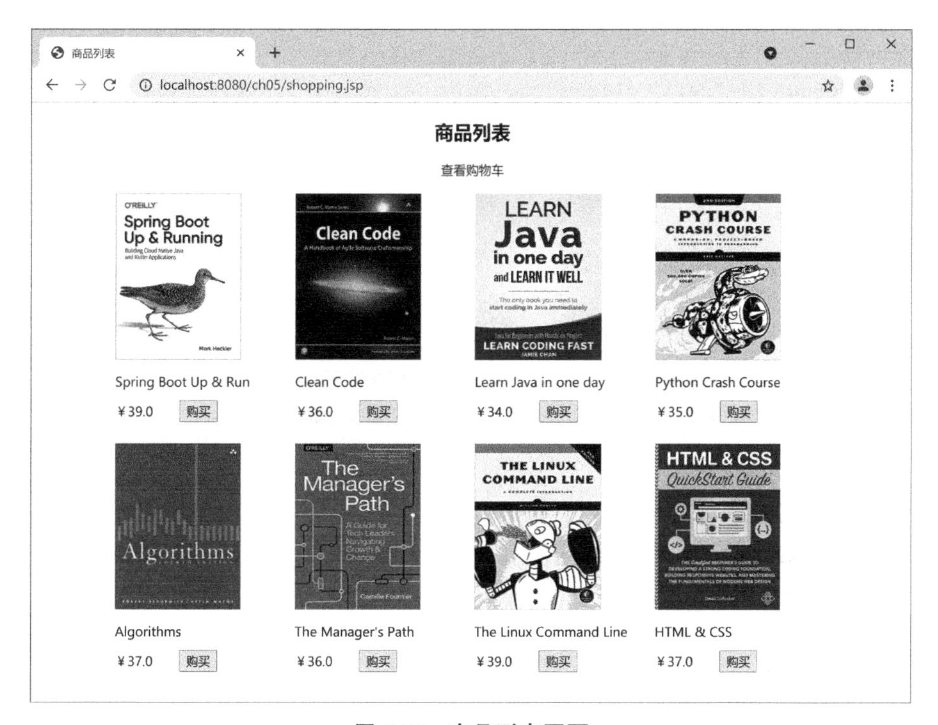

图 5-16 商品列表页面

5.6.6 购物小车页面 cart.jsp

在购物小车页面 cart.jsp 中，<jsp:useBean>给出 cart 的范围是 session。cart 对象在用户首次访问 cart.jsp 时创建，而在该用户后续请求 cart.jsp 时，<jsp:useBean>将在 session 范围内找到这个 bean。<jsp:setProperty>使用 property="*"可以将 HTTP 请求参数 id、op 和 count 传递给 cart 对象。页面中调用 cart.execute()执行对购物小车的操作，调用 getItems()得到购物小车中的商品列表，页面中使用表达式语言 EL 输出总价和总量。cart.jsp 的运行结果如图 5-17 所示。

```
<%@ page contentType="text/html; charset=GB18030"
        import="java.util.*,cn.edu.uibe.domain.*" %>
<!DOCTYPE html><html><head><meta charset="GB18030">
<title>我的购物小车</title>
<style type="text/css">
table{ margin: 0 auto; border-collapse: collapse; font-size:16px; }
```

```
tr{ line-height:20px; }
th{ padding: 2px; border: solid 1px grey; background-color:#EEEEEE; }
td{
  padding: 2px; border: solid 1px grey;
  background-color:#FFFFFF; text-align:center;
}
a{ font-size:14px; color:navy; text-decoration:none; }
</style>
<jsp:useBean id="cart" class="cn.edu.uibe.service.CartService"
                              scope="session"/>
<jsp:setProperty name="cart" property="*"/>
</head>
<body>
<h2 align="center">购物小车</h2>
<table>
<tr>
  <th width="300">商品</th> <th width="120">价格</th>
  <th width="150">购买数量</th> <th width="120">操作</th>
</tr>
<%
  cart.execute();
  List<Item> items = cart.getItems();
  for(Item item : items){
   %>
   <tr>
     <td><%=item.getName()%></td>
     <td>¥<%=item.getPrice()%></td>
     <td>
       <form action="cart.jsp" method="post">
         <input type="text" size="6" name="count"
                  value="<%=item.getCount()%>"/>
         <input type="submit" name="submit" value="更新"/>
         <input type="hidden" name="op" value="updateCount"/>
         <input type="hidden" name="id" value="<%=item.getId()%>"/>
       </form>
     </td>
     <td><a href="cart.jsp?op=remove&id=<%=item.getId()%>">删除</a></td>
   </tr>
   <%
  }
%>
<tr>
   <td>总计</td>
   <td>总价¥${cart.totalPrice}元</td>
```

```
    <td>共${cart.totalCount}件商品</td>
    <td><a href="cart.jsp? op=clear">清空购物车</a></td>
  </tr>
  </table>
  <p align="center"><a href="shopping.jsp">继续购物</a>
                  | <a href="shopping.jsp">结算中心</a></p>
  </body>
  </html>
```

我的购物小车

localhost:8080/ch05/cart.jsp

购物小车

商品	价格	购买数量	操作
Spring Boot Up & Runing	¥39.0	1 更新	删除
The Linux Command Line	¥39.0	2 更新	删除
Learn Java in one day	¥34.0	1 更新	删除
The Manager's Path	¥36.0	1 更新	删除
总计	总价¥187.0元	共5件商品	清空购物车

继续购物 | 结算中心

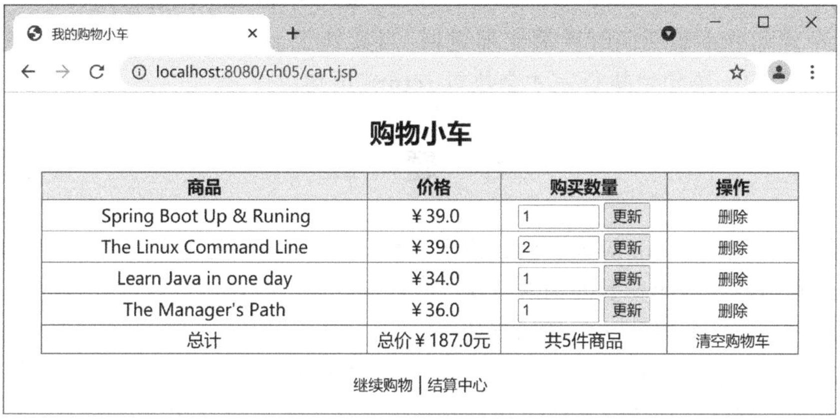

图 5-17　购物小车页面

本 章 小 结

JavaBean 是一个可重复使用的软件组件，是遵循一定的标准、用 Java 语言编写的一个类，该类的一个实例称为一个 JavaBean。JSP 页面中使用 JavaBean，可有效地分离静态工作部分和动态工作部分，实现业务逻辑和表现形式的分离。JavaBean 负责业务逻辑的处理，而 JSP 负责页面的展示。

<jsp:useBean>动作元素用来在 JSP 页面中获取或者创建一个 JavaBean 对象，并指定它的名字和作用范围。只有在找不到相同 id 和 scope 的 bean 时，<jsp:useBean>才会引发 bean 的新实例的创建。

可以将 JavaBean 的.class 文件零散存放在 Web 应用的/WEB-INF/classes 目录下包名对应的子目录中。多个 JavaBean 的字节码文件还可以打包成一个.jar 文件，然后将打包后的.jar 文件存放在 Web 应用的/WEB-INF/lib 目录下。

JSP 中使用 JavaBean 实际上是将 JavaBean 对象作为一个属性(Attribute)绑定到了 pageContext 对象、request 对象、session 对象或者 application 对象上。scope 对应的取值分别为 page、request、session 和 application，JavaBean 的作用范围分别对应一个页面、一次请求、一个用户的会话和一个 Web 应用。

<jsp:getProperty>动作元素获取并输出 JavaBean 的属性，JSP 2.0 及后续版本中也

允许使用表达式语言EL获取并输出JavaBean的属性,它们都是调用JavaBean的Getter方法,而不管JavaBean中是否真的有与属性名对应的成员变量定义。

<jsp:setProperty>动作元素用来设置JavaBean的简单属性和索引属性。<jsp:setProperty>使用JavaBean的Setter方法设置一个或多个属性值。value给出属性值,param给出HTTP请求参数名,property="*"则可以将全部HTTP请求参数和JavaBean的属性进行自动匹配。

MySQL提供的sha2()函数可实现用户密码的SHA256散列存储,用户登录时需要将输入的明文密码用SHA256算法加密后再与数据库中密码比较是否相同。

return语句并不是任何时候都立即返回,当其处于try或者catch语句块中时,Java虚拟机确保finally语句块执行完才会执行return语句。

习 题 五

1. 关于编写JavaBean应该遵循的原则,以下描述不正确的是(　　)。
   A. 必须有一个无参数的构造方法
   B. JavaBean的属性必须是私有的
   C. 属性值通过getXxx()和setXxx()方法来访问
   D. 布尔型属性的读取方法可以使用getXxx(),也可以使用isXxx()
2. JavaBean的4种作用范围,适用于跟踪用户的是(　　)。
   A. page　　B. request　　C. session　　D. application
3. 以下对<jsp:useBean>动作元素的描述,正确的是(　　)。
   A. 在JSP被请求时导入另外一个页面　　B. 寻找或实例化一个JavaBean对象
   C. 设置JavaBean某个属性值　　D. 输出JavaBean某个属性值
4. 以下关于JavaBean的描述,不正确的是(　　)。
   A. JavaBean可以在任何支持Java的平台上工作,而无须重新编译
   B. JavaBean在JSP中用于封装业务逻辑,可以较好地实现业务逻辑和页面的分离
   C. JavaBean传统的应用在于可视化领域,如AWT和Swing下的应用
   D. JavaBean是Enterprise JavaBean的简称,适用于企业级应用的开发
5. JavaBean对应的类是cn.edu.uibe.HelloBean,它对应的.class文件应该在(　　)目录下才能被应用服务器正确加载。
   A. /WEB-INF/lib　　B. /WEB-INF/classes
   C. /WEB-INF/classes/cn/edu/uibe　　D. /META-INF/lib
6. JavaBean的作用范围,最小的是(　　)。
   A. page　　B. request　　C. session　　D. application
7. 下列(　　)选项的动作可以将全部HTTP请求参数与JavaBean的属性自动进行匹配,并将HTTP请求参数的值赋值给JavaBean的同名属性。
   A. <jsp:setProperty name="beanName" property="propertyName"
   value="propertyValue"/>

B. <jsp:setProperty name="beanName" property="propertyName"
param="propertyValue"/>

C. <jsp:setProperty name="beanName" value="*" />

D. <jsp:setProperty name="beanName" property="*" />

8. tom.jiafei.Circle 是用于创建 JavaBean 的类，下列(　　)选项正确地创建 session 生命周期的 JavaBean。

A. <jsp:useBean id="circle" class="tom.jiafei.Circle" scope="page"/>

B. <jsp:useBean id="circle" class="tom.jiafei.Circle"
scope="request"/>

C. <jsp:useBean id="circle" class="tom.jiafei.Circle"
scope="session" />

D. <jsp:useBean id="circle" type="tom.jiafei.Circle" scope="session"/>

9. 假设创建 JavaBean 的类有一个 int 类型的属性 number，下列(　　)选项是设置该属性值的正确方法。

A. public void setNumber(int n){ number=n; }

B. void setNumber(int n){ number=n; }

C. public void SetNumber(int n){ number=n; }

D. public void Setnumber(int n){ number=n; }

10. 假设 Web 应用 mysun 中的 JSP 页面要使用一个 JavaBean，该 bean 的包名为 blue.sky。请说明，应当怎样保存 bean 的字节码。

第6章 用 Maven 管理项目

Maven 是一个软件项目管理的综合工具。基于项目对象模型 POM(Project Object Model),它可以通过一小段 XML 描述信息来管理项目的构建、报告和文档。Maven 还是一个依赖管理工具,它提供了中央仓库,能够自动下载构件(Artifact)。

6.1 安装和配置 Maven

6.1.1 下载和安装 Maven

Maven 的官方网站为:http://maven.apache.org/。从官网下载二进制 zip 格式的压缩包 apache-maven-3.8.1-bin.zip,然后将压缩包解压到 C 盘根目录,解压后可以在 C:\apache-maven-3.8.1\bin 目录下看到名为 mvn.cmd 的可执行文件。需要将这个目录添加到环境变量 Path 中,依次单击"开始"菜单→"设置"→"关于"→"相关设置"→"高级系统设置"→"高级"→"环境变量",即可找到配置环境变量的地方。如图 6-1 所示,还添加了环境变量 JAVA_HOME,值为 C:\jdk-16.0.2,Path 环境变量的值是多个用英文分号分隔的路径,运行一个命令时操作系统会依次搜索这些路径,第 1 个路径是%JAVA_HOME%\bin,第 2 个路径是 C:\apache-maven-3.8.1\bin。

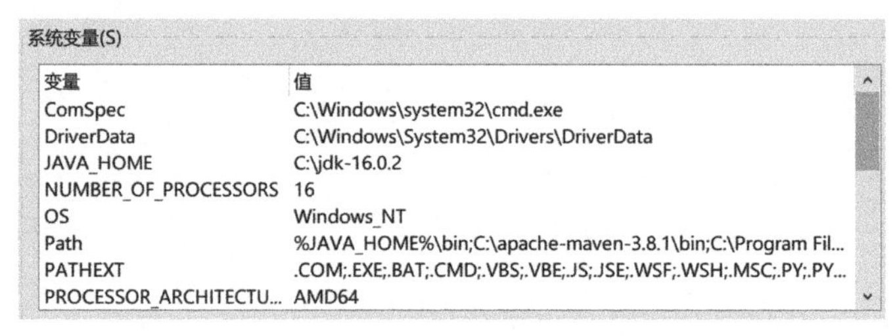

系统变量(S)

变量	值
ComSpec	C:\Windows\system32\cmd.exe
DriverData	C:\Windows\System32\Drivers\DriverData
JAVA_HOME	C:\jdk-16.0.2
NUMBER_OF_PROCESSORS	16
OS	Windows_NT
Path	%JAVA_HOME%\bin;C:\apache-maven-3.8.1\bin;C:\Program Fil...
PATHEXT	.COM;.EXE;.BAT;.CMD;.VBS;.VBE;.JS;.JSE;.WSF;.WSH;.MSC;.PY;.PY...
PROCESSOR_ARCHITECTU...	AMD64

图 6-1 Maven 相关的环境变量

依次单击"开始"菜单→"Windows 系统"→"命令提示符",输入 mvn --version,可以看到 Maven 的版本、Maven home 和 Java version,运行结果如图 6-2 所示。

6.1.2 Maven 的配置文件

Maven 默认将本地仓库放在用户目录下(C:\Users)。如果不希望将本地仓库放在用户目录下(比如 C:\Users\TongQiang\.m2\repository),而是放在 D 盘,可以通过修改配置文件 C:\apache-maven-3.8.1\conf\settings.xml 来实现。在<settings>标签内部正

```
命令提示符

C:\Users\TongQiang>mvn --version
Apache Maven 3.8.1 (05c21c65bdfed0f71a2f2ada8b84da59348c4c5d)
Maven home: C:\apache-maven-3.8.1\bin\..
Java version: 16.0.2, vendor: Oracle Corporation, runtime: C:\jdk-16.0.2
Default locale: zh_CN, platform encoding: GBK
OS name: "windows 10", version: "10.0", arch: "amd64", family: "windows"

C:\Users\TongQiang>
```

图 6-2 查看 Maven 的版本

确位置加入下行配置，就可以将本地仓库的位置设置为 D:\repository。

```
<localRepository>D:/repository</localRepository>
```

中央仓库可以通过<mirror>标签配置为使用国内的，这样下载速度较快，以下XML片段可以将中央仓库配置为阿里云的。

```
<mirror>
    <id>aliyunmaven</id>
    <mirrorOf>central</mirrorOf>
    <name>aliyun maven</name>
    <url>https://maven.aliyun.com/repository/public</url>
</mirror>
```

6.1.3 Eclipse 自带的 Maven

Eclipse 是自带 Maven 的，即 M2E - Maven Integration for Eclipse，而且在 Eclipse 内部使用 Maven 构建项目时是使用其自带的 Maven 的。一般来讲，本地仓库是从中央仓库逐渐下载形成的，而且会越来越大。我们希望使用一份本地仓库即可，这可以通过让 Eclipse 自带的 Maven 和自己下载的 Maven 共用同一份全局配置文件来实现。C:\apache-maven-3.8.1\conf\settings.xml 为全局配置文件，C:\Users\TongQiang\.m2\setting.xml 是用户配置文件。用户配置文件中的设置会覆盖全局配置文件中的，也可以没有用户配置文件。Eclipse 虽然集成了 Maven，但是没有带配置文件，用户目录下的配置文件也是需要开发者自己复制过去一份才有。如图 6-3 所示，依次单击 Eclipse→

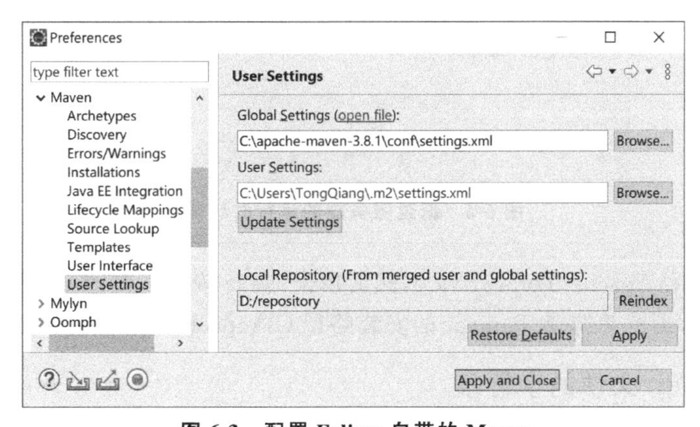

图 6-3 配置 Eclipse 自带的 Maven

Window→Preferences→Maven→User Settings 可以管理内置 Maven 的配置文件，浏览并选择全局配置文件 C:\apache-maven-3.8.1\conf\settings.xml，就可以让 Eclipse 使用修改过的全局配置文件了。

6.2 创建 Maven 管理的动态网站项目

Maven 可以创建和管理多种类型的项目，本节介绍如何使用 Maven 管理 Eclipse 创建的动态网站项目(Dynamic Web Project)。

6.2.1 在 Eclipse 内部添加 Tomcat

从 Tomcat 官方网站下载 Tomcat 9，浏览 http://tomcat.apache.org，下载无须安装的 zip 版本 apache-tomcat-9.0.48.zip，然后将其解压到 C 盘根目录。Tomcat 需要知道 Java 的位置，图 6-1 中配置的环境变量 JAVA_HOME 会被 Tomcat 使用到。下面将 Tomcat 添加到 Eclipse 内部，单击 Eclipse 的 Window 菜单，再依次单击 Preferences→Server→Runtime Environments→Add，就可以弹出如图 6-4 所示的新建 Server 运行时环境的窗口。

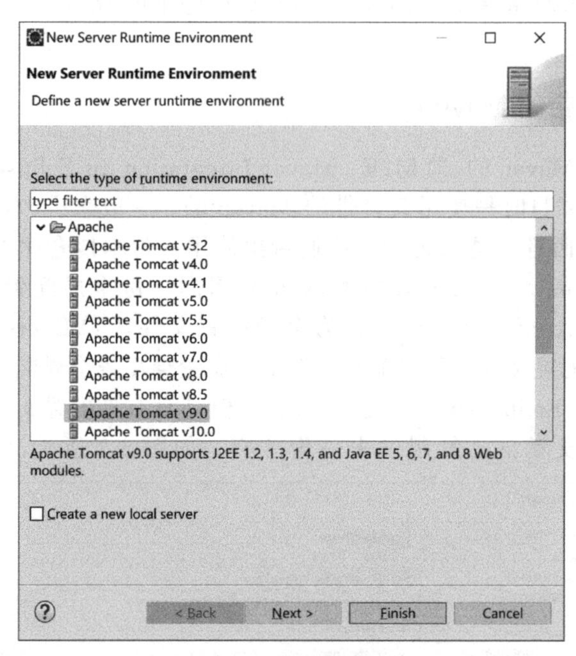

图 6-4 新建服务器的运行时环境

选择 Apache\Apache Tomcat v9.0，然后单击 Next 按钮。在图 6-5 所示的窗口中单击 Browse 按钮，浏览并选择 Tomcat 的安装路径 C:\apache-tomcat-9.0.48。

6.2.2 设置 Web 文件的字符集

单击 Eclipse 的 Window 菜单，再依次单击 Preferences→Web→JSP Files→

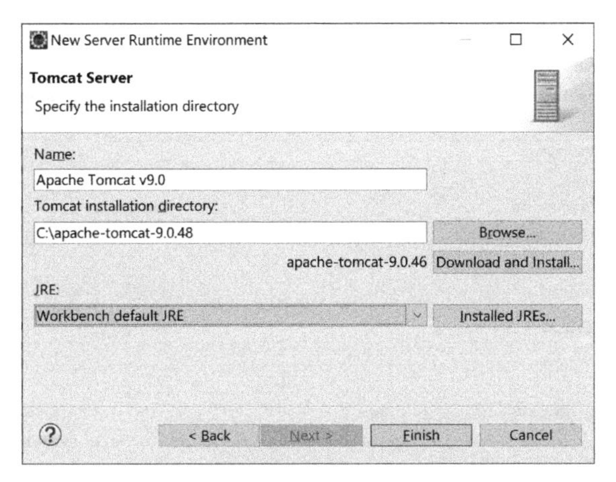

图 6-5 给出 Tomcat 的安装目录

Encoding，如图 6-6 所示，选择 ISO 10646/Unicode(UTF-8)，就可以将 JSP 文件的字符集设置为 UTF-8。

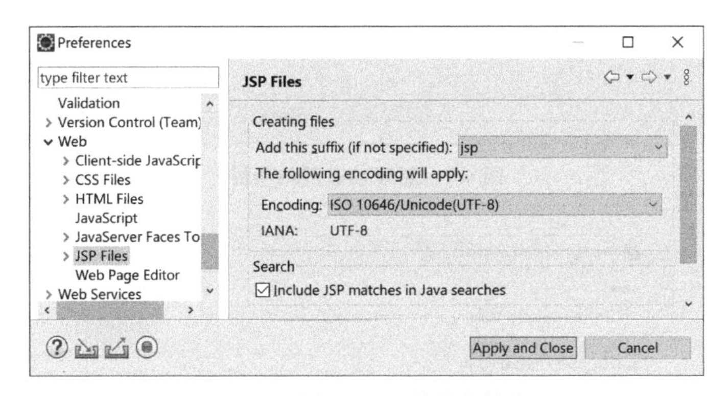

图 6-6 选择 JSP 文件的字符集

也可以检查一下 CSS 文件和 HTML 文件的字符集，确保是 UTF-8，依次单击 Window→Preferences→Web→CSS Files→Encoding 和 Window→Preferences→Web→HTML Files→Encoding。

字符集 UTF-8 和字符集 GB18030 都能表示中文，但有些第三方类库对 GB18030 的支持效果不是很好，因此选择使用 UTF-8 字符集。

6.2.3 创建动态网站项目

依次单击 File→New→Dynamic Web Project，弹出如图 6-7 所示的新建动态网站项目的向导。输入项目名称 myapp，目标运行环境选择 Apache Tomcat v9.0。

如图 6-8 所示，在此可以管理 Java 应用的源文件夹，Eclipse 已经将默认的源文件夹调整为 src\main\java，这与 Maven 的目录规范是一致的。也可以再增加一个用于存放配置文件的源文件夹 src\main\resources。

如图 6-9 所示，在此可以进行 Web 模块的配置。Context root 是 Web 应用的虚拟路

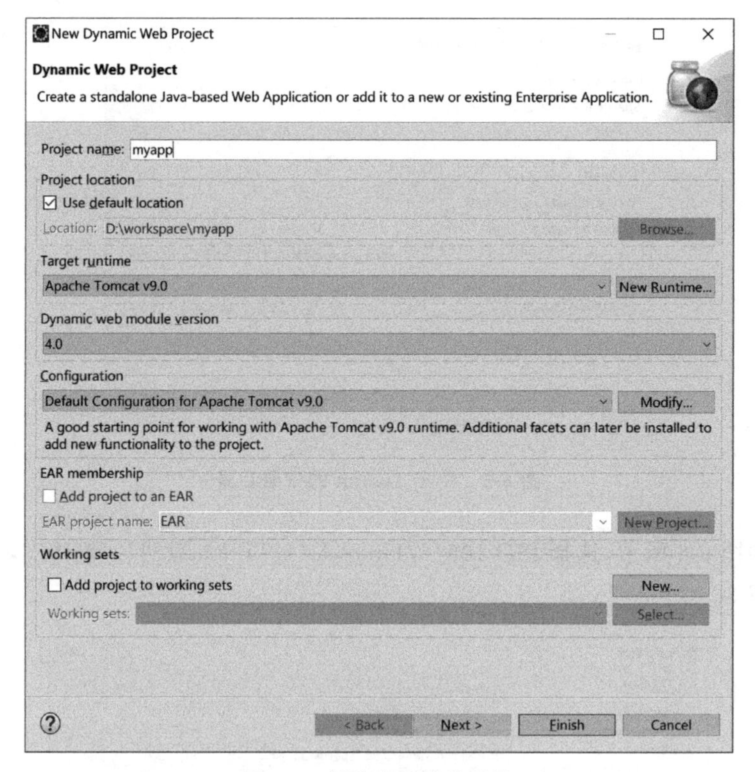

图 6-7　新建动态网站项目

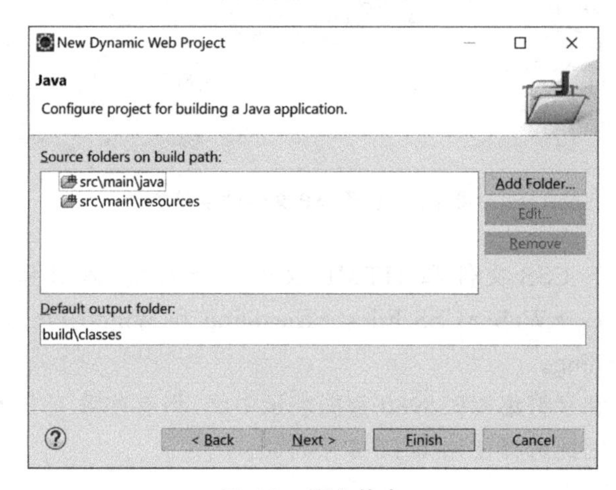

图 6-8　源文件夹

径，默认和项目名一致，同为 myapp。Content directory 是存放 Web 文件的路径，默认为 src/main/webapp。注意选中最下面的复选框来产生 web.xml 文件，这是 Java Web 应用的部署描述文件。

6.2.4　新建 JSP 文件

在项目浏览器(Project Explorer)中的分支 myapp/src/main/webapp 上右击鼠标，在

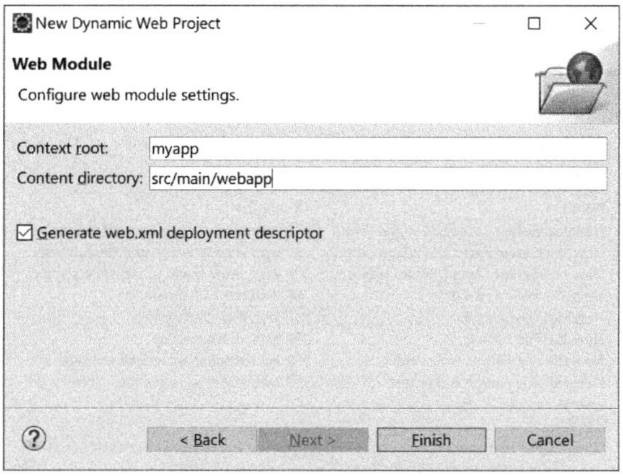

图 6-9 Web 模块的配置

弹出的快捷菜单中选择 New→JSP File 来新建一个 JSP 文件，如图 6-10 所示。在 File name 后的文本框中输入文件名 hello.jsp。

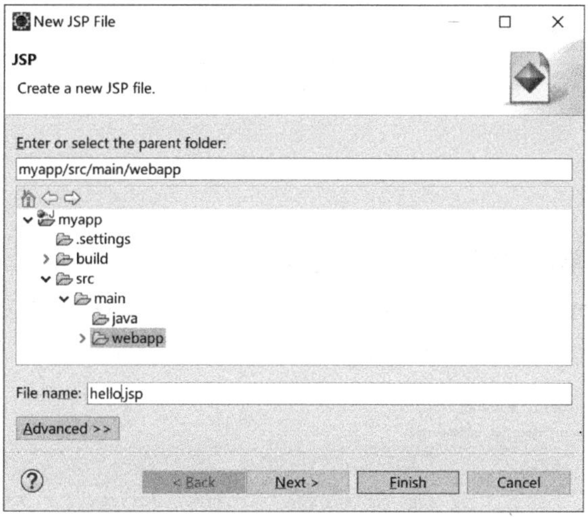

图 6-10 新建 JSP 文件

单击 Next 按钮，弹出的窗口如图 6-11 所示，选择 JSP 模板中的 New JSP File(html 5)。之前在依次单击 Window→Preferences→Web→JSP Files 所设置的字符集将应用于在新 JSP 文件中。

在 hello.jsp 文件的<body>标签内部输入如下 JSP 脚本。该脚本读取 HTTP 请求参数 uname 的值，并赋值给 Java 变量名 userName，然后使用 out.println()向客户端输出。

```
<%
    String userName = request.getParameter("uname");
    out.println("Hi, "+userName);
%>
```

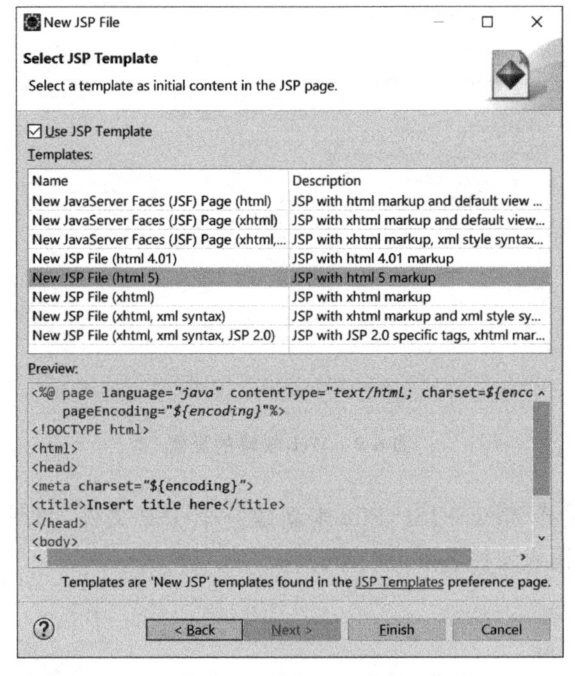

图 6-11 选择 JSP 模板

6.2.5 启动 Server

如图 6-12 所示，单击视图 Servers 中的链接 No servers are available. Click this link to create a new server…，在工作空间内定义一个新的 Server。也可以依次选择菜单项 File→New→Other→Server→Server 来定义一个新的 Server。

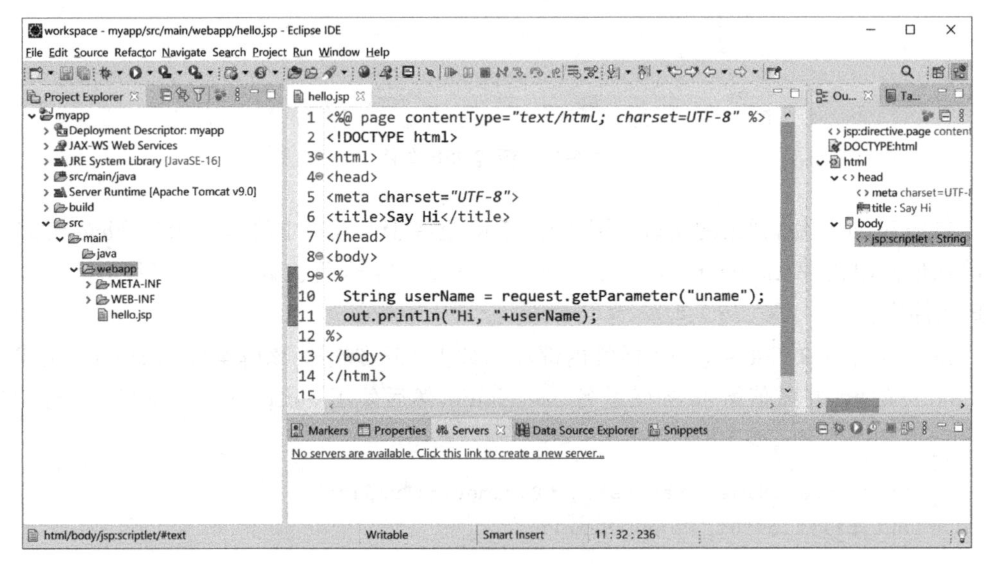

图 6-12 新建 Server 的链接

在 Define a New Server 的设置页面，选择 Tomcat v9.0 Server，如图 6-13 所示。

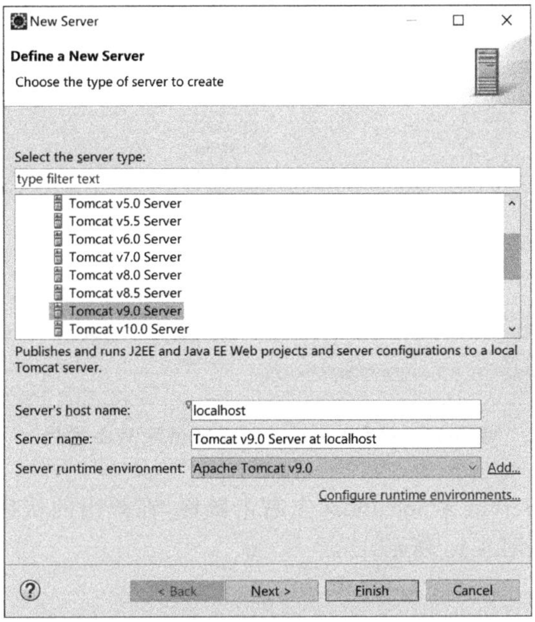

New Server
Define a New Server
Choose the type of server to create
Select the server type:
type filter text
Tomcat v5.0 Server
Tomcat v5.5 Server
Tomcat v6.0 Server
Tomcat v7.0 Server
Tomcat v8.0 Server
Tomcat v8.5 Server
Tomcat v9.0 Server
Tomcat v10.0 Server
Publishes and runs J2EE and Java EE Web projects and server configurations to a local Tomcat server.
Server's host name: localhost
Server name: Tomcat v9.0 Server at localhost
Server runtime environment: Apache Tomcat v9.0　Add...
Configure runtime environments...
< Back　Next >　Finish　Cancel

图 6-13　选择新建 Server 的类型

单击 Next 按钮，弹出如图 6-14 所示的窗口，在 Add and Remove 的设置页面，将动态网站项目 myapp 从左边的可用项目(Available)通过单击 Add 按钮移动到右边的已配置项目(Configured)。

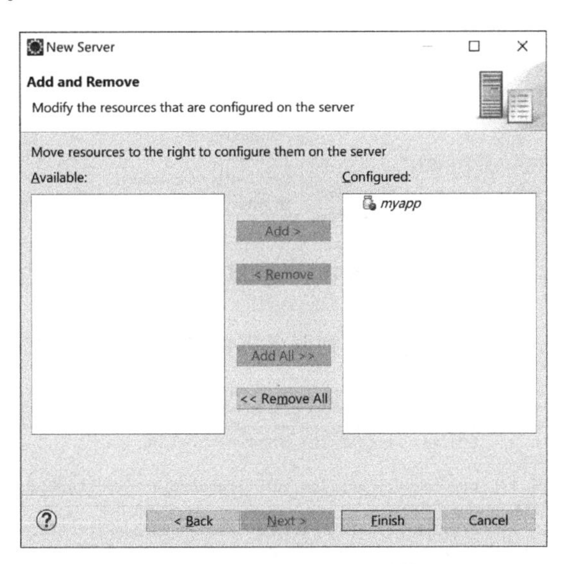

图 6-14　增加或删除 Server 上配置的 Web 项目

单击 Finish 按钮，弹出如图 6-15 所示的页面，如果希望管理已有 Server 上配置的项目，可以在 Tomcat v9.0 Server at localhost 上右击鼠标，在弹出的快捷菜单中选择 Add and Remove，可以再次弹出如图 6-14 所示的管理页面。

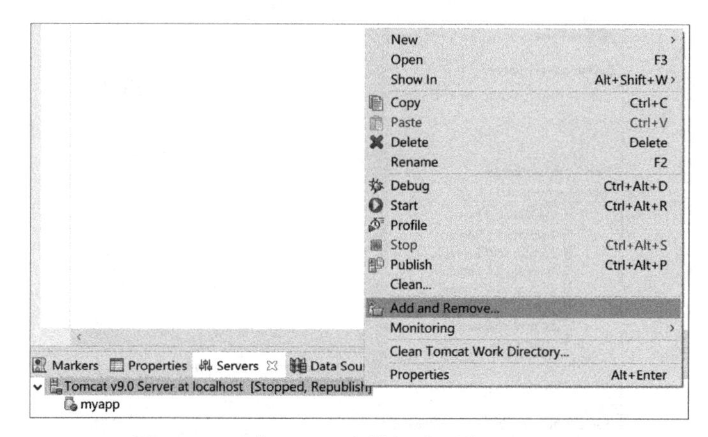

图 6-15 已有 Server 上增加或删除 Web 项目

在 Tomcat v9.0 Server at localhost 上右击鼠标，在弹出的快捷菜单中选择 Start 菜单项来启动服务器，如图 6-16 所示。

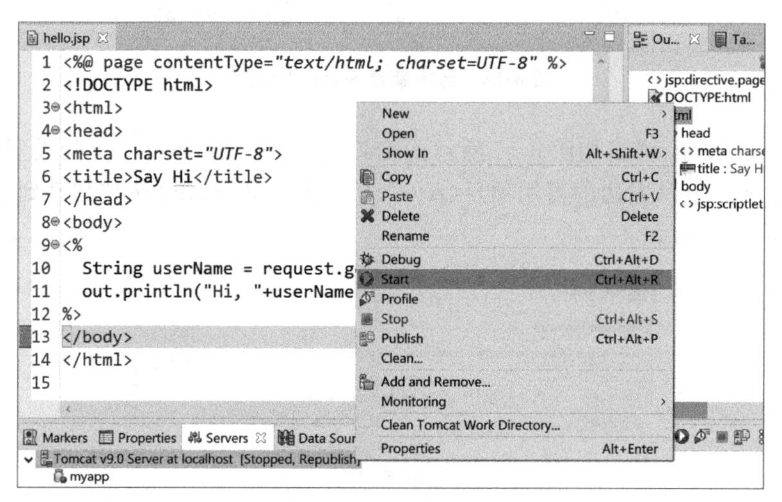

图 6-16 启动服务器

在控制台(Console)视图中，可以看到服务器的启动信息，如图 6-17 所示。

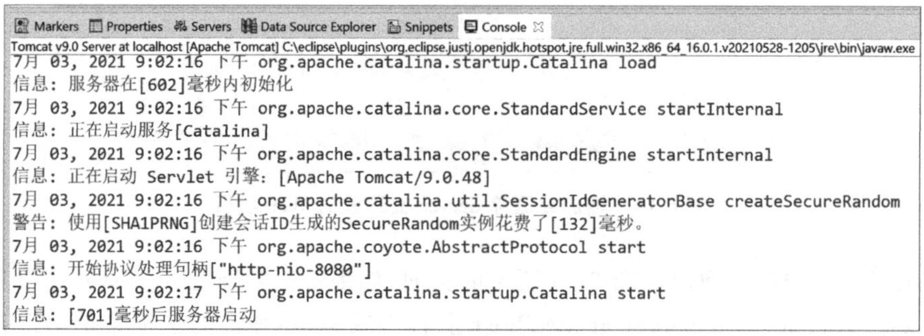

```
Markers  Properties  Servers  Data Source Explorer  Snippets  Console
Tomcat v9.0 Server at localhost [Apache Tomcat] C:\eclipse\plugins\org.eclipse.justj.openjdk.hotspot.jre.full.win32.x86_64_16.0.1.v20210528-1205\jre\bin\javaw.exe
7月 03, 2021 9:02:16 下午 org.apache.catalina.startup.Catalina load
信息: 服务器在[602]毫秒内初始化
7月 03, 2021 9:02:16 下午 org.apache.catalina.core.StandardService startInternal
信息: 正在启动服务[Catalina]
7月 03, 2021 9:02:16 下午 org.apache.catalina.core.StandardEngine startInternal
信息: 正在启动 Servlet 引擎: [Apache Tomcat/9.0.48]
7月 03, 2021 9:02:16 下午 org.apache.catalina.util.SessionIdGeneratorBase createSecureRandom
警告: 使用[SHA1PRNG]创建会话ID生成的SecureRandom实例花费了[132]毫秒。
7月 03, 2021 9:02:16 下午 org.apache.coyote.AbstractProtocol start
信息: 开始协议处理句柄["http-nio-8080"]
7月 03, 2021 9:02:17 下午 org.apache.catalina.startup.Catalina start
信息: [701]毫秒后服务器启动
```

图 6-17 在控制台视图中查看 Server 启动信息

6.2.6 使用浏览器访问 JSP

依次单击 Eclpise→Window→Show View→Other→General→Internal Web Browser 打开内置浏览器。在 Eclipse 工具栏上有一个 Open Web Browser 的工具栏按钮，单击它也可以打开内置浏览器。在 Eclipse 内置浏览器的地址栏中输入：

```
http://localhost:8080/myapp/hello.jsp?uname=TongQiang
```

内置浏览器界面如图 6-18 所示。也可以使用本机的其他浏览器来访问。

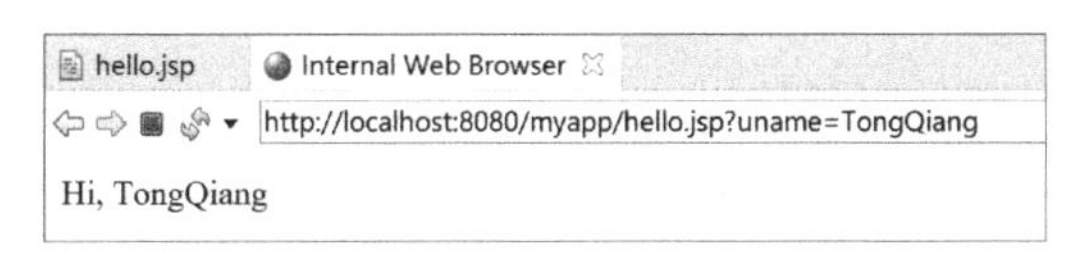

图 6-18 使用内置浏览器访问 hello.jsp

6.2.7 转成 Maven 项目

在项目 myapp 上右击鼠标，在弹出的快捷菜单中依次选择 Configure→Convert to Maven Project，就可以将项目转成 Maven 项目，如图 6-19 所示。

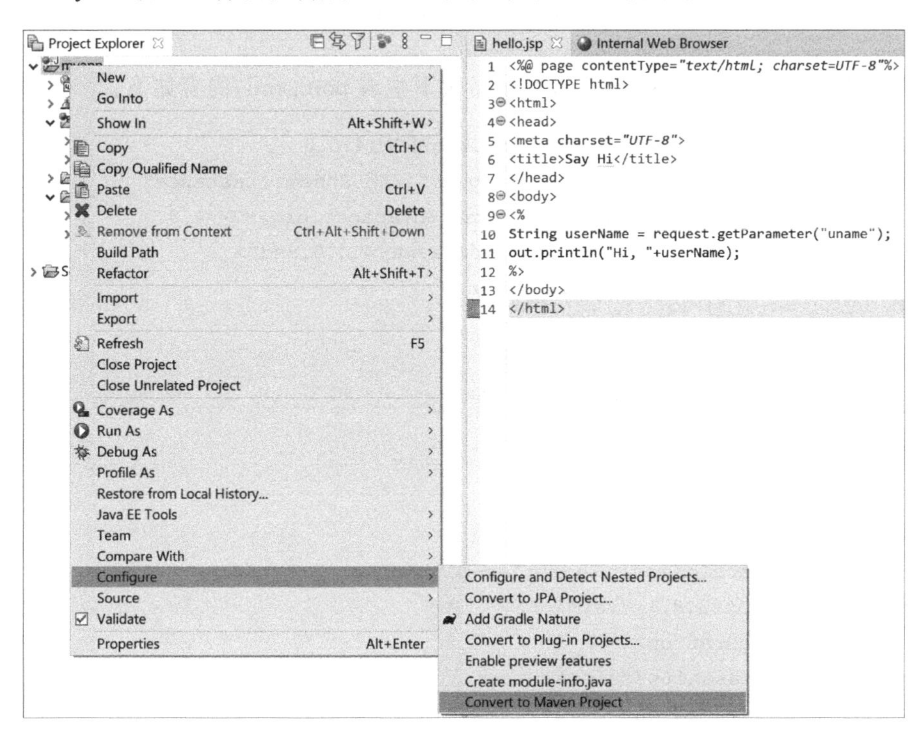

图 6-19 转成 Maven 项目

在弹出的如图 6-20 所示对话框中，在 Group Id 框中输入 cn.edu.uibe，在 Artifact Id 框中输入 myapp，Version 保持默认值 0.0.1-SNAPSHOT。Maven 依靠组 ID(groupId)、

构件 ID(artifactId)、版本(version)这三个元素唯一定义一个构件。

- Group Id 需要是全球唯一的，一般是把域名倒过来写。
- Artifact Id 是构件 ID，可以用项目名作为 Artifact Id。
- Version 是构件的版本，默认是 0.0.1-SNAPSHOT。

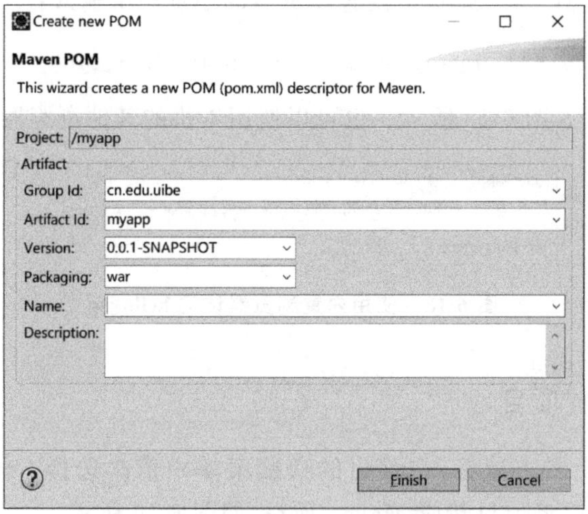

图 6-20 Maven POM

单击 Finish 按钮，Eclipse 会在项目根目录下生成 pom.xml，内容如下：

```
<project xmlns=http://maven.apache.org/POM/4.0.0
        xmlns:xsi="http://www.w3.org/2001/XMLSchema-instance"
        xsi:schemaLocation="http://maven.apache.org/POM/4.0.0
        https://maven.apache.org/xsd/maven-4.0.0.xsd">
  <modelVersion>4.0.0</modelVersion>
  <groupId>cn.edu.uibe</groupId>
  <artifactId>myapp</artifactId>
  <version>0.0.1-SNAPSHOT</version>
  <packaging>war</packaging>
  <build>
    <plugins>
      <plugin>
        <artifactId>maven-compiler-plugin</artifactId>
        <version>3.8.1</version>
        <configuration>
          <release>16</release>
        </configuration>
      </plugin>
      <plugin>
        <artifactId>maven-war-plugin</artifactId>
        <version>3.2.3</version>
      </plugin>
```

```
    </plugins>
  </build>
</project>
```

6.2.8 在 Eclipse 内部构建 Maven 项目

修改自动生成的 pom.xml，修改内容如下：Java 版本修改成 11，增加 Servlet API、JSP API 和 junit 的依赖，暂时跳过测试环节，指明编译和复制资源文件时采用的字符集是 UTF-8。

```
<project xmlns="http://maven.apache.org/POM/4.0.0"
      xmlns:xsi="http://www.w3.org/2001/XMLSchema-instance"
      xsi:schemaLocation="http://maven.apache.org/POM/4.0.0
                          https://maven.apache.org/xsd/maven-4.0.0.xsd">
    <modelVersion>4.0.0</modelVersion>
    <groupId>cn.edu.uibe</groupId>
    <artifactId>myapp</artifactId>
    <version>0.0.1-SNAPSHOT</version>
    <packaging>war</packaging>
    <!-- 属性 -->
    <properties>
        <java.version>11</java.version>
    </properties>
    <!-- 依赖 -->
    <dependencies>
        <dependency>
            <groupId>junit</groupId>
            <artifactId>junit</artifactId>
            <version>4.12</version>
            <scope>test</scope>
        </dependency>
        <dependency>
            <groupId>javax.servlet</groupId>
            <artifactId>javax.servlet-api</artifactId>
            <version>4.0.1</version>
            <scope>provided</scope>
        </dependency>
        <dependency>
            <groupId>javax.servlet.jsp</groupId>
            <artifactId>javax.servlet.jsp-api</artifactId>
            <version>2.3.3</version>
            <scope>provided</scope>
        </dependency>
    </dependencies>
```

```
    <build>
        <plugins>
            <!-- 编译插件 -->
            <plugin>
                <artifactId>maven-compiler-plugin</artifactId>
                <version>3.8.1</version>
                <configuration>
                    <encoding>UTF-8</encoding>
                    <release>${java.version}</release>
                    <skip>true</skip>
                </configuration>
            </plugin>
            <!-- 资源插件 -->
            <plugin>
                <groupId>org.apache.maven.plugins</groupId>
                <artifactId>maven-resources-plugin</artifactId>
                <version>3.2.0</version>
                <configuration>
                    <encoding>UTF-8</encoding>
                </configuration>
            </plugin>
            <!-- 测试插件 -->
            <plugin>
                <groupId>org.apache.maven.plugins</groupId>
                <artifactId>maven-surefire-plugin</artifactId>
                <version>2.22.2</version>
                <configuration>
                    <skip>true</skip>
                </configuration>
            </plugin>
            <!-- WAR 打包插件 -->
            <plugin>
                <artifactId>maven-war-plugin</artifactId>
                <version>3.3.1</version>
            </plugin>
        </plugins>
    </build>
</project>
```

如图 6-21 所示,依次单击 Run 菜单→Run As→Maven build,就可以在 Eclipse 内部使用 Maven 来构建项目了,首次使用会弹出运行配置窗口。

在弹出的如图 6-22 所示运行配置窗口中,在 Goals 框中输入 clean package,含义为先清除 target 目录下的内容,然后重新编译和打包。如果需要修改运行配置,可以依次选择 Run 菜单→Run Configurations…→Maven build→myapp 来重新弹出这个窗口。

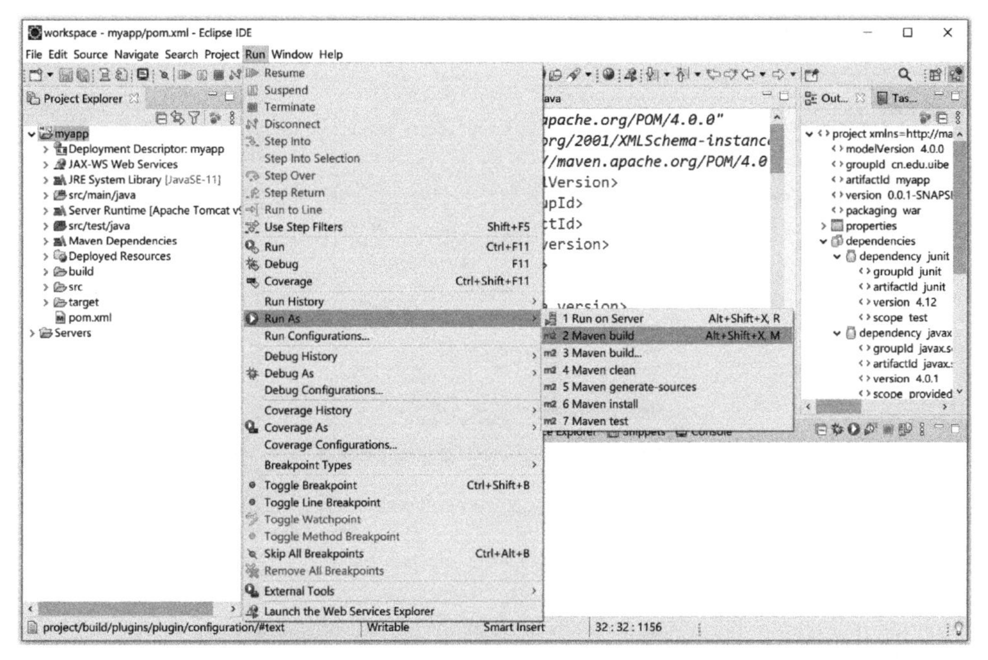

图 6-21　在 Eclipse 内部构建 Maven 项目

Edit Configuration

Edit configuration and launch.

Name: myapp

Main | JRE | Refresh | Source | Environment | Common

Base directory:

${project_loc:myapp}

Workspace... File System... Variables...

Goals: clean package

Profiles:

User settings: C:\Users\TongQiang\.m2\settings.xml

Workspace... File System... Variables...

☐ Offline ☐ Update Snapshots

☐ Debug Output ☐ Skip Tests ☐ Non-recursive

☐ Resolve Workspace artifacts

1 Threads

Parameter Name	Value

Add... Edit... Remove

Maven Runtime: EMBEDDED (3.8.1/1.18.0.20210603-1206) Configure...

Revert Apply

Run Close

图 6-22　Maven 构建的配置

Maven构建(Maven build)和管理运行配置(Run Configurations)也可以通过右击项目名称来找到,如图6-23所示。

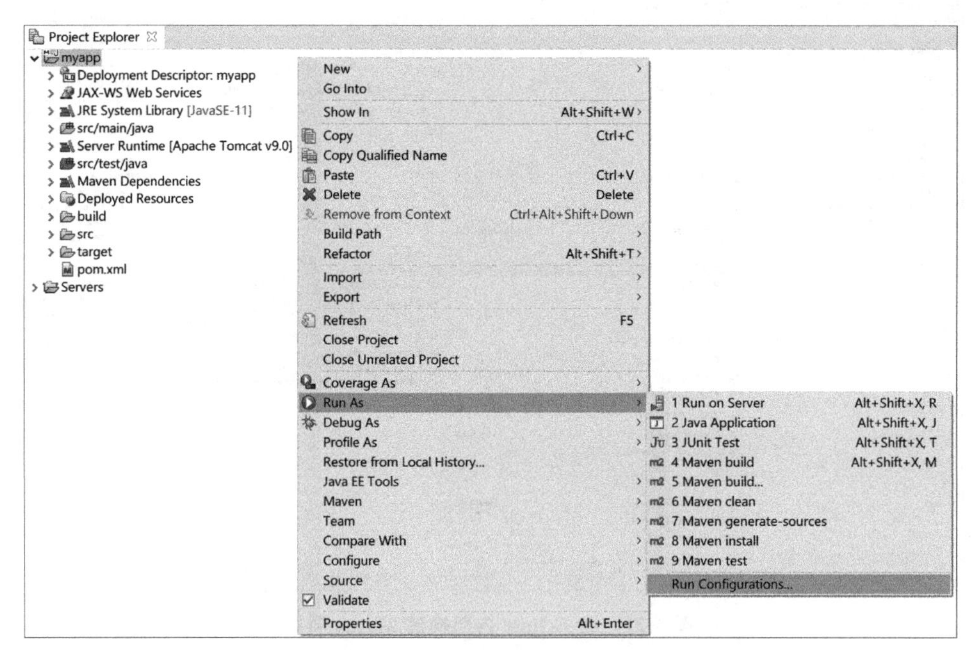

图6-23 右击项目选择Run As中的Maven build或Run Configurations

6.3 Maven项目的目录结构

Maven的配置文件看似很复杂,其实只需要根据项目的实际需要,设置几个配置项即可。Maven有自己的一套默认配置(约定内容),使用者除非必要,一般并不需要去修改那些约定内容。这就是所谓的"约定优于配置"。采用"约定优于配置"的策略可以减少修改配置文件的工作量,也可以降低学习成本,更重要的是,给项目引入了统一的规范。本节介绍Maven目录的约定配置。

6.3.1 Maven目录的约定配置

Maven提倡使用一个共同的标准目录结构,开发者应尽可能遵守这样的目录结构。Maven目录的约定配置如下。

${basedir}:项目根目录,包含pom.xml的目录。

${basedir}/src/main/java:项目的Java源代码。

${basedir}/src/main/resources:项目的资源文件,比如属性文件、配置文件。

${basedir}/src/test/java:项目的测试类,比如Junit代码。

${basedir}/src/test/resources:测试用的资源文件。

${basedir}/src/main/webapp:Web应用的根目录。

${basedir}/target:输出目录。

6.3.2　调整项目的目录

在项目 myapp 上右击，在弹出的快捷菜单中选择 Properties 选项，打开项目属性窗口，然后选择 Java Build Path→Source 选项卡→Add Folder 按钮，在弹出的如图 6-24 所示 Source Folder Selection 窗口中，通过单击 Create New Folder 按钮，增加两个新的源文件夹：src/main/resources 和 src/test/resources。注意文件夹 webapp 只是位于 src/main 目录下，它并不是源文件夹。

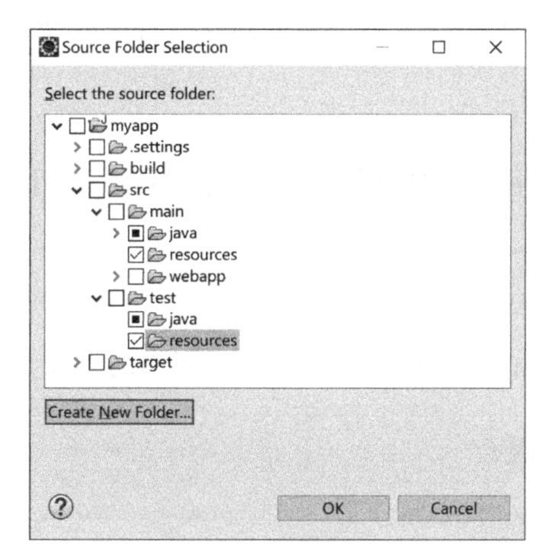

图 6-24　新增源文件夹

可以单击 Java Build Path→Source 查看新增的资源文件夹，如图 6-25 所示。Maven 构建时，src/main/resources 下的文件会被复制到 target/classes 目录下。

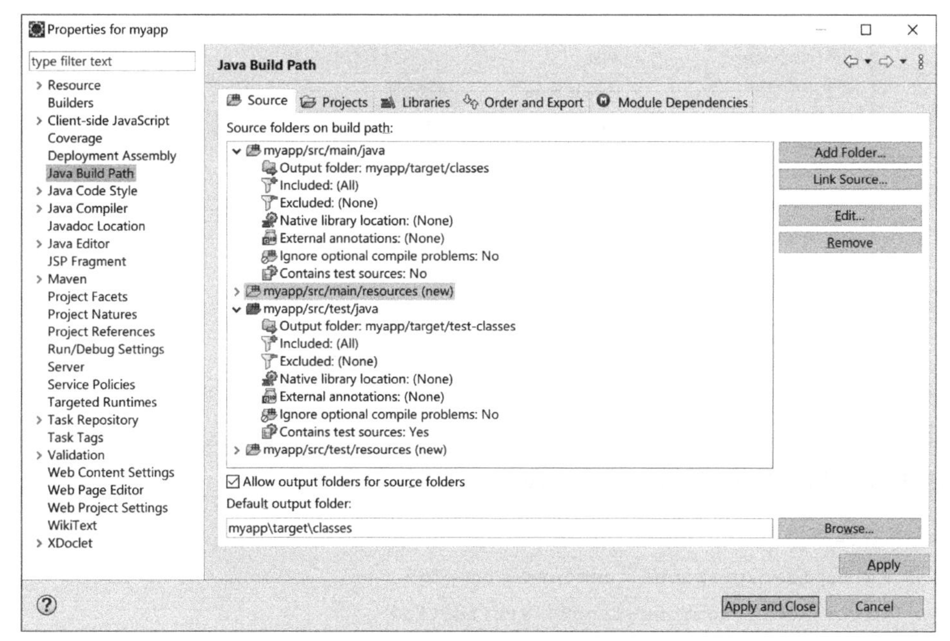

图 6-25　新增的资源目录

6.4 管理项目依赖

Maven 的一个重要作用就是可以使用一小段 XML 片段来管理项目用到的第三方类库，即构件。Maven 制定了一套规则，它使用坐标唯一标识一个构件。Maven 的坐标元素包括 groupId、artifactId 和 version。只要提供正确的坐标元素，Maven 就能找到对应的构件，它首先在本地仓库找，如果没有再去远程仓库下载；如果没有配置远程仓库，就会从中央仓库下载，而中央仓库包含了世界上大部分流行的开源项目构件。

6.4.1 搜索依赖的构件

有时我们只需记要使用的构件的大概名称，这时可以使用如下网站来搜索要使用构件的准确名称和版本。

```
https://mvnrepository.com/
```

比如搜索 Apache Commons Lang，打开 3.11 版本的页面，如图 6-26 所示。

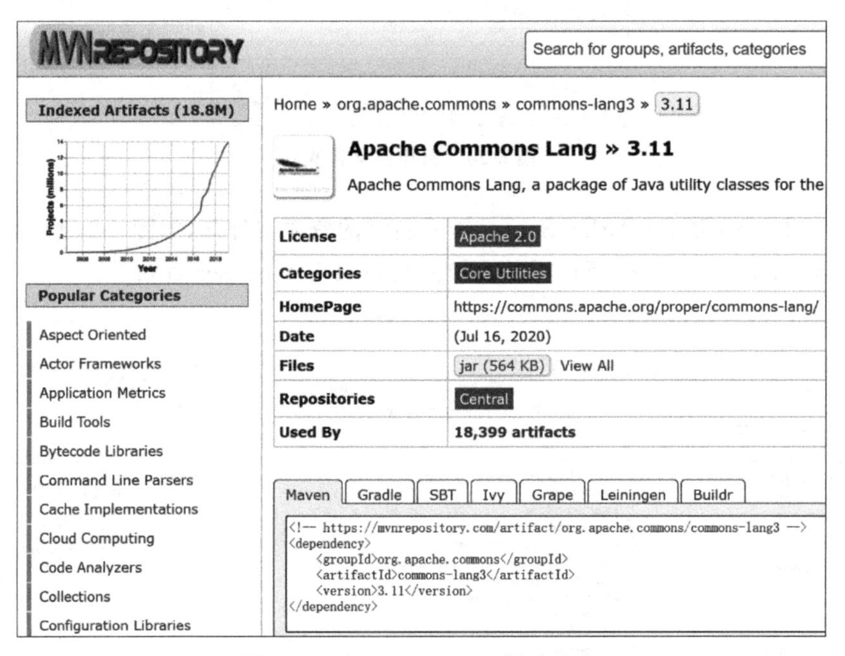

图 6-26 在 mvnrepository 搜索类库

将页面中 Maven 选项卡下的 XML 复制到 pom.xml 中<dependency>的内部，就可以在项目里使用这个构件了，也就是下面的 XML 片段。

```
<dependency>
    <groupId>org.apache.commons</groupId>
    <artifactId>commons-lang3</artifactId>
    <version>3.11</version>
```

```
</dependency>
```

在添加这个构件之后,以下代码就可以处理请求参数 uname 为空的情况,如果变量 userName 是 null、空串、多个空格、换行符、回车符或制表符,则将变量 userName 赋值为字符串"guest"。

```
import org.apache.commons.lang3.StringUtils;
String userName = request.getParameter("uname");
userName = StringUtils.defaultIfBlank(userName, "guest");
```

6.4.2 依赖的作用范围

在添加一个依赖时,除了使用 groupId、artifactId 和 version 唯一标识一个构件外,还可以使用 scope 元素给出依赖的作用范围。Maven 支持的构件作用范围有: compile、provided、runtime、test、system 和 import。

- compile: 默认值,作用于所有阶段(开发、测试、部署、运行),构件的 jar 文件会一直存在于所有阶段。
- provided: 只在开发、测试阶段使用,不会打包到 war 文件中。目的是不让 Servlet 容器和本地仓库的 jar 包冲突,如 servlet-api.jar。
- runtime: 只在运行时使用,如 JDBC 驱动,适用运行和测试阶段。
- test: 只在测试时使用,用于编译和运行测试代码,不会随项目发布。
- system: 类似 provided,但需要显式提供包含依赖的 jar 包的位置,Maven 不会在构件仓库中查找。
- import: 用于从外部导入依赖管理,用于一个<dependencyManagement>对另一个<dependencyManagement>的继承。

junit 是单元测试框架,它作用在测试阶段,其范围是 test。

```
<dependency>
    <groupId>junit</groupId>
    <artifactId>junit</artifactId>
    <version>4.12</version>
    <scope>test</scope>
</dependency>
```

servlet-api 运行时由容器提供,但是编译时需要由 Maven 提供。因此,servlet-api 的 scope 需要指定为 provided,这样编译可以通过,但 Maven 编译打包生成的 war 文件中不会包含 javax.servlet-api-4.0.1.jar。

```
<dependency>
    <groupId>javax.servlet</groupId>
    <artifactId>javax.servlet-api</artifactId>
    <version>4.0.1</version>
    <scope>provided</scope>
</dependency>
```

6.5 理解 Maven 构建的过程

Maven 构建的过程包含着一系列阶段(phase)。Maven 为这些阶段提供了统一的接口,而这些阶段的实现是由 Maven 插件来完成的。当执行 mvn 命令时,比如 mvn clean, clean 对应的是 clean 阶段,而 clean 的具体操作是由 maven-clean-plugin 来实现的。

6.5.1 Maven 构建的阶段

Maven 构建的生命周期定义了一个项目构建和发布的过程。一个典型的 Maven 构建(build)的生命周期是由以下几个阶段的序列组成的。

- 验证 validate：验证项目是否正确且所有必需信息是可用的。
- 编译 compile：执行编译,Java 源代码编译在此阶段完成。
- 测试 test：使用适当的单元测试框架(例如 JUnit)运行测试。
- 打包 package：创建 JAR 或 WAR 包。
- 验证 verify：对集成测试的结果进行检查,以保证质量达标。
- 安装 install：安装打包的项目到本地仓库,以供其他项目使用。
- 部署 deploy：复制最终的工程包到远程仓库中,以共享给其他开发人员和项目。

Maven 插件通常提供了一个目标的集合,并且可以使用下面的语法执行：

```
mvn [plugin-name]:[goal-name]
```

Maven 常用的插件有以下几个。

- maven-clean-plugin：清理目标文件,即删除 target 目录下的内容。
- maven-compiler-plugin：编译 Java 源文件。
- maven-resources-plugin：将资源文件复制到输出目录。
- maven-surefile-plugin：运行 JUnit 单元测试,创建测试报告。
- maven-jar-plugin：从项目构建 JAR(Java Archive)文件。
- maven-war-plugin：从项目构建 WAR(Web Application Archive)文件。
- maven-javadoc-plugin：使用 javadoc 为项目生成帮助文档。

6.5.2 Maven 常用命令

Maven 常用的命令有以下几个。

- mvn compile：编译源代码,将编译结果输出到 target 文件夹中。
- mvn clean：清除 target 目录中的生成结果。
- mvn test-compile：编译测试源代码。
- mvn test：执行单元测试。
- mvn package：打包项目生成的 JAR 或 WAR 文件。
- mvn install：在本地仓库中安装生成的构件。
- mvn deploy：将生成的构件部署到远程仓库。

- mvn clean package：运行清理和打包，打包之前会重新编译。
- mvn clean install：运行清理和安装，会将打包文件安装到本地仓库中。
- mvn site：生成项目相关信息的网站。
- mvn clean package -Dmaven.test.skip=true：清除后编译打包，跳过测试。

6.5.3　使用 mvn 命令

开发者可以在命令提示符下运行 Maven，依次单击"开始"菜单→"Windows 系统"→"命令提示符"，然后输入 D:切换到 D 盘，再输入 cd workspace\myapp 进入项目所在的目录 D:\workspace\myapp，如图 6-27 所示。可输入 dir 命令查看当前目录下的内容，确认看到 pom.xml，然后就可以使用 mvn 命令构建 Maven 项目了。输入 mvn clean package 就可以清除项目并重新编译和打包。打包之后得到的 WAR 文件为：

```
D:\workspace\myapp\target\myapp-0.0.1-SNAPSHOT.war
```

停止 Eclipse 内的 Tomcat，然后可关闭 Eclipse。将 D:\workspace\myapp\target\myapp-0.0.1-SNAPSHOT.war 复制到 C:\apache-tomcat-9.0.48\webapps 目录下，文件名改为 myapp.war。运行 C:\apache-tomcat-9.0.48\bin\startup.bat。打开浏览器，在地址栏输入下行内容来验证应用 myapp 是否成功运行。

```
http://localhost:8080/myapp/hello.jsp?uname=TongQiang
```

在命令行执行 mvn 命令后，Eclipse 的项目名称上可能会出现红色标记，可以在项目名 myapp 上右击鼠标，在弹出的快捷菜单中依次选择 Maven->Update Project 来解决。

本 章 小 结

Maven 是一个强大的项目构建工具。使用 Maven 进行开发、测试、打包和部署，效率会提高很多。Maven 是一个依赖管理工具，提供了中央仓库，能够自动下载构件。Maven 是一个庞大的构建系统，完整学习难度较大。

Eclipse 中动态网站项目的目录结构已经默认和 Maven 约定的是一致的，因此在项目名称上右击鼠标，在弹出的快捷菜单中依次选择 Configure→Convert to Maven Project 就可以将动态网站项目转成 Maven 项目。转换完成后，再添加资源文件的目录为源文件夹，即添加 src/main/resources 和 src/test/resources。属性文件和配置文件应该和 Java 文件分开，单独放在 src/main/resources 目录中。

对于开发者而言，Maven 一个很重要的好处是管理第三方类库，即构件。开发者将需要用到的构件对应的 XML 片段添加到<dependencies>标签内部，就可以在项目中使用这些构件了。给出的依赖作用范围是 provied，则该构件运行时由容器提供，而不会被打包到 WAR 文件中。

Maven 构建项目的过程分为多个阶段。mvn clean package 命令先运行清理，然后重新编译并打包。将打包生成的 WAR 文件复制到 Tomcat 的 webapps 目录下就完成了 Web 应用的部署。

如果 Eclipse 中的 Maven 项目名出现了红色标记,可以在项目名上右击鼠标,在弹出的快捷菜单中依次选择 Maven→Update Project 来解决。

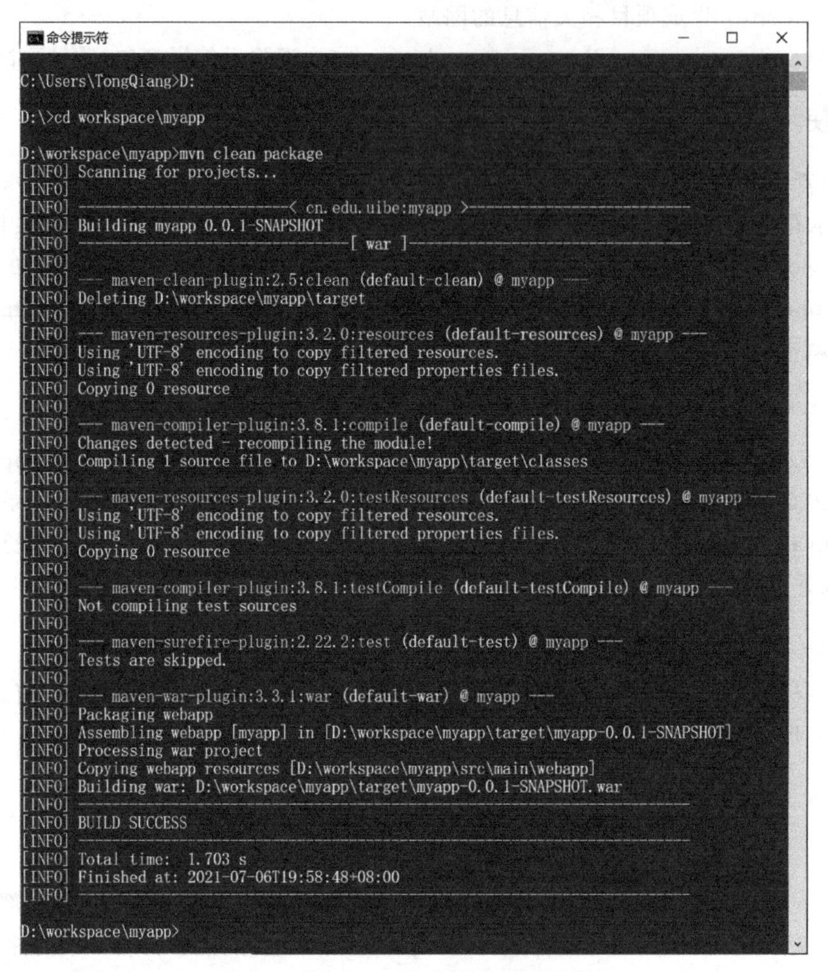

图 6-27 使用 mvn 命令编译和打包项目

习 题 六

1. 动态网站项目为什么要选用 Maven 进行构建?
2. Maven 项目约定的目录结构是什么样的?
3. 一个 Maven 构件由哪 3 个核心元素来描述?
4. 什么是 Maven 的本地仓库和中央仓库? 如何配置本地仓库和中央仓库?
5. Maven 常见插件有哪些?
6. 如何配置 Maven 项目的 Java 版本和复制文件使用的字符集?
7. Maven 依赖的作用范围有哪些?

第7章 Servlet 技术

Servlet 是一种服务器端的 Java 应用程序，具有独立于平台和协议的特性，它可以处理客户端的请求并生成动态的 Web 页面或其他类型的文件。本章介绍 Servlet 的基本概念，以及如何开发和部署 Servlet。最后介绍几个 Servlet 的高级示例：使用 Servlet 动态生成图片、使用 Servlet 发送电子邮件、使用 Servlet 实现文件上传。

7.1 Servlet 介绍

本节介绍 Servlet 的概念和特点，并将 Servlet 和 JSP 进行比较。

7.1.1 什么是 Servlet

Servlet 是一种 Java 应用程序，和普通的 Java 程序不同的是 Servlet 必须运行在 Web 服务器端。Servlet 由 Web 服务器加载，并由 Web 服务器维护生命周期。Web 服务器根据客户端请求的方法调用 Servlet 对应的方法。Servlet 可以获得 Web 浏览器或其他 HTTP 客户端发来的请求参数，动态生成响应并返回给客户端。Servlet 的响应可以是动态的 HTML 页面，也可以是动态生成的字节流，比如图片、文件下载等。

7.1.2 Servlet 的特点

Servlet 带给开发人员最大的好处是它可以处理客户端传来的 HTTP 请求，并返回一个响应。Servlet 是一个 Java 类，Java 语言能够实现的功能，Servlet 基本上都能实现。与其他的动态网页技术相比，Servlet 具有以下特点。

- 可移植性：因为 Servlet 使用 Java 开发并符合 Servlet 规范，它可以在不同的操作系统和不同的应用服务器之间移植。
- 功能强大：Servlet 可以使用 Java API 的所有功能，这些功能包括 Web 和 URL 访问、图像处理、数据压缩、多线程、JDBC、RMI 以及对象序列化等。
- 安全性：不同层次的安全保障。首先，它是用 Java 编写的，可以使用 Java 的安全特性；其次，Servlet API 被实现为类型安全的；另外，应用服务器也会对 Servlet 的安全进行管理。
- 高效：Servlet 一旦载入，它就驻留在内存中，这样加快了响应的速度。它的优势在于，当 Servlet 被客户端发送的第一个请求激活后，将继续运行于后台，等待后续的请求。每个请求将分配一个线程而不是进程。

7.1.3 Servlet 和 JSP 的比较

JSP 本质上也是 Servlet,应用服务器在 JSP 页面第一次被访问时首先将其转换为 Servlet(扩展名是.java 的源文件),然后再编译成字节码文件(扩展名是.class 的文件)。Servlet 和 JSP 的比较如下:

- JSP 是一种实现静态 HTML 和动态 Java 代码混合编写的技术。
- Servlet 是一个 Java 类,所有响应的内容需要使用 out.print()方法输出。
- JSP 编写静态 HTML 更方便,不必再用 out.print()方法来输出每一行 HTML 代码。
- JSP 先转化成 Servlet,再编译成字节码文件。
- JSP 没有增加任何不能用 Servlet 实现的功能。
- JSP 内部代码多了不易维护,Servlet 页面内容全靠代码输出更难维护,而后面要介绍的 MVC 模式是 Web 开发的必然选择。

7.2 实现 Servlet

7.2.1 Eclipse 向导创建 Servlet

在项目浏览器的 src/main/java 上右击鼠标,在弹出的快捷菜单中选择新建一个 Servlet 选项,弹出的对话框如图 7-1 所示。在 Java package 文本框中输入 cn.edu.uibe.servlet,在 Class name 文本框中输入 HelloServlet。

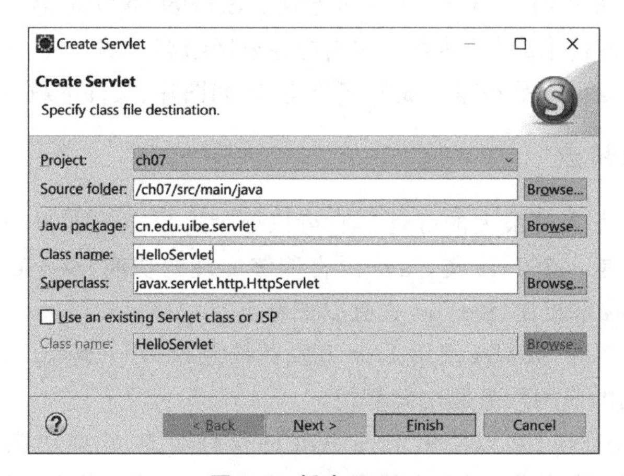

图 7-1　新建 Servlet

单击 Next 按钮,弹出如图 7-2 所示的窗口,选中 URL mappings 列表中的/HelloServlet,单击右侧的 Edit 按钮,在弹出的窗口中将 Pattern 文本框内容修改为/hello。

单击 Next 按钮,弹出如图 7-3 所示的窗口,在要实现的方法中只选中处理 GET 请求的方法 doGet()。

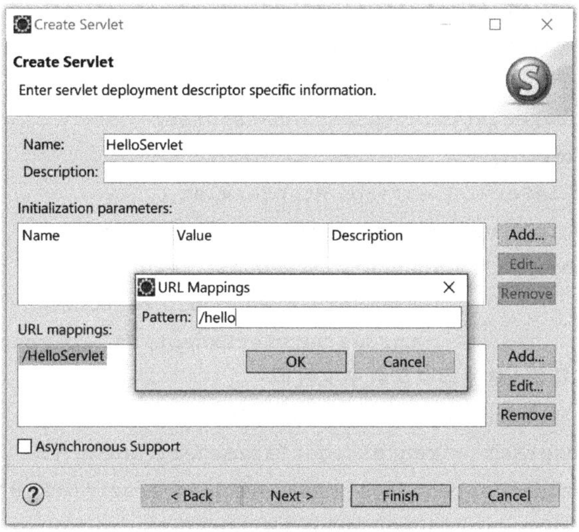

图 7-2 修改 URL mappings

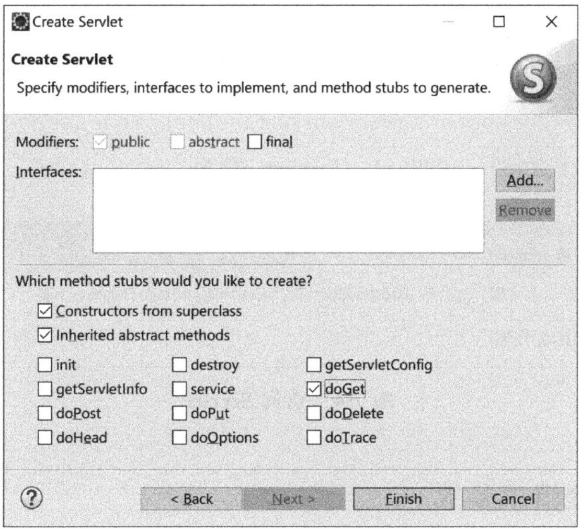

图 7-3 选择要实现的方法

编辑 HelloServlet.java，内容如下。代码设置了使用字符集 UTF-8 来读取请求参数的值，这样可以避免读取中文时乱码，然后读取请求参数 uname 的值。代码设置了 Servlet 响应的 MIME 类型是“text/html; charset=UTF-8”，通过 response 对象获取到字符输出流对象 out，然后使用 out 对象向客户端输出内容。注解@WebServlet("/hello")给出映射的 URL 是"/hello"。

```
package cn.edu.uibe.servlet;
import java.io.IOException;
import java.io.PrintWriter;
import javax.servlet.ServletException;
```

```
import javax.servlet.annotation.WebServlet;
import javax.servlet.http.HttpServlet;
import javax.servlet.http.HttpServletRequest;
import javax.servlet.http.HttpServletResponse;
@WebServlet("/hello")
public class HelloServlet extends HttpServlet {
    private static final long serialVersionUID = 1L;
    protected void doGet(HttpServletRequest request,
                              HttpServletResponse response)
                              throws ServletException, IOException {
        //设置字符集,避免读取参数中文乱码
        request.setCharacterEncoding("UTF-8");
        String userName = request.getParameter("uname");
        response.setContentType("text/html; charset=UTF-8");
        PrintWriter out = response.getWriter();
        out.write("<p>Hello, " + userName + "</p>");
    }
}
```

将项目添加到服务器并启动,然后在浏览器地址栏输入下行内容,结果如图 7-4 所示。

```
http://localhost:8080/ch07/hello? uname=佟强
```

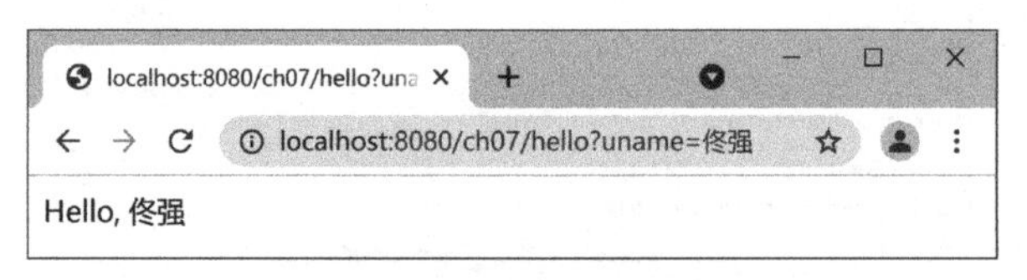

图 7-4 访问 Servlet

7.2.2 Servlet 处理请求参数

一次 HTTP 请求可以包含多个请求参数,当应用服务器收到一次 HTTP 请求时,将这次 HTTP 请求封装成一个 HttpServletRequest 对象,然后根据请求的方法将这个请求对象传递给 Servlet 对应的方法。

以下示例实现了一个简单的用户登录验证程序。用户在登录页面的表单中输入用户名和密码,表单的 action 属性给出用户认证 Servlet 的 URL 映射。当用户单击登录按钮时,表单被浏览器提交到用户认证 Servlet,然后在 Servlet 中判断用户名和密码是否正确。

简单起见,本例不连接数据库来验证用户名和密码是否正确,只是简单地规定如果用户名等于"admin",密码等于"123456",就认为登录成功,否则登录失败。

1. 用户登录页面:login.jsp

表单的 action 属性给出处理表单的 URL,这里 action="login"就要求 Servlet 映射的 URL 是"/login"。用户登录页面如图 7-5 所示。

```
<%@ page contentType="text/html; charset=UTF-8" %>
<!DOCTYPE html><html><head><meta charset="UTF-8" />
<title>用户登录</title>
</head><body>
<form action="login" method="post">
<p>用户名:<input name="userName" type="text"/></p>
<p>密码:<input name="password" type="password"/></p>
<p style="padding-left:150px;">
  <input type="submit" name="submit" value="登录"/>
</p></form></body></html>
```

图 7-5 用户登录页面

2. 用户登录 Servlet：LoginServlet

在 Servlet 中调用 request 对象的 getParameter()方法获得请求参数的值。

```
package cn.edu.uibe.servlet;
import java.io.IOException;
import java.io.PrintWriter;
import javax.servlet.ServletException;
import javax.servlet.annotation.WebServlet;
import javax.servlet.http.HttpServlet;
import javax.servlet.http.HttpServletRequest;
import javax.servlet.http.HttpServletResponse;
@WebServlet("/login")
public class LoginServlet extends HttpServlet {
    public void doPost(HttpServletRequest request,
                              HttpServletResponse response)
                              throws ServletException, IOException {
        String userName = (String) request.getParameter("userName");
        String password = (String) request.getParameter("password");
        response.setContentType("text/html;charset=UTF-8");
        PrintWriter out = response.getWriter();
        if (userName != null && userName.equals("admin")
            && password != null    && password.equals("123456")) {
            out.println("<html><head><title>登录成功</title></head>");
```

```
            out.println("<body><p>" + userName + ",登录成功!</p>");
            out.println("</body></html>");
        } else {
            out.println("<html><head><title>登录失败</title></head>");
            out.println("<body><p>" + userName + ",请重新登录!</p>");
            out.println("</body></html>");
        }
    }
    public void doGet(HttpServletRequest request,
                      HttpServletResponse response)
                      throws ServletException, IOException {
        doGet(request, response);
    }
}
```

3. 测试用户登录 Servlet

在浏览器地址栏输入“http://localhost:8080/ch07/login.jsp”,用户名输入“admin”,密码输入“123456”,单击登录按钮后就可看到如图 7-6 所示的登录成功页面。

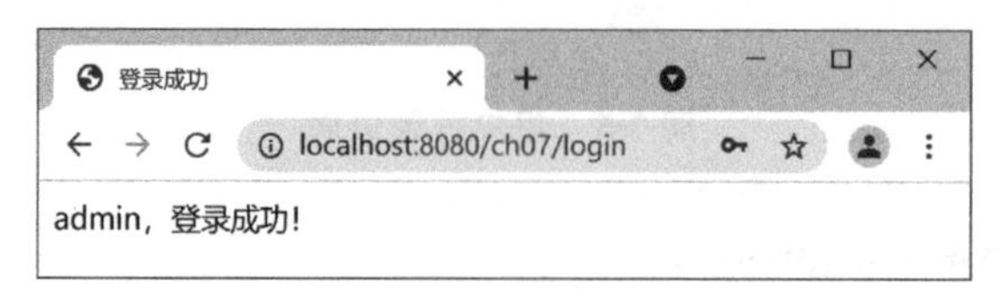

图 7-6 LoginServlet 的运行结果

7.3 Servlet 的工作原理

通过上一节 Servlet 的简单示例,我们已经掌握了如何实现一个简单的 Servlet。本节将详细介绍 Servlet 的工作原理,包括:Servlet 的生命周期,实现和部署 Servlet,Servlet 存放的位置,Servlet 的初始化参数,启动装入优先级。

7.3.1 Servlet 的生命周期

Servlet 的生命周期由部署 Servlet 的容器来控制,其过程包括 Servlet 的加载和实例化、Servlet 的初始化、处理客户端的请求,以及从服务器中销毁。一个 Servlet 的生命周期如图 7-7 所示。

Servlet 的生命周期概括为以下 3 个阶段。

- 初始化:当 Servlet 对象第一次被请求时,容器加载 Servlet 类,并创建 Servlet 实例,然后调用 Servlet 的 init()方法。
- 提供服务:当容器每次接收到客户端发起的请求时,容器调用 Servlet 的 service()方法。
- 销毁:Servlet 实例被销毁之前,容器会调用 Servlet 的 destroy()方法。

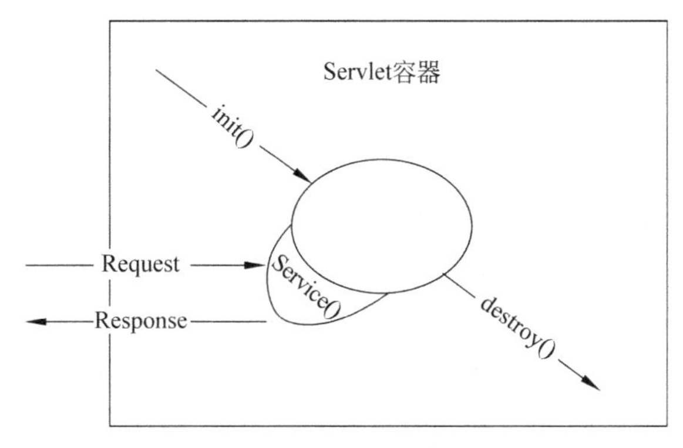

图 7-7　Servlet 的生命周期

7.3.2　实现 Servlet 类

开发网络协议无关的 Servlet 继承 GenericServlet 即可，但是如果要创建一个用于 Web 的 HTTP Servlet，则需要继承 HttpServlet。它的完整名称是 javax.servlet.http.HttpServlet，继承自 javax.servlet.GenericServlet。GenericServlet 类是一个实现了 Servlet 的基本特征和功能的父类，用于处理与协议无关的请求和响应，而 HttpServlet 则专门处理 HTTP 请求和响应。实际应用中，绝大多数的 Web 应用程序都是以 HTTP 协议为基础的，所以一般的 Servlet 继承的都是 HttpServlet。

实现 Servlet 类时，可以覆盖（override）的方法有以下 4 种。

1. init()方法

init()方法是 Servlet 引擎创建 Servlet 实例对象后最先执行的方法。可以在这个方法中做一些初始化的工作，比如创建数据库连接，打开 IO 流等操作。

2. destroy()方法

destroy()方法是在容器卸载 Servlet 之前调用的，是在 Servlet 生命周期中最后被调用的方法。可以在 destroy()方法内添加一些当 Servlet 对象被销毁时执行的代码，比如断开数据库连接，关闭 IO 流等。

3. service()方法

service()方法是 Servlet 的核心方法，每当 Servlet 收到访问请求时，容器就会调用 Servlet 的 service()方法来进行响应。service()方法的默认实现是根据不同的 HTTP 请求方法将请求分发到对应的方法，GET 请求分发给 doGet()，POST 请求分发给 doPost()。

4. doXxx()方法

对于 Servlet 来讲，不管客户端发来什么请求，处理请求的方法都是 service()方法，但是如果要在 service()方法中针对不同的请求方法进行不同的处理，那写出来的代码将会是这样：

```
if (POST 请求) {
    处理 POST 请求
}else if (GET 请求) {
```

```
    处理 GET 请求
}else if(…) {
    …
}
```

为了摆脱这种局面，HttpServlet类为每种HTTP请求都定义了一个相应的doXxx()方法。例如，对于Get请求，对应的处理方法就是doGet()，对于Post请求，对应的处理方法就是doPost()。这样Servlet里的service方法就会根据不同请求自动调用不同的doXxx()方法。这样开发者就可以把逻辑实现放在相应的doXxx()方法中而不再用覆盖service()方法。HttpServlet中的doXxx()方法有如下几种。

- doGet()：用于处理Get请求。
- doPost()：用于处理Post请求。
- doHead()：用于处理Head请求。
- doPut()：用于处理Put请求。
- doDelete()：用于处理Delete请求。
- doTrace()：用于处理Trace请求。
- doOptions()：用于处理Options请求。

doXxx()方法中最重要的两个方法是doGet()和doPost()。doGet()和doPost()方法都有两个参数，分别为HttpServletRequest类型和HttpServletResponse类型。HttpServletRequest提供访问请求信息相关的方法，例如表单数据、HTTP请求头等。HttpServletResponse除了提供用于指定HTTP响应状态(200，404等)、响应头(Content-Type，Set-Cookie等)的方法之外，最重要的是它提供了一个用于向客户端发送数据的PrintWriter。在一般情况下，可以对Get请求和Post请求不加以区分，所以多数情况是在一个方法中编写处理请求的逻辑，而在另外一个方法中调用该方法。

例如，在doGet()中编写了处理逻辑，在doPost()方法中就可以这么来写：

```
public void doPost(HttpServletRequest req, HttpServletResponse resp){
    doGet(req, resp);
}
```

另外要注意一点的是：如果自己编写Servlet时覆盖了service()方法，Servlet引擎将调用自己写的service()方法，而不再调用HttpServlet的service()方法，所以doXxx()方法也不会被调用。通常情况下，Servlet类的定义如下所示。

```
public class MyServlet extends HttpServlet{
    public void init(){
        //初始化代码
    }
    public void destroy(){
        //Servlet 对象被销毁时执行的代码
    }
    public void doGet(request, response){
```

```
        //在这里处理 GET 方法的请求
    }
    public void doPost(request, response){
        //在这里处理 POST 方法的请求
    }
}
```

7.3.3 部署 Servlet

Servlet 运行在 Servlet 容器中，Servlet 需要在 web.xml 中部署才能被 Servlet 容器识别。Servlet 容器通过解析 web.xml 文件知道一个 Web 应用定义了哪些 Servlet 和 Servlet 映射。在 Servlet 3.0 以后，注解@WebServlet 使得部署 Servlet 更简单。

1. 部署 Servlet

在 Web 应用的 WEB-INF 目录下，建立一个 web.xml 文件，在其中添加如下代码来部署 Servlet。

```
<servlet>
    <servlet-name>MyServlet</servlet-name>
    <servlet-class>cn.edu.uibe.servlet.MyServlet</servlet-class>
</servlet>
```

其中<servlet-name>指定 Servlet 的名字，<servlet-class>指定 Servlet 的实现类，需要带上包的名字。

在 Web 应用中部署了 Servlet，但外界还是不能访问到这个 Servlet，要想让外界能访问到这个 Servlet，就必须要映射这个 Servlet。

```
<servlet-mapping>
    <servlet-name>MyServlet</servlet-name>
    <url-pattern>/myservlet</url-pattern>
</servlet-mapping>
```

这里的<servlet-name>的值就是之前定义 Servlet 时指定的 Servlet 名。而<url-pattern>的值则是访问这个 Servlet 的 URL 模式。

一个简单的部署了 Servlet 的 web.xml 如下所示：

```
<?xml version="1.0" encoding="UTF-8"?>
<web-app xmlns:xsi="http://www.w3.org/2001/XMLSchema-instance"
  xmlns="http://xmlns.jcp.org/xml/ns/javaee"
  xsi:schemaLocation="http://xmlns.jcp.org/xml/ns/javaee
                        http://xmlns.jcp.org/xml/ns/javaee/web-app_4_0.xsd"
    id="WebApp_ID" version="4.0">
    <servlet>
        <servlet-name>MyServlet</servlet-name>
        <servlet-class>cn.edu.uibe.servlet.MyServlet</servlet-class>
    </servlet>
```

```
    <servlet-mapping>
        <servlet-name>MyServlet</servlet-name>
        <url-pattern>/myservlet</url-pattern>
    </servlet-mapping>
</web-app>
```

得到 web.xml 较好的办法就是利用 Eclipse 生成 web.xml,然后在其中添加自己的内容。Eclipse 提供了 Source 和 Design 两种视图编辑 web.xml。

在 Servlet 3.0 以后,可以在 web.xml 中对 Servlet 配置,同样可以在@WebServlet 注解中配置。在 Servlet 中,设置了@WebServlet 注解,当请求该 Servlet 时,服务器就会自动读取注解中的信息。注解@WebServlet("/myservlet")就表示该 Servlet 默认的请求路径为"/myservlet",这里省略了 urlPatterns 属性名,完整的写法应该是:@WebServlet(urlPatterns="/myservlet")。如果在@WebServlet 中需要设置多个属性,必须给属性值加上属性名,属性间用逗号隔开。如果没有设置@WebServlet 的 name 属性,默认值是 Servlet 类的完整名称。

2. Servlet 初始化参数

Servlet 可以配置一些初始化参数,然后在 Servlet 中读取这些初始化参数。为 Servlet 配置初始化参数可以提高 Servlet 的通用性。在初始化参数值需要改变时,修改 web.xml 即可,而不必重新编辑 Servlet 类。

(1) 在<servlet>标签中使用<init-param>标签给出 Servlet 初始化参数。

```
<servlet>
    <servlet-name>MyServlet</servlet-name>
    <servlet-class>cn.edu.uibe.servlet.MyServlet</servlet-class>
    <init-param>
        <param-name>developer</param-name>
        <param-value>TongQiang</param-value>
    </init-param>
    <init-param>
        <param-name>copyright</param-name>
        <param-value>UIBE 2007-2021</param-value>
    </init-param>
</servlet>
```

(2) 在 Servlet 实现类中读取初始化参数。

```
String developer;
String copyright;
public void init(ServletConfig config) throws ServletException {
    developer = config.getInitParameter("developer");
    copyright = config.getInitParameter("copyright");
}
```

使用注解部署的 Servlet 也可以配置初始化参数,配置方法如下:

```
@WebServlet(urlPatterns={"/myservlet"},
  initParams={@WebInitParam(name="developer", value="TongQiang"),
              @WebInitParam(name="copyright", value="UIBE 2007-2021")
  }
)
public class MyServlet extends HttpServlet { …
```

7.3.4 Servlet 存放的位置

在 Web 应用中使用 Servlet,应用服务器需要加载 Servlet 的字节码文件(扩展名为.class)来创建对象。应用服务器在特定的目录下寻找字节码文件。

1. 零散存放

Java 的每个类都对应一个.class 文件,零散存放是指将这些.class 文件存放在 Web 应用的/WEB-INF/classes 目录下包名对应的子目录中。例如,在 web.xml 中一个 Servlet 的部署如下:

```
<servlet>
   <servlet-name>MyServlet</servlet-name>
   <servlet-class>cn.edu.uibe.servlet.MyServlet</servlet-class>
</servlet>
```

这个 Servlet 的名字是 MyServlet,类是 cn.edu.uibe.servlet.MyServlet,生成的字节码文件是 MyServlet.class,它存放的位置是:

```
/WEB-INF/classes/cn/edu/uibe/servlet/MyServlet.class
```

2. 打包存放

Java 允许将多个.class 文件打包成一个扩展名为.jar 的压缩文件,实际上采用的压缩格式就是 ZIP 格式。多个 Servlet 可以打包成一个.jar 文件,然后将打包后的.jar 文件存放在 Web 应用的/WEB-INF/lib 目录下。

Eclipse 提供了将.class 文件打包的工具,依次单击 Eclipse→File→Export→Java→JAR File,选择要导出哪些包,并给出生成的 jar 文件的文件名。在压缩文件内部,扩展名为.class 的文件存放在包名对应的子目录中。

例如将 cn.edu.uibe.servlet.MyServlet 的字节码文件 MyServlet.class 打包在 hello.jar 中,那么 hello.jar 内部的目录结构是 cn/edu/uibe/servlet/MyServlet.class,而 hello.jar 存放的位置是 Web 应用的/WEB-INF/lib 目录。

7.3.5 获得其他 JSP 内置对象

从本质上讲 JSP 就是 Servlet。那么 JSP 中的内部对象,在 Servlet 中是否有与之对应的对象呢?

首先来回顾一下前面讲过的 JSP 内置对象。JSP 的内部对象有 9 个,分别是 request、response、out、pageContext、session、application、page、config、exception。由于

JSP在经过编译后最终都会被编译成Servlet,JSP的内置对象是在脚本“<%... %>”中才有效的,而“<%...%>”最后会成为service()方法中的代码。

- request：JSP中的request对应Servlet中doGet()等函数的参数javax.servlet.http.HttpServletRequest。
- response：JSP中的response对应Servlet中doGet()等函数的参数javax.servlet.http.HttpServletResponse。
- out：out对应Servlet中从response中获得的Writer对象,它负责在响应时输出文本数据。不过JSP和Servlet中的out还是有一点区别,虽然它们都实现了java.io.Writer接口,但Servlet中类型是java.io.PrintWriter,而JSP中类型是javax.servlet.jsp.JspWriter。

```
PrintWriter out = response.getWriter();
```

- pageContext：这是JSP独有的,Servlet里没有pageContext的概念。
- session：session对象用户用于维护用户会话。在Servlet中,session对象可以从request对象获得。

```
HttpSession session = request.getSession();
```

- application：application对象代表一个Web应用的上下文,它的数据类型是ServletContext。application对象可以通过Servlet的成员函数获得。

```
ServletContext application = this.getServletContext();
```

- page：page代表当前JSP页面,Servlet中可以直接使用this引用表示。
- config：config表示一个Web应用的配置信息,可以通过它获得web.xml中定义的初始化参数。初始化参数在web.xml中使用<context-param>标签来定义。

```
ServletConfig config = this.getServletConfig();
```

以下的XML片段定义了一个初始化参数dbUser,其取值是mydbuser。

```
<context-param>
    <param-name>dbUser</param-name>
    <param-value>mydbuser</param-value>
</context-param>
```

在Servlet中读取初始化参数dbUser值的语句是：

```
String dbUser = config.getInitParameter("dbUser");
```

- exception：exception对象仅在JSP错误处理页面,即isErrorPage="true"的JSP页面有效。Servlet是一个Java类,可以使用Java语言的异常处理机制。Java语言中异常相关的保留字有：try、catch、finally、throw和throws。

7.3.6 启动装入优先级

通常情况下,Servlet容器在用户第一次请求一个Servlet时,才载入并初始化这个

Servlet。有时用户希望在Web应用启动时就加载某个Servlet，或者想控制多个Servlet在Web应用中的装载顺序。

<load-on-startup>标签用于给出加载顺序，通过在<load-on-startup>标签中给出一个整数，来指明加载顺序。如果为负数，则Web应用启动时不加载这个Servlet；如果为0或正数，Servlet容器根据取值的大小从小到大在Web应用启动期间加载Servlet。

以下web.xml中的XML片段，部署了两个Servlet：MyServlet和HelloServlet，MyServlet的<load-on-startup>取值为10，而HelloServlet的<load-on-startup>取值为20。应用服务器会在Web应用启动期间加载它们，并确保MyServlet先于HelloServlet加载。

```
<servlet>
    <servlet-name>MyServlet</servlet-name>
    <servlet-class>cn.edu.uibe.servlet.MyServlet</servlet-class>
    <load-on-startup>10</load-on-startup>
</servlet>
<servlet>
    <servlet-name>HelloServlet</servlet-name>
    <servlet-class>cn.edu.uibe.servlet.HelloServlet</servlet-class>
    <load-on-startup>20</load-on-startup>
</servlet>
```

使用注解部署的Servlet也可以给出启动装入优先级，配置方法如下：

```
@WebServlet(urlPatterns={"/myservlet"}, loadOnStartup=10)
public class MyServlet extends HttpServlet { ……
```

7.4 Servlet高级示例

掌握了Servlet的工作原理后，本节来学习几个在Java Web应用开发中经常用Servlet实现的功能，包括动态生成JPEG图像、使用JavaMail发送电子邮件、使用Commons FileUpload上传文件。

7.4.1 动态生成JPEG图片

在一些Web应用中，经常用到动态生成的图片，这极大丰富了Web应用的表现力，提高了用户体验。动态生成图片从原理上来讲就是客户端发来请求时，服务端根据请求在服务器的内存中动态地生成图片，然后把图片发给客户端浏览器，最终由浏览器显示出来。

Servlet不仅可以输出文本内容，也可以输出二进制内容。response对象的getWriter()方法得到文本输出流，getOutputStream()方法得到字节输出流。为了让浏览器能够正确地处理收到的响应内容，Servlet需要设置响应的MIME类型。JPEG图像的MIME类型是“image/jpeg”。java.awt和java.awt.image包提供了绘制图形的功能，开发者可以在内存中绘制好需要的图形。javax.imageio包提供了输出图像的功能,可输出JPEG格式的图像。使用Servlet动态创建图片的步骤如下:

(1) 创建BufferedImage对象,该对象存在内存中,负责保存绘制的图像;

(2) 创建Graphics2D对象,该对象负责绘制所需的图像;

(3) 当绘制完成后,调用javax.imageio.ImageIO对其编码;

(4) 将编码后的数据输出至HttpServletResponse即可。

1. 生成动态JPEG图像的Servlet:DrawImageServlet

```
package cn.edu.uibe.servlet;
import java.awt.Color;
import java.awt.Graphics2D;
import java.awt.image.BufferedImage;
import java.io.IOException;
import java.io.OutputStream;
import javax.imageio.ImageIO;
import javax.servlet.ServletException;
import javax.servlet.ServletOutputStream;
import javax.servlet.annotation.WebServlet;
import javax.servlet.http.*;
@WebServlet("/DrawImage.jpg")
public class DrawImageServlet extends HttpServlet {
    public void doGet(HttpServletRequest request,
                      HttpServletResponse response)
                      throws ServletException, IOException {
        response.setContentType("image/jpeg"); //设置响应的MIME类型
        //获得HTTP响应的字节输出流
        ServletOutputStream ostream = response.getOutputStream();
        generateImage(ostream);                   //生成图片
    }
    private void generateImage(OutputStream ostream) throws IOException{
        int width = 202;
        int height = 202;
        BufferedImage image;
        image = new BufferedImage(width, height, BufferedImage.TYPE_INT_RGB);
        Graphics2D g = image.createGraphics();
        g.setBackground(Color.white);             //设置背景色为白色
        g.clearRect(0, 0, 202, 202);
        g.setColor(new Color(0, 0, 0));           //设置画笔颜色为黑色
        g.drawRect(0, 0, 200, 200);               //画边框
        g.drawOval(40, 25, 50, 50);               //画左眼睛
        g.drawOval(110, 25, 50, 50);              //画右眼睛
        g.drawArc(75, 100, 50, 50, 180, 180);     //画嘴
        g.dispose();                              //结束画图
```

```
        image.flush();
        ImageIO.write(image, "jpeg", ostream);  //向字节输出流中写 JPEG 格式图像
    }
}
```

2. 部署生成图片的 Servlet

注解@WebServlet("/DrawImage.jpg")给出 URL 映射为"/DrawImage.jpg"。需要注意的是,URL 映射可以是任何合法的 URL,可以没有扩展名,扩展名也可以不是.jpg。浏览器可以根据 response.setContentType("image/jpeg")给出的响应头来判断响应内容的类型是 JPEG 图像。

3. 在 HTML 页面中嵌入图片 view_image.html

下面的 HTML 文件在<img>标签中使用 src 属性引用 DrawImageServlet 的 URL 映射,运行结果如图 7-8 所示。

```
<!DOCTYPE html><html><head>
<meta charset="UTF-8">
<title>动态生成 JPEG 图像</title>
<style type="text/css">
body{ text-align: center; }
</style>
</head><body>
<!-- DrawImage.jpg 是 Servlet 映射的 URL,服务器上是不存在这个文件的。-->
<img src="DrawImage.jpg" width="202" height="202" border="0"/>
</body></html>
```

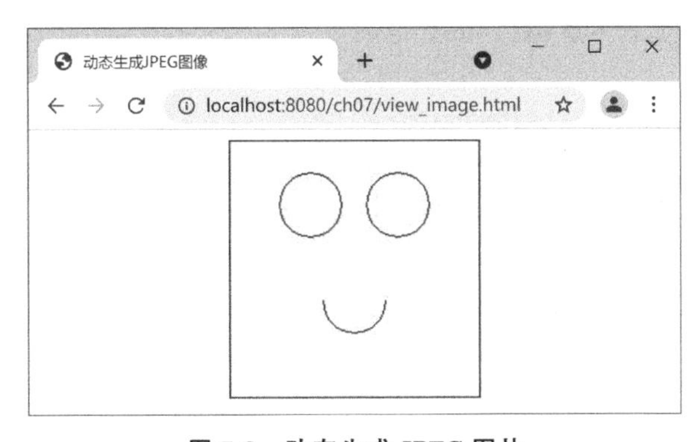

图 7-8 动态生成 JPEG 图片

7.4.2 JavaMail 发送电子邮件

发送电子邮件恐怕是 Web 应用最司空见惯的功能了。例如用户在网站注册,网站为了安全起见就通过电子邮件发给用户一封确认信。再有,如果用户忘记了登录密码,网站也提供了一个找回密码功能,用户只要输入自己的电子邮件地址,网站则可以给用户发封邮件,里面有重置密码的链接。这些应用都需要使用 Java 发送电子邮件的功能。

简单邮件传输协议(Simple Mail Transfer Protocol,SMTP)是一种基于文本的电子邮件传输协议。SMTP的命令和响应都是基于文本的,以命令行为单位。响应信息一般只有一行,由一个3位数的代码开始,后面可附上很简短的文字说明。最初的SMTP的局限之一在于它没有对发送方进行身份验证的机制。因此,后来定义了SMTP-AUTH扩展。

SMTP要经过建立连接、传送邮件和释放连接三个阶段。具体步骤为:

(1) 客户端建立到SMTP服务器的TCP连接。

(2) 客户端向服务器发送HELO命令以标识发件人自己的身份,然后客户端发送MAIL命令,后跟发件人的地址,如MAIL FROM:tongqiang@yeah.net。

(3) 服务器端以OK作为响应,表示准备接收。

(4) 客户端发送RCPT命令,格式为RCPT TO:<收件人地址>,可以有多个RCPT命令。

(5) 服务器端表示是否愿意为收件人接收邮件。

(6) 协商结束,发送邮件,用命令DATA发送输入内容。

(7) 结束此次发送,用QUIT命令退出。

JavaMail是SUN公司发布的E-mail组件,可以方便地执行一些常用的邮件传输功能,为Java应用程序提供了邮件处理的公共接口。JavaMail并没有包含在JDK中。JavaMail依赖Sun的JAF(JavaBeans Activation Framework),否则无法运行。将动态网站项目转成Maven项目,然后在pom.xml中加入JavaMail的依赖就可以用JavaMail了。引入的JAR包有mail-1.4.7.jar和activation-1.1.jar,后者是通过依赖传递而被引入的。

```
<!-- https://mvnrepository.com/artifact/javax.mail/mail -->
<!--  注意是 mail,而不是 mail-api  -->
<dependency>
    <groupId>javax.mail</groupId>
    <artifactId>mail</artifactId>
    <version>1.4.7</version>
</dependency>
```

1. 写电子邮件的页面 write_email.html

写电子邮件的HTML页面代码如下,页面效果如图7-9所示。

```
<!DOCTYPE html><html><head><meta charset="UTF-8">
<title>写一封电子邮件</title>
<style type="text/css">
body{ font-size:16px; }
textarea{ font-size:16px; }
</style>
</head><body>
<form action="sendmail" method="post">
<table>
<tr><td>收信人邮箱:</td><td><input type="text" name="to" /></td></tr>
```

```
<tr><td>邮件标题:</td><td><input type="text" name="subject" /></td></tr>
<tr><td>邮件内容:</td>
    <td><textarea name="content" cols="60" rows="8"></textarea></td>
</tr>
<tr><td> </td>
    <td><input type="submit" value="发送邮件"/></td>
</tr>
</table></form></body></html>
```

图 7-9　写电子邮件的页面

2. 发送电子邮件的Servlet：SendMailServlet

JavaMail组件通过javax.mail.Session类定义一个基本邮件会话。发送邮件时使用javax.mail.Message类存储邮件消息。javax.mail.Address类给出邮件地址。javax.mail.Transport类用来发送电子邮件。

```
package cn.edu.uibe.servlet;
import java.io.*;
import java.util.*;
import javax.mail.Authenticator;
import javax.mail.Message;
import javax.mail.MessagingException;
import javax.mail.PasswordAuthentication;
import javax.mail.Session;
import javax.mail.Transport;
import javax.mail.internet.InternetAddress;
import javax.mail.internet.MimeBodyPart;
import javax.mail.internet.MimeMessage;
import javax.mail.internet.MimeMultipart;
import javax.servlet.ServletException;
import javax.servlet.annotation.WebServlet;
import javax.servlet.http.*;
@WebServlet("/sendmail")
```

```
public class SendMailServlet extends HttpServlet {
    public void doPost(HttpServletRequest request,
                        HttpServletResponse response)
                        throws ServletException, IOException {
        request.setCharacterEncoding("UTF-8"); //设置从 request 对象读取的字符集
        String from = "tongqiang@yeah.net";                //发件人邮箱
        //授权密码：授权码是用于登录第三方邮件客户端的专用密码
        final String password = "UITMHLALCNIKFHBD";         //需要修改成自己的
        String smtpServer = "smtp.yeah.net";                //SMTP 服务器
        String to = request.getParameter("to");             //收件人邮箱
        String subject = request.getParameter("subject"); //邮件主题
        String content = request.getParameter("content"); //邮件内容
        //用户名就是发件人邮箱从"@"之前的字符串
        final String username = from.substring(0, from.indexOf("@"));
        Properties props = new Properties();               //定义 Properties 变量
        props.put("mail.smtp.host", smtpServer);           //STMP 服务器
        props.put("mail.smtp.auth", "true");               //服务器需要 SMTP 认证
        Authenticator authenticator = new Authenticator() {
            public PasswordAuthentication getPasswordAuthentication() {
                return new PasswordAuthentication(username, password);
            }
        };
        response.setContentType("text/html; charset=UTF-8");
        PrintWriter out = response.getWriter();
        //邮件会话
        Session mailSession;
        mailSession = Session.getDefaultInstance(props,authenticator);
        mailSession.setDebug(true);                        //设置显示调试信息
        try {
            //构造 MimeMessage
            MimeMessage message = new MimeMessage(mailSession);
            message.setFrom(new InternetAddress(from));  //设置发件人
            InternetAddress[] addresses = { new InternetAddress(to) };
            //设置收件人
            message.setRecipients(Message.RecipientType.TO, addresses);
            message.setSubject(subject);                   //设置邮件标题
            MimeMultipart mp = new MimeMultipart();        //构造 Multipart
            MimeBodyPart mbpContent = new MimeBodyPart(); //构造 BodyPart
            mbpContent.setText(content);                   //设置邮件内容
            mp.addBodyPart(mbpContent);                    //增加 BodyPart
            message.setContent(mp);                      //向 MimeMessage 添加正文
            message.setSentDate(new Date());               //设置发件日期
            Transport.send(message);                       //发送邮件
            out.println("邮件发送成功！");
```

```
        } catch (MessagingException e) {
            out.println("邮件发送失败!");
            e.printStackTrace();
        }
    }
}
```

邮件发送成功后，在收件人的收件箱中可以看到刚刚发送的邮件，如图7-10所示。

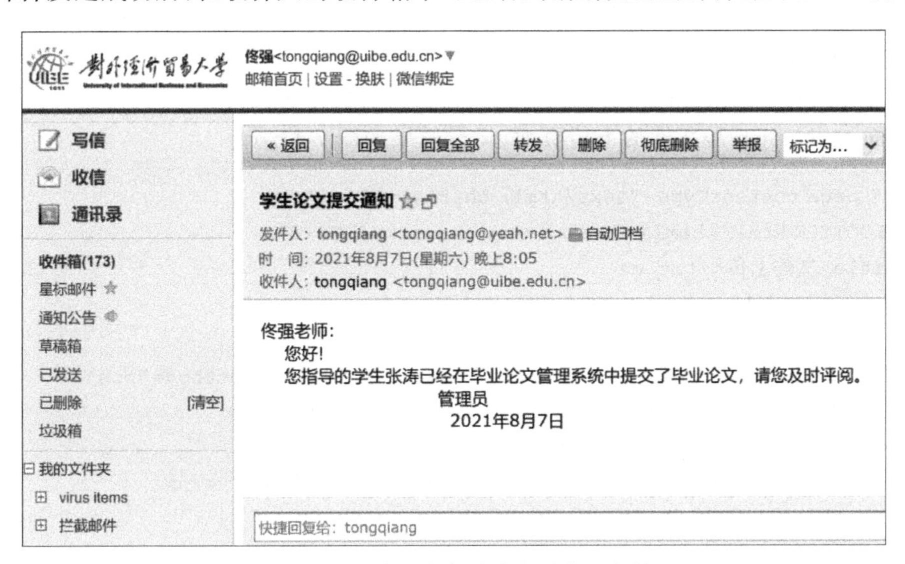

图7-10 在收件人邮箱中查看电子邮件

7.4.3 Commons FileUpload上传文件

文件上传是Web应用的重要组成部分，大部分Web应用都需要图片上传和文件上传的功能。Apache软件基金会的Commons子项目提供了一个强大上传组件Commons FileUpload，它需要Commons IO组件的支持。Commons子项目的网址是：

```
http://commons.apache.org/
```

可以下载其中的组件FileUpload和IO，将得到的两个JAR文件复制到Web应用的WEB-INF/lib文件夹。更简单的做法是在pom.xml中加入如下依赖：

```
<dependency>
    <groupId>commons-fileupload</groupId>
    <artifactId>commons-fileupload</artifactId>
    <version>1.4</version>
</dependency>
```

引入的JAR文件有commons-fileupload-1.4.jar和commons-io-2.2.jar，后者是通过依赖传递被引入的。

1. 文件上传页面：upload.jsp

文件上传需要设置表单的 enctype 属性，该属性用于设置表单提交数据的 MIME 编码方式。enctype 有以下三个取值。

- application/x-www-form-urlencoded：这是默认值，用于处理文本数据的传递。发送到服务器之前，所有字符都会进行编码(空格转换为 "+" 加号，特殊符号转换为 ASCII HEX 值)。
- multipart/form-data：用于传输二进制数据，在使用包含文件上传控件的表单时，必须使用该值。
- text/plain：空格转换为 "+" 加号，但不对特殊字符编码。

页面 upload.jsp 是文件的上传页面，运行效果如图 7-11 所示。

```
<%@ page contentType="text/html; charset=UTF-8" %>
<!DOCTYPE html><html><head><meta charset="UTF-8">
<title>文件上传</title>
<style type="text/css">p{ padding-left:50px; }</style>
</head><body>
<form action="upload" enctype="multipart/form-data" method="post" >
  <p>描述:<input type="text" name="description"/></p>
  <p>文件:<input type="file" name="fileName"/></p>
  <p><input type="submit" name="submit" value="上传"/></p>
</form>
</body></html>
```

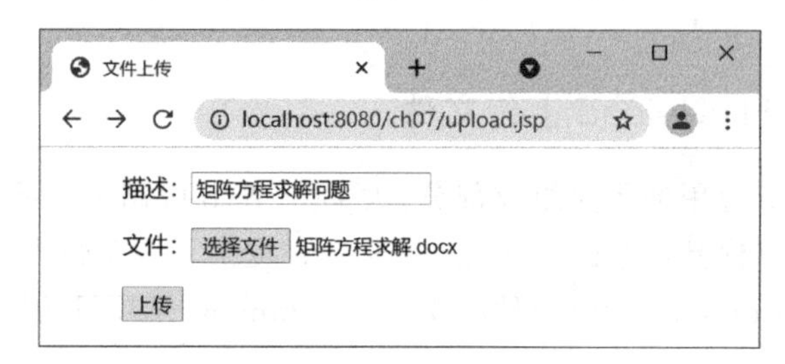

图 7-11　文件的上传页面

2. 文件上传 Servlet：UploadServlet

UploadServlet 完成文件上传的功能，其中 getWebRoot()方法用来获得 Web 应用所在的物理路径，rename()方法用于重命名文件。

```
package cn.edu.uibe.servlet;
import java.io.*;
import java.util.*;
import javax.servlet.*;
import javax.servlet.http.*;
import javax.servlet.annotation.WebServlet;
import org.apache.commons.fileupload.FileItem;
```

```
import org.apache.commons.fileupload.disk.DiskFileItemFactory;
import org.apache.commons.fileupload.servlet.ServletFileUpload;
@WebServlet("/upload")
public class UploadServlet extends HttpServlet{
    protected void doPost(HttpServletRequest request,
                          HttpServletResponse response)
                          throws ServletException, IOException {
        request.setCharacterEncoding("UTF-8");
        response.setContentType("text/html; charset=UTF-8");
        PrintWriter out = response.getWriter();
       //检查表单是否为multipart
       boolean isMultipart = ServletFileUpload.isMultipartContent(request);
       if(isMultipart){
          //Create a factory for disk-based file items
          DiskFileItemFactory factory = new DiskFileItemFactory();
          //Set factory constraints
          factory.setSizeThreshold(20 * 1024 * 1024);
          //Create a new file upload handler
          ServletFileUpload upload = new ServletFileUpload(factory);
          //Set overall request size constraint
          upload.setSizeMax(20 * 1024 * 1024);
          upload.setHeaderEncoding("UTF-8");
          try{ //解析HTTP请求
             List<FileItem>  items = upload.parseRequest(request);
             //遍历FileItem的列表
             Iterator<FileItem> iter = items.iterator();
             while (iter.hasNext()) {
                FileItem item = (FileItem) iter.next();
                if (item.isFormField()) {
                   //处理一般的表单域
                   String name = item.getFieldName();
                   String value = item.getString("UTF-8");
                   out.println(name+" = "+value+"<br>");
                } else {
                   //处理文件上传
                    String fileName = item.getName();
                    out.println(item.getFieldName()+" = "+fileName+"<br>");
                    File destFile = rename(fileName);
                    item.write(destFile);
                    out.println("文件上传到:" +
                                destFile.getCanonicalPath()+"<br>");
                }
             }
          }catch(Exception e){
```

```
                e.printStackTrace();
                out.println(e.getMessage());
            }
        }else{
            out.println("没有发现上传文件");
        }
    }
    private File rename(String fileName){
            File sourceFile = new File(fileName);
            String sourceFileName = sourceFile.getName();
            int dotPosition = sourceFileName.lastIndexOf(".");
            String main;
            String ext;
            if(dotPosition!=-1){
                main = sourceFileName.substring(0, dotPosition);
                ext = sourceFileName.substring(dotPosition,
                        sourceFileName.length());
            }else{
                main = sourceFileName;
                ext = "";
            }
            File destPath = new File(getWebRoot(),"upload");
            if(!destPath.exists()){
                destPath.mkdirs();
            }
            File destFile = new File(destPath,sourceFileName);
            for(int i=1;destFile.exists()&& i<=1000;i++){
                destFile = new File(destPath, main+"("+i+")"+ext);
            }
            return destFile;
    }
    private String getWebRoot(){
        ServletContext application = getServletContext();
        String webRoot = application.getRealPath("/");
        return webRoot;
    }
}
```

3. 部署清理临时文件的监听器

在 web.xml 中部署 Commons FileUpload 组件可用来清理临时文件的监听器。

```
<listener>
    <listener-class>
        org.apache.commons.fileupload.servlet.FileCleanerCleanup
    </listener-class>
</listener>
```

4. 上传文件测试

在 Eclipse 中启动 Tomcat，此时 Web 应用的根目录在 Eclipse 的工作空间中，而不是在 Tomcat 的 webapps 子目录下。本例中工作空间的目录是 D:\workspace，Web 应用的根目录在 D:\workspace\.metadata\.plugins\org.eclipse.wst.server.core\tmp0\wtpwebapps\ch07。文件上传的运行结果如图 7-12 所示。

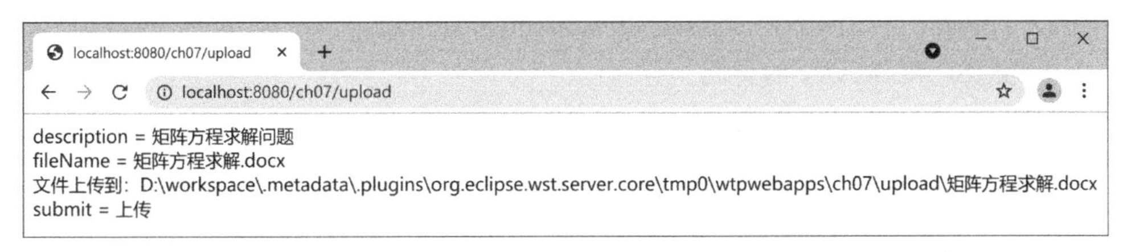

图 7-12　文件上传 Servlet 的执行结果

本章小结

Servlet 是一种运行在 Web 服务器端的 Java 程序。Servlet 的生命周期由部署 Servlet 的容器来控制，其过程包括 Servlet 的加载和实例化、Servlet 的初始化、处理客户端的请求，以及从服务器中销毁。Web 服务器根据客户端的请求方法调用 Servlet 对应的方法。Servlet 可以获得 Web 浏览器或其他 HTTP 客户端发来的请求参数，动态生成响应并返回给客户端。

Servlet 可以使用 Java API 提供的大部分功能，可以一次编译到处执行，执行效率高，具有良好的安全性。

本质上 JSP 也是 Servlet，应用服务器在 JSP 页面第一次被访问时先将其转换为 Servlet，然后再编译成字节码文件。与 JSP 相比，Servlet 是 Java 类，不善于输出静态的内容。在 Servlet 中也可以获得 JSP 页面中的内部对象。

实现 Servlet 类时，通常重写的方法有：init()、destroy()、doGet()和 doPost()。在一般情况下可以对 Get 请求和 Post 请求不加以区分，所以多数情况是在一个方法中写处理请求的逻辑，而在另外一个方法中调用该方法。

最后，本章介绍了几个在 Web 应用开发中可使用 Servlet 实现的功能：动态生成 JPEG 图片、使用 JavaMail 发送电子邮件、使用 Commons FileUpload 上传文件。

习　题　七

1. Servlet 从实例化到消亡是一个生命周期。以下描述不正确的是(　　)。

   A. Servlet 的生命周期由部署 Servlet 的容器来控制

   B. 容器首先调用 Servlet 的 init()方法

   C. 在 Servlet 实例消亡之前，容器调用 Servlet 实例的 destroy()方法

   D. 当客户端请求到来时，容器调用 Servlet 的 doGet()方法

2. Servlet的类名是cn.edu.uibe.servlet.MyServlet,Web应用的目录是myapp,那么这个Servlet的字节码文件位于(　　)目录下。

A. /myapp/WEB-INF/lib

C. /myapp/WEB-INF/classes

B. /myapp/WEB-INF/lib/cn/edu/uibe/servlet

D. /myapp/WEB-INF/classes/cn/edu/uibe/servlet

3. 比较JSP和Servlet的异同。

4. GET提交和POST提交有何区别(可参见第4章)?

5. Servlet中如何获得一个用户对应的session对象?

6. 简述Servlet的生命周期。

7. 如何配置Servlet初始化参数? 如何读取Servlet初始化参数?

8. 多个线程可以共享同一个Servlet实例,共享的数据和资源如果未合理同步,就会引起数据的冲突。如何避免Servlet并发访问时的数据冲突?

9. 使用Servlet实现用户注册功能,并向新注册用户发送一封电子邮件。

第 8 章

监听器和过滤器

监听器可以监听 Web 应用中发生的各种事件。利用监听器,可以在后台自动执行某些代码。过滤器可以截获 HTTP 请求和响应。多个过滤器形成一个过滤器链。利用过滤器可以将一些公共的代码从 Servlet 和 JSP 中分离出来。

8.1 监 听 器

在 Web 应用中可以部署监听器,用于监听一些重要事件的发生,如 Web 应用的启动和停止、用户会话的创建和销毁、HTTP 请求的到来和离去等。监听器是一个实现了一个或多个监听接口的 Java 类,开发者在 web.xml 中使用<listener>标签部署监听器。Eclipse 提供了新建监听器并部署的向导,如图 8-1 所示。

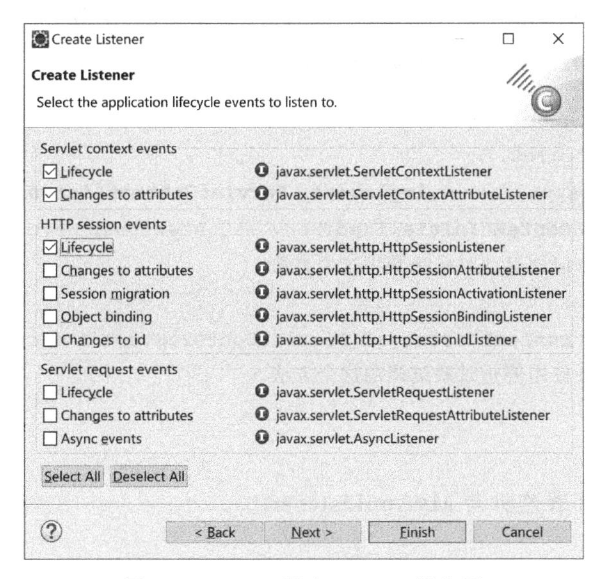

图 8-1 Eclipse 新建 Listener 的向导

一般来讲,监听器需要在 web.xml 中部署才能发挥作用,<listener>标签用于部署监听器,其子标签<listener-class>给出监听器对应的类。

```
<listener>
    <listener-class>packageName.className</listener-class>
```

```
</listener>
```

Servlet 3.0 以前，监听器部署是需要配置在 web.xml 文件中的。在 3.0 及以后的版本中，有了更多的选择，不仅可以在 web.xml 文件中配置，还可以使用注解进行配置。使用注解的监听器就是在监听器类上使用@WebListener 进行标注，这样 Web 容器就会把它当做一个监听器进行注册和使用了。

```
@WebListener
public class HelloWorldListener implements ServletContextListener { ……
```

8.1.1 监听 Web 应用

- ServletContextListener：监听 ServletContext（即 application 对象）的初始化和销毁。
- ServletContextAttributeListener：监听 application 对象上属性的增加、删除和修改。

1. ServletContextListener

如果开发者想在 Web 应用启动或停止时插入一段代码来完成某种功能，可以实现 ServletContextListener 接口。实现 ServletContextListener 接口的监听器能够监听 Web 应用的启动和停止。

- 当 Web 应用启动时，服务器调用 contextInitialized()方法。
- 当 Web 应用停止时，服务器调用 contextDestroyed()方法。

```
package cn.edu.uibe.listener;
import javax.servlet.*;
public class MyAppListener implements ServletContextListener {
    public void contextInitialized(ServletContextEvent event) {
        //当 Web 应用启动时系统调用这个方法
    }
    public void contextDestroyed(ServletContextEvent event) {
        //当 Web 应用停止时系统调用这个方法
    }
}
```

在 web.xml 中部署监听器 MyAppListener。

```
<listener>
    <listener-class>cn.edu.uibe.listener.MyAppListener</listener-class>
</listener>
```

2. ServletContextAttributeListener

如果开发者想在 application 对象的属性发生变化时插入处理代码，可以用 ServletContextAttributeListener 接口实现。实现 ServletContextAttributeListener 接口的监听器能够监听 application 对象上属性的变化。

- 当 application 对象上增加属性时，服务器调用 attributeAdded()方法。
- 当 application 对象上的属性被修改时，服务器调用 attributeReplaced()。
- 当 application 对象上的属性被删除时，服务器调用 attributeRemoved()方法。

```
package cn.edu.uibe.listener;
import javax.servlet.*;
import javax.servlet.annotation.WebListener;
@WebListener
public class MyAppAttributeListener
              implements ServletContextAttributeListener {
    public void attributeAdded(ServletContextAttributeEvent event) {
        //application 对象上增加属性时
        String name = event.getName();              //新增属性的名字
        Object value = event.getValue();            //新增属性的值
        System.out.println("application 对象上增加了属性: "+name+" = "+value);
    }
    public void attributeReplaced(ServletContextAttributeEvent event) {
        //application 对象上的属性被修改时
        String name = event.getName();              //被修改属性的名字
        Object value = event.getValue();            //被修改属性原来的值
        //获得 application 对象
        ServletContext application = event.getServletContext();
        //获得被修改属性的新值
        Object newValue = application.getAttribute(name);
        System.out.println("application 对象上的属性被修改:
                      "+name+"\t"+value+"\t"+newValue);
    }
    public void attributeRemoved(ServletContextAttributeEvent event) {
        //application 对象上的属性被删除时
        String name = event.getName();              //被删除属性的名字
        Object value = event.getValue();            //被删除属性的值
        System.out.println("application 对象上的属性被删除: "
                                        + name + " = " + value);
    }
}
```

8.1.2 监听 HTTP 会话

- HttpSessionListener：监听 session 的创建和销毁。
- HttpSessionAttributeListener：监听 session 上属性的增加、删除和修改。
- HttpSessionBindingListener：实现这个接口的对象可以在被绑定到 session 上时，以及和 session 解除绑定时收到事件通知。
- HttpSessionActivationListener：实现这个接口的对象可以在 session 将要钝化和

session 刚被激活的时候收到事件通知。

1. HttpSessionListener

如果开发者想在用户首次访问 Web 应用时,或者用户会话结束时插入处理代码,可以用 HttpSessionListener 接口实现。实现 HttpSessionListener 接口的监听器能够监听 session 对象的创建和销毁。

- 当 session 对象创建时,服务器调用 sessionCreated()方法。
- 当 session 对象销毁时,服务器调用 sessionDestroyed()方法。

```
package cn.edu.uibe.listener;
import javax.servlet.http.*;
import java.text.*;
import java.util.*;
import javax.servlet.annotation.WebListener;
@WebListener
public class MySessionListener implements HttpSessionListener {
  public void sessionCreated(HttpSessionEvent event) {
    //当 session 对象创建时系统调用这个方法
    System.out.println("一个新用户首次访问 Web 应用。");
  }
  public void sessionDestroyed(HttpSessionEvent event) {
    //当 session 对象销毁时系统调用这个方法
    HttpSession session = event.getSession();
    //session 对象创建时间,自 1970 年 1 月 1 日的毫秒数
    long creationTime = session.getCreationTime();
    //session 对象对应的用户最后访问时间
    long lastAccessedTime = session.getLastAccessedTime();
    //系统当前时间
    long currentTime = System.currentTimeMillis();
    System.out.println("一个用户结束访问,会话 ID 为: " +session.getId());
    SimpleDateFormat sd = new SimpleDateFormat("yyyy-MM-dd HH:mm:ss");
    System.out.println("首次访问:"+sd.format(new Date(creationTime)));
    System.out.println("最后访问:"+sd.format(new Date(lastAccessedTime)));
    System.out.println("当前时间:"+sd.format(new Date(currentTime)));
    //用户在线的时间,单位是秒
    long duration = (currentTime - creationTime) / 1000;
    long minite = duration / 60;                    //分钟
    long second = duration % 60;                    //秒
    System.out.println("用户在线时间: " + minite + "分" + second + "秒");
  }
}
```

2. HttpSessionAttributeListener

如果开发者想在 session 对象的属性发生变化时插入处理代码,可以用 HttpSessionAttributeListener 接口实现。实现 HttpSessionAttributeListener 接口的监

听器能够监听 session 对象上属性的变化。

- 当 session 对象上增加属性时，服务器调用 attributeAdded()方法；
- 当 session 对象上的属性被修改时，服务器调用 attributeReplaced()方法；
- 当 session 对象上的属性被删除时，服务器调用 attributeRemoved()方法。

```
package cn.edu.uibe.listener;
import javax.servlet.http.*;
import javax.servlet.annotation.WebListener;
@WebListener
public class MySessAttrListener implements HttpSessionAttributeListener{
    public void attributeAdded(HttpSessionBindingEvent event) {
        //当 session 对象上增加新的属性时服务器调用这个方法
    }
    public void attributeReplaced(HttpSessionBindingEvent event) {
        //当 session 对象上属性的值被修改时服务器调用这个方法
    }
    public void attributeRemoved(HttpSessionBindingEvent event) {
        //当 session 对象上的属性被删除时服务器调用这个方法
    }
}
```

3. HttpSessionBindingListener

如果一个对象想在被绑定到 session 对象上时和解除绑定时收到应用服务器的事件通知，可以用 HttpSessionBindingListener 接口实现。

实现 HttpSessionBindingListener 接口的对象作为属性值被绑定到 session 上，是不需要部署的，既不能在 web.xml 中部署，也不能使用注解@WebListener 部署。实现 HttpSessionBindingListener 接口的对象是一个普通的 Java 对象，更关注于完成其自身的功能，而不是一个传统意义上的监听器。

- 当一个对象做为属性值被绑定到 session 对象上时，服务器调用这个对象的 valueBound()方法。
- 当一个作为属性取值的对象和 session 解除绑定时，服务器调用这个对象的 valueUnbound()方法。

MySessionValueObject.java 中定义了一个当对象被绑定到 session，以及解除和 session 绑定时能够接收到通知的类。

```
package cn.edu.uibe.model;
import javax.servlet.http.*;
public class MySessionValueObject implements HttpSessionBindingListener{
    public void valueBound(HttpSessionBindingEvent event) {
        //当对象被绑定到 session 对象上的时候
        System.out.println("我被绑定到 session 啦!");
    }
    public void valueUnbound(HttpSessionBindingEvent event) {
```

```
            //当对象和 session 解除绑定的时候
            System.out.println("我和 session 解除绑定啦!");
        }
    }
```

bound.jsp 给出了测试 HttpSessionBindingListener 的代码。myObject 是一个实现了 HttpSessionBindingListener 接口的对象，它作为属性 myAttr 的值被绑定到 session 对象上时，myObject 对象的 valueBound()方法会被调用。接下来属性 myAttr 被删除时，myObject 对象的 valueUnbound()方法被调用。

```
<%@ page contentType="text/html; charset=GB18030"
        import="cn.edu.uibe.model.*" %>
<!DOCTYPE html><html><head>
<meta charset="GB18030">
<title>测试 HttpSessionBindingListener</title>
</head><body>
<h3>测试 HttpSessionBindingListener</h3>
<%
  //实例化一个实现 HttpSessionBindingListener 接口的对象
  MySessionValueObject myObject = new MySessionValueObject();
  //将对象绑定到 session 上
  session.setAttribute("myAttr",myObject);
  //移除属性,以达到对象和 session 解除绑定的目的
  session.removeAttribute("myAttr");
%>
</body></html>
```

4. HttpSessionActivationListener

绑定在 session 上的对象如果想在 session 被钝化(passivated)和 session 被激活(activated)时收到事件通知，可以实现 HttpSessionActivationListener 接口。应用服务器在 Java 虚拟机之间迁移 session 或者持久化 session 对象时，将会通知所有绑定在 session 上的实现了 HttpSessionActivation 接口的对象。

与 HttpSessionBindingListener 相同，实现 HttpSessionActivationListener 接口的对象作为属性的值被绑定到 session 上，是不需要部署的。

- 当 session 将要钝化时，服务器调用绑定在 session 上的所有实现了 HttpSessionActivationListener 对象的 sessionWillPassivate()方法。
- 当 session 刚被激活时，服务器调用绑定在 session 上的所有实现了 HttpSessionActivationListener 对象的 sessionDidActivate()方法。

```
package cn.edu.uibe.model;
import javax.servlet.http.*;
public class MySessionObject implements HttpSessionActivationListener{
    public void sessionWillPassivate(HttpSessionEvent event) {
        //当 session 钝化的时候,如果我被绑定在 session 上则会被调用
```

```
        System.out.println("session 将要钝化啦!");
    }
    public void sessionDidActivate(HttpSessionEvent event){
        //当 session 激活的时候,如果我被绑定在 session 上则会被调用
        System.out.println("session 刚被激活啦!");
    }
}
```

5. HttpSessionIdListener

从 Servlet 3.1 开始,增加了会话 ID 变化的监听器 HttpSessionIdListener,当 HttpSession 对象的 ID 变化时,sessionIdChanged()方法被调用。

```
package cn.edu.uibe.listener;
import javax.servlet.http.HttpSessionEvent;
import javax.servlet.http.HttpSessionIdListener;
@WebListener
public class MySessionIdListener implements HttpSessionIdListener{
  public void sessionIdChanged(HttpSessionEvent e,String oldSessionId){
    //HttpSession 对象的 ID 变化时被调用
  }
}
```

8.1.3 监听 HTTP 请求

- ServletRequestListener: 监听 HTTP 请求的到来和离去。
- ServletRequestAttributeListener: 监听请求对象上属性的增加、删除和修改。
- AsyncListener: 监听 Servlet 异步线程开始、出错、执行完毕、执行超时。

1. ServletRequestListener

如果开发者想在 HTTP 请求到来时和离去时插入处理代码,可以用 ServletRequestListener 接口实现。实现 ServletRequestListener 接口的监听器能够监听 request 对象的初始化和销毁。

- 当 HTTP 请求即将进入第一个 Servlet 或者过滤器之前,也就是请求到来的时候,服务器调用 requestInitialized()方法。
- 当 HTTP 请求即将离开最后一个 Servlet 或者过滤器链中的第一个过滤器,也就是请求离开的时候,服务器调用 requestDestroyed()方法。

```
package cn.edu.uibe.listener;
import javax.servlet.*;
import javax.servlet.annotation.WebListener;
@WebListener
public class MyRequestListener implements ServletRequestListener{
  public void requestInitialized(ServletRequestEvent event) {
    //当 HTTP 请求到来的时候
    System.out.println("一个 HTTP 请求来啦!");
```

```
    }
    public void requestDestroyed(ServletRequestEvent event) {
        //当 HTTP 请求离去的时候
        System.out.println("一个 HTTP 请求离去啦!");
    }
}
```

2. ServletRequestAttributeListener

如果开发者想在 request 对象的属性发生变化时插入处理代码,可以用 ServletRequestAttributeListener 接口实现。实现 ServletRequestAttributeListener 接口的监听器能够监听 request 对象上属性的变化。

- 当 request 对象上增加属性时,服务器调用 attributeAdded()方法;
- 当 request 对象上的属性被修改时,服务器调用 attributeReplaced()方法;
- 当 request 对象上的属性被删除时,服务器调用 attributeRemoved()方法。

```
package cn.edu.uibe.listener;
import javax.servlet.*;
import javax.servlet.annotation.WebListener;
@WebListener
public class MyReqAttrListener implements ServletRequestAttributeListener {
    public void attributeAdded(ServletRequestAttributeEvent event) {
        //当 request 对象上增加新的属性时服务器调用这个方法
    }
    public void attributeReplaced(ServletRequestAttributeEvent event) {
        //当 request 对象上属性的值被修改时服务器调用这个方法
    }
    public void attributeRemoved(ServletRequestAttributeEvent event) {
        //当 request 对象上的属性被删除时服务器调用这个方法
    }
}
```

3. AsyncListener

Servlet 3.0 引入了异步处理请求的功能,使线程不产生响应就可以返回到容器,从而执行更多的任务。监听器 AsyncListener 是为异步处理提供的,异步线程开始、出错、执行完毕、执行超时的时候会调用 AsyncListener 中相应的方法。

```
package cn.edu.uibe.listener;
import java.io.IOException;
import javax.servlet.AsyncEvent;
import javax.servlet.AsyncListener;
import javax.servlet.annotation.WebListener;
@WebListener
public class MyAsyncListener implements AsyncListener {
    public void onStartAsync(AsyncEvent e) throws IOException {
```

```
        //异步线程开始时
    }
    public void onError(AsyncEvent e) throws IOException {
        //异步线程出错时
    }
    public void onComplete(AsyncEvent e) throws IOException {
        //异步线程执行完毕时
    }
    public void onTimeout(AsyncEvent e) throws IOException {
        //异步线程执行超时
    }
}
```

8.2 监听器示例

利用监听器可以在后台执行代码完成特定的功能，本节介绍统计在线人数的监听器和利用监听器加载后台服务对象。

8.2.1 统计在线人数

统计 Web 应用的当前在线人数和自 Web 应用启动以来累计访问此 Web 应用的人数。程序的思路如下：

- 当 Web 应用启动时，在 application 对象上绑定两个计数器，onlineCounter 用于保存当前在线人数，totalCounter 用于保存累计访问人数。
- 当 session 创建时，即用户首次访问 Web 应用时，在线人数 onlineCounter 和累计访问人数 totalCounter 都加 1。
- 当 session 销毁时，即用户安全退出或者超时退出时，在线人数 onlineCounter 减 1。
- 需要特别注意的是，加 1 和减 1 的操作在多个用户同时执行时存在线程安全问题，需要放在同步(synchronized)语句块中。

1. 统计 session 当前数和累计数的监听器：SessionCountListener

```
package cn.edu.uibe.listener;
import javax.servlet.*;
import javax.servlet.http.*;
import javax.servlet.annotation.WebListener;
@WebListener
public class SessionCountListener
              implements ServletContextListener, HttpSessionListener{
  public void contextInitialized(ServletContextEvent event) {
    //获得 application 对象
    ServletContext application = event.getServletContext();
```

```
    //自 Web 应用启动以来,累计访问的人数
    application.setAttribute("totalCounter", 0);
    //自 Web 应用启动以来,当前在线的人数
    application.setAttribute("onlineCounter", 0);
    //输出控制台提示信息
    System.out.println(application.getServletContextName());
  }
  public void contextDestroyed(ServletContextEvent event) {
    //获得 application 对象
    ServletContext application = event.getServletContext();
    //获得累计访问的人数
    Integer totalCounter =
                (Integer)application.getAttribute("totalCounter");
    //在控制台输出累计访问的人数
    System.out.println("累计有"+totalCounter+"人访问了 Web 应用");
  }
  public void sessionCreated(HttpSessionEvent event) {
    //获得 application 对象
    ServletContext application = event.getSession().getServletContext();
    //互斥访问 application 对象
    synchronized(application){
      //获得当前在线人数
      Integer counter =
              (Integer)application.getAttribute("onlineCounter");
      //当前在线人数加 1
      application.setAttribute("onlineCounter",counter.intValue()+1);
      //获得累计访问人数
      counter = (Integer)application.getAttribute("totalCounter");
      //累计访问人数加 1
      application.setAttribute("totalCounter", counter.intValue()+1);
    }
  }
  public void sessionDestroyed(HttpSessionEvent event) {
    //获得 application 对象
    ServletContext application = event.getSession().getServletContext();
    //互斥访问 application 对象
    synchronized(application){
      //获得当前在线人数
      Integer counter =
              (Integer)application.getAttribute("onlineCounter");
      //当前在线人数减 1
      application.setAttribute("onlineCounter",counter.intValue()-1);
    }
  }
}
```

2. 显示在线人数和累计访问人数的页面：counter.jsp

下面的JSP页面中使用EL引用onlineCounter和totalCounter，将在线人数和访问人数显示在浏览器中，运行结果如图8-2所示。

```
<%@ page contentType="text/html; charset=GB18030" %>
<!DOCTYPE html><html><head><meta charset="GB18030">
<meta http-equiv="pragma" content="no-cache"/>
<title>用户会话计数器</title>
</head><body>
<p>当前在线人数:${onlineCounter}   
  累计访问人数:${totalCounter}</p>
<p><a href="logout.jsp">退出</a></p>
</body></html>
```

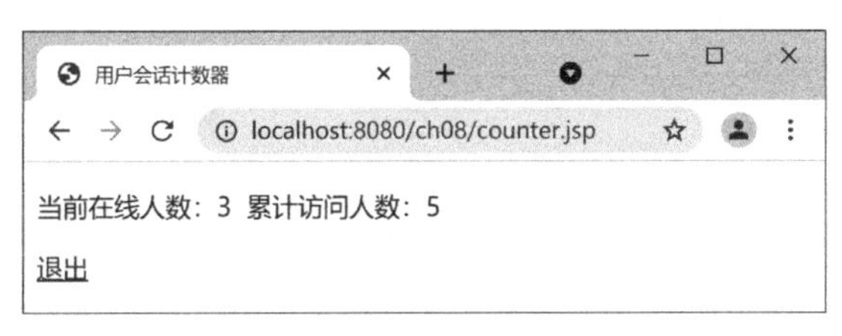

图8-2 输出在线人数和访问人数

3. 销毁session的页面：logout.jsp

当一个用户安全退出时，即该用户对应的session已经无效时，在线人数会减去1。以下代码调用session.invalidate()来销毁session对象，运行结果如图8-3所示。

```
<%@ page contentType="text/html; charset=GB18030" %>
<!DOCTYPE html><html><head><meta charset="GB18030">
<title>安全退出</title>
</head><body>
<%
    //销毁session对象,安全退出
    session.invalidate();
%>
<p>已安全退出!在线人数:${onlineCounter}  
                累计人数:${totalCounter}</p>
</body></html>
```

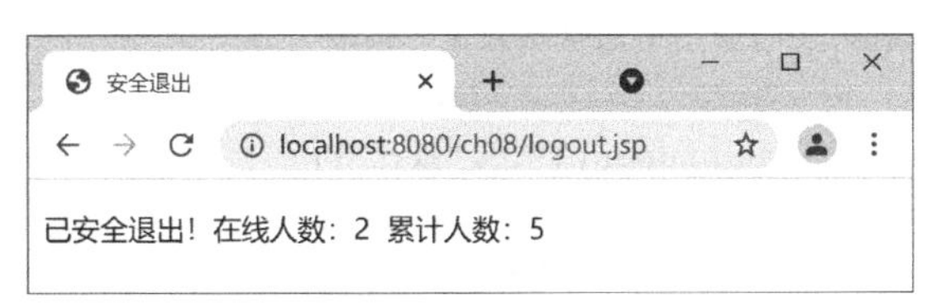

图8-3 session对象销毁后在线人数减1

8.2.2 加载后台服务对象

为了提高 Web 应用的性能，开发者可以将提供服务的 Java 对象驻留在内存中，而不是每次用到时去实例化。利用监听器可以在 Web 应用启动时加载服务对象，并将其绑定到 application 对象上，请求到来时就可以从 application 上获得服务对象。

本例中定义了一个服务类 StudentService，其中 getStudents()方法获得全部学生的列表，getStudent(id)方法根据学号得到学生对象。监听器 ServiceListener 在 Web 应用启动时绑定一个 StudentService 对象到 application 对象上。JSP 页面中从 application 对象上获得并使用服务对象。

1. 学生类：Student

```
package cn.edu.uibe.model;
public class Student {
  private String id;                                //学号
  private String name;                              //姓名
  public Student() {   }
  public Student(String id, String name) {
    this.id = id;
    this.name = name;
  }
  public String getId() { return id; }
  public void setId(String id) { this.id = id; }
  public String getName() { return name; }
  public void setName(String name) { this.name = name; }
  public String toString() {
    return "Student [id=" + id + ", name=" + name + "]";
  }
}
```

2. 服务类：StudentService

```
package cn.edu.uibe.service;
import java.util.*;
import cn.edu.uibe.model.Student;
public class StudentService {
    List<Student> students;                         //全部学生的列表
    public StudentService() {
        //测试用数据,实际应用中通常从数据库读取
        students = new ArrayList<Student>();
        students.add(new Student("1","张三"));
        students.add(new Student("2","李四"));
        students.add(new Student("3","赵五"));
    }
    public List<Student> getStudents() {
```

```
        return students;
    }
    public Student getStudent(String id){
        for(Student student : students){
            if(student.getId().equals(id)){
                return student;
            }
        }
        return null;
    }
}
```

3. 用来加载服务对象的监听器：MyServiceListener

```
package cn.edu.uibe.listener;
import javax.servlet.*;
import cn.edu.uibe.service.StudentService;
public class MyServiceListener implements ServletContextListener {
    public void contextInitialized(ServletContextEvent event) {
        //获得 application 对象
        ServletContext application = event.getServletContext();
        //实例化一个 StudentService 对象
        StudentService studentService = new StudentService();
        //绑定属性
        application.setAttribute("studentService", studentService);
    }
    public void contextDestroyed(ServletContextEvent event) {
        ServletContext application = event.getServletContext();
        //移除属性
        application.removeAttribute("studentService");
    }
}
```

4. 部署用于加载服务对象的监听器

在 web.xml 中部署监听器 MyServiceListener。

```
<listener>
    <listener-class>
        cn.edu.uibe.listener.MyServiceListener
    </listener-class>
</listener>
```

5. 测试 StudentService 的页面：student.jsp

下面的 JSP 页面中利用后台服务对象 studentService 实现根据学号获得 Student 对象的功能，运行结果如图 8-4 所示。

```
<%@ page contentType="text/html; charset=GB18030"
         import="cn.edu.uibe.service.*,cn.edu.uibe.model.*" %>
<!DOCTYPE html><html><head><meta charset="UTF-8">
<title>根据学号查询学生信息</title></head><body>
<form action="student.jsp" method="post">
  <p>学号:<input type="text" name="id"/>
  <input type="submit" name="submit" value="查询"/></p>
</form>
<%
  StudentService stuService;
  stuService=(StudentService)application.getAttribute("studentService");
  String id = request.getParameter("id");
  if(id!=null){
    Student student = stuService.getStudent(id);
    if(student!=null){
      out.println("学号:"+id+" 姓名:"+student.getName());
    }
  }
%>
</body></html>
```

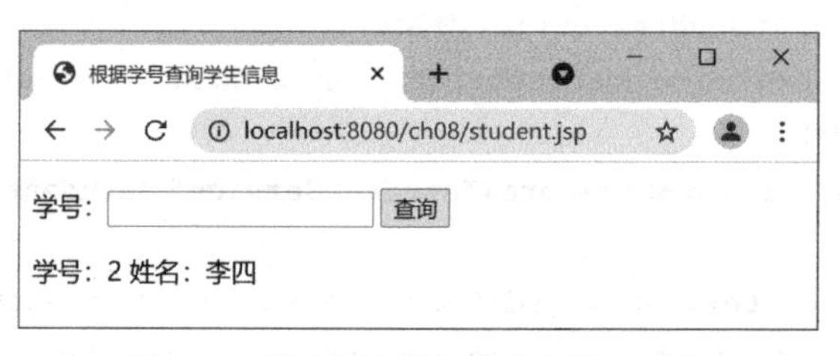

图 8-4 利用监听器加载后台服务对象

8.3 过 滤 器

过滤器可以截获 HTTP 请求和响应。本节介绍过滤器的概念,过滤器的链式结构,以及如何实现和部署过滤器。

8.3.1 过滤器的概念

- 过滤器位于 Web 客户端和被请求的资源之间,用于检查和修改两者之间流过的请求和响应。被请求的资源既可以是动态的 Servlet、JSP 程序,也可以是静态内容。
- 在请求到达被请求的资源之前,过滤器截获请求。
- 在响应送给 Web 客户端之前,过滤器截获响应。
- 多个过滤器形成一个过滤器链,过滤器链中过滤器的先后顺序由 web.xml 文件中过滤器映射<filter-mapping>的顺序决定。

- 最先截获客户端请求的过滤器将最后截获 Servlet/JSP 的响应信息。

8.3.2　过滤器的链式结构

开发者可以为被请求的资源部署多个过滤器，这些过滤器组成一个过滤器链，每个过滤器只执行某个特定的操作或者检查。请求在到达被访问的目标之前，需要经过这个过滤器链。

图 8-5 给出了没有过滤器情况下请求和响应的过程，图 8-6 给出了部署过滤器的情况下请求和响应流经过滤器链的过程。

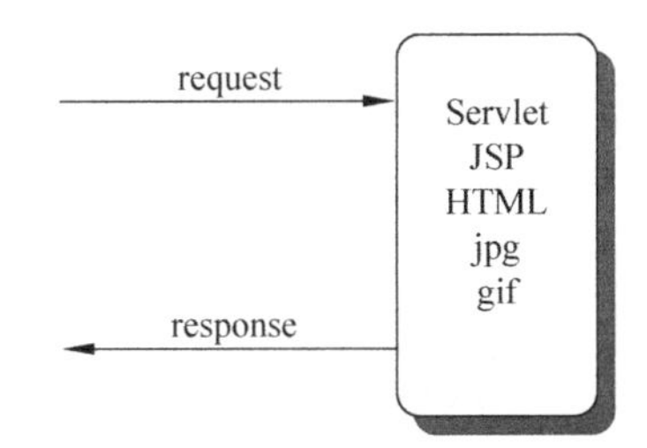

图 8-5　无过滤器的请求和响应过程

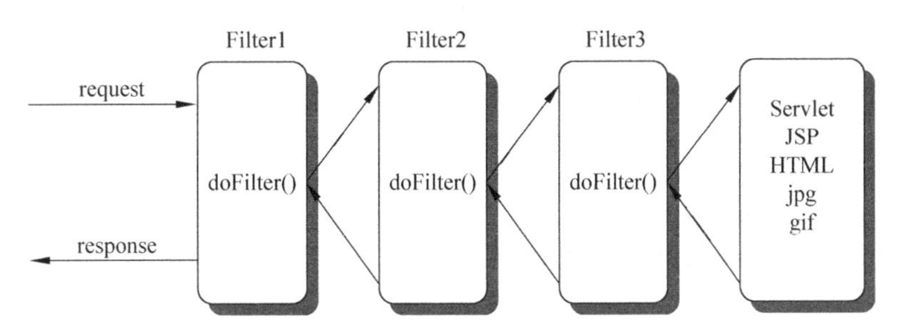

图 8-6　部署了过滤器的请求和响应过程

8.3.3　实现过滤器

Eclipse 提供了新建 Filter 的向导，如图 8-7 所示。

在 Web 应用中使用过滤器需要实现 javax.servlet.Filter 接口，实现 Filter 接口中所定义的方法，在 web.xml 中部署过滤器或者在类名前使用注解@WebFilter 部署。

```
package cn.edu.uibe.filter;
import java.io.IOException;
import javax.servlet.*;
public class MyFilter implements Filter {
    public void init(FilterConfig config) {
        //过滤器初始化代码
    }
    public void doFilter(ServletRequest request, ServletResponse response,
```

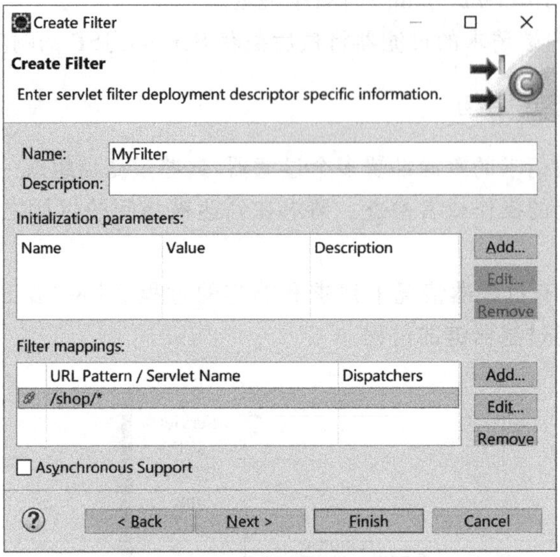

图 8-7　Eclipse 新建 Filter 的向导

```
                FilterChain chain) throws IOException, ServletException {
        //在这里可以对客户端请求进行处理
        //沿过滤器链将请求传递到下一个过滤器
        chain.doFilter(request, response);
        //在这里可以对响应进行处理
    }
    public void destroy( ) {
        //过滤器被销毁时执行的代码
    }
}
```

Filter 接口

public void init(FilterConfig config)

服务器调用本方法，说明过滤器正被加载到应用服务器。服务器只有在实例化过滤器时才会调用该方法一次。服务器为这个方法传递一个 FilterConfig 对象，其中包含与 Filter 相关的配置信息。

public void doFilter()

```
public void doFilter(ServletRequest request, ServletResponse response,
            FilterChain chain) throws IOException, ServletException
```

每当请求和响应经过过滤器链时，服务器都要调用一次该方法。过滤器的一个实例可以同时服务于多个客户端的请求，特别需要注意线程同步的问题，尽量不用或少用成员变量。在过滤器的 doFilter()方法的实现中，任何出现在 FilterChain 的 doFilter()方法之前的地方，request 对象是可用的；在 doFilter()方法之后 response 对象是可用的。

```
public void destroy()
```

服务器调用 destroy()方法指出将删除该过滤器。如果过滤器使用了其他资源，需要在这个方法中释放这些资源。

8.3.4　部署过滤器

在文件 web.xml 中，<filter>标签用来定义一个过滤器，其子标签<filter-name>是开发者定义的过滤器名，<filter-class>给出过滤器对应的包名和类名，<init-param>用来给过滤器传递初始化参数。<param-name>是参数的名称，<param-value>给出参数的值。

```
<filter>
    <filter-name>MyFilter</filter-name>
    <filter-class>cn.edu.uibe.filter.MyFilter </filter-class>
    <init-param>
        <param-name>developer</param-name>
        <param-value>TongQiang</param-value>
    </init-param>
</filter>
```

使用<filter>标签定义了一个过滤器之后，还需要进一步使用<filter-mapping>标签说明它将过滤哪些资源。<filter-mapping>有如下两种用法。

(1) 针对一个 Servlet 做过滤：

```
<filter-mapping>
    <filter-name>MyFilter</filter-name>
    <servlet-name>MyServlet</servlet-name>
</filter-mapping>
```

其中，<filter-name>通过名字引用一个过滤器，<servlet-name>给出要过滤的 Servlet 的名字。这个 Servlet 也需要在 web.xml 中定义。

(2) 针对 URL Pattern 做过滤：

```
<filter-mapping>
    <filter-name>MyFilter</filter-name>
    <url-pattern>/shop/*</url-pattern>
</filter-mapping>
```

其中，<filter-name>通过名字引用一个过滤器，<url-pattern>给出要过滤的 URL 模式。URL 模式可以是路径通配，或者是扩展名通配，但不能两者都通配。例如：

- /shop/* 通配的 URL 是任何以"/shop"开头的 URL，诸如/shop/a.jsp、/shop/b.html、/shop/dir1、/shop/dir1/c.jsp、/shop/dir2/dir3。
- *.jsp 通配所有以.jsp 结束的 URL，无论这些 URL 在什么路径下。
- /* 通配所有可能的 URL。

- /shop/ * .jsp 和/ * .jsp 都是错误的 URL 模式。

从 Servlet 3.0 开始，过滤器不仅可以在 web.xml 中定义和进行映射，也可以在代码中使用注解@WebFilter 来部署。

```
@WebFilter("/shop/ * ")
public class MyFilter implements Filter {
```

使用过滤器还应注意以下几点：

- 在 web.xml 中，<filter-mapping>标签是有先后顺序的，它的声明顺序决定服务器是如何形成过滤器链的。第一个<filter-mapping>对应第一个过滤器，请求最先到达第一个过滤器，最后离开第一个过滤器。
- 过滤器应当设计为在部署时很容易配置的形式。通过认真计划和使用初始化参数，可以得到复用性很高的过滤器。
- 过滤器的逻辑与 Servlet 的逻辑不同，一个过滤器实例可以同时处理多个不同客户端的请求，应注意线程安全问题。

8.4 过滤器示例

字符集过滤器，用于统一设置 JSP、Servlet 接收请求参数采用的字符编码；用户认证过滤器，用于限制未登录的用户访问特定的资源；日志过滤器，用于获得请求相关的信息并产生自定义日志。

8.4.1 字符集过滤器

为了正确地读取中文参数，开发者需要在调用 request.getParameter()方法之前，设置读取参数使用的字符编码。request.setCharacterEncoding("GB18030")方法可以设置字符集。通常用来显示中文的字符集有：GB2312、GBK、GB18030 和 UTF-8。每个读取请求参数的 JSP 页面和每个 Servlet 都需要分别调用这个方法来设置字符编码。

本例开发了一个字符集过滤器来统一完成设置字符编码的功能。部署了这个字符集过滤器之后，JSP 页面和 Servlet 就不再需要分别设置字符的编码了。

1. 字符集过滤器实现类：CharacterFilter

```
package cn.edu.uibe.filter;
import java.io. * ;
import javax.servlet. * ;
public class CharacterFilter implements Filter {
    private String character;                          //字符集
    public void init(FilterConfig fc) throws ServletException {
        //读取 web.xml 中 Filter 配置的初始化参数
        character = fc.getInitParameter("character");
    }
    public void doFilter(ServletRequest request, ServletResponse response,
```

```
            FilterChain chain) throws IOException, ServletException {
        //转到下一级过滤器之前
        System.out.println("字符集过滤器(前)");
        //设置 request 对象读取参数的字符集
        request.setCharacterEncoding(character);
        //转到下一级过滤器
        chain.doFilter(request, response);
        //从下一级过滤器返回时
        System.out.println("字符集过滤器(后)");
    }
    public void destroy() {   }
}
```

2. 部署字符集过滤器 CharacterFilter

在 web.xml 中部署字符集过滤器,URL 模式为"/*"将针对所有 URL 做过滤。

```
<filter>
    <filter-name>CharacterFilter</filter-name>
    <filter-class>cn.edu.uibe.filter.CharacterFilter</filter-class>
    <init-param>
        <param-name>character</param-name>
        <param-value>GB18030</param-value>
    </init-param>
</filter>
<filter-mapping>
    <filter-name>CharacterFilter</filter-name>
    <url-pattern>/*</url-pattern>
</filter-mapping>
```

3. 测试字符集过滤器的 JSP 页面: character.jsp

如图 8-8 所示,JSP 页面中没有使用 request.setCharacterEncoding()方法设置字符编码,但是仍然可以使用 EL 读取中文请求参数,说明字符集过滤器在发挥作用。

```
<%@ page contentType="text/html; charset=GB18030" %>
<!DOCTYPE html><html><head>
<meta charset="GB18030">
<title>测试字符集过滤器</title>
</head><body>
<p>测试字符集过滤器</p>
<form action="character.jsp" method="post">
  <p><input type="text" name="name" /></p>
  <p><input type="submit" name="submit" value="提交" /></p>
</form>
<p>您输入的姓名是:${param.name}</p>
</body></html>
```

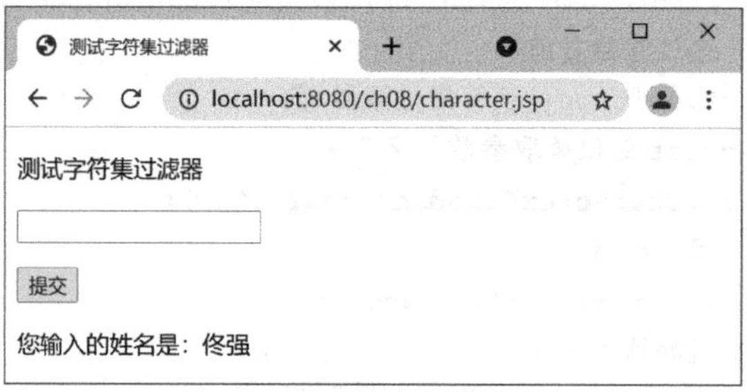

图 8-8 测试字符集过滤器

8.4.2 用户认证过滤器

Web应用中有些JSP页面和Servlet是不允许未登录的用户访问的。本例中假设“/shop”开头的URL都不允许未登录用户访问。为此，我们开发一个用户认证过滤器，在过滤器中检查session对象上是否有标志登录成功的属性“userName”，如果有则放行，否则让访问的客户端重定向到登录页面。

使用过滤器将用户认证的代码从业务逻辑中分离出来，用户认证的功能由过滤器统一处理，提高了代码的复用性和可维护性。

1. 用户登录页面：login.jsp

```
<%@ page contentType="text/html; charset=GB18030" %>
<!DOCTYPE html><html><head>
<meta charset="GB18030">
<title>用户登录</title>
</head><body>
<form method="post" action="welcome.jsp">
<p>用户名:<input type="text" name="userName"/></p>
<p>密码:<input type="password" name="password"/></p>
<p><input type="submit" name="submit" value="登录"/></p>
</form>
</body></html>
```

2. 处理用户登录的页面：welcome.jsp

这个JSP页面中读取请求参数userName。只要请求参数userName不为空，不是空串，也不是若干个空格，就处理为成功登录，并在session上绑定属性userName标志用户已经成功登录。否则，让客户端重定向到登录页面。

```
<%@ page contentType="text/html; charset=GB18030" %>
<!DOCTYPE html><html><head>
<meta charset="GB18030">
<title>欢迎页面</title>
<%
  String userName = request.getParameter("userName");
```

```
  if(userName!=null && !userName.trim().equals("")){
     session.setAttribute("userName",userName);
  }else{
     response.sendRedirect("login.jsp");
  }
%>
</head><body>
<p>登录成功,欢迎${userName}!</p>
<p><a href="shop/order.jsp">进入购物页面"shop/order.jsp"</a></p>
</body></html>
```

2. 限制未登录用户访问的页面：shop/order.jsp

为了测试用户认证过滤器，在 Web 应用的根目录下新建一个子目录 shop，并在其中新建一个 JSP 文件 order.jsp。未登录用户如果直接访问这个页面，将会重定向到登录页面。

```
<%@ page contentType="text/html; charset=GB18030" %>
<!DOCTYPE html><html><head><meta charset="GB18030">
<title>购买商品</title>
</head><body>
<h2>购买商品</h2>
<!-- 用户认证过滤器确保访问 shop 路径下所有 URL 的都是已经登录的用户 -->
<!-- 因此,是不需要每个 JSP 和 Servlet 都做用户认证的。-->
<p>欢迎${userName}进入商城!</p>
</body></html>
```

4. 用户认证过滤器：AuthentificationFilter.java

在用户认证过滤器中获得 session 对象，如果 session 为空，或者 session 上没有属性 userName，则让客户端重定向到登录页面。

```
package cn.edu.uibe.filter;
import java.io.*;
import javax.servlet.*;
import javax.servlet.http.*;
public class AuthentificationFilter implements Filter {
    public void doFilter(ServletRequest req, ServletResponse res,
                FilterChain chain) throws IOException, ServletException {
        //转换为 HTTP 请求对象
        HttpServletRequest request = (HttpServletRequest)req;
        //转换为 HTTP 响应对象
        HttpServletResponse response = (HttpServletResponse)res;
        //获得请求对应的 session 对象
        HttpSession session = request.getSession();
        //如果 session 为 null,说明用户是第一次访问
        if(session==null){
```

```
            response.sendRedirect("/ch08/login.jsp");          //重定向到登录页面
            return;
        }
        //获得 session 上绑定的属性 userName
        String userName=(String)session.getAttribute("userName");
        //如果 userName 为 null,说明用户尚未登录
        if(userName==null){
            response.sendRedirect("/ch08/login.jsp");          //重定向到登录页面
            return;
        }
        System.out.println("用户认证过滤器(前)");
        //转到下一级过滤器
        chain.doFilter(request,response);
        System.out.println("用户认证过滤器(后)");
    }
    public void init(FilterConfig fc) throws ServletException {   }
    public void destroy() {   }
}
```

5. 部署用户认证过滤器

在 web.xml 中部署用户认证过滤器 AuthentificationFilter。

```
<filter>
    <filter-name>AuthentificationFilter</filter-name>
    <filter-class>cn.edu.uibe.filter.AuthentificationFilter
    </filter-class>
</filter>
<filter-mapping>
    <filter-name>AuthentificationFilter</filter-name>
    <url-pattern>/shop/*</url-pattern>
</filter-mapping>
```

8.4.3 自定义日志过滤器

本示例实现一个自定义日志过滤器,日志每条记录的内容包括:IP 地址、请求时间、URI、查询串、会话 ID、全部请求参数。日志写到一个文本文件中,每条记录一行。

1. 自定义日志过滤器:LogFilter

```
package cn.edu.uibe.filter;
import java.io.*;
import java.util.*;
import javax.servlet.*;
import javax.servlet.http.*;
import java.text.SimpleDateFormat;
public class LogFilter implements Filter {
```

```
private String fileName="D:/myweb.log";                    //日志文件名
private BufferedWriter writer;                             //写日志的 Writer
private SimpleDateFormat dateFormat;                       //日期格式
public void init(FilterConfig fConfig) throws ServletException {
  dateFormat = new SimpleDateFormat("yyyy-MM-dd HH:mm:ss");  //日期格式
  try {
    //以追加的模式打开文本文件
    writer = new BufferedWriter(new FileWriter(fileName, true));
  } catch (Exception e) {
    e.printStackTrace();
  }
}
public void destroy() {
  try {
    writer.close();                                        //关闭文件
  } catch (IOException e) {
    e.printStackTrace();
  }
}
public void doFilter(ServletRequest req, ServletResponse response,
  FilterChain chain) throws IOException,ServletException {
  //转换为 HTTP 请求对象
  HttpServletRequest request = (HttpServletRequest) req;
  //客户端的 IP 地址
  String ip = request.getRemoteAddr();
  //当前时间,1970 年 1 月 1 日到现在的毫秒数
  long currentTime = System.currentTimeMillis();
  //时间转换为 yyyy-MM-dd HH:mm:ss 的格式
  String time = dateFormat.format(new Date(currentTime));
  String uri = request.getRequestURI();                    //请求的 URI
  //查询串,即 URL 后跟问号,问候后面的字符串
  String query = request.getQueryString();
  if(query==null) query="-";
  //获得用户对应的会话对象,如果 session 不存在,则新建一个 session
  HttpSession session = request.getSession(true);
  //获得 session 的 ID
  String sessionId = session.getId();
  //获得全部请求参数的名字对应枚举对象
  //POST 方法提交的参数不在 QueryString 里面
  //GET 方法提交的参数在 QueryString 里面
  Enumeration<String> pnames= req.getParameterNames();
  //新建一个字符串缓冲区对象
  StringBuilder b = new StringBuilder();
```

```
        //遍历所有请求参数名的枚举对象,并获得参数对应的全部值
        if(pnames!=null){
          int count=0;
          while(pnames.hasMoreElements()){
            String name = (String) pnames.nextElement();
            String[] values = req.getParameterValues(name);
            if(values != null){
              if(count>0) b.append("&");
              for(int i=0; i<values.length; i++){
                if(i>0) b.append("&");
                b.append(name).append("=").append(values[i]);
              }
            }
            count++;
          }
        }
        //输出一条日志记录,格式为(IP 地址、时间、URI、查询串、会话 ID、全部请求参数)
        writer.write(ip + "\t" + time + "\t" + uri + "\t" +query + "\t"
                        + sessionId + "\t" + b.toString());
        //输出一个换行
        writer.newLine();
        //为了能够立即看到记录,刷新文件缓冲区
        writer.flush();
        System.out.println("自定义日志过滤器(前)");
        //转到下一级过滤器
        chain.doFilter(request, response);
        System.out.println("自定义日志过滤器(后)");
    }
}
```

2. 部署自定义日志过滤器

在 web.xml 中部署自定义日志过滤器 LogFilter。

```
<filter>
    <filter-name>LogFilter</filter-name>
    <filter-class>cn.edu.uibe.filter.LogFilter</filter-class>
</filter>
<filter-mapping>
    <filter-name>LogFilter</filter-name>
    <url-pattern>*.jsp</url-pattern>
</filter-mapping>
```

本章小结

在 Web 应用中可以部署监听器,用于监听一些重要事件的发生,如 Web 应用的启动和停止、用户会话的创建和销毁、HTTP 请求的到来和离去等。监听器是一个实现了一个或多个监听接口的 Java 类,开发者在 web.xml 中使用<listener>标签部署监听器。Servlet 规范总共定义了 10 个监听器来监听不同的事件。

- ServletContextListener:监听 ServletContext(即 application 对象)的初始化和销毁。
- ServletContextAttributeListener:监听 application 对象上属性的增加、删除和修改。
- HttpSessionListener:监听 session 的创建和销毁。
- HttpSessionAttributeListener:监听会话对象上属性的增加、删除和修改。
- HttpSessionBindingListener:实现这个接口的对象可以在被绑定到 session 上时,以及和 session 解除绑定时收到事件通知。
- HttpSessionIdListener:监听 session ID 的变化。
- HttpSessionActivationListener:实现这个接口的对象可以在 session 将要钝化和 session 刚被激活时收到事件通知。
- ServletRequestListener:监听 HTTP 请求的到来和离去。
- ServletRequestAttributeListener:监听 request 属性的增加、删除和修改。
- AsyncListener:监听异步线程的开始、出错、执行完毕、执行超时。

过滤器位于 Web 客户端和被请求的资源之间,用于检查和修改两者之间流过的请求和响应。被请求的资源既可以是动态的 Servlet、JSP 程序,也可以是静态内容。在请求到达被请求的资源之前,过滤器截获请求。在响应送给 Web 客户端之前,过滤器截获响应。多个过滤器形成一个过滤器链,过滤器链中过滤器的先后顺序由 web.xml 文件中过滤器映射<filter-mapping>的顺序决定。最先截获客户端请求的过滤器将最后截获 Servlet/JSP 的响应。

在文件 web.xml 中,<filter>标签用来定义一个过滤器,其子标签<filter-name>是开发者定义的过滤器的名字,<filter-class>给出过滤器对应的包名和类名,<init-param>用来给过滤器传递初始化参数。<param-name>是参数的名称,<param-value>给出参数的值。<filter-mapping>标签用来做过滤器映射,其中<filter-name>通过名字引用一个过滤器,<url-pattern>给出要过滤的 URL 模式,<servlet-name>给出要过滤的 Servlet 的名字。

从 Servlet 3.0 开始,监听器可以使用注解@WebListener 部署,过滤器可以使用注解@WebFilter 部署。

习 题 八

1. 下列可以监听 session 对象的创建和销毁的监听器是( )。

A. HttpSessionBindingListener B. HttpSessionActivationListener

C. HttpSessionListener D. HttpSessionAttributeListener

2. 以下关于监听器的描述,不正确的是( )。

A. 在 Web 应用中部署监听器,可以监听一些重要事件的发生

B. 监听器是一个实现了一个或多个监听接口的 Java 类

C. 一个监听器可以监听多个事件,一个事件只能由一个监听器处理

D. 监听接口中的方法的返回值都是 void

3. 以下关于过滤器的描述,不正确的是( )。

A. 在请求到达被请求的资源之前,过滤器截获请求

B. 在响应送给 Web 客户端之前,过滤器截获响应

C. 多个过滤器形成一个过滤器链,先后顺序由<filter-mapping>中的顺序决定

D. 先截获客户端请求的过滤器先截获 Servlet、JSP 的响应

4. 下列与 XML 标签和过滤器的部署无关的是( )。

A. <filter-name> B. <filter-class>

C. <url-pattern> D. <taglib>

5. 下列不是过滤器适合实现的功能的是( )。

A. 进行用户认证 B. 记录自定义日志

C. 用户更改密码 D. 统一设置字符集

6. 以下用于转向过滤器链中下一级过滤器的方法是( )。

A. init() B. destroy()

C. chain.doFilter() D. chain.forward()

7. 在使用过滤器时,可以在 web.xml 文件的( )元素中包括<init-param>元素。

A. <filter> B. <filter-name>

C. <filter-class> D. <filter-mapping>

8. 在使用过滤器时,需要在 web.xml 中通过( )元素将过滤器映射到要过滤的资源?

A. <servlet> B. <servlet-mapping>

C. <filter> D. <filter-mapping>

9. 使用过滤器 Filter 统计不同 IP 地址访问一个 Web 应用的次数。可以只统计自 Web 应用启动以来的次数,Web 应用重启之后重新从零开始计数。

10. 监听器 Listener 是否都需要部署? 如果存在不需要部署的监听器,简述它们的作用。

第9章 MVC设计模式

MVC 设计模式是 Web 开发常用的设计模式，核心思想是有效地组合模型、视图和控制器，每个部分各有所长，分工明确。本章先介绍 JSP 开发的两种模式：模式一是 JSP+JavaBean，模式二是 JSP+Servlet+JavaBean。然后介绍 MVC 模式的概念，并给出使用 MVC 模式开发 Web 应用的示例。

9.1 JSP 的两种模式

JSP 开发技术标准给出了两种使用 JSP 的方式，这两种方式可以归纳为模式一和模式二。这两种结构在 JSP 技术刚开始应用时，就占了绝对的统治地位。在当今的开发中，开发者比较偏向于使用模式二，但是对小型的开发模式一比较占优势。

9.1.1 模式一

模式一就是指 JSP+JavaBean 技术。在模式一中，JSP 页面独自响应请求并将处理结果返回给客户。所有数据由 JavaBean 处理，JSP 实现页面的展示。模式一实现了页面的显示和业务逻辑处理的分离。

在刚引进 JSP 技术时，模式一占有统治地位。在用 JSP 处理显示和业务逻辑时，使用模式一比较简单。但是大量使用此模式时可能带来一个副作用，那就是会导致在页面里嵌入了大量 Java 的控制代码。当要处理的业务逻辑复杂时，这种情况变得非常糟糕。

大量的内嵌代码使得页面变得庞大，同时非常复杂。当页面的功能实现后交给美工或者页面内容设计人员进行美化时，问题就变得严重了。所以，在大型的项目里，这种方法将会导致页面维护困难。

因此，在大型的项目中一般不会使用模式一，而在小型的应用中可以考虑此模式。

9.1.2 模式二

模式二，就是指 JSP+Servlet+JavaBean 技术。在模式二中，组合了 JSP 和 Servlet 技术，充分利用了 JSP 和 Servlet 两种技术原有的优点。

模式二遵循 MVC 设计模式，它的主要思想是使用一个或者多个 Servlet 作为控制器。请求由前端的 Servlet(可能是多个 Servlet 构成的一个处理链)接收并处理后，再将请求转发到 JSP 页面。在 Servlet 作为控制器时，每个 Servlet 通常只实现很少一部分功能，多个 Servlet 控制器就可以结合起来完成复杂的任务。这样的好处是 Servlet 的重用性好，一个副作用就是可能会导致响应时间加长。在模式二中，JavaBean作为模型的角色，它充当JSP和Servlet通信的中间工具。Servlet处理完后设置JavaBean的属性，JSP读取此JavaBean的属性，然后进行显示。

在项目开发过程中，页面设计者可以方便地使用普通的HTML工具开发JSP页面，Servlet更适合于后端开发者使用。开发Servlet需要的工具是Java集成开发环境。也就是说，Servlet技术需要技术人员更多的编程。

模式二更加明显地把显示和逻辑分离，使得代码比模式一更容易管理，因此更适合大型项目的开发。

9.1.3 两种模式的比较

从开发的观点看，模式二具有更清晰的页面、清楚的开发者角色划分，可以充分地利用开发团队中的界面设计人员。这些优势在大型项目开发中表现得尤为突出。使用这一模式，可以充分发挥每个开发者各自的特长：界面设计开发人员可以充分发挥自己的设计才能，来体现页面的表现形式；程序编写人员可以充分发挥自己的业务处理逻辑思维，来实现项目中的业务处理。在大型项目开发中，模式二更多地被采用。

9.1.4 JSP和Servlet的选择

我们知道，所有的JSP都必须编译成Servlet，且在Servlet容器中执行。从技术角度来看JSP和Servlet是一样的。但JSP有很多关键因素胜过Servlet：

- JSP以显示为中心，它为Web页面设计人员提供了更加方便的开发模式。
- JSP可以把显示和内容分离，实现的方法就是借助JavaBean、Taglib，这样项目的显示和业务逻辑开发可以同时进行。
- JSP由容器自动编译。

Servlet曾经得到广泛的应用，但是随着Java EE平台的不断完善，它的应用范围也在不断缩减。因为随着Java EE的出现，Servlet的业务处理能力不如EJB，它的页面表示能力不如JSP方便。但是这不等于说Servlet已经没有什么用处了，在如今的Java EE应用开发中，它主要负责那些容易管理的任务组：

- 协调输出，但几乎不直接参与生成动态Web页面内容。
- 收集和验证用户输入，但几乎不进行实际处理。
- 处理极其简单的业务逻辑。
- 处理JSP不好处理的后台服务或者其他有特殊要求的问题。

在构建Web站点时，如果Web功能不是非常稳定，那么使用Servlet就不是最优的选择。因为Servlet比JSP更难于维护，它需要编译成类，而修改JSP时只要修改它的源文件，容器会自动对发生改变的JSP进行重新编译，故使用Servlet会使维护变得更困难，即使是一个很小的改动，也需要Java程序员参与才能完成。

在特定的软件系统环境中，选择使用Servlet还是JSP通常不是绝对的。最常见的情况是把两者结合起来使用，比如可以把Servlet作为视图控制器，让它处理请求；当Servlet处理完请求后，就把处理的结果转发给JSP，由JSP负责显示。

9.2 MVC模式

本节介绍MVC模式的概念，总结Java Web开发的各种技术，介绍如何使用JSP、Servlet和JavaBean实现MVC模式。

9.2.1 MVC模式的概念

MVC(Model/View/Controller)是广泛应用的一种设计模式。MVC模式包括3种角色：Model是模型，负责处理业务逻辑；View是模型在屏幕上的显示；Controller控制模型和视图之间的交互。

MVC设计模式中的“模型”指的是真正完成任务的代码，也常被称作“业务逻辑”。在模型与界面分离的情况下，代码可以实现可管理性和可重用性。

所谓“视图”其实就是使用界面。在MVC模式下，界面的主要任务仅仅是展现数据。当然，视图应该具有一定的功能性并遵守可重用性的约束，但视图不应当处理数据。事实上，界面的每一部分都只能包含采集数据的逻辑，并把它传递给设计模式中的其他组成部分以进行处理。

“控制器”控制着模型和视图之间的交互过程。它决定着向用户返回怎样的视图，检查界面输入的信息，以及选择处理输入信息的模型。

9.2.2 各种技术总结

本小节总结一下Servlet、JSP、JSP+JavaBean的特点，并分析每种技术的优缺点。

1. Servlet

Servlet的工作流程如图9-1所示。在只使用Servlet开发Web程序时，Servlet负责接收HTTP请求，并返回响应给用户。在输出HTML页面时，所有的HTML标签都必须用out.print()输出，非常麻烦。可见，Servlet不适合输出显示内容。

2. JSP

JSP的工作流程如图9-2所示。在只使用JSP开发Web程序时，JSP页面中混杂了静态的HTML标签和动态的Java脚本，JSP页面的可维护程度不高。可见，JSP适合输出显示内容，而JSP文件中过多的代码影响了JSP文件的页面效果设计。

图9-1 Servlet的工作流程　　图9-2 JSP的工作流程

3. JSP+JavaBean

JSP+JavaBean，即模式一，工作流程如图9-3所示。在JSP和JavaBean结合使用时，JavaBean封装了业务处理逻辑，JSP页面中的代码显著减少，但是JSP页面仍然要负责接收请求参数，使用<jsp:useBean>、<jsp:setProperty>来操作JavaBean，还可以显式

调用 JavaBean 的方法。

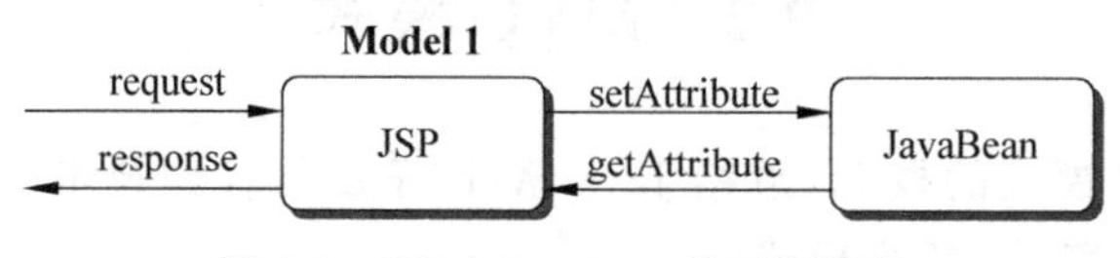

图 9-3　JSP＋JavaBean 的工作流程

9.2.3　MVC 模式的实现

JSP＋Servlet＋JavaBean，即模式二，是符合 MVC 设计模式的。JSP＋Servlet＋JavaBean 实现 MVC 的工作流程如图 9-4 所示，Servlet 是控制器（Controller），JavaBean 是模型（Model），JSP 是视图（View）。

JSP＋Servlet＋JavaBean 实现 MVC 时，每个步骤的说明如下：

（1）request 到达 Servlet，即请求是发给 Servlet 控制器的。

（2）实例化 JavaBean，设置 Bean 的属性，并将 Bean 绑定到 request 对象上。

（3）将请求转发到 JSP 页面。

```
dispatcher = request.getRequestDispatcher(url);
dispatcher.forward(request, response);
```

（4）JSP 页面使用 EL 和 JSTL 从 JavaBean 中读取属性的值输出到页面中。

（5）控制流程返回 Servlet。

（6）Servlet 将响应发送给客户端。

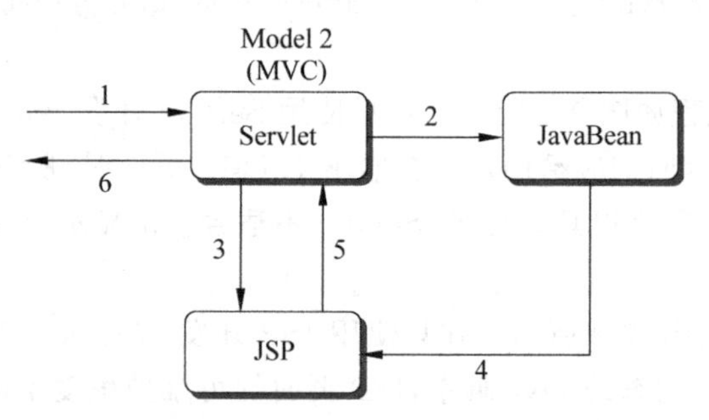

图 9-4　JSP＋Servlet＋JavaBean 的工作流程图

9.3　MVC 示例

本节给出两个遵循 MVC 设计模式，由 JSP＋Servlet＋JavaBean 实现的示例。Hello MVC 是一个设置字体颜色和大小的示例。个人主页模板的示例允许主页设置不同的网页模板。

9.3.1　Hello MVC

本示例实现一个改变字体颜色和字体大小的 MVC 程序，模型 FontStyleBean 中封装了字体的颜色和大小两个属性,视图 hello_view.jsp 负责展示字体效果,控制器 HelloMvcServlet 负责获得请求参数,实例化 JavaBean,设置 JavaBean 的属性和转发请求。程序的运行界面如图 9-5 所示。

图 9-5 Hello MVC 运行界面

1. 模型(Model):字体样式 FontStyleBean

类 FontStyleBean 用来封装字体的颜色和大小,它的属性 color 表示字体的颜色,属性 size 表示字体的大小。

```
package cn.edu.uibe.model;
public class FontStyleBean {
    private String color;                        //字体颜色
    private String size;                         //字体大小
    public String getColor() { return color; }
    public void setColor(String color) { this.color = color; }
    public String getSize() { return size; }
    public void setSize(String size) { this.size = size; }
}
```

2. 视图(View):显示字体颜色和大小的 JSP 页面 hello_view.jsp

JSP 页面 hello_view.jsp 负责显示字体的颜色和大小,页面中采用表达式语言 EL 来读取 request 对象上绑定的 JavaBean 的属性,其中 ${font.color}读取字体颜色的值,${font.size}读取字体大小的值。此外,页面中提供了一个选择字体颜色和大小的表单,其属性 action="hellomvc"给出了控制器 Servlet 的 URL 映射。

```
<%@ page contentType="text/html; charset=GB18030" %>
<!DOCTYPE html><html><head><meta charset="GB18030">
<title>Hello MVC</title>
</head><body>
<p><font color="${font.color}" size="${font.size}">
    Java Web 应用程序设计
</font></p>
<form action="hellomvc" method="post">
<p>颜色:<select name="color">
      <option value="black">黑色</option>
      <option value="red">红色</option>
      <option value="green">绿色</option>
      <option value="blue">蓝色</option>
```

```
</select>
大小:<select name="size">
      <option value="3">3</option>
      <option value="4">4</option>
      <option value="5">5</option>
      <option value="6">6</option>
</select>
<input type="submit" name="submit" value="确定"/></p>
</form></body></html>
```

3. 控制器(Controller):HelloMvcServlet

HelloMvcServlet是控制器,我们在这个Servlet中读取请求参数color和size的值,实例化FontStyleBean的对象,设置bean的属性color和size的值,然后将请求转发到视图。

```
package cn.edu.uibe.servlet;
import java.io.IOException;
import javax.servlet.*;
import javax.servlet.http.*;
import javax.servlet.annotation.WebServlet;
import cn.edu.uibe.model.FontStyleBean;
@WebServlet("/hellomvc")                              //URL映射
public class HelloMvcServlet extends HttpServlet {
  public void doGet( HttpServletRequest request,
                    HttpServletResponse response)
                    throws ServletException, IOException {
        //获得请求参数color的值
        String color = request.getParameter("color");
        if(color==null||color.trim().equals("")){
            color = "black";
        }
        //获得请求参数size的值
        String size = request.getParameter("size");
        if(size==null||size.trim().equals("")){
            size = "4";
        }
        //实例化一个FontStyleBean
        FontStyleBean font = new FontStyleBean();
        //设置Bean的属性
        font.setColor(color);
        font.setSize(size);
        //在request对象上绑定Bean
        request.setAttribute("font", font);
        //获得可以转发到hello_view.jsp的请求转发对象
```

```
        RequestDispatcher dispatcher;
        dispatcher = request.getRequestDispatcher("hello_view.jsp");
        //转发到 hello_view.jsp
        dispatcher.forward(request, response);
    }
    public void doPost(HttpServletRequest request,
                    HttpServletResponse response)
                    throws ServletException, IOException {
        doGet(request,response);
    }
}
```

使用注解@WebServlet 部署 HelloMvcServlet，URL 映射为"/hellomvc"。用户访问时需要请求"/hellomvc"，而不能直接请求"hello_view.jsp"。

9.3.2 个人主页模板

博客、用户空间等 Web 应用为用户提供了设置个人主页模板的功能。每个用户都可以根据个人喜好选择自己的主页模板，这是一个典型的 MVC 设计的示例。

我们的示例中有 3 个主页模板：我心飞翔(t_fly.jsp)、屋顶月圆(t_moon.jsp)、春的气息(t_spring.jsp)。有 3 个用户，昵称分别是：兼听则明、凌波微步、淡淡风清。用户信息包括：用户 ID、姓名、主页模板、状态或心情短语、照片的 URL、所在城市、出生日期、家乡。用户信息存储在 MySQL 数据库的 user_info 表中，字段名分别是：id、name、template、status、photo、city、birthday、hometown。访问用户主页的 URL 是"/user?id=#"，井号#为用户的 ID。

1. 数据库脚本：user_info.sql

以下 SQL 脚本创建数据库 mydb，创建用户信息表 user_info，并插入 3 条用户信息。

```
/*连接数据库引擎*/
mysql -u root --default-character-set=gbk
/*创建数据库 mydb*/
create database mydb default character set gbk;
/*使用数据库 mydb*/
use mydb;
/*创建用户信息表*/
create table user_info (
  id varchar(255) primary key,              /*用户 ID*/
  name varchar(255),                        /*昵称或姓名*/
  template varchar(255),                    /*主页模板*/
  status varchar(255),                      /*状态或心情短语*/
  photo varchar(255),                       /*照片的 URL*/
  city varchar(255),                        /*所在城市*/
  birthday datetime,                        /*出生日期*/
  hometown varchar(255)                     /*家乡*/
```

```
) engine=InnoDB default charset=gbk;
/*插入3条用户信息*/
INSERT INTO user_info(id,NAME,template,STATUS,photo,
                    city,birthday,hometown)
                    VALUES('001','兼听则明','t_fly.jsp',
                           '美丽的呼伦贝尔大草原!','images/user1.gif',
                           '北京','1978-03-23','辽宁彰武');
INSERT INTO user_info(id,NAME,template,STATUS,photo,
                    city,birthday,hometown)
                    VALUES('002','凌波微步','t_moon.jsp',
                           '考研复习中~~~','images/user2.gif',
                           '长春','2000-10-13','吉林四平');
INSERT INTO user_info(id,NAME,template,STATUS,photo,
                    city,birthday,hometown)
                    VALUES('003','淡淡风清','t_spring.jsp',
                            '祝祖国繁荣富强!','images/user3.gif',
                            '西安','2002-04-05','河北涿州');
```

2. 用户信息类:UserInfo

用户信息类 UserInfo 表示一个用户,具有属性 id、name、template、status、photo、city、birthday、hometown,以及存取属性值的 Setter 和 Getter 方法。

```
package cn.edu.uibe.domain;
public class UserInfo {
    private String id;                          //用户 ID
    private String name;                        //姓名
    private String template;                    //模板
    private String status;                      //状态
    private String photo;                       //照片
    private String city;                        //城市
    private String birthday;                    //出生日期
    private String hometown;                    //家乡
    public String getId() { return id; }
    public void setId(String id) { this.id = id; }
    public String getName() { return name; }
    public void setName(String name) { this.name = name; }
    …                                           //此处省略了其他属性的存取方法
}
```

3. 数据访问对象:接口 UserInfoDao 和类 UserInfoDaoImpl

接口 UserInfoDao 声明了从数据库中读取用户信息的方法 getUserInfoById(),根据用户 ID 查询用户信息,没有查到时返回 null。而 UserInfoDaoImpl 是接口的实现类。

```
/**
* UserInfoDao.java
```

```
 */
package cn.edu.uibe.dao;
import cn.edu.uibe.domain.UserInfo;
public interface UserInfoDao {
    UserInfo getUserInfoById(String id);
}
/**
 * UserInfoDaoImpl.java
 */
package cn.edu.uibe.dao.impl;
import java.sql.*;
import java.text.SimpleDateFormat;
import cn.edu.uibe.dao.UserInfoDao;
import cn.edu.uibe.domain.UserInfo;
public class UserInfoDaoImpl implements UserInfoDao{
    private String url;                         //连接数据库的 URL
    private String dbUser;                      //数据库用户
    private String dbPass;                      //数据库密码
    public UserInfoDaoImpl(){
        url = "jdbc:mysql://127.0.0.1:3306/mydb"
                + "?useUnicode=true&characterEncoding=gbk"
                + "&useSSL=false&serverTimezone=Asia/Shanghai";
        dbUser = "root";
        dbPass = "123456";
    }
    /**
     * 根据用户 ID 查询用户信息
     * @param id 用户 ID
     * @return 用户信息对象,如果没查到则返回 null
     */
    public UserInfo getUserInfoById(String id){
        Connection conn=null;                   //数据库连接
        Statement stmt=null;                    //语句对象
        ResultSet rs=null;                      //结果集
        UserInfo userInfo = new UserInfo();
        String sql = "select * from user_info where id='"+id+"'";
        try{
            Class.forName("com.mysql.cj.jdbc.Driver");
            conn = DriverManager.getConnection(url,dbUser,dbPass);
            stmt = conn.createStatement();
            rs = stmt.executeQuery(sql);
            System.out.println(sql);        //在控制台输出 SQL 语句
            if(rs.next()){
                userInfo.setId(id);                             //用户 ID
```

```
                userInfo.setName(rs.getString("name"));         //姓名
                userInfo.setTemplate(rs.getString("template")); //模板
                userInfo.setStatus(rs.getString("status"));     //状态
                userInfo.setPhoto(rs.getString("photo"));       //照片
                userInfo.setCity(rs.getString("city"));         //所在城市
                userInfo.setHometown(rs.getString("hometown")); //家乡
                Date birthday = rs.getDate("birthday");         //出生日期
                SimpleDateFormat df=new SimpleDateFormat("yyyy年MM月dd日");
                userInfo.setBirthday(df.format(birthday));
            }else{
                return null;              //如果没有查到ID给定的用户，则返回null
            }
        }catch(Exception e){
            e.printStackTrace();
        }finally{
            if(rs!=null) try{rs.close();}catch(Exception ignore){}
            if(stmt!=null) try{stmt.close();}catch(Exception ignore){}
            if(conn!=null) try{conn.close();}catch(Exception ignore){}
        }
        return userInfo;
    }
}
```

4. 用户主页控制器 UserInfoServlet

控制器 UserInfoServlet 获取请求参数 ID，调用数据访问对象 UserInfoDao 的 getUserInfoById()方法得到用户信息。用户信息包含主页使用的模板文件，控制器负责将请求转发到不同的模板。如果请求参数 ID 为空，或者为空格，或者没有找到 ID 对应的用户信息，则请求转发到错误处理页面 error.jsp。

```
package cn.edu.uibe.servlet;
import java.io.IOException;
import javax.servlet.*;
import javax.servlet.http.*;
import javax.servlet.annotation.WebServlet;
import cn.edu.uibe.dao.UserInfoDao;
import cn.edu.uibe.dao.impl.UserInfoDaoImpl;
import cn.edu.uibe.domain.UserInfo;
@WebServlet("/user")
public class UserInfoServlet extends HttpServlet {
protected void doGet(HttpServletRequest request,
                     HttpServletResponse response)
                     throws ServletException, IOException {
        //获得用户ID
        String id = request.getParameter("id");
```

```
        String url="";              //视图页面,可以是不同的模板,也可能是错误处理页面
        UserInfo userInfo=null;
        if(id==null||id.trim().equals("")){
            url = "error.jsp";
        }else{
            //新建用户信息访问对象
            UserInfoDao userInfoDao = new UserInfoDaoImpl();
            //根据用户 ID 获取用户信息
            userInfo = userInfoDao.getUserInfoById(id);
            if(userInfo!=null){
                //获得用户主页的模板
                url = userInfo.getTemplate();
                //在 request 对象上绑定用户信息,属性名为 user
                request.setAttribute("user", userInfo);
            }else{
                url = "error.jsp";//如果没找到用户信息
            }
        }
        //获得请求转发对象,转发到的 URL 已经计算好
        RequestDispatcher dispatcher = request.getRequestDispatcher(url);
        //转发请求
        dispatcher.forward(request, response);
    }
    protected void doPost(HttpServletRequest request,
                          HttpServletResponse response)
                          throws ServletException, IOException {
        doGet(request,response);
    }
}
```

使用注解@WebServlet 部署 UserInfoServlet,映射的 URL 是"/user",可以在浏览器中输入"http://localhost:8080/ch09/user?id==001"来访问第一个用户的主页。

5. 模板:我心飞翔:t_fly.jsp

模板"我心飞翔"对应的文件是 t_fly.jsp,模板的显示效果如图 9-6 所示。访问时不能直接访问模板文件,而应该请求 UserInfoServlet 的 URL 映射"/user",否则将无法显示用户的信息。

文件 t_fly.jsp 的内容如下,其中使用表达式语言 EL 读取绑定在 request 对象上的 user 的各个属性值。页脚部分使用 include 指令包含公共的页脚。

```
<%@ page contentType="text/html; charset=GB18030" %>
<!DOCTYPE html><html><head><meta charset="GB18030">
<title>我心飞翔</title>
<link href="t_fly.css" type="text/css" rel="stylesheet"/>
</head><body>
```

```
<div id="container">
    <div id="header"></div>
    <div id="content">
      <div id="userinfo">
        <table>
          <tr>
          <td><img src="${user.photo}"/></td>
          <td>
          <ul>
            <li>${user.name}: ${user.status}</li>
            <li>所在城市: ${user.city}</li>
            <li>出生日期: ${user.birthday}</li>
            <li>家乡: ${user.hometown}</li>
          </ul>
          </td>
          </tr>
        </table>
      </div>
    </div>
    <div id="footer">
      <%@include file="footer.jsp" %>
    </div>
</div>
</body></html>
```

t_fly.jsp 中引用的 CSS 文件 t_fly.css 的内容如下，其中 # header 给出了<div id="header">的 DIV 标签采用的样式，显示效果如图 9-6 所示，其他类似。

```
/* t_fly.css */
@charset "gb18030";
/* body 标签的样式 */
body{
    text-align: center;
    margin:0;   padding:0;
}
/* 定义一个存放所有页面内容的容器 */
#container{
    width: 896px;    height: auto;
    margin: 0  auto;
    text-align:left;
}
/* 定义页面头部 */
#header{
    width: 896px;   height: 246px;
    background-image:url(images/fly/head_fly.jpg);
```

```
    background-repeat:no-repeat;
}
/*定义页面中部*/
#content{
    width: 896px;   height:400px;
    background-image:url(images/fly/content_fly.gif);
    background-repeat: repeat-y;
}
/*定义页面底部*/
#footer{
    width: 896px;      height: 40px;
    line-height: 40px;
    background-color:#eeeeee;
    text-align:center;
    font-size:14px;
}
```

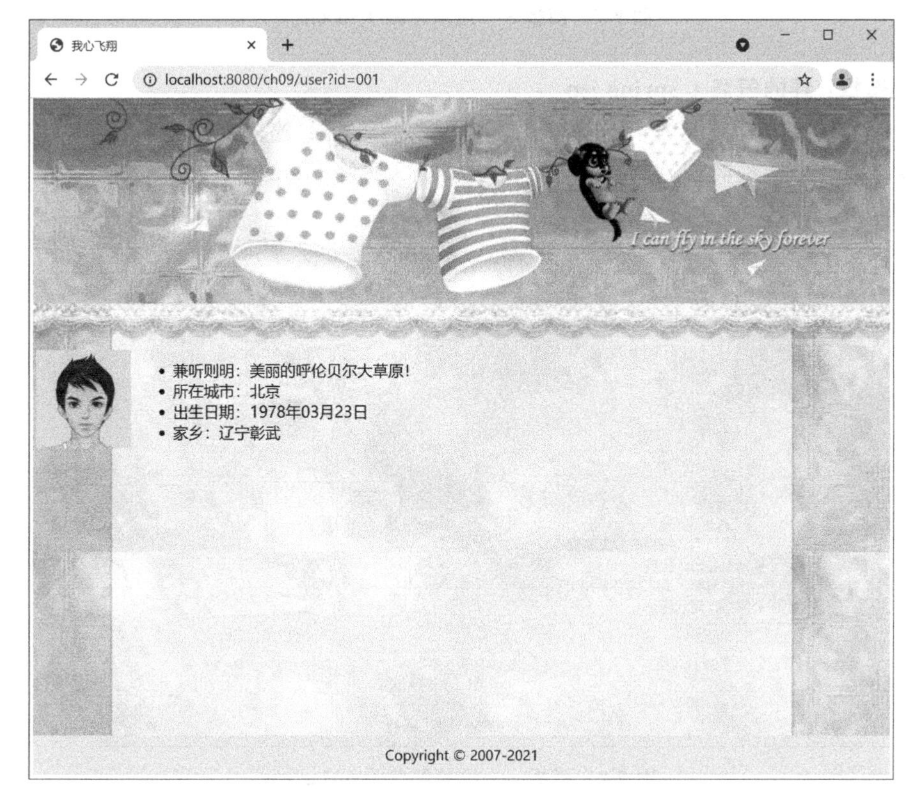

图 9-6　模板——我心飞翔 t_fly.jsp

6. 模板：屋顶月圆 t_moon.jsp

模板"屋顶月圆"对应的 JSP 文件是 t_moon.jsp，显示效果如图 9-7 所示。JSP 文件的内容与模板"我心飞翔"类似，只是引入了不同的 CSS 文件 t_moon.css。

图 9-7　模板——屋顶月圆 t_moon.jsp

7. 模板：春的气息 t_spring.jsp

模板"春的气息"对应的 JSP 文件是 t_spring.jsp，显示效果如图 9-8 所示。JSP 文件的内容与前两个模板类似，只是引入了不同的 CSS 文件 t_spring.css。

图 9-8　模板——春的气息 t_spring.jsp

8. 页脚文件：footer.jsp

在每个模板文件中，都使用<%@ include file="footer.jsp" %>包含了公共的页脚文件 footer.jsp。由于是被包含的页面，footer.jsp 不是完整的 HTML 文档，不能有<html>、<head>、<title>、<body>等标签，而仅仅是 HTML 的片段，内容如下：

```
<%@ page contentType="text/html; charset=GB18030"%>
Copyright © 2007-2021 All Rights Reserved
```

9. 错误信息页面：error.jsp

当请求 Servlet 的映射"/user"时，如果给出的 ID 为空，或者为空串，或者在数据库中没有查到 ID 对应的用户信息，请求将被转发到 error.jsp，显示效果如图 9-9 所示。

```
<%@ page contentType="text/html; charset=GB18030" %>
<!DOCTYPE html><html><head>
<meta charset="GB18030">
<title>出错啦!</title>
</head><body>
<h3>出错啦!</h3>
<p>正确访问的 URL 是:</p>
<p><a href="user? id=001">http://localhost:8080/ch09/user? id=001</a></p>
<p><a href="user? id=002">http://localhost:8080/ch09/user? id=002</a></p>
<p><a href="user? id=003">http://localhost:8080/ch09/user? id=003</a></p>
</body></html>
```

图 9-9 错误信息页面 error.jsp

本 章 小 结

MVC 设计模式是 Web 开发常用的设计模式，核心思想是有效地组合模型、视图和控制器，每个部分各有所长，分工明确。JSP 有两种常用的开发模式：模式一是 JSP+JavaBean，模式二是 JSP+Servlet+JavaBean。

在模式一中，JSP 页面独自响应请求并将处理结果返回客户，数据由 JavaBean 处理，JSP 实现页面的展示。

模式二结合了 JSP 和 Servlet 技术，充分利用了 JSP 和 Servlet 两种技术原有的优点。此方法遵循 MVC 设计模式，Servlet 是控制器(Controller)，JavaBean 是模型(Model)，JSP 是视图(View)。

MVC 模式包括三种角色：Model 是模型，负责处理业务逻辑；View 是模型在屏幕上的显示；Controller 控制模型和视图之间的交互。

MVC 框架建立在现有技术的基础之上，提供和现有技术一样业务功能的技术框架，这个新的技术框架比原技术更加易用，更加健壮，同时功能更加强大。Java Web 开发常用的 MVC 框架有 Struts2 和 Spring MVC，本书第 14 章将介绍 Spring MVC。

习　题　九

1. 以下关于 MVC 设计模式的描述，不正确的是（　　）。
   A. MVC 模式包含 3 种角色：模型、视图、控制器
   B. MVC 中的模型指的是真正完成任务的代码，也常被称作业务逻辑
   C. MVC 中的视图仅仅用于展示数据，而不应当处理数据
   D. MVC 中的控制器是模式的核心，并与模型和视图隔离
2. 若开发 Java Web 应用采用 MVC 设计模设，控制器由（　　）来实现。
   A. JSP　　B. JavaBean　　C. Servlet　　D. JSTL
3. 以下关于 JSP 的两种开发模式的描述，不正确的是（　　）。
   A. 模式一结合使用 JSP 和 JavaBean 来开发 Web 应用程序
   B. 模式二结合使用 Servlet、JavaBean、JSP 来开发 Web 应用程序
   C. 模式一和模式二都实现了数据处理和结果显示的分离，并符合 MVC 设计模式
   D. 模式二具有更清晰的页面、清楚的开发者角色划分，更适合大型系统
4. 下列不是 MVC 设计模式的优点的是（　　）。
   A. 更加明显地将显示和逻辑分离
   B. 可以根据条件决定使用不同的视图
   C. 页面中没有控制代码，易于维护
   D. 使用 MVC 设计模式开发 Web 应用，代码量减少了
5. 以下关于 JSP 开发模式二的描述，不正确的是（　　）。
   A. 模型、视图、控制器是模式二的组成部分
   B. 控制器负责接收客户端的请求，并调用模型执行相应的动作
   C. 控制器决定使用哪个视图，并将请求转发到相应的视图
   D. 模型仅用于为视图准备数据，而不处理业务逻辑
6. 开发 Web 应用时使用 MVC 模式有哪些好处？
7. 简述使用 JSP＋Servlet＋JavaBean 实现 MVC 的完整流程。
8. 有哪些 Java Web 开发的 MVC 框架？请分析它们的特点。

第 10 章

JDBC 访问数据库

开发 Web 应用程序离不开数据库编程，几乎所有的网站项目都使用数据库，所以掌握 Java 数据库编程技术非常重要。在前面的相关章节我们已经零散地介绍了一些数据库编程的知识，本章将系统介绍 Java 数据库编程技术。

本章的内容包括 JDBC 技术和数据库驱动程序介绍、JDBC 常用接口使用介绍、使用 JDBC 连接 MySQL 数据库、基本数据库操作、高级数据库操作、连接池和数据源。

10.1 JDBC 的接口和类

本节介绍 JDBC 的概念，并介绍 JDBC 的接口和类，包括 Driver、DriverManager、Connection、Statement、PreparedStatement、DatabaseMetadata 和 ResultSetMeta data。

10.1.1 JDBC 简介

JDBC 是 Java Database Connectivity 的缩写，职责是为 Java 应用程序访问数据库提供一种通用的手段。JDBC API 为 Java 开发者使用数据库提供了统一的编程接口，它由一组 Java 类和接口组成。JDBC API 使得开发人员可以使用纯 Java 的方式来连接数据库，并进行操作。

在企业级环境中进行的数据库操作远远不只是连接数据库并执行语句，还需要考虑其他方面的要求，包括使用连接池来优化资源的使用，实现分布式事务处理等。

JDBC 包含 java.sql 和 javax.sql 两个包，它们提供了 Java 程序操作数据库的接口和类。

- java.sql 这个包中的类和接口主要针对基本的数据库编程服务，如建立数据库连接、执行语句，以及准备语句和执行批处理等。同时也有一些高级的处理，比如批处理更新、事务隔离和可滚动结果集等。
- javax.sql 这个包主要为数据库方面的高级操作提供接口和类，如为连接管理、分布式事务等提供更好的抽象，它引入了容器管理的连接池、分布式事务等。

10.1.2 Driver

Driver 是一个接口，数据库驱动程序需要实现 Driver 接口。程序在连接数据库前，必须先加载特定厂商提供的数据库驱动程序，例如：

```
Class.forName("com.mysql.cj.jdbc.Driver")
```

常用的数据库驱动程序有：

- SQL Server——com.microsoft.sqlserver.jdbc.SQLServerDriver。
- Oracle——oracle.jdbc.OracleDriver。
- MySQL—— com.mysql.cj.jdbc.Driver。

需要注意的是，不同版本JDBC驱动的Driver的完整类名可能是略有区别的，开发者需要查阅帮助文档或者查看JAR包的内容来确认驱动的类名。

10.1.3 DriverManager

DriverManager类用来建立和数据库的连接，以及管理JDBC驱动程序。调用DriverManager类的getConnection()方法时，会从已注册的JDBC Driver集中找到相应的驱动程序。DriverManager的常用方法有：

1. static Connection getConnection(String url, String user, String password)

给出用户名和密码，建立数据库连接。

2. static Connection getConnection(String url)

建立数据库连接，可以在URL中给出用户名和密码。

各种数据库的连接URL是不同的。

- SQL Server：jdbc:sqlserver://127.0.0.1:1433。
- Oracle：jdbc:oracle:thin:@127.0.0.1:1521:[sid]。
- MySQL：jdbc:mysql://127.0.0.1:3306/**dbname**?useUnicode=true&characterEncoding=gbk&useSSL=false&serverTimezone=Asia/Shanghai。

10.1.4 Connection

Connection接口代表与数据库的连接，应用程序可以通过Connection创建语句对象，提交事务，回滚事务，获取数据库元数据。Connection的常用方法有：

1. Statement createStatement()

创建一个语句对象，语句对象用于执行SQL语句。

2. PreparedStatement prepareStatement(String sql)

使用带参数的SQL语句创建预处理语句对象。

3. CallableStatement prepareCall(String sql)

创建一个用于调用存储过程的CallableStatement对象。

4. void setAutoCommit(boolean autoCommit)

设置是否自动提交事务，默认为自动提交。setAutoCommit(false)开始一个事务。

5. void setTransactionIsolation(int level)

设置事务的隔离级别，事务隔离级别影响事务的并发执行能力。

6. void commit()

提交事务，使修改动作生效。

7. void rollback()

回滚事务，撤销修改动作。

8. DatabaseMetaData getMetaData()

获取数据库元数据，MetaData 包含了数据库相关的信息。

9. void close()

关闭数据库连接。

10.1.5 Statement

Statement 允许在底层连接上执行不带参数的 SQL 语句，并访问结果。Statement 常用的方法有：

1. ResultSet executeQuery(String sql)

执行查询语句返回结果集。

2. int executeUpdate(String sql)

执行 SQL 语句，如 INSERT、UPDATE、DELETE 以及数据定义语句 DDL。

3. boolean execute(String sql)

执行 SQL 语句。

4. void addBatch(String sql)

增加批处理语句。

5. int[] executeBatch()

执行批处理语句。

6. void clearBatch()

清除批处理语句。

7. void close()

关闭语句对象。

10.1.6 ResultSet

在 Statement 执行 SQL 语句时，有时会返回结果集 ResultSet。ResultSet 抽象了执行 SELECT 语句的结果，提供了逐行访问结果的方法，通过它可以访问结果集的不同字段。ResultSet 的常用方法如下。

1. boolean next()

把结果集游标向下移动一行，开始时游标位于第一行记录的前面。

2. String getString(int columnIndex)

获取指定字段的值，字段下标从“1”开始，返回 String 类型。

3. String getString(String columnLabel)

获取指定字段的值，字段通过字段名指定，返回 String 类型。

4. void close()

关闭结果集。

其他 get 方法：getInteger()、getLong()、getFloat()、getDouble()、getDate()、 getBoolean()等。各种数据类型的结果都可以用 getString()方法读取。

10.1.7 PreparedStatement

PreparedStatement 接口继承自 Statement。PreparedStatement 用于执行预编译的 SQL 语句,预编译的 SQL 语句可以多次绑定参数执行。SQL 语句中的参数用问号“?”表示,第 1 个问号的下标是 1,第 2 个问号的下标是 2,以此类推。

```
//带参数的 SQL 语句中有一个或多个问号
Stirng sql = "UPDATE EMPLOYEES SET SALARY = ? WHERE ID = ? ";
PreparedStatement pstmt = con.prepareStatement(sql);      //准备语句
pstmt.setBigDecimal(1, 153833.00);                        //设置第 1 个参数值
pstmt.setInt(2, 110592);                                  //设置第 2 个参数值
pstmt.execute();                                          //执行语句
```

10.1.8 DatabaseMetadata

数据库元数据,通过它可以获取数据库各个方面的信息。元数据包含了数据库的相关信息,例如当前数据库连接的用户名、使用的 JDBC 驱动程序、数据库允许的最大连接数、数据库的版本等。

```
DatabaseMetaData dbMeta = conn.getMetaData();
```

10.1.9 ResultSetMetadata

结果集元数据,通过它可以获得结果集相关的信息,如字段个数、字段名、字段类型等。

```
ResultSetMetaData rsMeta = rs.getMetaData();
```

10.2 连接 MySQL 数据库

本节介绍使用 JDBC 连接几种常用数据库的方法,包括和 MySQL 8.0。不同数据库建立连接时,需要使用不同的驱动程序和不同的连接 URL。

10.2.1 安装和使用 MySQL

从 MySQL 官方网站 https://www.mysql.com 下载 Community 版本的数据库服务器 MySQL Community Server 8.0.25。下载得到的文件为 mysql-installer-community-8. 0.25.0.msi,运行安装程序,可以只安装 MySQL Server。如果在安装 MySQL 的最后一步启动失败,原因很可能是 MySQL Server 运行的用户“NETWORK SERVICE”的权限不足。解决方法是为 MySQL 服务选择一个有管理员权限的用户,或者将网络服务添加到管理员组(Administrators)。另外,还需要手工将 MySQL 可执行文件的目录添加到 Path 环境变量中,然后就可以使用命令 mysql 连接数据库服务器了。

```
mysql -h localhost -u root -p --default-character-set=gbk
```

使用 root 用户登录成功的界面如图 10-1 所示。

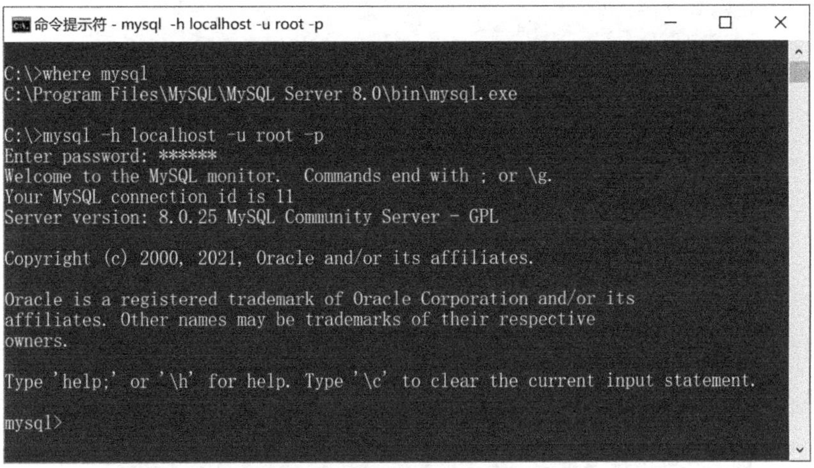

```
命令提示符 - mysql  -h localhost -u root -p

C:\>where mysql
C:\Program Files\MySQL\MySQL Server 8.0\bin\mysql.exe

C:\>mysql -h localhost -u root -p
Enter password: ******
Welcome to the MySQL monitor.  Commands end with ; or \g.
Your MySQL connection id is 11
Server version: 8.0.25 MySQL Community Server - GPL

Copyright (c) 2000, 2021, Oracle and/or its affiliates.

Oracle is a registered trademark of Oracle Corporation and/or its
affiliates. Other names may be trademarks of their respective
owners.

Type 'help;' or '\h' for help. Type '\c' to clear the current input statement.

mysql>
```

图 10-1　登录 MySQL 数据库

以下 SQL 脚本给出了创建数据库、创建用户、给用户授权、使用数据库、删除用户、删除数据库的基本操作，运行效果如图 10-2 所示。

```
/* 创建数据库 testdb,默认字符集为 gbk */
create database testdb default character set gbk;
/* 创建从本机访问的用户 TestUser 和从其他计算机访问的用户 TestUser  */
/* @localhost 是从本机访问的用户名, @'%'是从其他计算机访问的用户名 */
create user TestUser@localhost identified by '123456';
create user TestUser@'%' identified by '123456';
/* 将 testdb 上所有权限授予从本机和其他计算机的 TestUser */
grant all privileges on testdb.* to TestUser@'localhost';
grant all privileges on testdb.* to TestUser@'%';
/* 使用数据库 testdb */
use testdb;
/* 删除用户 */
drop user TestUser@localhost;
drop user TestUser@'%';
/* 删除数据库 */
drop database testdb;
```

10.2.2　通过 JDBC 连接 MySQL

下载 JAR 文件 mysql-connector-java-8.0.25.jar，并添加到 Eclipse 项目的 Java Build Path→Libraries 中；或者将项目转成 Maven 项目，然后在 pom.xml 中添加 MySQL 数据库驱动的依赖。这两种方法都可以在项目中引入 MySQL 驱动。

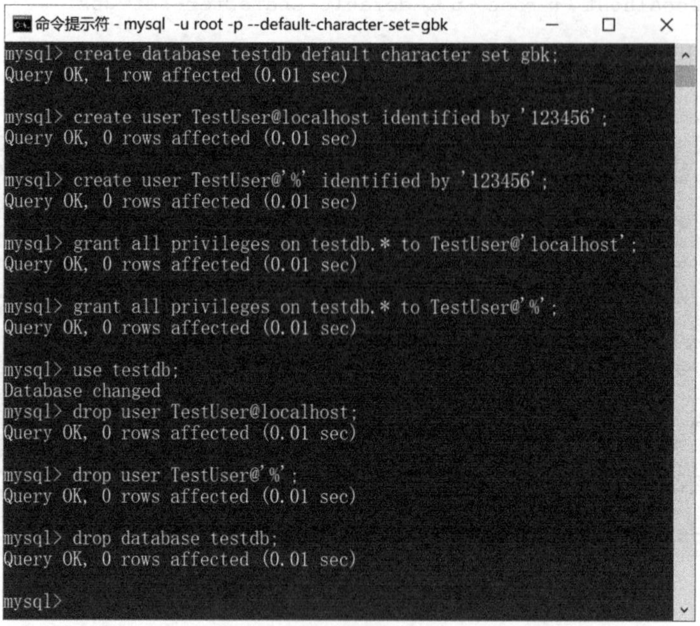

```
命令提示符 - mysql -u root -p --default-character-set=gbk
mysql> create database testdb default character set gbk;
Query OK, 1 row affected (0.01 sec)

mysql> create user TestUser@localhost identified by '123456';
Query OK, 0 rows affected (0.01 sec)

mysql> create user TestUser@'%' identified by '123456';
Query OK, 0 rows affected (0.01 sec)

mysql> grant all privileges on testdb.* to TestUser@'localhost';
Query OK, 0 rows affected (0.01 sec)

mysql> grant all privileges on testdb.* to TestUser@'%';
Query OK, 0 rows affected (0.01 sec)

mysql> use testdb;
Database changed
mysql> drop user TestUser@localhost;
Query OK, 0 rows affected (0.01 sec)

mysql> drop user TestUser@'%';
Query OK, 0 rows affected (0.01 sec)

mysql> drop database testdb;
Query OK, 0 rows affected (0.01 sec)

mysql>
```

图 10-2　MySQL 创建数据库、创建用户等基本操作

```
<!-- JDBC driver for MySQL -->
<dependency>
    <groupId>mysql</groupId>
    <artifactId>mysql-connector-java</artifactId>
    <version>8.0.25</version>
</dependency>
```

ConnMySQL.java 中给出了连接 MySQL 的代码，代码获得数据库名称和数据库版本，并在控制台显示出来。

```
package cn.edu.uibe;
import java.sql.*;
public class ConnMySQL {
  public static void main(String[] args) {
    Connection conn = null;
    try{
      //加载 MySQL 驱动程序
      Class.forName("com.mysql.cj.jdbc.Driver");
      //连接字符串
      String url = "jdbc:mysql://127.0.0.1:3306/testdb"
                  + "?useUnicode=true&characterEncoding=gbk"
                  + "&useSSL=false&serverTimezone=Asia/Shanghai";
      //建立数据库连接
      conn = DriverManager.getConnection(url,"TestUser","123456");
      //获得数据库元数据
```

```
      DatabaseMetaData meta = conn.getMetaData();
      //获得数据库名称
      String dbName = meta.getDatabaseProductName();
      //获得数据库版本信息
      String version = meta.getDatabaseProductVersion();
      //输出数据库名称和版本
      System.out.println("成功连接到"+dbName+" "+version+"数据库!");
    }catch(Exception e){
      e.printStackTrace();
    }finally {
      //关闭数据库连接
      try{ conn.close(); }catch(Exception ignore) { }
    }
  }
}
```

程序的输出为：

```
成功连接到 MySQL 8.0.25 数据库!
```

10.3 基本数据库操作

本节介绍如何使用JDBC查询数据、插入数据、更新数据、删除数据、执行带参数的SQL语句，以及获取元数据。

本例使用MySQL数据库，以下SQL语句创建数据库mydb和成绩表score，成绩表有学生ID、学生姓名、综合成绩3个字段。使用insert语句预先插入了两条记录，使用grant语句创建了用户myuser，密码是mypass。本节的各种操作都在成绩表上进行。

```
/* 创建数据库 mydb,默认字符集为 gbk */
create database mydb default character set gbk;
/* 使用数据库 mydb */
use mydb;
/* 创建成绩表 */
create table score(
    id bigint auto_increment,          /* 学生 ID */
    name varchar(20),                  /* 学生姓名 */
    score float,                       /* 综合成绩 */
    primary key(id)
)engine=InnoDB default charset=gbk;
/* 插入两条记录 */
insert into score(name,score) values("学生 A", 86.5);
insert into score(name,score) values("学生 B", 90.0);
/* 创建用户 myuser,密码为 mypass,将 mydb 上所有权限授予 myuser */
```

```
create user myuser@'localhost' identified by 'mypass';
create user myuser@'%' identified by 'mypass';
grant all privileges on mydb.* to myuser@'localhost';
grant all privileges on mydb.* to myuser@'%';
```

10.3.1 查询数据

Java 代码 Select.java 执行 SELECT 语句返回 score 表的全部记录，并遍历结果集进行输出。执行 SELECT 语句可以使用 Statement 接口的 executeQuery()方法，该方法返回一个 ResultSet。使用 getXxx()方法读取 ResultSet 中的数据，比如 getFloat("score")读取当前记录的 score 字段值，返回类型是 float。

```
package cn.edu.uibe;
import java.sql.*;
public class Select {
  public static void main(String[] args) {
    Connection conn = null;                               //数据库连接
    Statement stmt = null;                                //SQL 语句
    ResultSet rs = null;                                  //结果集
    try {
      //1.加载驱动程序
      Class.forName("com.mysql.cj.jdbc.Driver");
      //2.给出连接字符串
      String url = "jdbc:mysql://127.0.0.1:3306/mydb"
                  + "?useUnicode=true&characterEncoding=gbk"
                  + "&useSSL=false&serverTimezone=Asia/Shanghai";
      //3.建立连接
      conn = DriverManager.getConnection(url, "myuser", "mypass");
      //4.创建语句对象
      stmt = conn.createStatement();
      //5.给出 select 语句
      String sqlStatement = "select * from score order by id";
      //6.执行查询，返回结果集
      rs = stmt.executeQuery(sqlStatement);
      //7.遍历结果集，显示查询结果
      while (rs.next()) {
        int id = rs.getInt("id");
        String name = rs.getString("name");
        float score = rs.getFloat("score");
        System.out.println(id + " " + name + " " + score);
      }
    } catch (ClassNotFoundException e) {
      e.printStackTrace();
    } catch (SQLException e) {
```

```
        e.printStackTrace();
      } finally {
        //8.关闭结果集、语句、连接
        try { rs.close(); } catch (Exception ignore) { }
        try { stmt.close(); } catch (Exception ignore) { }
        try { conn.close(); } catch (Exception ignore) { }
      }
    }
  }
```

程序的输出为：

```
1 学生A 86.5
2 学生B 90.0
```

10.3.2 插入数据

Java代码Insert.java执行INSERT语句向表score中插入一条记录，记录的ID是19。ID是表的主键，主键是唯一的，不能重复，如果表中不存在ID为19的记录，则插入这条记录；如果存在ID为19的记录，插入操作将会抛出SQLException。executeUpdate()方法的返回值是插入或者更新的记录条数。

```
package cn.edu.uibe;
import java.sql.*;
public class Insert {
  public static void main(String[] args) {
    Connection conn = null;                              //数据库连接
    Statement stmt = null;                               //SQL语句
    try {
      //1.加载驱动程序
      Class.forName("com.mysql.cj.jdbc.Driver");
      //2.给出连接字符串
      String url = "jdbc:mysql://127.0.0.1:3306/mydb"
                  + "?useUnicode=true&characterEncoding=gbk"
                  + "&useSSL=false&serverTimezone=Asia/Shanghai";
      //3.建立连接
      conn = DriverManager.getConnection(url, "myuser", "mypass");
      //4.创建语句对象
      stmt = conn.createStatement();
      //5.给出insert语句
      String sql="insert into score(id,name,score) values(19,'佟强',100)";
      //6.执行
      int ret = stmt.executeUpdate(sql);
      System.out.println("成功插入" + ret + "条记录");
```

```
      //7.关闭语句、连接
      stmt.close();
      conn.close();
    } catch (Exception e) {
      e.printStackTrace();
    } finally {
      try {stmt.close();} catch (Exception ignore) {}
      try {conn.close();} catch (Exception ignore) {}
    }
  }
}
```

程序执行结果是：

```
成功插入 1 条记录
```

如果 ID 为 19 的记录已经存在，则会抛出异常，提示主键重复(Duplicate)，输出为：

```
java.sql.SQLIntegrityConstraintViolationException: Duplicate entry '19' for
key 'score.PRIMARY'
at com.mysql.cj.jdbc.exceptions.SQLError.createSQLException(SQLError.java:
117)
at com.mysql.cj.jdbc.exceptions.SQLExceptionsMapping.translateException
(SQLExceptionsMapping.java:122)
at com.mysql.cj.jdbc.StatementImpl.executeUpdateInternal(StatementImpl.
java:1333)
at com.mysql.cj.jdbc.StatementImpl.executeLargeUpdate(StatementImpl.java:
2106)
at com.mysql.cj.jdbc.StatementImpl.executeUpdate(StatementImpl.java:1243)
at cn.edu.uibe.Insert.main(Insert.java:39)
```

10.3.3 带参数的 SQL 语句

Java 代码 Prepare.java 使用 PreparedStatement 执行带有参数的 INSERT 语句向 score 表中插入两条记录。PreparedStatement 是预编译的，对于批量处理可以大大提高效率。而 Statement 每次执行 SQL 语句，数据库都要执行 SQL 语句的编译。在对数据库只执行一次性存取时，用 Statement 对象进行处理。PreparedStatement 对象的开销比 Statement 大，对于一次性操作不会带来性能的提高。此外，PreparedStatement 可以防止 SQL 注入攻击，防止数据库缓冲池溢出，具有良好的代码可读性和可维护性。

```
package cn.edu.uibe;
import java.sql.*;
public class Prepare {
  public static void main(String[] args) {
    Connection conn = null;                                   //数据库连接
```

```
    PreparedStatement pstmt = null;                         //SQL 语句
    try {
      //1.加载驱动程序
      Class.forName("com.mysql.cj.jdbc.Driver");
      //2.给出连接字符串
      String url = "jdbc:mysql://127.0.0.1:3306/mydb"
                  + "?useUnicode=true&characterEncoding=gbk"
                  + "&useSSL=false&serverTimezone=Asia/Shanghai";
      //3.建立连接
      conn = DriverManager.getConnection(url, "myuser", "mypass");
      //4.给出带有参数的 insert 语句
      String sql = "insert into score(id,name,score) values(?,?,?)";
      //5.创建 PreparedStatement 对象
      pstmt = conn.prepareStatement(sql);
      //6.多次绑定参数,执行 insert 语句
      pstmt.setInt(1, 3);
      pstmt.setString(2, "王二");
      pstmt.setFloat(3, 78.5F);
      pstmt.execute();
      pstmt.setInt(1, 4);
      pstmt.setString(2, "赵五");
      pstmt.setFloat(3, 88.0F);
      pstmt.execute();
      System.out.println("成功插入了记录");
      //7.关闭语句、连接
      pstmt.close();
      conn.close();
    } catch (Exception e) {
      e.printStackTrace();
    } finally {
      try{pstmt.close();} catch (Exception ignore) {}
      try{conn.close();} catch (Exception ignore) {}
    }
  }
}
```

10.3.4 更新数据

Java 代码 Update.java 执行 UPDATE 语句更新表 score 中的记录。executeUpdate()方法执行更新语句,并返回更新的记录数。

```
package cn.edu.uibe;
import java.sql.*;
```

```
public class Update {
  public static void main(String[] args) {
    Connection conn = null;                                          //数据库连接
    Statement stmt = null;                                           //SQL 语句
    try {
      //1.加载驱动程序
      Class.forName("com.mysql.jdbc.Driver");
      //2.给出连接字符串
      String url = "jdbc:mysql://127.0.0.1:3306/mydb"
                 + "?useUnicode=true&characterEncoding=gbk"
                 + "&useSSL=false&serverTimezone=Asia/Shanghai";
      //3.建立连接
      conn = DriverManager.getConnection(url, "myuser", "mypass");
      //4.创建语句对象
      stmt = conn.createStatement();
      //5.给出 insert 语句
      String sql = "update score set score=99.0 where id=19";
      //6.执行
      int ret = stmt.executeUpdate(sql);
      System.out.println("成功更新" + ret + "条记录");
      //7.关闭语句、连接
      stmt.close();
      conn.close();
    } catch (Exception e) {
      e.printStackTrace();
    } finally {
      try {stmt.close();} catch (Exception ignore) {}
      try {conn.close();} catch (Exception ignore) {}
    }
  }
}
```

10.3.5 删除数据

Java 代码 Delete.java 执行 DELETE 语句从表 score 中删除满足条件的记录，executeUpdate()方法执行删除语句，并返回删除的记录条数。

```
package cn.edu.uibe;
import java.sql.*;
public class Delete {
  public static void main(String[] args) {
    Connection conn = null;                                          //数据库连接
    Statement stmt = null;                                           //SQL 语句
    try {
```

```
      //1.加载驱动程序
      Class.forName("com.mysql.cj.jdbc.Driver");
      //2.给出连接字符串
      String url = "jdbc:mysql://127.0.0.1:3306/mydb"
                + "?useUnicode=true&characterEncoding=gbk"
                + "&useSSL=false&serverTimezone=Asia/Shanghai";
      //3.建立连接
      conn = DriverManager.getConnection(url, "myuser", "mypass");
      //4.创建语句对象
      stmt = conn.createStatement();
      //5.给出 delete 语句
      String sql = "delete from score where id in (3,4,19)";
      //6.执行
      int count = stmt.executeUpdate(sql);
      System.out.println("成功删除了"+count+"条记录");
      //7.关闭语句、连接
      stmt.close();
      conn.close();
    } catch (Exception e) {
      e.printStackTrace();
    } finally {
      try {stmt.close();} catch (Exception ignore) {}
      try {conn.close();} catch (Exception ignore) {}
    }
  }
}
```

10.3.6　获取元数据

Java 代码 MetaData.java 演示如何获得数据库元数据和结果集元数据。DatabaseMetaData 是数据库的元数据,包括数据库名称、版本、驱动程序名、连接 URL 等信息。ResultSetMetaData 是结果集元数据,包括列数、各列的名称等信息。

```
package cn.edu.uibe;
import java.sql.*;
public class MetaData {
  public static void main(String[] args) {
    Connection conn = null;                    //数据库连接
    Statement stmt = null;                     //SQL 语句
    ResultSet rs = null;                       //结果集
    try {
      //1.加载驱动程序
      Class.forName("com.mysql.cj.jdbc.Driver");
      //2.给出连接字符串
```

```
    String url = "jdbc:mysql://127.0.0.1:3306/mydb"
                + "?useUnicode=true&characterEncoding=gbk"
                + "&useSSL=false&serverTimezone=Asia/Shanghai";
    //3.建立连接
    conn = DriverManager.getConnection(url, "root", "123456");
    //4.读取数据库元数据
    DatabaseMetaData dbmeta = conn.getMetaData();
    System.out.println(dbmeta.getDatabaseProductName());
    System.out.println(dbmeta.getDatabaseProductVersion());
    System.out.println(dbmeta.getDriverName());
    System.out.println(dbmeta.getURL());
    System.out.println("----------------------------------------");
    //5.创建语句对象
    stmt = conn.createStatement();
    //6.给出 select 语句
    String sql = "select * from score order by id";
    //7.执行查询,返回结果集
    rs = stmt.executeQuery(sql);
    //8.读取结果集元数据
    ResultSetMetaData rsmeta = rs.getMetaData();
    int columnCount = rsmeta.getColumnCount();
    for (int i = 1; i <= columnCount; i++) {
        if(i>1) System.out.print(" ");
        System.out.print(rsmeta.getColumnName(i));
    }
    System.out.println();
    while (rs.next()) {
      int id = rs.getInt("id");
      String name = rs.getString("name");
      float score = rs.getFloat("score");
      System.out.println(id + " " + name + " " + score);
    }
    System.out.println("----------------------------------------");
    //9.关闭结果集、语句、连接
    rs.close();
    stmt.close();
    conn.close();
  } catch (Exception e) {
    e.printStackTrace();
  } finally {
    try {rs.close();} catch (Exception ignore) {}
    try {stmt.close();} catch (Exception ignore) {}
    try {conn.close();} catch (Exception ignore) {}
  }
```

```
    }
}
```

程序的输出结果如下：

```
MySQL
8.0.25
MySQL Connector/J
jdbc:mysql://127.0.0.1:3306/mydb?useUnicode=true&characterEncoding=gbk
&useSSL=false&serverTimezone=Asia/Shanghai
-------------------------------------------
id name score
1 学生 A 86.5
2 学生 B 90.0
3 王二 78.5
4 赵五 88.0
19 佟强 100.0
-------------------------------------------
```

10.4 高级数据库操作

本节介绍几种常用的高级数据库操作，包括获得数据库生成的主键、事务处理、存储过程、批处理、分页显示查询结果。

10.4.1 获得数据库生成的主键

在实际开发中，数据库中表的主键经常会由数据库负责生成，INSERT语句插入数据时插入除主键以外的字段。很多情况下，当INSERT语句提交给数据库引擎执行完成后，程序需要获得生成的主键，以便根据主键查询插入的记录。JDBC通过在调用语句对象的executeUpdate()方法时，给出第二个参数Statement.RETURN_GENERATED_KEYS来说明希望数据库引擎返回生成的主键。生成的主键以结果集的形式返回，程序调用语句对象的getGeneratedKeys()方法得到一个结果集。遍历这个结果集，即得到数据库生成的主键。

以MySQL 8.0数据库为例，创建会员表member，其中字段ID是数据库负责生成的自动增量的整数。下列SQL语句创建会员表：

```
create table member(
    id int not null auto_increment,
    name varchar(100),
    email varchar(255),
    primary key (id)
)engine=InnoDB default character set gbk;
```

获得主键的代码：GeneratedKey.java

```
package cn.edu.uibe;
import java.sql.*;
public class GeneratedKey {
  public static void main(String[] args) {
    Connection conn = null;
    Statement stmt = null;
    ResultSet rs = null;
    try{
      //加载 MySQL 驱动程序
      Class.forName("com.mysql.cj.jdbc.Driver");
      //连接字符串
      String url = "jdbc:mysql://127.0.0.1:3306/mydb"
                  + "?useUnicode=true&characterEncoding=gbk"
                  + "&useSSL=false&serverTimezone=Asia/Shanghai";
      //建立数据库连接
      conn = DriverManager.getConnection(url,"root","123456");
      //创建语句对象
      stmt = conn.createStatement();
      //INSERT 语句
      String sql = "insert into member(name,email)
        values('张三','zhangsan@163.com'),('李四','lisi@uibe.edu.cn')";
      //执行 INSERT 语句,说明要返回数据库生成的主键
      int count=stmt.executeUpdate(sql, Statement.RETURN_GENERATED_KEYS);
      System.out.println("成功插入"+count+"条记录!");
      //产生的主键以结果集的形式返回
      rs = stmt.getGeneratedKeys();
      //遍历结果集,输出主键,实际上结果集只有一条记录
      while(rs.next()){
        long id = rs.getLong(1);
        System.out.println("产生的主键是:"+id);
      }
      //关闭结果集、语句、连接
      rs.close(); stmt.close(); conn.close();
    }catch(Exception e){
      e.printStackTrace();
    }finally{
      if(rs!=null) try{rs.close();}catch(Exception ignore){}
      if(stmt!=null) try{stmt.close();}catch(Exception ignore){}
      if(conn!=null) try{conn.close();}catch(Exception ignore){}
    }
  }
}
```

程序的运行结果如下，每次运行都将插入一条新的记录，生成一个新的ID。

```
成功插入 2 条记录!
产生的主键是:1
产生的主键是:2
```

10.4.2 事务处理

事务是作为单个逻辑工作单元执行的一系列操作。一个逻辑工作单元必须有四个属性(ACID)：原子性、一致性、隔离性和持久性，只有这样才能成为一个事务。

1. 原子性(Atomic)

事务中包含的操作被看作一个逻辑单元，这个逻辑单元中的操作要么全部成功，要么全部失败。

2. 一致性(Consistency)

只有合法的数据能被写入数据库，否则事务应该将其回滚到最初状态。

3. 隔离性(Isolation)

事务允许多个用户对同一个数据进行并发访问，而不破坏数据的正确性和完整性。同时，某个并发事务的修改必须与其他并发事务的修改相互独立。

4. 持久性(Durability)

事务完成之后，它对于系统的影响是永久性的。

5. 事务的并发控制

如果不对事务进行并发控制，并发事务的无序执行将会破坏数据的完整性。事务并发执行可能导致的异常可分为以下几种情况：

(1) Lost update(丢失更新)：A和B事务并发执行，A事务执行更新后，提交;B事务在A事务更新后，B事务结束前也做了对该行数据的更新操作，然后回滚，则两次更新操作都丢失。

(2) Dirty Reads(脏读)：A和B事务并发执行，B事务执行更新后，A事务查询B事务没有提交的数据，B事务回滚，则A事务得到的数据不是数据库中的真实数据，也就是脏数据，即和数据库中不一致的数据。

(3) Non-repeatable Reads(非重复读)：A和B事务并发执行，A事务查询数据，然后B事务更新该数据，A再次查询该数据时，发现该数据变化了。

(4) Second lost updates(第二类丢失更新，可以称为覆盖更新)：是非重复读的一种特殊情况，即A事务更新数据，然后B事务更新该数据，A事务查询发现自己更新的数据变了。

(5) Phantom Reads(幻像读)：A和B事务并发执行，A事务查询数据，B事务插入或者删除数据，A事务再次查询发现结果集中有以前没有的数据或者以前有的数据消失。

6. 数据库的隔离级别

一个事务与其他事务隔离的程度称为隔离级别。数据库规定了多种事务隔离级别，不同隔离级别对应不同的干扰程度，隔离级别越高，数据一致性就越好，但并发性越弱。

为了兼顾并发效率和异常控制，在标准 SQL 规范中，定义了 4 个事务隔离级别：

(1) Read Uncommitted(未提交读)：即使一个更新语句没有提交，别的事务也可以读到这个改变。如果一个事务已经开始写数据，则另外一个事务不允许同时进行写操作，但允许其他事务读此行数据。

(2) Read Committed(已提交读)：更新语句提交以后别的事务才能读到这个改变。读取数据的事务允许其他事务继续访问该行数据，但是未提交的写事务将会禁止其他事务访问该行。

(3) Repeatable Read(可重复读)：在同一个事务里面先后执行同一个查询语句时，确保得到的结果是一样的。读取数据的事务将会禁止写事务(但允许读事务)，写事务则禁止任何其他事务。

(4) Serializable(串行化)：事务执行时不允许别的事务并发执行。事务串行化执行，事务只能一个接一个地执行，而不能并发执行。

7. 隔离级别对并发的控制

事务的隔离级别对各种异常的控制能力如表 10-1 所示，其中 Y 表示会出现该种异常，N 表示不会出现该种异常。

表 10-1　隔离级别与各种异常

	丢失更新	脏读	非重复读	覆盖更新	幻像读
未提交读	Y	Y	Y	Y	Y
已提交读	N	N	Y	Y	Y
可重复读	N	N	N	N	Y
串行化	N	N	N	N	N

8. JDBC 事务处理

JDBC 程序员要负责启动和结束事务，从而确保数据的逻辑一致性。程序员必须定义数据修改的顺序，使数据的修改与业务规则保持一致。程序员将这些修改语句放在一个事务中，使数据库引擎能够强制该事务的物理完整性。

Connection 接口定义了事务处理相关的如下方法：

- void setAutoCommit(boolean autoCommit)：设置是否自动提交事务，默认为自动提交。setAutoCommit(false)开始一个事务。
- void setTransactionIsolation(int level)：设置事务的隔离级别，事务隔离级别影响事务的并发执行能力。
- void commit()：提交事务，使修改动作生效。
- void rollback()：回滚事务，撤销修改动作。

9. JDBC 事务处理的示例

这个示例实现了系统内的转账功能，将付款账号的金额减去 1000 元，而收款账号的金额加上 1000 元。这就要求两条 update 语句处于一个事务中，以确保操作的原子性。

系统采用 MySQL 数据库，需要注意的是 MySQL 表的默认类型 MyISAM 是不支持事务的，需要使用表类型 InnoDB 来支持事务。账号表的名字是 account，字段有账号 account_number、开户人姓名 name、账户金额 money。以下 SQL 语句创建账号表并插入两条记录。

```
use mydb;
create table account(
    account_number varchar(30) primary key,
    name varchar(100),
    money double
)engine = InnoDB default character set gbk;
insert into account(account_number,name,money)
        values('9558 8101 0012 5918','张三',10000.00);
insert into account(account_number,name,money)
        values('9558 8102 0013 5666','李四',10000.00);
```

Java 程序(Transaction.java)实现转账的功能，将两条 update 语句放在一个事务里，确保这两条 update 语句要么全执行成功，要么全执行失败，从而保证数据的完整性。

```
package cn.edu.uibe;
import java.sql.*;
public class Transaction {
  public static void main(String[] args) {
    Connection conn = null;                                //连接对象
    PreparedStatement pstmt = null;                        //预编译的 SQL 语句对象
    try{
      Class.forName("com.mysql.cj.jdbc.Driver");
      String url = "jdbc:mysql://127.0.0.1:3306/mydb"
                 + "?useUnicode=true&characterEncoding=gbk"
                 + "&useSSL=false&serverTimezone=Asia/Shanghai";
      //建立数据库连接
      conn = DriverManager.getConnection(url,"root","123456");
      //设置事务的隔离级别
      conn.setTransactionIsolation
                  (Connection.TRANSACTION_REPEATABLE_READ);
      //设置自动提交为 false,开始事务
      conn.setAutoCommit(false);
      //带参数的更新语句
      String sql="update account set money=money+? where account_number=? ";
      //准备语句
      pstmt = conn.prepareStatement(sql);
      //绑定参数,执行更新语句,将张三的账户金额减去 1000 元
      pstmt.setDouble(1, -1000.00);
      pstmt.setString(2, "9558 8101 0012 5918");
      pstmt.execute();
      //绑定参数,执行更新语句,将李四的账户金额增加 1000 元
```

```
        pstmt.setString(1, "一千元");
        pstmt.setString(2, "9558 8102 0013 5666");
        pstmt.execute();                                    //将抛出 SQL 异常
        //提交事务
        conn.commit();
        System.out.println("事务已提交,转账成功!");
        //关闭语句、连接
        pstmt.close(); conn.close();
      }catch(Exception e){
        try {
          conn.rollback();                                  //回滚事务
          System.out.println("事务回滚成功,没有任何记录被更新!");
        } catch(Exception re){
          System.out.println("回滚事务失败!");
        }
        e.printStackTrace();
      } finally{
        if(pstmt!=null) try{pstmt.close();}catch(Exception ignore){}
        if(conn!=null) try{conn.close();}catch(Exception ignore){}
      }
    }
  }
```

由于程序中第 2 条更新语句绑定了错误的参数"一千元",因此将会抛出 SQLException,程序在 catch 语句块中回滚事务。程序的输出如下:

```
事务回滚成功,没有任何记录被更新!
```

```
com. mysql. cj. jdbc. exceptions. MysqlDataTruncation: Data truncation:
Truncated incorrect DOUBLE value: '一千元'
at com.mysql.cj.jdbc.exceptions.SQLExceptionsMapping.translateException
(SQLExceptionsMapping.java:104)
at com.mysql.cj.jdbc.ClientPreparedStatement.executeInternal
(ClientPreparedStatement.java:953)
at com.mysql.cj.jdbc.ClientPreparedStatement.execute
(ClientPreparedStatement.java:370)
at cn.edu.uibe.Transaction.main(Transaction.java:60)
```

10.4.3 存储过程

SQL 语句执行时要先编译,然后执行。存储过程(Stored Procedure)是一组为了完成特定功能的 SQL 语句集,经编译后存储在数据库中。用户通过指定存储过程的名字并给出参数(如果该存储过程带有参数)来执行它。存储过程是数据库中的一个重要对象,任何一个设计良好的数据库应用程序都应该用到存储过程。

1. 存储过程的优点

- 存储过程能大大增强SQL语言的功能和灵活性。存储过程可以用流程控制语句编写,有很强的灵活性,可以完成复杂的判断和较复杂的运算。
- 通过存储过程可以使相关的动作在一起发生,从而可以维护数据库的完整性。
- 通过存储过程可以使没有权限的用户在控制之下间接地存取数据,从而保证数据的安全。
- 在运行存储过程前,数据库引擎已对其进行了语法和句法分析,并给出了优化执行方案。这种已经编译好的过程可极大地改善SQL语句的性能。由于执行SQL语句的大部分工作已经完成,所以存储过程能以极快的速度执行。
- 可以降低网络的通信量。
- 可以将体现企业规则的运算程序放入数据库服务器中,以便集中控制。当企业规则发生变化时,在服务器中改变存储过程即可,无须修改任何应用程序。

2. JDBC调用存储过程

接口CallableStatement为所有DBMS提供了一种以标准形式调用存储过程的方法。接口CallableStatement继承了接口Statement,用于处理一般的SQL语句,还继承了接口PreparedStatement用于处理输入参数(Java中接口是可以extends多个接口的)。

CallableStatement对象是用Connection对象的方法prepareCall()创建的。下例创建CallableStatement的实例,其中含有对存储过程getTestData的调用。该过程有两个变量,但不含结果参数:

```
CallableStatement cstmt = con.prepareCall("{call getTestData(?, ?)}");
```

其中"?"占位符为IN、OUT还是INOUT参数,取决于存储过程getTestData。

将IN参数传给CallableStatement对象是通过setXxx()方法完成的。该方法继承自PreparedStatement。所传入参数的类型决定了所用的setXxx()方法(例如,用setFloat()来传入float值)。

如果存储过程返回OUT参数,则在执行CallableStatement对象前必须先注册每个OUT参数的JDBC类型。注册JDBC类型是用registerOutParameter()方法来完成的。语句执行完后,CallableStatement的getXxx()方法可以取回参数值。

如果CallableStatement对象返回一个或多个ResultSet对象(通过调用execute()方法),则在检索OUT参数前应先检索所有的结果。在这种情况下,为确保对所有的结果都进行了访问,必须对Statement的方法getResultSet()、getUpdateCount()和getMoreResults()进行调用,直到不再有结果为止。

3. JDBC调用存储过程的示例

这个示例利用MySQL 8.0的存储过程实现转账功能,账号表与事务处理的示例是一样的。账号表的名字是account,字段有账号account_number、开户人姓名name、账户金额money。以下SQL语句创建一个名字为money_transfer的存储过程,用来实现系统内转账功能。存储过程money_transfer接受4个参数:accountPay是付款账号;accountAccept是收款账号;amount是转账金额;success是输出参数,表示是否转账成功。

```
USE mydb;                                                        /* 使用数据库 mydb */
/* 如果这个名字的存储过程,删除它 */
DELIMITER //-- 改变 MySQL delimiter(分隔符) 为: "//"
DROP PROCEDURE IF EXISTS money_transfer//
CREATE PROCEDURE money_transfer(                                 /* 存储过程名 */
      IN accountPay VARCHAR(30),                                 /* 付款账号 */
      IN accountAccept VARCHAR(30),                              /* 收款账号 */
      IN amount DOUBLE,                                          /* 转账金额 */
      OUT success BOOLEAN)                                       /* 输出参数,是否转账成功 */
BEGIN
  START TRANSACTION;                                             /* 开始事务 */
  SET autocommit = FALSE;
  /* 查询付款账号余额 */
  SELECT money FROM account WHERE account_number=accountPay INTO @money;
  /* 查询收款账号是否存在 */
  SELECT account_number FROM account WHERE
              account_number=accountAccept INTO @anum;
  IF (@money IS NULL) OR (@money<amount) OR (@anum IS NULL) THEN
     SET success = FALSE;                                        /* 转账失败 */
  ELSE
     UPDATE account SET money=money-amount WHERE account_number=accountPay;
     UPDATE account SET money=money+amount
                    WHERE account_number=accountAccept;
     SET success = TRUE;                                         /* 转账成功 */
  END IF;
  COMMIT;                                                        /* 提交事务 */
END; //
DELIMITER ;//   -- 改回默认的 MySQL delimiter: ";"
```

以下 Java 程序(StoredProcedure.java)调用存储过程 money_transfer 实现转账的功能,其中调用 setString()和 setDouble()向存储过程传递输入参数,registerOutParameter()注册第 4 个参数是输出参数,类型是 Types.BOOLEAN,调用 getBoolean()方法得到输出参数的值。如果输出参数为 true,则显示转账成功,否则显示转账失败。

```
package cn.edu.uibe;
import java.sql.*;
public class StoredProcedure {
  public static void main(String[] args) {
    Connection conn = null;                              //连接对象
    CallableStatement cstmt = null;                      //调用存储过程的语句对象
    try{
      //加载 MySQL 驱动程序
      Class.forName("com.mysql.cj.jdbc.Driver");
```

```
            //连接字符串
            String url = "jdbc:mysql://127.0.0.1:3306/mydb"
                       + "? useUnicode=true&characterEncoding=gbk"
                       + "&useSSL=false&serverTimezone=Asia/Shanghai";
            //建立数据库连接
            conn = DriverManager.getConnection(url,"root","123456");
            //准备存储过程
            cstmt = conn.prepareCall("call money_transfer(?,?,?,?)");
            //设置存储过程的输入参数
            cstmt.setString(1, "9558 8101 0012 5918");
            cstmt.setString(2, "9558 8102 0013 5666");
            cstmt.setDouble(3, 1000.00);
            //注册存储过程的输出参数
            cstmt.registerOutParameter(4, Types.BOOLEAN);
            //执行存储过程
            cstmt.execute();
            //获得存储过程的返回参数
            boolean success = cstmt.getBoolean(4);
            if(success){
              System.out.println("转账成功。");
            }else{
              System.out.println("转账失败!");
            }
            cstmt.close();
            conn.close();
          }catch(Exception e){
            e.printStackTrace();
          } finally {
            if(cstmt!=null) try{cstmt.close();}catch(Exception ignore){}
            if(conn!=null) try{conn.close();}catch(Exception ignore){}
          }
        }
      }
```

10.4.4 批处理

JDBC 批量处理的功能(batch)允许将多个 SQL 语句作为一个单元送至数据库去执行,这样做可以提高操作效率。在操作大量的数据时,先 Prepare 一个 INSERT 语句再多次执行,会导致多次的网络数据传输。要减少 JDBC 的调用次数改善性能,可以使用 PreparedStatement 或是 Statement 的 executeBatch()方法一次性发送多个 SQL 语句给数据库。

JDBC 批处理示例

本示例使用 MySQ 建立会员表 member,会员表包含字段会员 ID、会员姓名、电子邮件 3 个字段。

```
create table member(
    id int not null auto_increment,                    /* 数据库自动生成的主键 */
    name varchar(100),                                 /* 会员姓名 */
    email varchar(255),                                /* 电子邮件 */
    primary key (id)
)type = InnoDB default character set gbk;
```

以下 Java 代码(Batch.java)通过 JDBC 批处理功能一次插入 5 条记录。执行批处理语句的方法 executeBatch()返回值是一个整数数组,数组的每个元素对应每条 SQL 语句更新或插入的记录数。

```
package cn.edu.uibe;
import java.sql.*;
public class Batch {
  public static void main(String[] args) {
    Connection conn = null;
    PreparedStatement pstmt = null;
    try{
      //加载 MySQL 驱动程序
      Class.forName("com.mysql.cj.jdbc.Driver");
      //连接字符串
      String url = "jdbc:mysql://127.0.0.1:3306/mydb"
                 + "?useUnicode=true&characterEncoding=gbk"
                 + "&useSSL=false&serverTimezone=Asia/Shanghai";
      //建立数据库连接
      conn = DriverManager.getConnection(url,"root","123456");
      //开始事务
      conn.setAutoCommit(false);
      //准备语句
      String sql = "insert into member(name,email) values(?,?)"
      pstmt = conn.prepareStatement(sql);
      //插入 5 行数据
      for(int i=0;i<5;i++){
        pstmt.setString(1, "Zhang_"+i);                 //姓名
        pstmt.setString(2, "zhang_"+i+"@163.com");      //电子邮件
        pstmt.addBatch();                               //增加一条批处理语句
      }
      //执行批处理
      int[] updateCounts = pstmt.executeBatch();
      //提交事务
      conn.commit();
      for (int i = 0; i < updateCounts.length; i++) {
        System.out.print(updateCounts[i] + " ");
```

```
      }
      //关闭语句、连接
      pstmt.close(); conn.close();
    }catch(Exception e){
      try{conn.rollback();}catch(Exception ignore){}
      e.printStackTrace();
    }finally{
      if(pstmt!=null) try{pstmt.close();}catch(Exception ignore){}
      if(conn!=null) try{conn.close();}catch(Exception ignore){}
    }
  }
}
```

10.4.5 分页显示查询结果

在实际开发中，查询语句返回的结果较多，当界面无法完全显示时，通常采用分页显示的方式将查询结果分为多页显示。

分页显示时需要将结果集的游标定位到指定页的起始记录，然后才开始读取数据。这需要创建语句对象时指明结果集的类型和并发模式，说明结果集是可以滚动的，以及结果集是只读的。Connection接口中定义了可以指定结果集类型和并发模式的createStatement()方法。

1. Statement createStatement(int resultSetType, int resultSetConcurrency)

创建一个语句对象，这个语句对象将会产生指定类型和并发模式的结果集。

resultSetType(结果集类型)的取值有：

- ResultSet.TYPE_FORWARD_ONLY：说明ResultSet的游标只能向下滚动。
- ResultSet.TYPE_SCROLL_INSENSITIVE：说明ResultSet是可以滚动的，但对结果集底层的数据变化不敏感。
- ResultSet.TYPE_SCROLL_SENSITIVE：说明ResultSet是可以滚动的，而且对结果集底层的数据变化敏感。

resultSetConcurrency(结果集并发模式)的取值有：

- ResultSet.CONCUR_READ_ONLY：说明ResultSet是只读的。
- ResultSet.CONCUR_UPDATABLE：说明ResultSet是可以更新的。

分页显示需要调用ResultSet中的方法来定位和获得结果集中游标的位置。这几个ResultSet中的方法如下。

- boolean last()：将游标移动到结果集的最后一行。
- int getRow()：获得当前的行号，第一行是1，第二行是2，以此类推。
- boolean absolute(int row)：移动结果集的游标到给定的行号。

2. 分页显示的示例

Java代码PageResult.java用于分页显示查询会员表member的结果，pageSize给出每页的记录数，page是当前的页码。程序首先把游标移动到结果集的最后一条记录，并读取当前行号得到结果集中记录的行数 rowCount。根据记录数 rowCount 和每页记录数 pageSize 就可以计算出总页数 pageCount。根据页码 page 和每页记录数 pageSize 就可以得到要显示页的第一条记录的行号，然后调用 absolute()方法定位到该行记录。读取一页记录时需要注意的是，最后一页记录的数目可能不足一页。

```
package cn.edu.uibe;
import java.sql.*;
public class PageResult {
  public static void main(String[] args) {
    int page=2;                                          //第 2 页
    int pageSize=5;                                      //每页 5 条记录
    Connection conn = null;
    Statement stmt = null;
    ResultSet rs = null;
    try{
      Class.forName("com.mysql.cj.jdbc.Driver");
      String url = "jdbc:mysql://127.0.0.1:3306/mydb"
                  + "?useUnicode=true&characterEncoding=gbk"
                  + "&useSSL=false&serverTimezone=Asia/Shanghai";
      conn = DriverManager.getConnection(url,"root","123456");
      //创建语句对象
      stmt = conn.createStatement(ResultSet.TYPE_SCROLL_INSENSITIVE,
                                  ResultSet.CONCUR_READ_ONLY);
      String sql = "select * from member order by id";
      //执行查询语句,返回结果集
      rs = stmt.executeQuery(sql);
      //获得记录行数
      rs.last();
      int rowCount = rs.getRow();
      //计算总页数
      int pageCount = (rowCount+pageSize-1)/pageSize;
      //调整要输出的页
      if(pageCount>0 && page>pageCount){
        page = pageCount;
      }
      if(page<1){
        page = 1;
      }
      //计算要输出页的第一条记录行号,记录行号从 1 开始
      int start = (page-1)*pageSize+1;
      System.out.println("记录总数:"+rowCount+" 每页记录数:"+pageSize
              +" 总页数:"+pageCount+" 当前页码:"+page+" 起始行号:"+start);
      if(rowCount>0){
        //定位到页面的起始记录
```

```
        rs.absolute(start);
        for(int i=0; i<pageSize; i++){
          int id = rs.getInt("id");
          String name = rs.getString("name");
          String email = rs.getString("email");
          System.out.println(id+"\t"+name+"\t"+email);
          if(!rs.next()){
            break;                            //如果已经到达结果集最后一条记录
          }
        }
      }
      //关闭语句、连接
      rs.close(); stmt.close(); conn.close();
    }catch(Exception e){
      e.printStackTrace();
    }finally{
      if(rs!=null) try{rs.close();}catch(Exception ignore){}
      if(stmt!=null) try{stmt.close();}catch(Exception ignore){}
      if(conn!=null) try{conn.close();}catch(Exception ignore){}
    }
  }
}
```

在会员表 member 中 8 条记录,每页记录数为 5,页码为 2,程序的输出结果如下:

```
记录总数:8 每页记录数:5 总页数:2 当前页码:2 起始行号:6
6  Zhang_2  zhang_2@163.com
7  Zhang_3  zhang_3@163.com
8  Zhang_4  zhang_4@163.com
```

10.5 连接池和数据源

数据库连接的建立及关闭对系统而言是耗费系统资源的操作,在多层结构的应用程序环境下,这种耗费资源的动作对系统的性能影响尤为明显。在传统的数据库连接方式下(指通过 DriverManager),每个数据库连接对象均对应一个物理数据库连接,每次操作都打开一个物理连接,使用完再关闭连接,这样造成系统的性能低下。

而且,如果对数据库资源没有很好地管理(比如没有及时回收数据库的游标(ResultSet)、语句(Statement)、连接(Connection)等资源),往往会直接导致系统的不稳定。这类不稳定因素,不单单由数据库或者系统本身一方引起,只有系统正式使用后,才随着流量、用户的增加显现出来。

连接池和数据源的概念

数据库连接池的解决方案是在应用程序启动时建立一定数量的数据库连接,并将这些连接组成一个连接池,应用程序动态地对连接池中的连接进行申请、使用和释放。对于超过连接池中连接数的并发请求,应在请求队列中排队等待。

在基于Java开发的系统中,JDBC是程序员和数据库打交道的主要途径,提供了完备的数据库操作方法接口。但考虑到规范的适用性,JDBC只提供了最直接的数据库操作规范,对数据库资源进行管理,如对物理连接的管理及缓冲,就期望第三方应用服务器(Application Server)提供。

10.5.1 Tomcat下配置数据源

不同应用服务器配置连接池的方法是不一样的,在这里我们介绍Tomcat 5.5以上版本配置连接池的方法。

Tomcat连接池使用Apache自己的DBCP连接池,通过定义JDNI数据源来配置。JNDI数据源可以在TomcatHome/conf/server.xml中配置,也可以在一个Web应用的META-INF/context.xml中配置。在context.xml中配置MySQL连接池的XML如下。

```
<Context>
<Resource name="jdbc/mydb" auth="Container"
  type="javax.sql.DataSource" username="root" password="123456"
  driverClassName="com.mysql.cj.jdbc.Driver"
  url="jdbc:mysql://127.0.0.1:3306/mydb? useUnicode=true
      &amp;characterEncoding= gbk&amp;useSSL=false
      &amp;serverTimezone=Asia/Shanghai"
  maxTotal="8" maxIdle="4" />
</Context>
```

- maxTotal:连接池中最大的数据库连接数。
- maxIdle:连接池中最大的空闲数据库连接数。
- maxWait:等待数据库连接变为可用的最长时间,单位是毫秒。
- username:连接数据库的用户名。
- password:连接数据库的密码。
- driverClassName:驱动程序的完整类名。
- url:连接数据库的URL。

特别注意的是,Tomcat连接池可能并不使用Web应用WEB-INF/lib目录下的JDBC驱动程序。使用Tomcat 9时可以将JDBC驱动放在TomcatHome/lib中。

10.5.2 JSP页面中使用数据源

我们在pool.jsp中使用以上配置的连接池。在使用连接池时,JDBC仅需要改变建立连接的代码,其他代码都无需改变。conn.close()方法并不会关闭数据库的物理连接,而仅仅是将数据库连接归还连接池。下面代码演示如何使用数据源,运行结果如图10-3所示。

```
<%@ page contentType="text/html; charset=GB18030"
```

```
    import="javax.naming.*,java.sql.*,javax.sql.*"%>
<!DOCTYPE html><html><head><meta charset="GB18030">
<title>使用 JDBC 数据源</title>
</head><body>
<%
  Context initContext = new InitialContext();
  //获得环境命名上下文(Environment Naming Context(ENC))
  Context envContext = (Context)initContext.lookup("java:/comp/env");
  //根据名字查找数据源
  DataSource ds = (DataSource)envContext.lookup("jdbc/mydb");
  //从连接池中获得一个数据库连接
  Connection conn = ds.getConnection();
  //获得数据库元数据
  DatabaseMetaData meta = conn.getMetaData();
  out.print(meta.getDatabaseProductName()+" ");
  out.println(meta.getDatabaseProductVersion()+"<br/>");
  out.println(conn.getMetaData().getURL()+"<br/>");
  //将数据库连接归还连接池
  conn.close();
%>
</body></html>
```

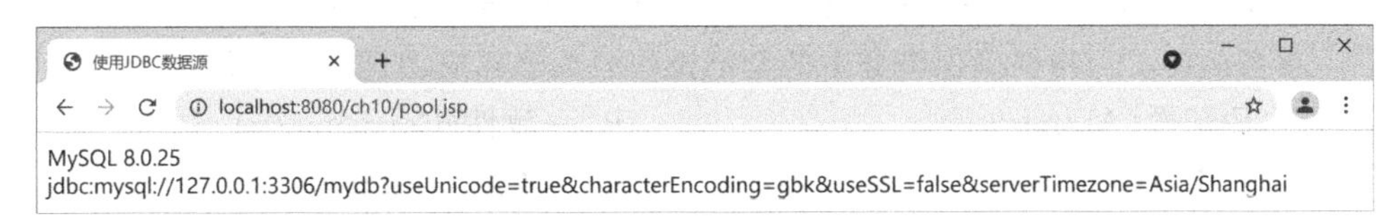

图 10-3　JSP 中使用数据源

本章小结

本章介绍了 Java 应用程序如何访问数据库和完成数据库操作，内容包括 JDBC、连接数据库 MySQL、基本数据库操作、高级数据库操作、连接池和数据源。

JDBC 是 Java Database Connectivity 的缩写，职责是为 Java 应用程序访问数据库提供一种通用的手段。JDBC API 为 Java 开发者使用数据库提供了统一的编程接口，它由一组 Java 类和接口组成。JDBC 连接不同数据库时，驱动程序和连接 URL 是不同的。

基本数据库操作部分介绍了如何使用 JDBC 查询数据、插入数据、执行带参数的 SQL 语句、更新数据、删除数据，以及获取数据库元数据和结果集元数据。

高级数据库操作部分介绍了如何获得数据库生成的主键，使用 JDBC 进行事务处理，使用 JDBC 调用存储过程，使用 JDBC 批处理高效插入数据，以及分页显示查询结果。

数据库连接池是在应用程序启动时建立一定数量的数据库连接，并将这些连接组成一个连接池，应用程序动态地对连接池中的连接进行申请、使用和释放。连接池技术提高了访问数据库的效率,增强了系统的稳定性。

习 题 十

1. 下列用于开始事务的 Connection 接口方法是(　　)。

A. createStatement()　　B. prepareStatement()

C. prepareCall()　　D. setAutoCommit()

2. 使用 JDBC 连接数据库时,Class.forName(　　)语句的作用是(　　)。

A. 建立数据库连接　　B. 创建语句对象

C. 加载数据库驱动程序　　D. 执行查询并返回结果集

3. 带参数的 SQL 语句 PreparedStatement 中第一个问号的下标是(　　)。

A. 0　　B. 1　　C. 2　　D. −1

4. 下列 SQL 语句(假定列和列的类型都正确)不正确的是(　　)。

A. SELECT * FROM STUDENT WHERE SCORE>=80 ORDER BY SCORE DESC

B. UPDATE STUDENT SET GRADE='A' WHERE SCORE>=90

C. INSERT INTO STUDENT(ID,NAME,SCORE,GRADE)
VALUES(20120801,'ZhangSan',85.0,'B')

D. DELETE * FROM STUDENT WHERE ID=20120801

5. 事务的(　　)特性确保事务中的全部操作要么全部成功,要么全部失败。

A. 原子性(Atomic)　　B. 一致性(Consistency)

C. 隔离性(Isolation)　　D. 持久性(Durability)

6. 下列(　　)事务隔离级别中,读取数据的事务允许其他事务继续访问该行数据,但是未提交的写事务将会禁止其他事务访问该行。

A. Read Uncommitted(未提交读)　　B. Read Committed(已提交读)

C. Repeatable Read(可重复读)　　D. Serializable(串行化)

7. 连接池可以提高访问数据库的性能,改写本书 5.6 节购物小车的示例,要求需要数据库连接时从连接池中获取数据库连接,而不是每次建立数据库连接。

8. 设计一个用户注册页面,新用户的 ID 由数据库生成,注册成功时在页面上显示用户 ID,并生成一个进入用户首页的链接。

9. 一个订单可以包含多个商品,生成订单时订单表插入一条记录,而该订单包含的多个商品应插入订单明细表。使用 JDBC 事务处理给出生成订单的演示实现,并验证发生异常时会回滚数据库事务。

10. 使用 MySQL 数据库时,开发者可以在 SELECT 语句中使用 LIMIT 实现分页,请将本章 10.4.5 节的示例改写成使用 LIMIT 实现分页。

第11章 表达式语言EL

JSP表达式语言(Expression Language,EL)使得访问存储在JavaBean中的数据变得非常简单,EL提供了在JSP页面中以更简洁的语法输出数据的机制。

11.1 EL简介

表达式语言EL提供了更简洁的访问数据的语法。例如访问一个JavaBean中的属性,所用的表达式语法如下:

```
<%= customer.getAddress().getCountry() %>
```

如果使用表达式语言EL,语法如下:

```
${customer.address.country}
```

EL可以方便地与标准标签库JSTL配合使用,假设students是一个数组或者List,其中每个Student对象具有id和name属性,则可以使用JSTL的迭代标签<c:forEach>和表达式语言EL输出表格的数据行。

```
<c:forEach var="student" items="${students}">
    <tr>
        <td>${student.id}</td>
        <td>${student.name}</td>
    </tr>
</c:forEach>
```

page指令的isELIgnored属性用于指定该JSP页面是否支持EL表达式。如果isELIgnored="true",即忽略EL表达式,在JSP页面中可以直接使用"${"字符,应用服务器是不会试图解析这些表达式的。如果isELIgnored="false",则应用服务器遇到"${"字符时会解析其中的表达式内容,并输出结果。isELIgnored的默认值是false,即JSP页面支持表达式语言EL,但是如果Web开发者又想使用"${"字符,则需要在前面加上反斜杠"\"进行转译,即"\${"的输出是"${"。

11.2 EL语法

EL表达式的使用是非常简单的,所有EL表达式都以"${"开始,并以"}"结束。最简单直接的方法就是在EL中使用属性的名字获取到值,例如:

```
${userName}
```

当EL表达式中的属性不给定范围时,表示容器会默认从page范围中找,再依次到request、session和application范围,如果中途找到属性userName,则直接返回。需要注意的是,EL读取的是属性(Attribute)的值,而不能读取局部变量的值。

11.2.1 字面值

表达式语言EL定义了可以在表达式中使用的字面值如下,演示代码literal.jsp的运行结果如图11-1所示。

- 布尔型:true和false。
- 整数:和Java类似,可以包含任何正数或者负数,例如24、−56、315等。
- 浮点数:可以包含任何正的或者负的浮点数,例如3.14、−1.8E-5等。
- 字符串:任何由单引号或者双引号限定的字符串。对于单引号、双引号、反斜杠,需要使用反斜杠作为转义字符。但是如果字符串两端使用双引号,则作为字符串内容的单引号不需要转义。
- 空值:NULL。

字面值:literal.jsp

```
<%@ page contentType="text/html; charset=GB18030" %>
<!DOCTYPE html><html><head>
<meta charset="GB18030">
<title>字面值</title>
</head><body>
布尔型:${false}
整数:${56}  ${-123}
浮点数:${3.14} ${-1.8E-5}
字符串:${"Hello EL"} ${'表达式语言'}
空值:${NULL}
</body></html>
```

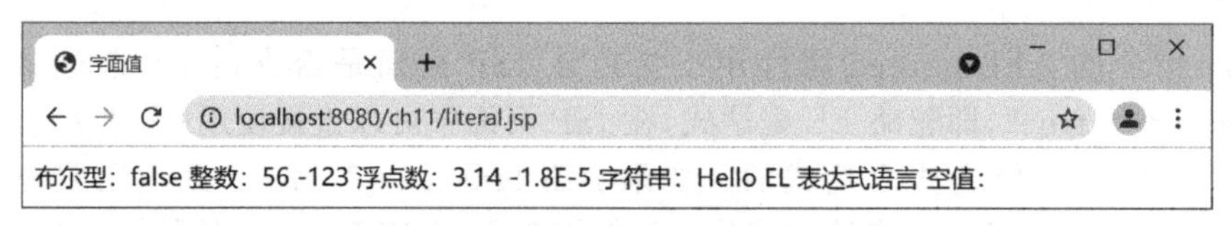

图11-1 表达式语言的字面值

11.2.2 操作符"[]"和"."

在EL中,可以使用操作符"[]"和"."来取得对象的属性。例如:${student.name}或者${student['name']}表示读取对象student中的name属性值。

另外,在EL中可以使用"[]"操作符来读取Map、List等对象集合中的数据。

Student类的定义如下。假设students是Student对象的数组或者列表,获得第2个

Student 对象的 name 属性：

```
${students[1].name}
```

假设 conf 是 HashMap 类的对象，获得其中关键字 siteName 对应的值为 ${conf["siteName"]} 或者 ${conf.siteName}。

1. Student 类

```
package cn.edu.uibe.model;
public class Student {
    private String id;              //学号
    private String name;            //姓名
    public Student(){}
    public Student(String id,String name){ this.id = id; this.name = name;}
    public String getId() {  return id;  }
    public void setId(String id) {  this.id = id;  }
    public String getName() {  return name;  }
    public void setName(String name) {  this.name = name;  }
}
```

2. EL 读取对象的属性

EL 读取对象的属性实际上是通过调用对象的 Getter 方法来完成的。演示代码 el_attribute.jsp 的运行结果如图 11-2 所示。

```
<%@ page contentType="text/html; charset=GB18030"
         import="cn.edu.uibe.model.Student"%>
<!DOCTYPE html><html><head><meta charset="GB18030">
<title>EL 读取对象的属性</title>
</head><body>
<%
  pageContext.setAttribute("student", new Student("1","王一"));
%>
<p>${student.id} ${student.name}
   ${student['id']}  ${student['name']}</p>
</body></html>
```

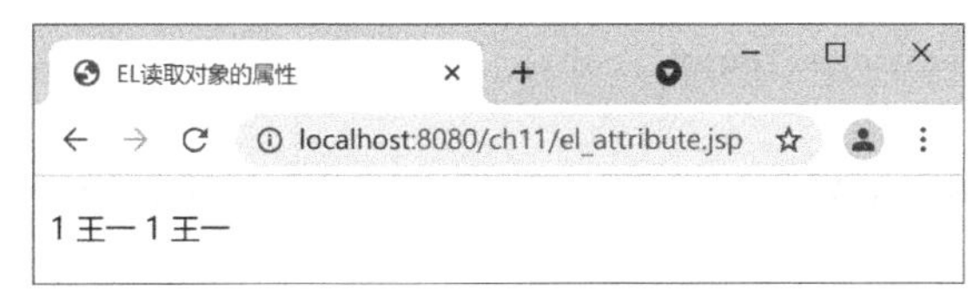

图 11-2 EL 读取对象的属性

3. EL 读取 List 中的对象

List 的下标是从 0 开始的，因此 students[1]访问的是 List 中的第 2 个 Student 对象。演示代码 el_list.jsp 的运行结果如图 11-3 所示。

```
<%@ page contentType="text/html; charset=GB18030"
        import="java.util.*,cn.edu.uibe.model.Student" %>
<!DOCTYPE html><html><head><meta charset="GB18030">
<title>EL 读取 List 中的对象</title>
</head><body>
<%
  List<Student> students = new ArrayList<Student>();
  students.add(new Student("1","张三"));
  students.add(new Student("2","李四"));
  students.add(new Student("3","赵五"));
  request.setAttribute("students",students);
%>
<p>${students[1].id} ${students[1]['name']}</p>
</body></html>
```

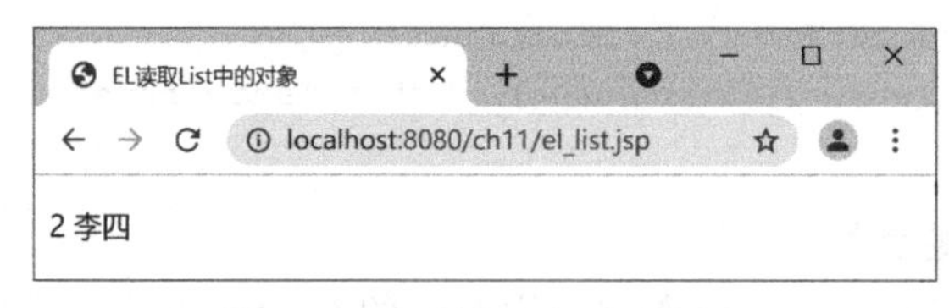

图 11-3 EL 读取 List 中的对象

4. EL 读取 Map 中的对象

EL 可以方便地读取 Map 中的对象，即可以使用操作符“.”，也可以使用操作符“[]”。演示代码 el_map.jsp 的运行结果如图 11-4 所示。

```
<%@ page contentType="text/html; charset=GB18030" import="java.util.*" %>
<!DOCTYPE html><html><head><meta charset="GB18030">
<title>EL 读取 Map 中的对象</title></head><body>
<%
  Map<String,String> conf = new HashMap<String,String>();
  conf.put("siteName","学生实践服务器");
  conf.put("developer","佟强");
  conf.put("siteDomain","http://cs.uibe.edu.cn");
  request.setAttribute("conf",conf);
%>
<p>${conf.siteName} ${conf.developer} ${conf['siteDomain']}</p>
</body></html>
```

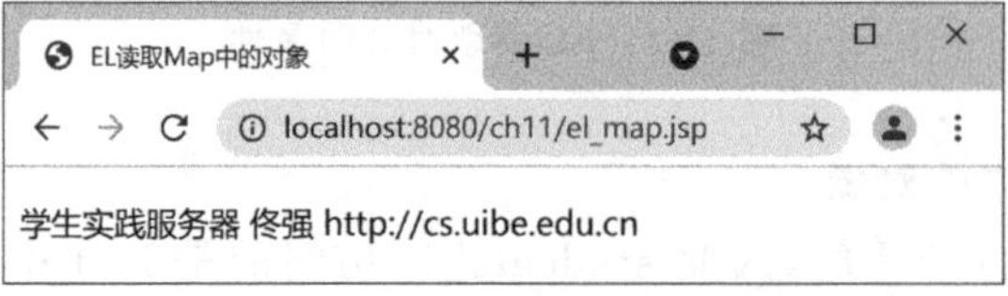

图 11-4 EL 读取 Map 中的对象

11.2.3　算术运算符

EL 提供的算数运算符如表 11-1 所示。

表 11-1　EL 算数运算符

算数运算符	说明	举　　例	结果
+	加法	${23+5}	28
−	减法	${23−5}	18
*	乘法	${3*8}	24
/ 或 div	除法	${8/2} 或 ${8 div 2}	4
% 或 mod	求余	${17%3} 或 ${17 mod 3}	2

11.2.4　关系运算符

EL 提供的关系运算符如表 11-2 所示。

表 11-2　EL 关系运算符

关系运算符	说　　明	举　　例		结　　果
== 或 eq	等于	${5==10}	${5 eq 10}	false
!= 或 ne	不等于	${5!=10}	${5 ne 10}	true
< 或 lt	小于	${5<10}	${5 lt 10}	true
> 或 gt	大于	${5>10}	${5 gt 10}	false
<= 或 le	小于等于	${5<=10}	${5 le 10}	true
>= 或 ge	大于等于	${5>=10}	${5 ge 10}	false

11.2.5　逻辑运算符

EL 提供的逻辑运算符如表 11-3 所示。

表 11-3　EL 逻辑运算符

逻辑运算符	说明	举　　例
&& 或 and	与	${num>5 and num<10}
|| 或 or	或	${num<5 or num>10}
! 或 not	非	${! (num>5)}

11.2.6　empty 运算符

运算符 empty 是一个前缀形式的操作符，用来判断某个属性是否为 null 或者为空。例如，${empty student.name}用来判断 student 对象的 name 属性是否为 null 或者为空。运算符 empty 的运算规则如下：

```
${empty a}
```

- 如果 a 为 null,则返回 true。
- 如果 a 为空的字符串,则返回 true。
- 如果 a 为空的数组,则返回 true。
- 如果 a 为空的 Map 集合类,则返回 true。
- 如果 a 为空的 List 集合类,则返回 true。

否则,返回 false。

11.2.7 条件运算符

EL 中的条件运算符形式为：

```
${a ? b : c}
```

其中 a 为逻辑表达式,如果 a 为 true,则返回 b 表达式执行的结果;如果 a 为 false,则返回 c 表达式执行的结果。

11.3 EL 中的隐含对象

为了方便地获得 Web 应用程序的相关数据,表达式语言 EL 定义了一些隐含对象。隐含对象总共有 11 个,如表 11-4 所示。这样使得 EL 能更加方便地获取数据。这 11 个隐含对象能够很方便地读取 pageContext、request、session、application 上的属性,以及 Cookie、HTTP 请求头、HTTP 请求参数和 Web 应用的初始化参数。

表 11-4　EL 中的隐含对象

类　别	隐含对象	描　述
JSP	pageContext	JSP 页面的 pageContext 对象
作用范围	pageScope	pageContext 对象上绑定的属性
	requestScope	request 对象上绑定的属性
	sessionScope	session 对象上绑定的属性
	applicationScope	application 对象上绑定的属性
请求参数	param	请求参数
	paramValues	请求参数(多值)
请求头	header	HTTP 头
	headerValues	HTTP 头(多值)
Cookie	cookie	Cookie
初始化参数	initParam	初始化参数

11.3.1　pageContext 对象

很多读者会把 EL 中定义的隐含对象和 JSP 的内部对象相混淆，其实只有一个对象是它们共有的，即 pageContext 对象。pageContext 对象拥有访问 JSP 中所有其他 8 个内部对象的权限，这也是将 pageContext 对象包含在 EL 隐含对象中的主要原因。pageContext 的演示代码 page_context.jsp 的运行结果如图 11-5 所示，其使用的属性列举如下：

- ${pageContext.request.remoteAddr}：客户端的 IP 地址。
- ${pageContext.request.requestURL}：请求的 URL。
- ${pageContext.request.requestURI}：请求的 URI。
- ${pageContext.request.queryString}：查询串。
- ${pageContext.request.contextPath}：Web 应用的虚拟路径。
- ${pageContext.session.id}：用户会话 ID。
- ${pageContext.servletContext.serverInfo}：应用服务器信息。

pageContext 对象使用举例：page_context.jsp

```
<%@ page contentType="text/html; charset=GB18030" %>
<!DOCTYPE html><html><head><meta charset="GB18030">
<title>pageContext</title>
<style type="text/css">
table{
    background-color:#CCCCCC;   font-size:16px;
    border-collapse: collapse;  margin:0 auto; }
tr{  line-height:20px;  }
th{  background-color:#EEEEEE;  text-align:center;
     border: solid 1px #CCCCCC;  }
td{  background-color:#FFFFFF;  text-align:center;
    border: solid 1px #CCCCCC;  }
a{  font-size:14px;  color:navy;  text-decoration:none;  }
</style></head><body><table>
<tr>
  <th width="150">常用的信息</th>
  <th width="320">pageContext 的方法调用</th>
  <th width="350">结果</th>
</tr>
<tr>
  <td>客户端的 IP 地址</td><td>\${pageContext.request.remoteAddr}</td>
  <td>${pageContext.request.remoteAddr}</td>
</tr>
<tr>
  <td>请求的 URL</td><td>\${pageContext.request.requestURL}</td>
  <td>${pageContext.request.requestURL}</td>
```

```
</tr>
<tr>
  <td>请求的 URI</td><td>\${pageContext.request.requestURI}</td>
  <td>${pageContext.request.requestURI}</td>
</tr>
<tr>
  <td>查询串</td><td>\${pageContext.request.queryString}</td>
  <td>${pageContext.request.queryString}</td>
</tr>
<tr>
  <td>Web 应用的虚拟路径</td><td>\${pageContext.request.contextPath}</td>
  <td>${pageContext.request.contextPath}</td>
</tr>
<tr>
  <td>用户会话 ID</td><td>\${pageContext.session.id}</td>
  <td>${pageContext.session.id}</td>
</tr>
<tr>
  <td>应用服务器信息</td><td>\${pageContext.servletContext.serverInfo}</td>
  <td>${pageContext.servletContext.serverInfo}</td>
</tr>
</table>
</body></html>
```

pageContext
localhost:8080/ch11/page_context.jsp?id=100&op=add

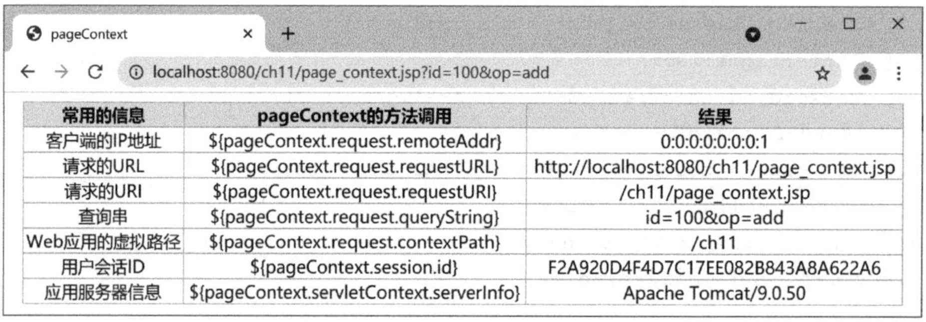

常用的信息	pageContext的方法调用	结果
客户端的IP地址	${pageContext.request.remoteAddr}	0:0:0:0:0:0:0:1
请求的URL	${pageContext.request.requestURL}	http://localhost:8080/ch11/page_context.jsp
请求的URI	${pageContext.request.requestURI}	/ch11/page_context.jsp
查询串	${pageContext.request.queryString}	id=100&op=add
Web应用的虚拟路径	${pageContext.request.contextPath}	/ch11
用户会话ID	${pageContext.session.id}	F2A920D4F4D7C17EE082B843A8A622A6
应用服务器信息	${pageContext.servletContext.serverInfo}	Apache Tomcat/9.0.50

图 11-5 page_context.jsp 的运行结果

11.3.2 范围对象

pageScope、requestScope、sessionScope、applicationScope 分别对应 page、request、session、application 等 4 种作用范围。

但需要注意的是，范围对象只能取得对应范围内的属性(Attribute)的值，而不能取得其他相关信息。当在 EL 表达式中的属性不给定范围时，容器会依次从 pageContext、request、session、application 对象上查找属性。如果中途找到给定名称对应的属性，则直接返回该属性的值。演示代码 scope.jsp 的运行结果如图 11-6 所示。

范围对象使用举例：scope.jsp

```
<%@ page contentType="text/html; charset=GB18030" %>
<!DOCTYPE html><html><head><meta charset="GB18030">
<title>范围对象</title></head><body>
<%
  pageContext.setAttribute("userName","userName on pageContext");
  request.setAttribute("userName","userName on request");
  session.setAttribute("userName","userName on session");
  application.setAttribute("userName","userName on application");
%>
<ul>
<li>${pageScope.userName}</li>
<li>${requestScope.userName}</li>
<li>${sessionScope.userName}</li>
<li>${applicationScope.userName}</li>
<li>${userName}</li>
</ul>
</body></html>
```

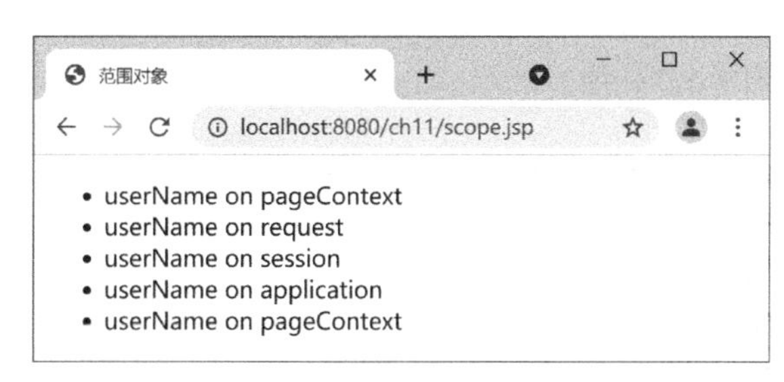

图 11-6　scope.jsp 的运行结果

11.3.3　请求参数对象

param 和 paramValues 这两个对象用来在 EL 中获得用户请求参数。以下演示代码由 2 个 JSP 文件构成。param1.jsp 是提供请求参数的页面，运行结果如图 11-7 所示。param2.jsp 是使用 EL 获得请求参数的页面，运行结果如图 11-8 所示。

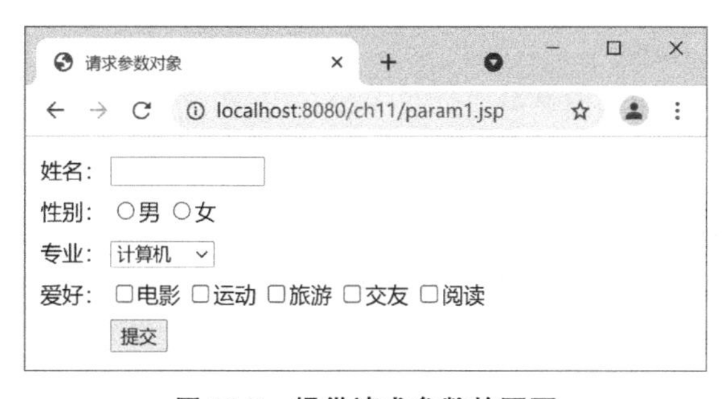

图 11-7　提供请求参数的页面

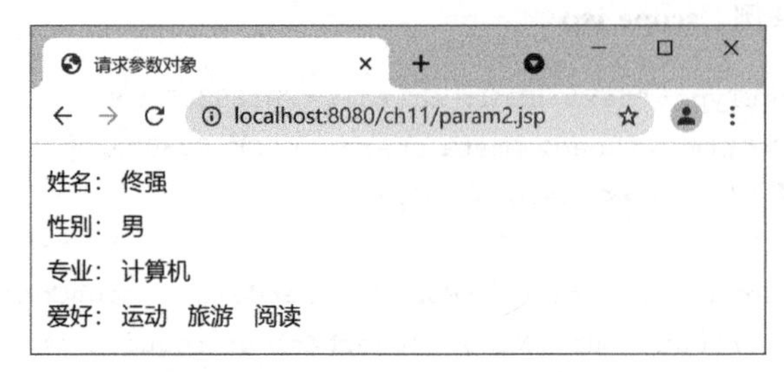

图 11-8 获得请求参数的页面

param.myparam 相当于 request.getParameter("myparam")；paramValues.myvalues 相当于 request.getParameterValuse("myvalues")。

例如：

```
${param.useName}
${param.hobbies[2]}
```

1. 提供请求参数的页面：param1.jsp

```
<%@ page contentType="text/html; charset=GB18030" %>
<!DOCTYPE html><html><head><meta charset="GB18030">
<title>请求参数对象</title>
</head><body>
<form action="param2.jsp" method="post">
<table>
<tr valign="middle">
  <td  height="26">姓名:</td>
  <td><input name="name" size="12"/></td>
</tr>
<tr valign="middle">
  <td height="26">性别:</td>
  <td>
    <input name="sex" type="radio" value="男"/>男
    <input name="sex" type="radio" value="女"/>女
  </td>
</tr>
<tr valign="middle">
  <td height="26">专业:</td>
  <td>
    <select name="major">
      <option value="计算机">计算机</option>
      <option value="信息管理">信息管理</option>
      <option value="电子商务">电子商务</option>
    </select>
  </td>
```

```
</tr>
<tr valign="middle">
  <td height="26">爱好:</td>
  <td>
    <input name="hobbies" type="checkbox" value="电影"/>电影
    <input name="hobbies" type="checkbox" value="运动"/>运动
    <input name="hobbies" type="checkbox" value="旅游"/>旅游
    <input name="hobbies" type="checkbox" value="交友"/>交友
    <input name="hobbies" type="checkbox" value="阅读"/>阅读
  </td>
</tr>
<tr valign="middle">
  <td height="26"> </td>
  <td><input type="submit" name="submit" value="提交"/></td>
</tr>
</table></form></body></html>
```

2. 获得请求参数的页面：param2.jsp

```
<%@ page contentType="text/html; charset=GB18030" %>
<%@ taglib uri="http://java.sun.com/jsp/jstl/core" prefix="c" %>
<!DOCTYPE html><html><head><meta charset="GB18030">
<title>请求参数对象</title>
</head><body>
<%
  request.setCharacterEncoding("GB18030");
%>
<table>
<tr valign="middle">
  <td  height="26">姓名:</td>
  <td>${param.name}</td>
</tr>
<tr valign="middle">
  <td height="26">性别:</td>
  <td>${param.sex}</td>
</tr>
<tr valign="middle">
  <td height="26">专业:</td>
  <td>${param.major}</td>
</tr>
<tr valign="middle">
  <td height="26">爱好:</td>
  <td>
   <c:forEach var="hobby" items="${paramValues.hobbies}">
      ${hobby}  
```

```
    </c:forEach>
  </td>
</tr>
</table></body></html>
```

11.3.4 请求头对象

EL隐含对象header和headerValues用来获得HTTP请求头。常见的HTTP请求头如下。演示代码header.jsp的运行结果如图11-9所示。

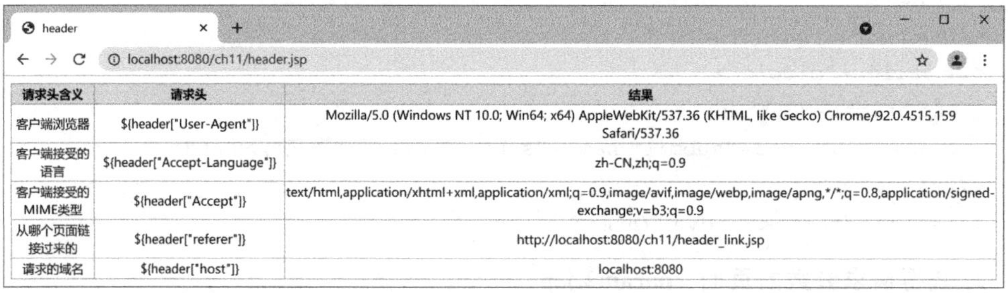

请求头含义	请求头	结果
客户端浏览器	${header["User-Agent"]}	Mozilla/5.0 (Windows NT 10.0; Win64; x64) AppleWebKit/537.36 (KHTML, like Gecko) Chrome/92.0.4515.159 Safari/537.36
客户端接受的语言	${header["Accept-Language"]}	zh-CN,zh;q=0.9
客户端接受的MIME类型	${header["Accept"]}	text/html,application/xhtml+xml,application/xml;q=0.9,image/avif,image/webp,image/apng,*/*;q=0.8,application/signed-exchange;v=b3;q=0.9
从哪个页面链接过来的	${header["referer"]}	http://localhost:8080/ch11/header_link.jsp
请求的域名	${header["host"]}	localhost:8080

图11-9 请求头对象

- ${header["User-Agent"]}：浏览器类型。
- ${header["Accept-Language"]}：获得用户的语言。
- ${header["referer"]}：从哪个页面链接过来的。
- ${header["host"]}：请求的域名。
- ${header["Accept"]}：客户端接受的MIME类型。

请求头对象使用举例：header.jsp

```
<%@ page contentType="text/html; charset=GB18030" isELIgnored="false" %>
<!DOCTYPE html><html><head><meta charset="GB18030">
<title>header</title></head><body>
<table>
<tr>
  <th width="200">请求头含义</th>
  <th width="400">请求头</th>
  <th width="*">结果</th>
</tr>
<tr>
  <td>客户端浏览器</td><td>\${header["User-Agent"]}</td>
  <td>${header["User-Agent"]}</td>
</tr>
<tr>
  <td>客户端接受的语言</td><td>\${header["Accept-Language"]}</td>
  <td>${header["Accept-Language"]}</td>
</tr>
```

```
<tr>
  <td>客户端接受的 MIME 类型</td><td>\${header["Accept"]}</td>
  <td>${header["Accept"]}</td>
</tr>
<tr>
  <td>从哪个页面链接过来的</td><td>\${header["referer"]}</td>
  <td>${header["referer"]}</td>
</tr>
<tr>
  <td>请求的域名</td><td>\${header["host"]}</td>
  <td>${header["host"]}</td>
</tr>
</table></body></html>
```

11.3.5　Cookie 对象

EL 隐含对象 Cookie 用于在表达式语言中读取 Cookie。如果浏览器的 HTTP 请求中包含名字为“user”的 Cookie，则可以通过 ${cookie.user.value}来读取它的值。读取 Tomcat 的 session ID 的表达式语言 EL 为 ${cookie["JSESSIONID"].value}。

11.3.6　初始化参数

EL 隐含对象 initParam 用来读取 Web 应用程序的初始化参数值。初始化参数是在 web.xml 部署描述文件中指定的，该文件位于应用程序的 WEB-INF 目录中。例如，${initParam.developer} 或 ${initParam["developer"]}。

1. 在/WEB-INF/web.xml 中配置初始化参数

```
<context-param>
    <param-name>developer</param-name>
    <param-value>TongQiang</param-value>
</context-param>
<context-param>
    <param-name>siteName</param-name>
    <param-value>学生实践网站</param-value>
</context-param>
```

2. 读取初始化参数：initparam.jsp

initparam.jsp 使用 EL 读取初始化参数，运行结果如图 11-10 所示。

```
<%@ page contentType="text/html; charset=GB18030" %>
<!DOCTYPE html><html><head>
<meta charset="GB18030">
<title>初始化参数</title>
</head>
<body>
```

```
<p>${initParam.siteName} ${initParam['developer']}</p>
</body>
</html>
```

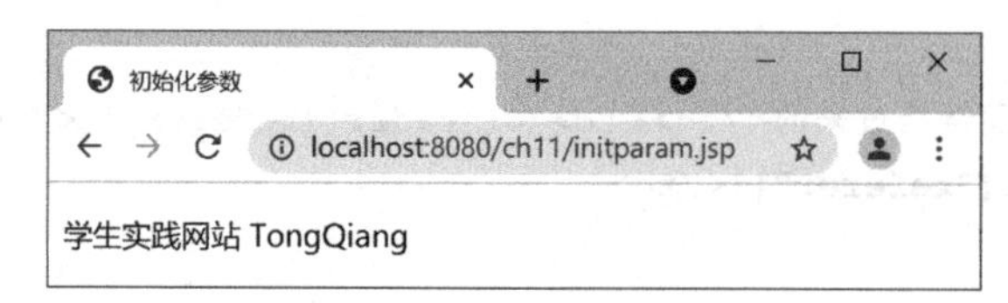

图 11-10　读取初始化参数

本章小结

从 JSP 2.0 开始,表达式语言 EL 正式被纳入 JSP 的标准,在 JSP 页面中使用 EL 需要应用服务器支持 Servlet 2.4 / JSP 2.0。

EL 表达式都以“${”开始,并以“}”结束。EL 读取的是属性(Attribute)的值,而不能读取局部变量的值。当在 EL 表达式中的属性不给定范围时,容器会依次从 pageContext、request、session、application 对象上查找属性。如果中途找到给定名称对应的属性,则直接返回该属性的值。

在 EL 中,可以使用操作符“[]”和“.”来取得对象的属性。在 EL 中还可以使用“[]”操作符来读取 Map、List 等对象集合中的数据。

表达式语言 EL 提供了算数运算符、关系运算符、逻辑运算符、empty 运算符和条件运算符来完成简单的计算。

为了方便地获得 Web 应用程序的相关数据,表达式语言 EL 定义了 11 个隐含对象,可以很方便地读取 pageContext、request、session、application 上的属性,以及 Cookie、HTTP 请求头、HTTP 请求参数和 Web 应用的初始化参数。

习题十一

1. 下列不属于表达式语言 EL 的隐含对象的是(　　)。

   A. pageContext　　　　B. request

   C. sessionScope　　　　D. param

2. 以下关于表达式语言 EL 的描述,不正确的是(　　)。

   A. EL 只能获取对象的属性,而不能改写,也不能直接调用方法

   B. EL 不能访问局部变量,只能访问作用域中的属性

   C. EL 中比较字符串内容可以使用“==”

   D. EL 中的字符串只能使用双引号

3. 下列 EL 表达式(　　)可以获得用户从页面链接过来的内容。

   A. ${header["User-Agent"]}　　　　B. ${header["host"]}

C. ${header["referer"]}　　D. ${header["Accept"]}

4. 下列关于EL的说法，正确的是(　　)。

A. EL可以直接访问所有的JSP内置对象

B. EL可以读取JavaBean的属性值

C. EL可以修改JavaBean的属性值

D. EL可以调用JavaBean的任何方法

5. EL中的11个隐含对象分别是什么？这些隐含对象的作用分别是什么？

6. 在JSP页面中通过EL提供的“[]”和“.”操作符可以方便地访问数据。请问在什么情况下需要使用“[]”操作符，而不能使用“.”操作符？

第12章 标准标签库JSTL

JSTL是Java Server Pages Standard Tag Library的缩写。它是由JCP(Java Community Process)所制定的标准规范,目的是给Java Web开发者提供一个标准的通用标签库。

通过JSTL,可以部分取代传统JSP程序中嵌入Java代码的做法,使得JSP页面的风格趋于统一,且容易维护。

12.1 JSTL介绍

本节介绍JSTL的功能,JSTL的优点,JSTL的安装,如何在JSP页面中使用JSTL,以及JSTL五类标签库的URI。

12.1.1 JSTL的功能

JSTL是一个开放源代码的JSP标签库,它为条件处理、迭代、国际化、数据库访问、XML处理提供支持。JSTL还引入了表达式语言(Expression Language, EL),极大地简化了JSP中数据的访问和操作。

JSTL为开发者提供了5大类标签库:

- 核心标签库:为日常任务提供通用支持,如读取和修改属性的值、逻辑判断、迭代、处理URL等。
- 国际化(i18n)标签库:支持多国语言的Web应用程序。
- SQL标签库:支持数据库访问,包括设置数据源、查询、更新、事务处理等。
- XML标签库:对XML文件的处理和操作提供支持。
- 函数标签库:在EL表达式中调用函数标签库中的函数来实现特定的操作。

12.1.2 JSTL的优点

在所有应用服务器之间提供了一致的接口,这样可以最大程度地提供Web应用程序在各种应用服务器之间的可移植性。

简化了JSP的Web应用系统的开发,并使得JSP页面的编程风格统一、易于维护。使用JSTL提供的操作(例如迭代、逻辑判断、数据库访问等),可以大大减少JSP中脚本代码的数量。JSTL封装了JSP中很多常用的功能。例如可以使用JSTL的迭代标签输出某个List或者Set集合类。

12.1.3　JSTL 的安装

JSTL 可以在 Apache 软件基金会的 Tomcat 项目网站下载，网址是：

```
https://tomcat.apache.org/download-taglibs.cgi
```

需要下载的 JAR 文件有：

- taglibs-standard-jstlel-1.2.5.jar。
- taglibs-standard-spec-1.2.5.jar。
- taglibs-standard-impl-1.2.5.jar。

将这三个 JAR 文件复制到 Web 应用的“WEB-INF/lib”目录即可。也可以将 Eclipse 的 Dynamic Web Project 转成 Maven 项目，然后在 pom.xml 中添加如下一个依赖，如图 12-1 所示，另外两个 JAR 文件会通过依赖传递被引入进来。

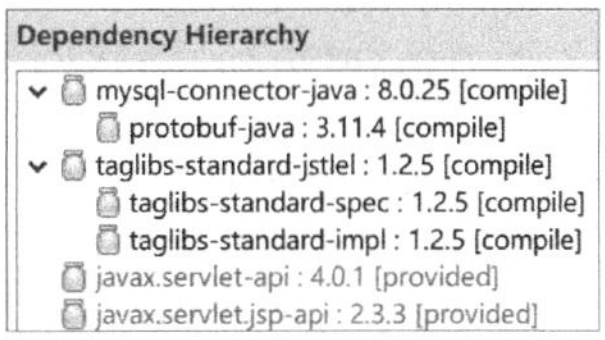

Dependency Hierarchy
mysql-connector-java : 8.0.25 [compile]
protobuf-java : 3.11.4 [compile]
taglibs-standard-jstlel : 1.2.5 [compile]
taglibs-standard-spec : 1.2.5 [compile]
taglibs-standard-impl : 1.2.5 [compile]
javax.servlet-api : 4.0.1 [provided]
javax.servlet.jsp-api : 2.3.3 [provided]

图 12-1　JSTL 依赖

```
<!-- JSTL -->
<dependency>
    <groupId>org.apache.taglibs</groupId>
    <artifactId>taglibs-standard-jstlel</artifactId>
    <version>1.2.5</version>
</dependency>
```

12.1.4　JSTL 的使用

在 JSP 页面中使用 JSTL 需要使用 taglib 指令元素指出要使用哪个标签库。JSTL 的 5 类标签库的 URI 和前缀如表 12-1 所示。

```
<%@ taglib uri="tagURI" prefix="pre" %>
```

表 12-1　JSTL 标签库 URI

标　签　库	URI	前　　缀
核心标签库	http://java.sun.com/jsp/jstl/core	c
SQL 标签库	http://java.sun.com/jsp/jstl/sql	sql
国际化标签库	http://java.sun.com/jsp/jstl/fmt	fmt
XML 标签库	http://java.sun.com/jsp/jstl/xml	x
函数标签库	http://java.sun.com/jsp/jstl/functions	fn

下列 taglib 指令分别在 JSP 页面中使用核心标签库、SQL 标签库、国际化标签库、XML 标签库和函数标签库。

```
<%@ taglib uri="http://java.sun.com/jsp/jstl/core" prefix="c" %>
<%@ taglib uri="http://java.sun.com/jsp/jstl/sql" prefix="sql" %>
<%@ taglib uri="http://java.sun.com/jsp/jstl/fmt" prefix="fmt" %>
```

```
<%@ taglib uri="http://java.sun.com/jsp/jstl/xml" prefix="x" %>
<%@ taglib uri="http://java.sun.com/jsp/jstl/functions" prefix="fn" %>
```

12.2 一般用途的标签

在 JSTL 中,一般用途的标签包括:

- <c:out>: 在 JSP 页面中输出文本。
- <c:set>: 在范围对象上设置属性,或者设置 JavaBean 的属性,或者设置 Map 的关键字和值。
- <c:remove>: 移除范围对象上的属性。
- <c:catch>: 捕获内嵌标签的异常。

12.2.1 <c:out>

<c:out>把计算结果输出到 JSP 页面。在 JSP2.0 中,可以在 JSP 页面中直接使用表达式语言 EL 进行输出。<c:out>默认将"<"和">"等字符转换成字符实体,而表达式语言不转换。

```
<c:out value="value" [escapeXml="true|false"] default="defaultValue"/>
```

或者:

```
<c:out value="value" [escapeXml="true|false"]>
   defaultValue
</c:out>
```

- value: 给出要计算的表达式。
- escapeXml: 指出字符<、>、&、'、"在结果字符串中是否被转换成字符实体,默认为 true。
- default: 给出 value 为 null 时,输出默认值。

<c:out>使用举例　c_out.jsp

下面的代码使用<c:out>输出属性的取值,运行结果如图 12-2 所示。

```
<%@ page contentType="text/html; charset=GB18030" %>
<%@ taglib uri="http://java.sun.com/jsp/jstl/core" prefix="c" %>
<!DOCTYPE html><html><head><meta charset="GB18030">
<title>c:out</title>
</head><body>
<%
  pageContext.setAttribute("myAttr","<h4>属性的值</h4>");
%>
<c:out value="${myAttr}"/>
<c:out value="${myAttr}" escapeXml="false"/>
${myAttr}
```

```
</body></html>
```

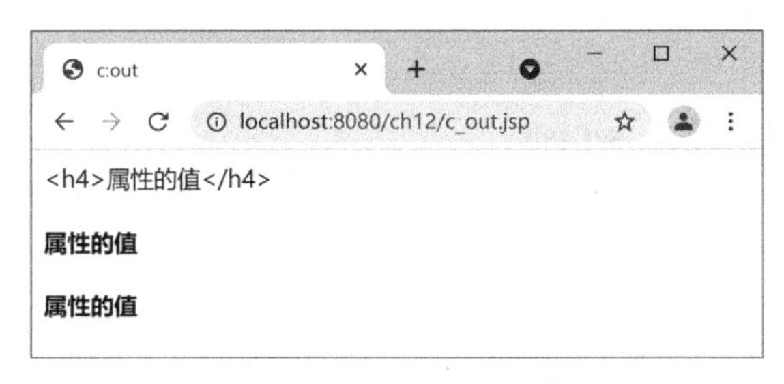

图 12-2 <c:out>使用举例

12.2.2 <c:set>

<c:set>用于在某个范围对象(pageContext、request、session、application)上设置一个属性,或者设置 JavaBean 的属性,或者设置 Map 的关键字和值。

设置某个范围对象上属性的语法如下:

```
<c:set var="var" value="value" [scope=
                        "{page|request|session|application}"] />
```

或者:

```
<c:set var="var" [scope="{page|request|session|application}"]>
    value
</c:set>
```

- var:属性的名字。
- value:要计算的表达式。
- scope:属性 var 的有效范围。

设置 JavaBean 或者 Map 对象的关键字和值的语法如下:

```
<c:set value="value" target="target" property="property"/>
```

或者:

```
<c:set target="target" property="propertyName">
    value
</c:set>
```

- target:将要设置的属性的对象,必须是 JavaBean 或者 java.util.Map 对象。
- property:待设置的 target 对象的属性的名字。

1. Student 类

```
package cn.edu.uibe.model;
public class Student {
    private String id;                    //学号
```

```
    private String name;                    //姓名
    //省略构造函数和 Getter、Setter 方法
}
```

2. <c:set>使用举例：c_set.jsp

下面的代码给出了<c:set>的三种用法，运行结果如图 12-3 所示。

```
<%@ page contentType="text/html; charset=GB18030" import="java.util.*" %>
<%@ taglib uri="http://java.sun.com/jsp/jstl/core" prefix="c" %>
<!DOCTYPE html><html><head><meta charset="GB18030">
<title>c:set</title></head><body>
<!-- 在 request 上绑定一个属性 -->
<c:set var="userName" value="张三" scope="request" />
${userName}
<!-- 设置 JavaBean 的属性 -->
<jsp:useBean id="student" class="cn.edu.uibe.model.Student"/>
<c:set target="${student}" property="name" value="李四"/>
${student.name}
<!-- 设置 Map 的关键字和值 -->
<%
  Map<String,String> conf = new HashMap<String,String>();
  request.setAttribute("conf",conf);
%>
<c:set target="${conf}" property="siteName" value="学生实践网站"/>
${conf.siteName}
</body></html>
```

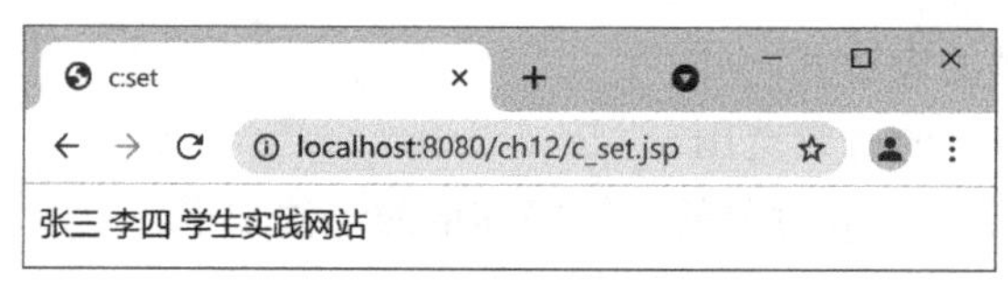

图 12-3 <c:set>使用举例

12.2.3 <c:remove>

<c:remove>用来从某个范围对象(pageContext、request、session、application)上删除一个属性。

```
<c:remove var="var" [scope="page|request|session|application"]/>
```

- var：待删除的属性名。
- scope：属性 var 的范围。

<c:remove>使用举例：c_remove.jsp

下面的代码给出了如何使用<c:remove>删除属性，运行结果如图 12-4 所示。

```
<%@ page contentType="text/html; charset=GB18030" %>
<%@ taglib uri="http://java.sun.com/jsp/jstl/core" prefix="c" %>
<!DOCTYPE html><html><head><meta charset="GB18030">
<title>c:remove</title>
</head><body>
<c:set var="myAttr" value="属性的值" scope="session"/>
<c:out value="${myAttr}">默认值</c:out>
<c:remove var="myAttr" scope="session" />
<c:out value="${myAttr}">默认值</c:out>
</body></html>
```

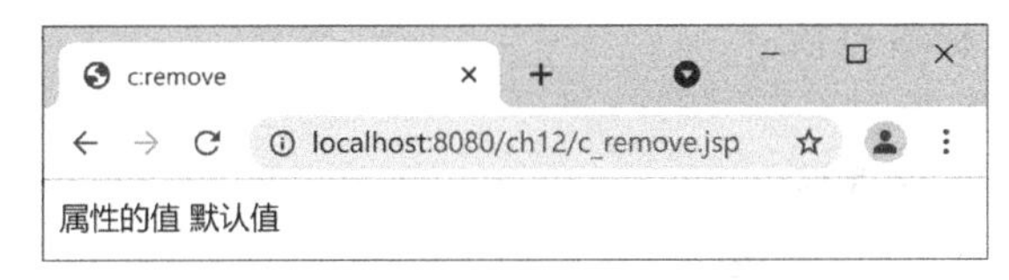

图 12-4　<c:remove>使用举例

12.2.4　<c:catch>

<c:catch>用于捕获由嵌套在它里面的标签抛出的异常。

```
<c:catch [var="var"]>
    nested actions
</c:catch>
```

<c:catch>使用举例：c_catch.jsp

下面代码演示如何使用<c:catch>处理异常，如图 12-5 所示。

```
<%@ page contentType="text/html; charset=GB18030" %>
<%@ taglib uri="http://java.sun.com/jsp/jstl/core" prefix="c" %>
<!DOCTYPE html><html><head><meta charset="GB18030">
<title>c:catch</title>
</head><body>
<c:catch var="myException">
  <%
    int a = 10, b=0;
    int c = a/b;
  %>
</c:catch>
异常:${myException}<br/>
myException.getMessage():${myException.message}
</body></html>
```

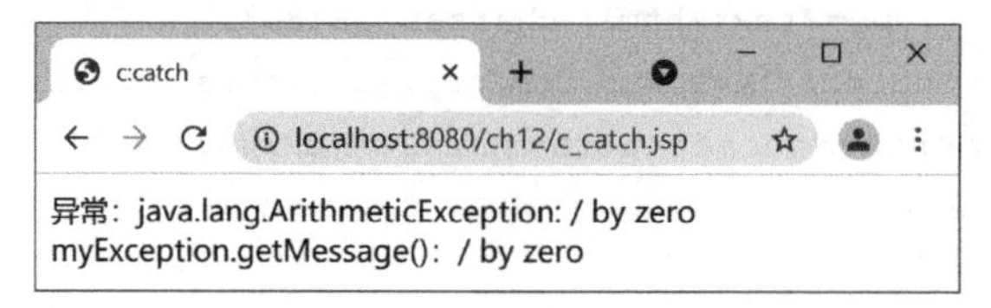

图 12-5 <c:catch>使用举例

12.3 条件标签

在 JSTL 中,条件标签包括:

- <c:if>: 条件判断。
- <c:choose>: 条件选择。
- <c:when>: 一个条件分支。
- <c:otherwise>: 没有条件分支匹配时的默认语句。

12.3.1 <c:if>

<c:if>进行条件判断,如果它的 test 属性为 true,就计算并输出它的 body。

```
<c:if test="test" var="var" [scope="{page|request|session|application}"] />
```

或者:

```
<c:if test="test" [var="var"] [scope=
      "{page|request|session|application}"]>
    body content
</c:if>
```

- test: 逻辑表达式,表达式的值必须为 true 或 false。
- var: 用于在特定范围内保存 test 的结果,类型为 Boolean。
- scope: 属性 var 的范围。

<c:if>使用举例: c_if.jsp

下面代码演示<c:if>的使用,运行结果如图 12-6 所示。

```
<%@ page contentType="text/html; charset=GB18030" %>
<%@ taglib uri="http://java.sun.com/jsp/jstl/core" prefix="c" %>
<!DOCTYPE html><html><head><meta charset="GB18030">
<title>c:if</title>
</head><body>
<c:set var="score" value="86.5"/>
<c:if test="${score>85.0}" var="testResult" scope="request">
    成绩为优秀
</c:if>
${testResult}
```

```
</body></html>
```

图 12-6　<c:if>使用举例

12.3.2　<c:choose>

<c:choose>用于多分支条件选择，它和<c:when>、<c:otherwise>一起使用。<c:when>代表了<c:choose>的一个条件分支。<c:otherwise>作为<c:choose>的最后一个分支出现，代表了没有<c:when>成立时的默认选择。

```
<c:choose>
    <c:when test="test1">
        body content1
    </c:when>
    <c:when test="test2">
        body content2
    </c:when>
    <c:otherwise>
        default content
    </c:otherwise>
</c:choose>
```

<c:choose>使用举例：c_choose.jsp

下面代码演示<c:choose>的使用，运行结果如图 12-7 所示。

```
<%@ page contentType="text/html; charset=GB18030" %>
<%@ taglib uri="http://java.sun.com/jsp/jstl/core" prefix="c" %>
<!DOCTYPE html><html><head><meta charset="GB18030">
<title>c:choose</title></head><body>
成绩:${param.score} 分   评级:
<c:set var="score" value="${param.score}"/>
<c:choose>
  <c:when test="${score>100 or score<0}">
        非法成绩
  </c:when>
  <c:when test="${score>=90}">
        优秀
  </c:when>
  <c:when test="${score>=80}">
        良好
```

```
    </c:when>
    <c:when test="${score>=70}">
          中等
    </c:when>
    <c:when test="${score>=60}">
          及格
    </c:when>
    <c:otherwise>
          不及格
    </c:otherwise>
</c:choose></body></html>
```

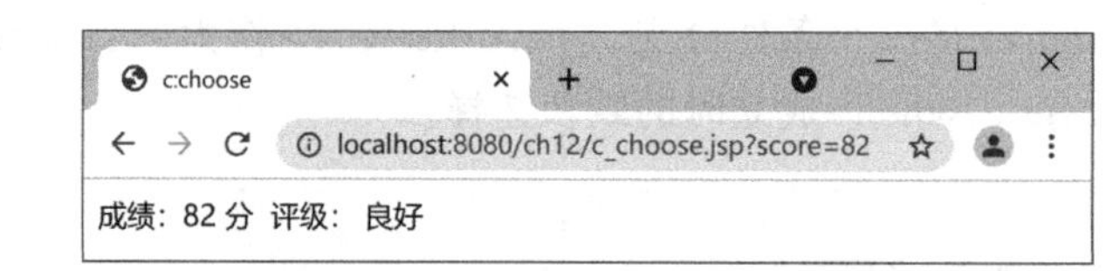

图 12-7 <c:choose>使用举例

12.4 迭代标签

在 JSTL 中，迭代标签包括：

- <c:forEach>：迭代对象的集合，或迭代固定的次数。
- <c:forTokens>：迭代一个含有分隔符的字符串。

12.4.1 <c:forEach>

<c:forEach>在一个包含一系列对象的集合中迭代，或者迭代固定的次数。

在对象的集合中迭代的语法如下：

```
<c:forEach [var="var"] items="collection" [varStatus="status"]
    [begin="begin"] [end="end"] [step="step"]>
    body content
</c:forEach>
```

迭代固定次数的语法如下：

```
<c:forEach [var="var"]  [varStatus="status"]
    begin="begin" end="end" [step="step"]>
    body content
</c:forEach>
```

- var：每次迭代的变量名。
- items：迭代的对象集合，可以是数组、List 对象、Set 对象。
- varStatus：迭代状态，有 index、count、first、last 几个属性。其中 index 是迭代的

下标;count 是迭代计数;first 和 last 是 boolean 类型的,只用判断是否是第一条记录和是否是最后一条记录。

- begin:开始下标,或起始值。
- end:结束下标,或结束值。
- step:迭代步长,默认值为 1。

1. <c:forEach>迭代数组:c_foreach1.jsp

下面的代码演示<c:forEach>迭代数组,运行结果如图 12-8 所示。

```
<%@ page contentType="text/html; charset=GB18030"
        import="cn.edu.uibe.model.Student" %>
<%@ taglib uri="http://java.sun.com/jsp/jstl/core" prefix="c" %>
<!DOCTYPE html><html><head><meta charset="GB18030">
<title>c:forEach</title>
<style type="text/css">
table{
  background-color:#CCCCCC;  font-size:14px;
  border-collapse: collapse;  margin:0 auto;
}
tr{  line-height:20px;  }
th{  background-color:#EEEEEE;  text-align:center;
      border: solid 1px #CCCCCC;  }
td{  background-color:#FFFFFF;  text-align:center;
      border: solid 1px #CCCCCC;  }
a{  font-size:14px;  color:navy;  text-decoration:none;  }
</style>
</head>
<body>
<% Student[] stuArray = {new Student("1","张三"),
    new Student("2","李四"),new Student("3","赵五") };
    pageContext.setAttribute("stuArray",stuArray);
%>
<table>
<tr><th width="120">学号</th>  <th width="180">姓名</th></tr>
<c:forEach var="student" items="${stuArray}">
<tr>
  <td>${student.id}</td><td>${student.name}</td>
</tr>
</c:forEach>
</table></body></html>
```

2. <c:forEach>迭代 List:c_foreach2.jsp

下面的代码演示<c:forEach>迭代 List,运行结果如图 12-9 所示。

学号	姓名
1	张三
2	李四
3	赵五

图 12-8 <c:forEach>迭代数组

```
<%@ page contentType="text/html; charset=GB18030"
         import="cn.edu.uibe.model.Student,java.util.*"%>
<%@ taglib uri="http://java.sun.com/jsp/jstl/core" prefix="c" %>
<!DOCTYPE html><html><head><meta charset="GB18030">
<title>c:forEach</title></head><body>
<%
  List<Student> stuList = new ArrayList<Student>();
  stuList.add(new Student("1","张三"));
  stuList.add(new Student("2","李四"));
  stuList.add(new Student("3","赵五"));
  pageContext.setAttribute("stuList",stuList);
%>
<table>
<tr><th width="120">学号</th><th width="180">姓名</th></tr>
<c:forEach var="student" items="${stuList}">
<tr>
  <td>${student.id}</td><td>${student.name}</td>
</tr>
</c:forEach>
</table></body></html>
```

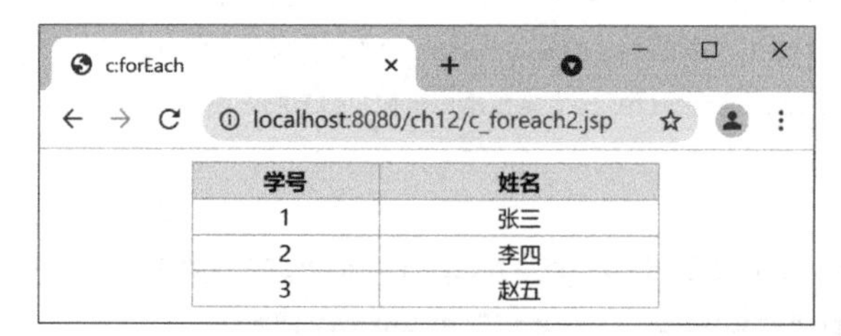

图 12-9 <c:forEach>迭代 List

3. <c:forEach>迭代 Set：c_foreach3.jsp

下面的代码演示<c:forEach>迭代 Set，运行结果如图 12-10 所示。

```
<%@ page contentType="text/html; charset=GB18030"
        import="cn.edu.uibe.model.Student,java.util.* " %>
<%@ taglib uri="http://java.sun.com/jsp/jstl/core" prefix="c" %>
```

```
<!DOCTYPE html><html><head><meta charset="GB18030">
<title>c:forEach</title>
</head><body>
<%
  Set<Student> stuSet = new HashSet<Student>();
  stuSet.add(new Student("1","张三"));
  stuSet.add(new Student("2","李四"));
  stuSet.add(new Student("3","赵五"));
  pageContext.setAttribute("stuSet",stuSet);
%>
<table>
<tr><th width="120">学号</th><th width="180">姓名</th></tr>
<c:forEach var="student" items="${stuSet}">
<tr>
  <td>${student.id}</td><td>${student.name}</td>
</tr>
</c:forEach>
</table></body></html>
```

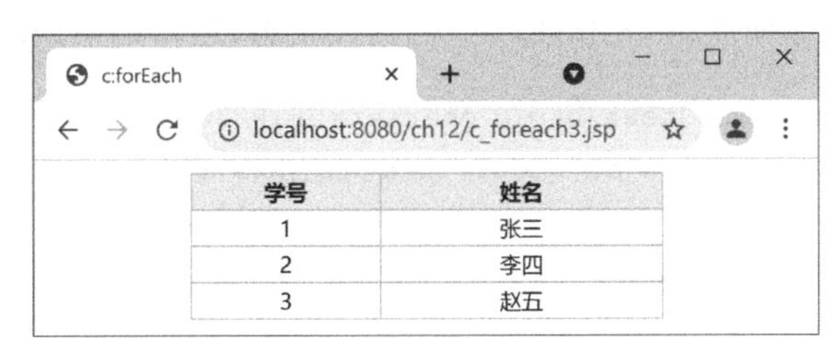

图 12-10　<c:forEach>迭代 Set

4. <c:forEach>迭代的开始下标、结束下标、步长：c_foreach4.jsp

下面的代码演示在使用<c:forEach>进行迭代时，如何给出开始下标、结束下标、步长，运行结果如图 12-11 所示。

```
<%@ page contentType="text/html; charset=GB18030"
        import="cn.edu.uibe.model.Student,java.util.*"%>
<%@ taglib uri="http://java.sun.com/jsp/jstl/core" prefix="c" %>
<!DOCTYPE html><html><head><meta charset="GB18030">
<title>c:forEach</title>
</head><body>
<%
  List<Student> stuList = new ArrayList<Student>();
  for(int i=0; i<10; i++){
      stuList.add(new Student(""+i,"Name"+i));
  }
  pageContext.setAttribute("stuList",stuList);
%>
```

```
<table>
<tr><th width="120">学号</th><th width="180">姓名</th></tr>
<c:forEach var="student" items="${stuList}" begin="2" end="6" step="2">
<tr>
  <td>${student.id}</td><td>${student.name}</td>
</tr>
</c:forEach>
</table></body></html>
```

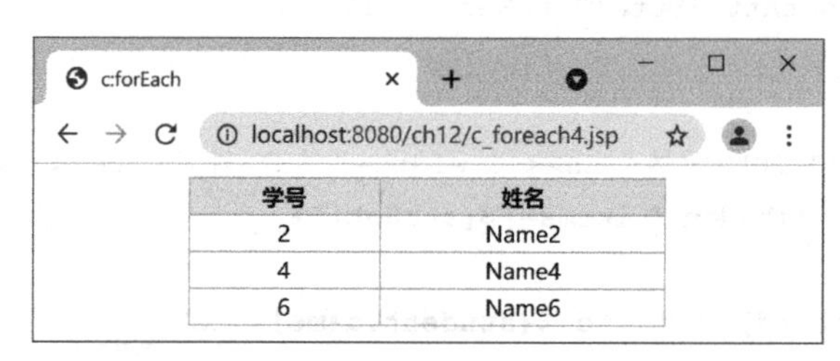

图 12-11 <c:forEach>开始、结束、步长

5. <c:forEach>迭代的状态：c_foreach5.jsp

下面的代码演示如何获得<c:forEach>的迭代状态，运行结果如图 12-12 所示。

```
<%@ page contentType="text/html; charset=GB18030"
        import="cn.edu.uibe.model.Student,java.util.* " %>
<%@ taglib uri="http://java.sun.com/jsp/jstl/core" prefix="c" %>
<!DOCTYPE html><html><head><meta charset="GB18030">
<title>c:forEach</title>
</head><body>
<%
  List<Student> stuList = new ArrayList<Student>();
  for(int i=0; i<5; i++){
      stuList.add(new Student(""+i,"Name"+i));
  }
  pageContext.setAttribute("stuList",stuList);
%>
<table>
<tr>
  <th width="120">学号</th>
  <th width="180">姓名</th>
  <th width="80">下标<br/>(index)</th>
  <th width="80">计数<br/>(count)</th>
  <th width="80">第一条<br/>(first)</th>
  <th width="80">最后一条<br/>(last)</th>
</tr>
<c:forEach var="student" items="${stuList}" varStatus="stat">
<tr>
```

```
    <td>${student.id}</td>
    <td>${student.name}</td>
    <td>${stat.index}</td>
    <td>${stat.count}</td>
    <td>${stat.first}</td>
    <td>${stat.last}</td>
  </tr>
  </c:forEach>
  </table>
  </body>
  </html>
```

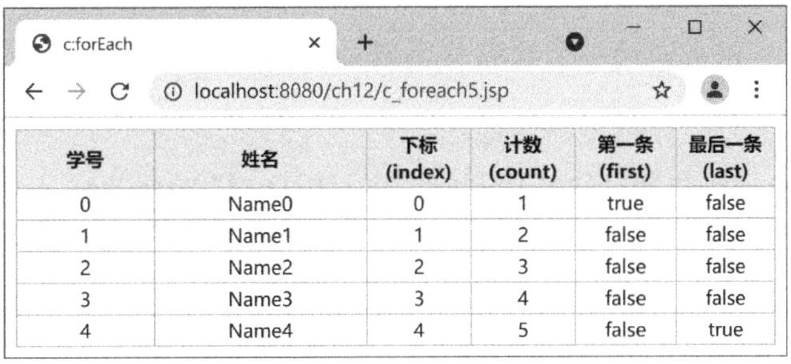

c:forEach

localhost:8080/ch12/c_foreach5.jsp

学号	姓名	下标 (index)	计数 (count)	第一条 (first)	最后一条 (last)
0	Name0	0	1	true	false
1	Name1	1	2	false	false
2	Name2	2	3	false	false
3	Name3	3	4	false	false
4	Name4	4	5	false	true

图 12-12　<c:forEach>迭代状态

6. <c:forEach>迭代 Map c_foreach6.jsp

下面的代码演示如何使用<c:forEach>迭代 Map,运行结果如图 12-13 所示。

```
<%@ page contentType="text/html; charset=GB18030"
        import="cn.edu.uibe.model.Student,java.util.*"%>
<%@ taglib uri="http://java.sun.com/jsp/jstl/core" prefix="c" %>
<!DOCTYPE html><html><head><meta charset="GB18030">
<title>c:forEach</title>
</head><body>
<%
  Map<String,String> conf = new HashMap<String,String>();
  conf.put("网站","学生实践网站");
  conf.put("开发者","佟强");
  conf.put("网址","http://cs.uibe.edu.cn");
  pageContext.setAttribute("conf",conf);
%>
<table>
<tr><th width="120">Map 关键字</th><th width="220">关键字对应的值</th></tr>
<c:forEach var="c" items="${conf}">
  <tr><td>${c.key}</td><td>${c.value}</td></tr>
</c:forEach>
</table>
```

```
</body></html>
```

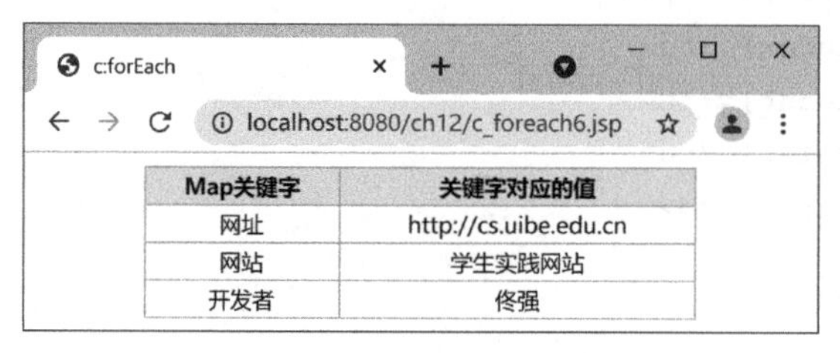

Map关键字	关键字对应的值
网址	http://cs.uibe.edu.cn
网站	学生实践网站
开发者	佟强

图 12-13　<c:forEach>迭代 Map

12.4.2　<c:forTokens>

<c:forTokens>用来迭代一个含有分隔符的字符串，可以指定一个或者多个分隔符(delimiters)。

```
<c:forTokens items="string" delims="delimiters" var="var"
          varStatus="status" begin="begin" end="end" step="step">
    body content
</c:forTokens>
```

- items 是含有分隔符的字符串。
- delims 是分隔符。

<c:forTokens>使用举例：c_fortokens.jsp

下面的代码演示<c:forTokens>的使用，运行结果如图 12-14 所示。

```
<%@ page contentType="text/html; charset=GB18030" %>
<%@ taglib uri="http://java.sun.com/jsp/jstl/core" prefix="c" %>
<!DOCTYPE html><html><head><meta charset="GB18030">
<title>c:forTokens</title>
</head><body>
<%
  String techs = "Java;Servlet;JSP;Struts2;Spring;Hibernate;MyBatis";
  pageContext.setAttribute("techs",techs);
%><p>
<c:forTokens var="tech" items="${techs}" delims=";">
  ${tech} 
</c:forTokens>
</p>
<%
  String ids="100;101,102;103:104,105:106";        //使用多个分隔符
  pageContext.setAttribute("ids",ids);
%><p>
<c:forTokens var="id" items="${ids}" delims=";:,">
  ${id} 
```

```
</c:forTokens></p>
</body></html>
```

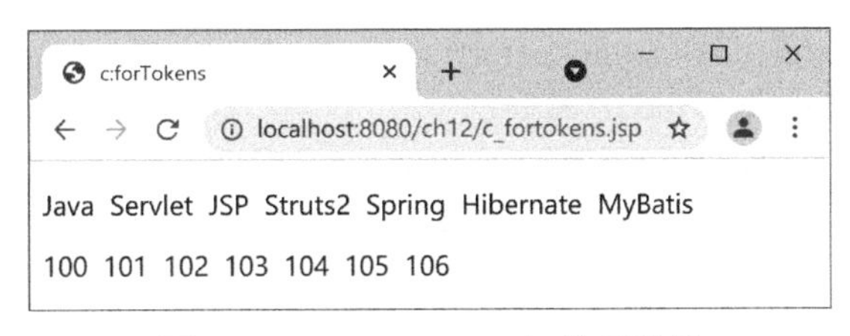

图 12-14　<c:forTokens>使用举例

12.5　SQL 标签

JSP 应用开发中几乎少不了数据库访问。最开始我们直接把数据库的访问代码写在 JSP 的小脚本(Scriptlet)中,这会导致代码维护困难。后来我们把数据库访问逻辑在 JavaBean 中进行封装,其缺点是工作量大。JSTL 的 SQL 标签封装了数据库访问的通用逻辑,包括设置数据源、查询、更新、事务处理等功能。

本节介绍的 SQL 标签如下。

- <sql:setDataSource>：设置数据源。
- <sql:query>：数据库查询。
- <sql:update>：数据库更新,可以执行 INSERT、UPDATE、DELETE 等 SQL 语句。
- <sql:transaction>：用于数据库事务处理。
- <sql:param>：设置 SQL 预处理语句的参数。
- <sql:dateParam>：设置 SQL 预处理语句的日期时间类型的参数。

12.5.1　<sql:setDataSource>

<sql:setDataSource>用于设置数据源,可以指定数据源的有效范围。

```
<sql:setDataSource dataSource="dataSource" url="jdbcURL"
    driver="driverClassName" user="userName" password="password"
    var="varName" scope="page|request|sesssion|application"/>
```

- dataSource：可以是 JNDI 名称空间中 DataSource 的名字,也可以引用另外一个可以访问的数据源对象。
- url：访问数据库引擎的 URL。
- driver：驱动程序的包名和类名。
- user：访问数据库的用户名。
- password：访问数据库的密码。
- var：标识这个数据源的属性名。

• scope：var 的有效范围，可以是 page、request、session、application。

例如：

```
<sql:setDataSource var="mysource1"
    driver="com.mysql.jdbc.Driver"
    url="jdbc:mysql://127.0.0.1:3306/vote
    ?useUnicode=true&characterEncoding=gbk"
    user="root" password="" scope="request" />
```

或者：

```
<sql:setDataSource var="mysource2" dataSource="jdbc/mydb"
                          scope = "request"/>
```

12.5.2 <sql:query>

<sql:query>用于查询数据库，并返回结果集。

语法 1：没有 body 时。

```
<sql:query sql="sqlQuery" var="varName"
        scope="page|request|session|application"
        dataSource="dataSource" maxRows="maxRows" startRow="startRow"/>
```

语法 2：在 body 中指定了查询参数。

```
<sql:query sql="sqlQuery" var="varName"
        scope="page|request|session|application"
        dataSource="dataSource" maxRows="maxRows" startRow="startRow">
    <sql:param>...
</sql:query>
```

语法 3：有 body，而且有查询参数。

```
<sql:query var="varName" scope="page|request|session|application"
        dataSource="dataSource" maxRows="maxRows" startRow="startRow">
        query
    <sql:param>...
</sql:query>
```

• dataSource：可用的数据源或 JNDI 名字。
• sql：查询语句。
• maxRows：查询结果最大的行数。
• startRow：查询结果集开始的索引。
• var：标识这个查询的属性名。
• scope：var 的有效范围。

例如：

```
<sql:query var="query1" sql="select * from candidate"
          dataSource="${mysource1}"/>
<sql:query var="query2" sql="select * from candidate where id=?"
          dataSource="${mysource1}">
    <sql:param value="3"/>
</sql:query>
<sql:query var="query3" dataSource="${mysource1}>
    select * from candidate where id=?
    <sql:param value="3"/>
</sql:query>
```

<sql:query>查询的 var 给出的变量具有以下属性。

- rows：一排 SortedMap 对象，每个对象对应一个字段名和结果集中的单行。
- rowsByIndex：一排数组，每个数组对应结果集中的单行。
- columnNames：一排对结果集中的列命名的字符串，采用与 rowsByIndex 属性相同的顺序。
- rowCount：查询结果中总行数。
- limitedByMaxRows：如果查询受限于 maxRows，则属性值为真。

<sql:query>的属性 rows 是查询的结果集，可以使用<c:forEach>标签迭代输出每一条查询到的记录。例如：

```
<c:forEach var="candidate" items="${query1.rows}">
    <tr><td>${candidate.name}</td>${candidate.vote}<td></td></tr>
</c:forEach>
```

12.5.3 <sql:update>

<sql:update>用于对数据库进行更新操作，可以执行 INSERT、UPDATE、DELETE 等 SQL 语句。对于有参数的 SQL 语句，第一个<sql:param>为第一个“?”传递参数，第二个<sql:param>为第二个“?”传递参数，以此类推。

语法 1：没有 body 时。

```
<sql:update sql="sqlUpdate" dataSource="dataSource" var="varName"
      scope="page|request|session|application"/>
```

语法 2：有 body，并在 body 中给出参数。

```
<sql:update sql="sqlUpdate" dataSource="dataSource" var="varName"
      scope="page|request|session|application">
    <sql:param>...
</sql:update>
```

语法 3：有 body，在 body 中给出 SQL 语句和参数。

```
<sql:update dataSource="dataSource" var="varName"
```

```
        scope="page|request|session|application">
    update statement
    <sql:param>...
</sql:update>
```

- sql：对数据库进行更新的语句。
- dataSource：JNDI 名字或 DataSource 引用。
- var：标识这个更新语句的属性名。
- scope：var 的有效范围。

例如：

```
<sql:update var="update1" dataSource="${exampleSource}">
  update contact set mobile='13632128888' where user_name='zhangsan'
</sql:update>
<sql:update var="update2" dataSource="${exampleSource}"
    sql="update contact set mobile=? where user_name=? ">
  <sql:param value="13632128888"/>
  <sql:param value="zhangsan"/>
</sql:update>
<sql:update var="update3" dataSource="${exampleSource}">
  update contact set mobile=? where user_name=?
  <sql:param value="13632128888"/>
  <sql:param value="zhangsan"/>
</sql:update>
```

12.5.4 <sql:transaction>

<sql:transaction>标签为<sql:query>和<sql:update>用于建立事务处理的上下文。嵌套在它里面的<sql:query>和<sql:update>不能使用 dataSource 属性另外指定的数据源。

```
<sql:transaction dataSource="dataSource" isolation="isolationLevel">
    <sql:query> and <sql:update> statements
</sql:transaction>
```

属性 isolation 指定标准 SQL 规范定义的 4 个事务隔离级别。在不同隔离级别下，事务的并发执行能力不同，数据一致性也不同。隔离级别越高，越能保证数据的完整性和一致性，但是对并发性能的影响也越大。

```
isolationLevel = read_uncommitted | read_committed |
                 repeatable_read | serializable
```

- read_uncommitted：如果一个事务已经开始写数据，则另外一个事务不允许同时进行写操作，但允许其他事务读此行数据。
- read_committed：读取数据的事务允许其他事务继续访问该行数据，但是未提交的写事务将会禁止其他事务访问该行。

- repeatable_read：读取数据的事务将会禁止写事务(但允许读事务)，写事务则禁止任何其他事务。
- serializable：事务序列化执行，事务只能一个接着一个地执行，不能并发执行。

12.5.5　<sql:param>

<sql:param>用于设置 SQL 预处理语句的参数。在 SQL 预处理语句中，使用“?”表示它的参数。<sql:param>的语法有如下两种形式：

```
<sql:param value="value"/>
```

或：

```
<sql:param>parameter value</sql:param>
```

12.5.6　<sql:dateParam>

<sql:dateParam>用于设置 SQL 预处理语句中日期时间类型的参数。

```
<sql:dateParam value="value" type="type"/>
```

其中，type=date | time | timestamp。

12.6　投票系统(JSTL+MySQL)

网上投票是 JSP 开发中经常用到的模块，这里使用 SQL 标签开发一个简单的投票系统。投票系统中，除了用户可以在线投票外，还要记录用户的 IP 地址，投了哪个候选人，以及投票的时间。投票系统的界面如图 12-15 所示。

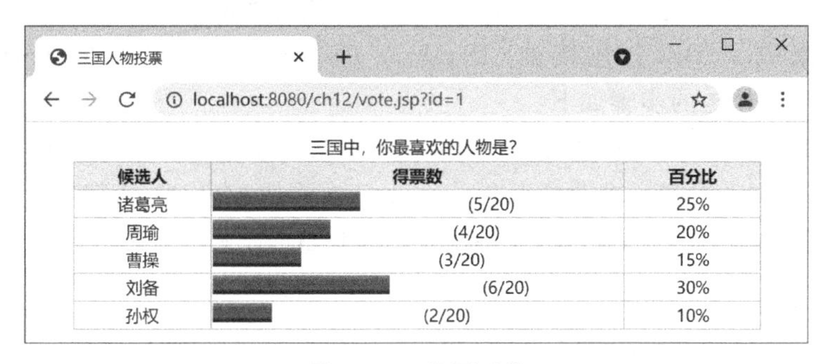

图 12-15　投票系统

12.6.1　创建投票数据库

数据库使用 MySQL，创建的数据库名为 vote。表 candidate 是候选人表，有候选人ID、候选人姓名、候选人得票数 3 个字段，其中候选人 ID 是主键。表 vote_log 是投票日志表，有投票日志ID、候选人ID、客户端IP地址、投票时间4个字段，其中投票日志ID是主键，候选人ID是外键。

```
use mydb;                                          /* 使用数据库 */
create table candidate (                           /* 创建投票表 */
  id int auto_increment primary key,               /* 主键 候选人 ID */
  name varchar(50),                                /* 候选人姓名 */
  vote int                                         /* 候选人得票数 */
) engine=InnoDB default charset=gbk;
create table vote_log (                            /* 创建投票日志表 */
  id int auto_increment primary key,               /* 主键 投票日志 ID */
  candidate_id int,                                /* 外键 候选人 ID */
  ip varchar(50),                                  /* 客户端 IP 地址 */
  vote_time datetime,                              /* 投票时间 */
  constraint fk_vote foreign key (candidate_id) references candidate(id)
) engine=InnoDB default charset=gbk;
/* 插入一些候选人记录 */
insert into candidate(name,vote) values('诸葛亮',0);
insert into candidate(name,vote) values('周瑜',0);
insert into candidate(name,vote) values('曹操',0);
insert into candidate(name,vote) values('刘备',0);
insert into candidate(name,vote) values('孙权',0);
```

12.6.2 数据库连接池配置

数据库连接的建立和关闭对系统而言是耗费系统资源的操作。连接池技术通过让应用服务器管理连接池，从而让应用动态地对池中的连接进行申请、使用和释放，避免了每次访问数据库时都建立物理连接，从而提高Web应用的性能。

Tomcat 集成了 DBCP 连接池（Database Connection Pool），在 Tomcat 下配置 MySQL 数据库连接池的步骤如下：

(1) 将 MySQL 的驱动程序复制到 tomcat 安装目录的子目录/lib下，这样 Tomcat 才能找到数据库驱动程序。或者可以在 pom.xml 中添加 MySQL 依赖。

(2) 在 Web 应用的子目录/META-INF 下新建 XML 文件 context.xml，内容如下：

```
<Context>
<Resource name="jdbc/mydb" auth="Container"
  type="javax.sql.DataSource" username="root" password="123456"
  driverClassName="com.mysql.cj.jdbc.Driver"
  url="jdbc:mysql://127.0.0.1:3306/mydb?useUnicode=true
       &amp;characterEncoding =gbk
       &amp;useSSL=false&amp;serverTimezone=Asia/Shanghai"
  maxTotal="8" maxIdle="4" />
</Context>
```

其中,“jdbc/mydb”是数据源的 JNDI 名字,应用程序通过这个名字找到连接池。

12.6.3 投票页面

投票页面 vote.jsp 使用了 JSTL 的核心标签库和 SQL 标签库。

```
<%@ page contentType="text/html; charset=GB18030"%>
<%@ taglib prefix="c" uri="http://java.sun.com/jsp/jstl/core" %>
<%@ taglib prefix="sql" uri="http://java.sun.com/jsp/jstl/sql" %>
<!DOCTYPE html><html><head><meta charset="GB18030">
<meta http-equiv="Pragma" content="no-cache">
<title>三国人物投票</title>
<style type="text/css">
table{
  background-color:#CCCCCC;  font-size:14px;
  border-collapse: collapse;  margin:0 auto;
  width: 90%;
}
caption{
  height:24px;  line-height:24px;
}
tr{
  line-height:20px;
}
th{
  background-color:#EEEEEE;  text-align:center;
  border: solid 1px #CCCCCC;
}
td{
  background-color:#FFFFFF;  text-align:center;
  border: solid 1px #CCCCCC;
}
a{
  font-size:14px;  color:navy;  text-decoration:none;
}
</style>
</head>
<body>
<sql:setDataSource var="vote" dataSource="jdbc/mydb" scope="request"/>
<c:if test="${not empty param.id}">
  <sql:transaction dataSource="${vote}">
    <sql:update sql="update candidate set vote=vote+1 where id=? ">
      <sql:param value="${param.id}" />
    </sql:update>
    <sql:update sql="insert into vote_log(candidate_id,ip,vote_time)
```

```
                        values(?,?,now())">
        <sql:param value="${param.id}"/>
        <sql:param value="${pageContext.request.remoteAddr}" />
      </sql:update>
    </sql:transaction>
  </c:if>
  <sql:query var="query1" dataSource="${vote}">
      select sum(vote) as total from candidate
  </sql:query>
  <c:set var="total"
    value="${query1.rows[0].total==0 ? 1 : query1.rows[0].total}"/>
  <sql:query var="query" dataSource="${vote}">
    select * from candidate
  </sql:query>
  <table>
    <caption>三国中,你最喜欢的人物是?</caption>
    <thead>
      <tr>
        <th width="20%">候选人</th>
        <th width="60%">得票数</th>
        <th width="20%">百分比</th>
      </tr>
    </thead>
    <tbody>
      <c:forEach var="row" items="${query.rows}">
      <tr align="center" valign="middle">
        <td><a href="vote.jsp? id=${row.Id}">${row.name}</a></td>
        <td align="left">
          <img src="images/100.gif" height="16" align="left"
                width="${500 * row.vote/total}" />
          (${row.vote}/${total})
        </td>
        <td>${row.vote * 100/total}%</td>
      </tr>
      </c:forEach>
    </tbody>
  </table></body></html>
```

本章小结

JSTL是Java Server Pages Standard Tag Library的缩写。它是由JCP(Java Community Process)所制定的标准规范,目的是给Java Web开发者提供一个标准的通用标签库。通过JSTL,可以部分取代传统JSP程序中嵌入Java代码的做法,使得JSP页面的风格趋于统一，且容易维护。

JSTL是一个开放源代码的JSP标签库，它为条件处理、迭代、国际化、数据库访问、XML处理提供支持。JSTL还引入了表达式语言(Expression Language，EL)，极大地简化了JSP中数据的访问和操作。JSTL为开发者提供了5大类标签库：核心标签库、国际化(i18n)标签库、SQL标签库、XML标签库、函数标签库。在JSP页面中使用JSTL需要使用taglib指令元素指出要使用哪个标签库。

<c:out>把计算的结果输出到JSP页面。也可以在JSP页面中直接使用表达式语言EL进行输出。<c:out>默认将“<”和“>”等字符转换成字符实体，而表达式语言不转换。

<c:set>用于在某个范围对象(pageContext、request、session、application)上设置一个属性，或者设置JavaBean的属性，或者设置Map的关键字和值。

<c:remove>用来从某个范围对象(pageContext、request、session、application)上删除一个属性。

<c:catch>用于捕获由嵌套在它里面的标签抛出的异常。

<c:if>进行条件判断，如果它的test属性为true，就计算并输出它的body。

<c:choose>用于多分支条件选择，它和<c:when>、<c:otherwise>一起使用。<c:when>代表了<c:choose>的一个条件分支。<c:otherwise>作为<c:choose>的最后一个分支出现，代表了没有<c:when>成立时的默认选择。

<c:forEach>在一个包含一系列对象的集合中迭代，或者迭代固定的次数。

<c:forTokens>用来迭代一个含有分隔符的字符串，可以指定一个或者多个分隔符。

<sql:setDataSource>用于设置数据源，可以指定数据源的范围。

<sql:query>用于查询数据库，并返回结果集。

<sql:update>用于对数据库进行更新操作，可以执行INSERT、UPDATE、DELETE等SQL语句。

<sql:transaction>标签为<sql:query>和<sql:update>建立事务处理上下文，确保操作的原子性。嵌套在它里面的<sql:query>和<sql:update>不能使用dataSource属性另外指定数据源。

<sql:param>设置SQL预处理语句的参数。在SQL预处理语句中，使用“?”表示它的参数。<sql:dateParam>设置日期时间类型的SQL预处理语句的参数。

连接池技术通过让应用服务器管理连接池，从而让应用动态地对池中的连接进行申请、使用和释放，避免了每次访问数据库时都建立物理连接，从而提高Web应用的性能。Tomcat集成了DBCP连接池(Database Connection Pool)。

习题十二

1. 下列(　　)指令在JSP页面中使用JSTL核心标签库。

A. <%@ taglib uri="http://java.sun.com/jsp/jstl/core" prefix="c" %>

B. <%@ taglib uri="http://java.sun.com/jsp/jstl/sql" prefix="sql" %>

C. <%@ taglib uri="http://java.sun.com/jsp/jstl/fmt" prefix="fmt" %>

D. <%@ taglib uri="http://java.sun.com/jsp/jstl/xml" prefix="x" %>

2. 下列关于JSTL的描述,不正确的是(　　)。

A. JSTL标签库为条件处理、迭代、国际化、数据库访问、XML处理提供支持

B. JSTL简化了JSP的开发,使得JSP页面的编程风格统一、易于维护

C. 在JSP页面中使用JSTL需要使用taglib指令指定要使用哪个标签库

D. JSP 2.0之后,JSTL作为标准被支持,无需安装就可以使用

3. <c:catch>标签的作用是(　　)。

A. 捕获嵌套在它里面的标签抛出的异常

B. 从某个范围对象上删除一个属性

C. 用于多分支的条件选择

D. 迭代集合对象或迭代固定的次数

4. <c:forTokens>标签的作用是(　　)。

A. 用于多分支的条件选择

B. 迭代集合对象或迭代固定的次数

C. 迭代一个含有分隔符的字符串

D. 用于在某个范围内设置一个属性的值

5. 关于JSTL条件标签的说法正确的是(　　)。

A. 单纯使用if标签可以表达if…else … 的语法结构

B. when标签必须在choose标签内使用

C. otherwise标签必须在if标签内使用

D. else标签是和if标签配对的

6. 下列代码的输出结果是(　　)。

```
<%
int[] a = new int[]{1,2,3,4,5,6,7,8};
pageContext.setAttribute("a",a);
%>
<c:forEach items="${a}" var="i" begin="3" end="5" step="2">
${i}
</c:forEach>
```

A. 1 2 3 4 5 6 7 8　　　　B. 3 5

C. 4 6　　　　D. 4 5 6

7. JSTL提供了五大类标签库,分别是什么?

8. 模板引擎可以实现界面和数据的分离,目前开发中已经很少用JSP了。Thymeleaf、FreeMarker、Velocity、Enjoy是常见的Java模板引擎,请读者了解这些模板引擎。

第 13 章 持久层框架 MyBatis

面向对象程序设计是企业级开发常用的设计方式,在实践中常用的编程语言大多数都是面向对象的编程语言,而实际生产环境中常用的数据库产品大多数都是关系型的数据库。对象关系映射(Object Relational Mapping,ORM)是一种为了解决面向对象与关系数据库存在的互不匹配现象的技术。ORM 可以在对象和关系数据库之间做一个映射,使得程序可以通过操作对象的方式来访问关系数据库。MyBatis 是一个优秀的 Java 持久化框架,可以帮助程序员完成 ORM 映射、查询缓存等常用功能。MyBatis 以其高性能、易优化、易维护、可扩展等优点,受到越来越多的开发人员的青睐,也有越来越多的企业级应用开始将 MyBatis 作为其持久化框架。

13.1 ORM 和 MyBatis

13.1.1 ORM 相关概念

什么是持久化?持久化(Persistence),即把数据(如内存中的对象)保存到可永久保存的存储设备中(如磁盘)。持久化的主要应用是将内存中的数据存储到关系型数据库中,当然也可以存储到普通磁盘文件、XML 文件、JSON 文件中等。

什么是持久层?持久层(Persistence Layer),即专注于实现数据持久化的某个特定系统的一个逻辑层面,它将数据使用者和数据实体相关联。数据访问对象(Data Access Object,DAO)位于持久层,实现对持久化数据的访问。DAO 提供了访问关系型数据库系统所需操作的接口,将数据访问和业务逻辑分离,对上层提供面向对象的数据访问接口。DAO 由以下三部分组成。

- 实体类(Entity):用于传输的数据对象。
- 数据访问接口(DAO 接口):把数据库的所有操作声明成抽象函数。
- 数据访问实现类(DAO 实现类):针对不同数据库给出 DAO 接口函数的具体实现。

例如有数据库表 user,假设 user 表的字段只有两个:phone 和 name,那么我们可以定义一个实体类 User,所在包名的最后一个句点后面的名字通常是 entity(实体对象)、model(模型对象)或 domain(领域对象)。

```
package cn.edu.uibe.entity;          //或 cn.edu.uibe.domain 或 cn.edu.uibe.model
public class User {
```

```
    private String phone;
    private String name;
    public String getPhone() {  return phone;  }
    public void setPhone(String phone) {
        this.phone = phone == null ? null : phone.trim();
    }
    public String getName() {  return name;  }
    public void setName(String name) {
        this.name = name == null ? null : name.trim();
    }
}
```

数据访问接口应放到 dao 包中。我们定义接口 UserDAO,在接口中声明访问数据库的各个函数,比如插入记录的 insert()函数、根据手机号查询得到 User 对象的 selectByPhone()函数和根据手机号更新记录的 updateByPhone()函数。

```
package cn.edu.uibe.dao;
import cn.edu.uibe.entity.User;
public interface UserDAO {
    int insert(User user);
    User selectByPhone(String phone);
    int updateByPhone(User user);
}
```

数据访问接口的实现类也应单独放进一个包,通常是 impl 包。使用 MyBatis 时,我们并不需要给出 DAO 接口的实现类,因为 MyBatis 使用 XML 映射文件给出 DAO 接口的实现。

```
package cn.edu.uibe.dao.impl;
import cn.edu.uibe.dao.UserDAO;
import cn.edu.uibe.entity.User;
public class UserDAOImpl implements UserDAO {
    @Override
    public int insert(User user) {
        //使用 JDBC 给出 insert()函数的实现
        return 0;
    }
    @Override
    public User selectByPhone(String phone) {
        //好多重复工作:( 还使用 JDBC 实现?
        return null;
    }
    @Override
    public int updateByPhone (User user) {
        //有简洁的做法吗? Hibernate? MyBatis?
```

```
        return 0;
    }
}
```

什么是 ORM？即 Object Relationl Mapping，它的作用是在对象和关系数据库之间做一个映射，这样，我们在操作实体对象的时候，不需要去写重复的 JDBC 代码，只要像平时操作普通对象一样操作实体对象就可以了。关系型数据库中是按行对数据进行存取的，而程序运行却是一个个对象进行处理的，而目前大部分数据库驱动技术（如 JDBC）均是对行集的结果集一条条进行处理的。所以为解决这一问题，就出现了 ORM 这一对象和关系数据库之间的映射技术，比如 Hibernate 和 MyBatis。

Hibernate 官网：http://hibernate.org/。

MyBatis 官网：https://mybatis.org/mybatis-3/。

13.1.2 什么是 MyBatis

MyBatis 是一款优秀的支持 ORM 映射的持久层框架。MyBatis 免除了几乎所有的 JDBC 代码以及设置参数和获取结果集的工作。MyBatis 可以通过简单的 XML 或注解来配置和映射原始类型、接口和 Java POJO 为关系数据库中的记录。POJO，即 Plain Old Java Objects，普通老式 Java 对象的意思。包含属性 phone 和 name，并提供属性对应的 set()方法和 get()方法的 User 对象就是一个 POJO。

要使用 MyBatis，只需将一个 JAR 文件 mybatis-3.5.7.jar 置于类路径（CLASSPATH）中即可。如果使用 Maven 来管理和构建项目，则需将以下依赖添加到 pom.xml 文件中。

```
<dependency>
    <groupId>org.mybatis</groupId>
    <artifactId>mybatis</artifactId>
    <version>3.5.7</version>
</dependency>
```

13.2 MyBatis Generator

虽然 MyBatis 是一个简单易学的框架，但配置 XML 文件也是一个相当烦琐的过程，而且会出现很多不容易定位的错误。当开发中需要根据大量表生成很多对象时，会有太多的重复劳动。所以，MyBatis 官方开发了 MyBatis Generator。它只需要很少量的简单配置，就可以完成大量的表到 Java 文件和 XML 映射文件的生成工作，拥有零出错和速度快的优点，让开发人员获得解放，从而更专注于业务逻辑的开发。

13.2.1 MyBatis Generator 简介

MyBatis Generator 是 MyBatis 的代码生成器。它将内省（introspect）数据库表并生成可用于访问表的构件。其官方网站为：

```
https://mybatis.org/generator/
```

MyBatis Generator,简称MBG,它生成的文件包含三类:

(1) 实体类,一个数据库表对应生成一个实体类。

(2) 映射器接口,操作数据库的函数都在此接口中定义。

(3) XML映射文件,给出了映射器的实现。

假设有名为mydb的数据库,user表位于这个数据库内,MyBatis Generator可以通过连接mydb数据库,内省user表,生成实体类User、映射器接口UserMapper和XML映射文件UserMapper.xml。实体类User是数据访问时传输的数据对象,它的属性和表user的字段是一一对应的。user表的主键是字段id,其类型为BIGINT。自动生成的映射器接口UserMapper中包含了基本的CRUD函数。CRUD是新建(Create)、检索(Retrieve)、更新(Update)和删除(Delete)四个单词的首字母简写,它描述了持久层的基本操作功能。

```
int deleteByPrimaryKey(Long id);        //根据主键删除一条记录
int insert(User record);                //将一个User对象插入为user表的一条记录
int insertSelective(User record);       //如果属性值为null,SQL语句中去掉对应的字段
User selectByPrimaryKey(Long id);       //根据主键查询得到一个User对象
int updateByPrimaryKeySelective(User record);  //SQL中去掉null属性对应的字段
int updateByPrimaryKey(User record);//根据主键更新全部字段(主键id除外)
```

自动生成的XML映射文件UserMapper.xml中给出了接口UserMapper中的各个函数的实现。映射器接口UserMapper就是持久层的数据访问对象DAO(Data Access Object),而UserMapper.xml就是这个数据访问对象的实现。MyBatis通过XML映射文件给出了DAO实现类。在这个XML映射文件中,包含了SQL语句SELECT、DELETE、INSERT、UPDATE对应的标签<select>、<delete>、<insert>和<update>。标签的属性id和接口UserMapper中的函数名对应,这意味着我们最好不要在接口UserMapper中定义重载函数(overloaded functions)。实现映射器接口中函数的标签如下:

```
<select id="selectByPrimaryKey" …
<delete id="deleteByPrimaryKey" …
<insert id="insert" …
<insert id="insertSelective" …
<update id="updateByPrimaryKeySelective" …
<update id="updateByPrimaryKey" …
```

13.2.2 安装MyBatis Generator

打开Eclipse→Help→Eclipse marketplace,在搜索框内输入"mybatis",单击最右侧的Go按钮,搜索结果如图13-1所示。单击MyBatis Generator 1.4.0右下的Install按钮即可安装MyBatis Generator,安装过程中需要同意许可协议,安装完成后需要重启Eclipse。

搜索结果中还有一个插件——MyBatipse,它可以在编辑MyBatis相关文件时提供内容辅助和验证。我们把MyBatipse也装好,再次重新启动Eclipse。

图 13-1　安装 MyBatis Generator

安装成功后，在 Eclipse→Help→About Eclipse IDE→Installation Details→Installed Software 的搜索框中输入“mybat”并查询，可以查看是否已经安装了 MyBatis Generator 和 MyBatipse，如图 13-2 所示。

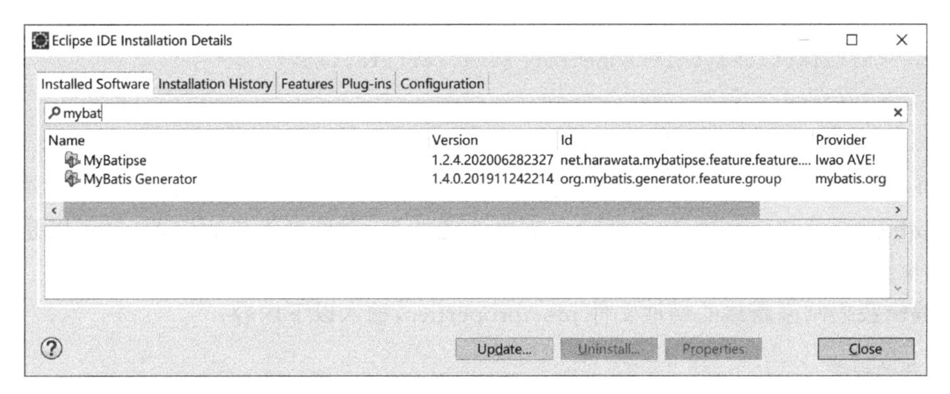

图 13-2　确认 MyBatis Generator 已安装

13.2.3　创建 MySQL 数据库

从 MySQL 官方网站 https://www.mysql.com/下载 Community 版本的数据库服务

器 MySQL Community Server 8.0.25。下载得到的文件为 mysql-installer-community-8.0.25.0.msi，运行这个安装程序，安装 MySQL Server 和 MySQL Workbench。

使用 MySQL Workbench 或第三方客户端连接到 MySQL 数据库，执行以下 SQL 语句。语句创建了数据库 mydb 和表 mydb.user，并插入两条记录。user 表的主键 id 是自动增量产生的长整数。字段 phone 上创建了唯一索引。竖撇`是 MySQL 的转义符，可避免和 MySQL 的关键字冲突。如果不在列名、表名中使用 MySQL 的保留字或中文，就不需要转义。

```
CREATE DATABASE mydb CHARACTER SET utf8mb4;
USE mydb;
CREATE TABLE `mydb`.`user`(
    `id` BIGINT NOT NULL AUTO_INCREMENT,
    `phone` VARCHAR(20),
    `name` VARCHAR(100),
    `credits` DOUBLE,
    PRIMARY KEY (`id`),
    UNIQUE INDEX `IDX_PHONE` (`phone`)
) ENGINE=INNODB CHARSET=utf8mb4;
INSERT INTO `user`(phone,`name`,credits)
        VALUES('17712345678','佟强',500),('18812345678','贺宇',800);
SELECT * FROM user;
```

在网站 https://mvnrepository.com/上搜索关键词“mysql”，就可以找到 MySQL 数据库的最新版本的驱动。将 MySQL 依赖加入 pom.xml，构件 ID 是 mysql-connector-java，版本是 8.0.25，就可以在项目中使用 MySQL 驱动了。

```
<dependency>
    <groupId>mysql</groupId>
    <artifactId>mysql-connector-java</artifactId>
    <version>8.0.25</version>
</dependency>
```

在源文件夹【src/main/resources】上单击右键，New→Other→General→File，输入文件名 jdbc.properties，如图 13-3 所示。需要注意的是，文件名不是固定的，也可以是其他名称，比如 db.properties。

编辑我们刚刚新建的属性文件 jdbc.properties，输入以下内容：

```
#驱动程序
jdbc.driver=com.mysql.cj.jdbc.Driver
#连接 URL
jdbc.url=jdbc:mysql://localhost:3306/mydb?useUnicode=true
                &characterEncoding=utf-8&useSSL=false
                &serverTimezone=Asia/Shanghai
#数据库用户名，上线版本不应使用 root 用户连接数据库
```

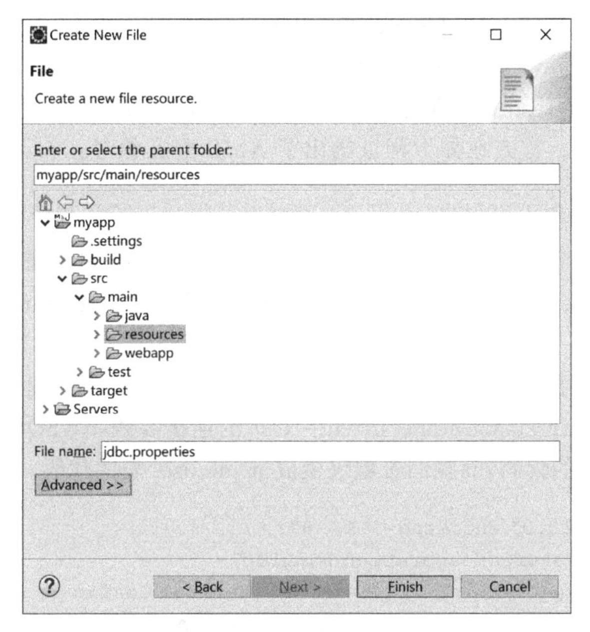

图 13-3 新建文件 jdbc.properties

```
jdbc.username=root
#数据库密码,需修改成你安装 MySQL Server 时设置的密码或你修改过的密码
jdbc.password=123456
```

其中 jdbc.driver、jdbc.url、jdbc.username 和 jdbc.password 是我们自己定义的属性名称，分别代表 JDBC 驱动程序、连接数据库的 URL、数据库用户名和数据库密码。com.mysql.cj.jdbc.Driver 是 MySQL 新的驱动程序类名。连接 URL 以"jdbc:mysql://"开始，localhost 是本机的名称。如果数据库不在本机，可换成数据库服务器的域名或 IP 地址。3306 是 MySQL 服务器默认侦听的端口号，连接前需要在数据库服务器上使用 netstat 命令确认侦听的端口号是 3306，还需要确认服务器防火墙入站规则中 3306 端口被放行。斜杠后的"mydb"是要连接的数据库名。问号后需要给出"&"分隔的多个连接参数，其中 useUnicode=true 和 characterEncoding=utf-8 给出了连接数据库的字符集。useSSL=false 指明与服务器进行通信时不使用 SSL(Secure Sockets Layer 安全套接字协议)。serverTimezone=Asia/Shanghai 给出了服务器时区为东八区，也可以写成 serverTimezone=GMT%2B8，GMT 是格林尼治标准时间，%2B 是加号的 URL 编码。

格林尼治(Greenwich)是英国伦敦南郊原皇家格林尼治天文台所在地，地球本初子午线(0°经线)的标界处，世界计算时间和经度的起点。格林尼治标准时(Greenwich Mean Time,GMT)加上 8 个时区是东八区时间。GMT+08:00 表示比格林尼治标准时间(GMT)快 8 小时的时区，理论上的位置是位于东经 112.5 度至 127.5 度之间。当格林尼治标准时间为 00:00 时，东八区的时间为 08:00。

13.2.4 配置和运行 MyBatis Generator

MyBatis Generator 是 XML 配置文件驱动的。配置文件中包含：如何连接数据库、产生哪些对象和如何产生它们、哪些数据库表用于对象的产生。

Eclipse→File→New→Other→MyBatis→MyBatis Generator Configuration File，在源文件夹【src/main/resources】里新建 MyBatis Generator 的配置文件，可命名为 generatorConfig.xml。官方在如下网址给出了 XML 配置参考：

```
http://mybatis.org/generator/configreference/xmlconfig.html
```

为了连接上一小节创建好的 MySQL 数据库 mydb，我们编辑配置文件内容。我们使用了属性文件 jdbc.properties 来获取数据库的连接信息，还配置了使用 mydb 数据库的 user 表来产生 MyBatis 代码。新增的 nullCatalogMeansCurrent=true 的连接参数至关重要，它可以避免生成其他数据库中的同名表。MySQL 自身有个系统库 mysql，里面也有一个名为 user 的表。如果不设置 nullCatalogMeansCurrent=true 的连接参数，MySQL Generator 也会错误地产生 mysql.user 表的代码，而我们希望仅生成 mydb.user 表的代码。

```
<?xml version="1.0" encoding="UTF-8"?>
<!DOCTYPE generatorConfiguration PUBLIC "
        -//mybatis.org//DTD MyBatis Generator Configuration 1.0//EN"
        "http://mybatis.org/dtd/mybatis-generator-config_1_0.dtd">
<generatorConfiguration>
  <!--引入属性文件-->
  <properties resource="jdbc.properties"></properties>
  <context id="MySQLTables" targetRuntime="MyBatis3">
    <!--避免生成过多注释-->
    <commentGenerator>
        <property name="suppressDate" value="true"/>
        <property name="suppressAllComments" value="true"/>
    </commentGenerator>
    <!--JDBC 数据库信息-->
    <jdbcConnection driverClass= "${jdbc.driver}"
                    connectionURL="${jdbc.url}"
                    userId="${jdbc.username}"
                    password="${jdbc.password}">
    <!--防止生成其他库的同名表-->
    <property name="nullCatalogMeansCurrent" value="true"/>
    </jdbcConnection>
    <!-- 类型转换 -->
    <javaTypeResolver >
      <property name="forceBigDecimals" value="false" />
    </javaTypeResolver>
    <!--自动生成实体的存放包路径 -->
    <javaModelGenerator targetPackage="cn.edu.uibe.entity"
                        targetProject="myapp/src/main/java">
      <property name="enableSubPackages" value="true" />
      <!-- 是否针对 String 类型的字段在 set 的时候进行 trim 调用 -->
      <property name="trimStrings" value="true" />
    </javaModelGenerator>
    <!--自动生成的 * Mapper.xml 文件的存放路径 -->
    <sqlMapGenerator targetPackage="cn.edu.uibe.dao"
```

```
                        targetProject="myapp/src/main/resources">
    <property name="enableSubPackages" value="true" />
  </sqlMapGenerator>
  <!--自动生成的 * Mapper.java 文件的存放路径 -->
  <javaClientGenerator type="XMLMAPPER"
                        targetPackage="cn.edu.uibe.dao"
                        targetProject="myapp/src/main/java">
    <property name="enableSubPackages" value="true" />
  </javaClientGenerator>
  <!--要生成的表 tableName 是数据库中的表名 domainObjectName 是实体类名-->
  <table schema="mydb"
        tableName="user"
        domainObjectName="User"
        enableCountByExample="false"
        enableUpdateByExample="false"
        enableDeleteByExample="false"
        enableSelectByExample="false"
        selectByExampleQueryId="false" >
  </table>
 </context>
</generatorConfiguration>
```

下面我们来运行 MyBatis Generator。如图 13-4 所示，在 generatorConfig.xml 上单击鼠标右键，选择弹出菜单中的 Run As→Run MyBatis Generator。

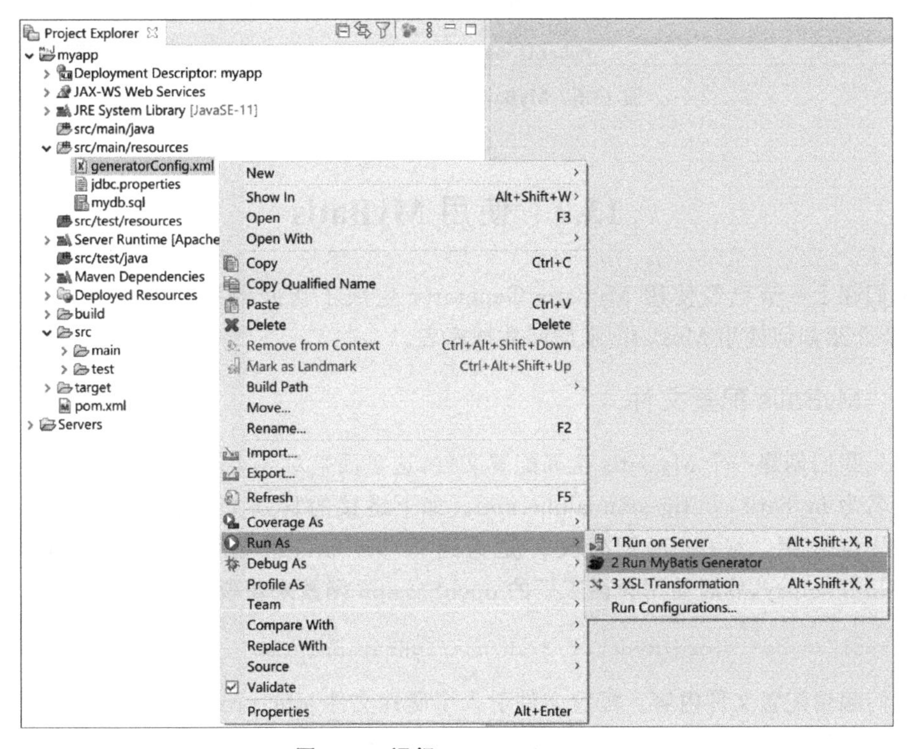

图 13-4 运行 MyBatis Generator

如图 13-5 所示，运行 MyBatis Generator 生成了三个文件：User.java、UserMapper.java 和 UserMapper.xml。Use.java 中是 User 类，它和 mydb.user 表对应。UserMapper.java 中是接口 UserMapper，它声明了访问数据库的 CRUD 函数。UserMapper.xml 给出了接口 UserMapper 中各个函数的 XML 实现。此时，通过 MyBatis 访问 mydb.user 表的最基础的代码已经生成好了，那赶快阅读一下自动生成的内容吧。

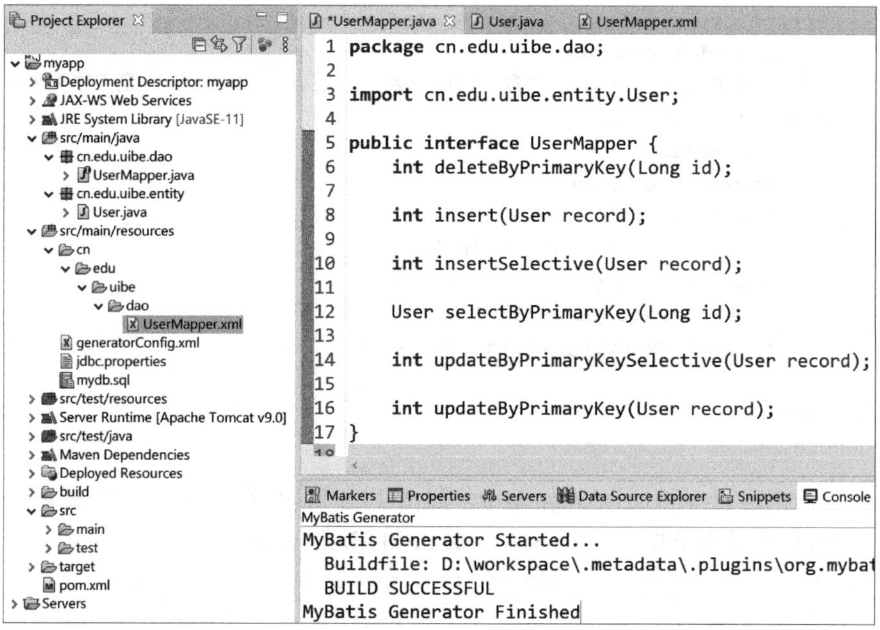

```
1 package cn.edu.uibe.dao;
2
3 import cn.edu.uibe.entity.User;
4
5 public interface UserMapper {
6     int deleteByPrimaryKey(Long id);
7
8     int insert(User record);
9
10    int insertSelective(User record);
11
12    User selectByPrimaryKey(Long id);
13
14    int updateByPrimaryKeySelective(User record);
15
16    int updateByPrimaryKey(User record);
17 }
```

```
MyBatis Generator Started...
  Buildfile: D:\workspace\.metadata\.plugins\org.mybat
  BUILD SUCCESSFUL
MyBatis Generator Finished
```

图 13-5　MyBatis Generator 运行结果

13.3　使用 MyBatis

我们在上一节已经使用 MyBatis Generator 生成了访问数据库的代码。在此基础上，本节介绍如何使用 MyBatis 来访问数据库表。

13.3.1　MyBatis 配置文件

首先我们创建一个 MyBatis 全局配置文件，这里面是对 MyBatis 核心行为的控制，文件可命名为 mybatis-config-standalone.xml。如下链接的官方文档给出了 MyBatis 配置文件的详细介绍。MyBatis 配置文件是为运行 MyBatis 准备的，我们使用它来构建 SqlSessionFactory，然后使用会话工厂的 openSession 函数来获取 SqlSession。

```
https://mybatis.org/mybatis-3/zh/configuration.html
```

我们编辑配置文件内容。配置文件引入了属性文件 jdbc.properties 以使用其中的数据库连接信息，设置 useGeneratedKeys＝true 以获取数据库生成的主键，定义了一个名为 development 的环境，事务管理器为 JDBC 意味着直接使用 JDBC 的提交和回滚功能来管理数据库事务，<mappers>标签的内部标签<package>将包 cn.edu.uibe.dao 内的映射器接口实现全部注册为映射器。

```
<?xml version="1.0" encoding="UTF-8"?>
<!DOCTYPE configuration
  PUBLIC "-//mybatis.org//DTD Config 3.0//EN"
  "http://mybatis.org/dtd/mybatis-3-config.dtd">
<configuration>
  <!--引入属性文件-->
  <properties resource="jdbc.properties"></properties>
  <!-- 设置 -->
  <settings>
    <!-- 使用数据库生成的主键 -->
    <setting name="useGeneratedKeys" value="true"/>
  </settings>
  <!-- 环境 -->
  <environments default="development">
    <environment id="development">
      <!-- 事务管理器 -->
      <transactionManager type="JDBC"></transactionManager>
      <!-- JDBC 数据源 -->
      <dataSource type="POOLED">
        <property name="driver" value="${jdbc.driver}"/>
        <property name="url" value="${jdbc.url}"/>
        <property name="username" value="${jdbc.username}"/>
        <property name="password" value="${jdbc.password}"/>
      </dataSource>
    </environment>
  </environments>
  <!-- 映射器 -->
  <mappers>
    <!-- 将包内的映射器接口实现全部注册为映射器 -->
    <package name="cn.edu.uibe.dao"/>
  </mappers>
</configuration>
```

13.3.2　修改生成的代码

在源文件 UserMapper.java 中增加如下两个函数。函数 selectByPhone()用于根据电话号码查询用户信息，由于 phone 是唯一索引，所以只返回一个 User 对象。selectAllUsers()用于获取全部用户的列表(假设用户数量不多)。

```
User selectByPhone(String phone);
List<User> selectAllUsers();
```

在 UserMapper.xml 映射文件中，添加以下两段 XML，给出映射器接口中的函数实现。

```
<select id="selectByPhone" parameterType="java.lang.String"
        resultMap="BaseResultMap">
    select <include refid="Base_Column_List" /> from user
    where phone = #{phone,jdbcType=VARCHAR}
</select>
<select id="selectAllUsers" resultMap="BaseResultMap">
  select <include refid="Base_Column_List" /> from user order by id
</select>
```

修改 UserMapper.xml 中 insert 函数的实现，增加 keyProperty＝"id"以指明 user 表的 id 字段是数据库自动生成的主键。<insert>标签内部的 SQL 需去掉 id 字段，再加上 MyBatis 配置文件中的 useGeneratedKeys＝true 就可以获得数据库生成的主键了。

```
<insert id="insert" keyProperty="id"
         parameterType="cn.edu.uibe.entity.User">
  insert into user (phone, name, credits)
  values ( #{phone,jdbcType=VARCHAR}, #{name,jdbcType=VARCHAR},
          #{credits,jdbcType=DOUBLE} )
</insert>
```

为了方便输出 User 对象，编辑 User.java 给 User 类增加了 toString()函数。

```
public String toString() {
    return String.format("%d %s %s %.2f\n", id, name, phone, credits);
}
```

13.3.3　使用 MyBatis 访问表

新建一个类，命名为 MyBatisDemo，所在的包名为 cn.edu.uibe.demo，编辑代码的结果如下页所示。代码第一步是新建一个 SqlSessionFactoryBuilder 对象。

```
SqlSessionFactoryBuilder factoryBuilder = new SqlSessionFactoryBuilder();
```

然后使用 MyBatis 提供的 Resources 类的静态成员函数 getResourceAsReader()打开 MyBatis 全局配置文件，得到一个 Reader 类的对象。

```
Reader reader;
reader=Resources.getResourceAsReader("mybatis-config-standalone.xml");
```

下一步调用 SqlSessionFactoryBuilder 对象的 build()函数，调用时将 Reader 对象传递给 build()函数，就可以得到一个 SqlSessionFactory 对象。此时，Reader 对象和 SqlSessionFactoryBuilder 对象就不再需要了，它们的引用超出作用域后，对象占用的内存稍后会被垃圾收集器回收并释放。注意，我们只需要一个 SqlSessionFactory 对象，这个对象创建后就应一直存在，而不应多次重复创建这个对象。

```
SqlSessionFactory factory = factoryBuilder.build(reader);
```

有了 SqlSessionFactory 对象之后，我们在每次需要访问数据库时，调用这个对象的 openSession()函数就能得到 SqlSession 实例，然后调用 SqlSession 实例的 getMapper()函数获得 Mapper 实例，之后就可以调用 Mapper 的各个函数访问数据库表。

```
SqlSession  session = null;
try{
  session = factory.openSession();
  UserMapper mapper = session.getMapper(UserMapper.class);
  //调用 mapper 对象的各个函数访问数据库表
  session.commit();                    //提交数据库事务
} catch (Exception e){
  session.rollback();                  //发生异常时回滚数据库事务,确保数据一致性
} finally {
  System.out.println("一定记得关闭 SqlSession 哦!");
  if(session!=null) session.close();
}
```

获取 SqlSession 也可以使用在 try 的圆括号中打开资源连接的写法，这样的 try 语句称为带资源的 try 语句。这种写法会在 try 语句结束后自动释放资源，前提是这些可关闭的资源必须实现 java.lang.AutoCloseable 接口。这样，就不用在 finally 中进行资源的释放了。

```
try(SqlSession session = factory.openSession()){
  UserMapper mapper = session.getMapper(UserMapper.class);
  //调用 mapper 对象的各个函数访问数据库表
  session.commit();                    //提交数据库事务
}catch (Exception e){
  e.printStackTrace();
}
```

以下是 MyBatisDemo.java 的全部代码。代码中调用 selectByPhone()函数，根据手机号查询得到 User 对象。调用 selectByPrimaryKey()，根据主键查询得到 User 对象。修改 User 对象的属性后，调用 updateByPrimaryKey()，更新 user 表中的记录。新建 User 对象并给各个属性赋值后，调用 insert()函数在 user 表中插入一条新的记录。新记录的 id 会被 MyBatis 送到 User 对象中，我们调用 getId()函数就能获得数据库生成的主键。可以获得数据库产生的主键是建立在之前的工作基础之上的，即在 MyBatis 配置文件中将 useGeneratedKeys 设置为 true，还修改了 UserMapper.xml 中的 insert 函数的实现，指明 keyProperty 是 id 字段，还在 insert 语句中去掉了 id 字段。调用 selectAllUsers()函数，获取全部用户的列表。需要注意的是，在设置 MyBatis 的事务管理器为 JDBC 时，需要调用 session.commit()提交事务。如果发生了异常，可以在 catch 语句块中调用函数 session.rollback()回滚事务。当数据库操作完成后，一定要确保调用函数 session.close()来关闭 SqlSession 对象。

```
package cn.edu.uibe.demo;
import java.io.IOException;
import java.io.Reader;
import java.util.List;
import org.apache.ibatis.io.Resources;
import org.apache.ibatis.session.SqlSession;
import org.apache.ibatis.session.SqlSessionFactory;
import org.apache.ibatis.session.SqlSessionFactoryBuilder;
import cn.edu.uibe.dao.UserMapper;
import cn.edu.uibe.entity.User;
public class MyBatisDemo {
  static SqlSessionFactory factory=null;
  public static SqlSessionFactory initMyBatis() {
    if(factory!=null) return factory;
    SqlSessionFactoryBuilder factoryBuilder;
    factoryBuilder = new SqlSessionFactoryBuilder();
    Reader reader = null;
    try {
      String confFileName="mybatis-config-standalone.xml";
      reader = Resources.getResourceAsReader(confFileName);
      SqlSessionFactory factory = factoryBuilder.build(reader);
      return factory;
    } catch (IOException e) {
      e.printStackTrace();
    } finally {
      if(reader!=null) try {reader.close();} catch(Exception ignore){}
    }
    return null;
  }
  public static void main(String[] args) {
    SqlSessionFactory factory = initMyBatis();
    if(factory==null) return;
    SqlSession session = null;
    try {
      session = factory.openSession();
      UserMapper mapper = session.getMapper(UserMapper.class);
      //根据手机号查询
      User user = mapper.selectByPhone("18812345678");
      System.out.println(user);
      //根据主键查询
      user = mapper.selectByPrimaryKey(1L);
      System.out.println(user);
      //更新
      user.setCredits(user.getCredits()+100);
```

```
        mapper.updateByPrimaryKey(user);
        session.commit();
        user = mapper.selectByPrimaryKey(1L);
        System.out.println(user);
        //插入
        user = new User();
        user.setName("王树西");
        user.setPhone("16612345678");
        user.setCredits(900.0);
        //mapper.insert(user);                    //唯一索引,只能执行一次
        session.commit();
        System.out.println(user.getId());         //获取数据库生成的主键
        System.out.println("------------------------------------");
        //获取所有用户
        List<User> users = mapper.selectAllUsers();
        for(User u: users) {
          System.out.println(u);
        }
        System.out.println("------------------------------------");
        users.forEach(m -> System.out.println(m));
      } finally {
        System.out.println("一定记得关闭 SqlSession 哦!");
        if(session!=null) session.close();
      }
    }
  }
```

13.4 理解 MyBatis

13.4.1 关于 SqlSessionFactory

每个基于 MyBatis 的应用都是以一个 SqlSessionFactory 的实例为核心的,这个实例可以通过 SqlSessionFactoryBuilder 获得。SqlSessionFactoryBuilder 可以从 MyBatis 配置文件或一个预先配置的 Configuration 对象构建出会话工厂的实例。

从 MyBatis 配置文件构建 SqlSessionFactory 的实例非常简单,可以使用类路径下的资源文件进行配置,也可以使用任意的输入流(InputStream 或 Reader)的实例,比如用文件绝对路径字符串构造的输入流实例。MyBatis 包含一个名叫 Resources 的工具类,它位于 org.apache.ibatis.io 包中,它包含一些实用函数,使得从类路径下加载资源文件更加容易。这些实用函数有 getResourceAsStream()、getResourceAsReader()、getResourceAsProperties()、getUrlAsStream()、getUrlAsReader()、getUrlAsProperties()和 setCharset()等。

MyBatis 配置文件中包含了对 MyBatis 系统的核心设置,包括获取数据库连接实例

的数据源以及决定事务作用域和控制方式的事务管理器。此外，<mappers>标签的配置会告诉 MyBatis 去哪里找映射文件。

13.4.2 核心对象的生命周期

在编程式使用 MyBatis 的示例 MyBatisDemo.java 中，我们看到了 MyBatis 的几个核心对象：SqlSessionFactoryBuiler、SqlSessionFactory、SqlSession 和 Mapper 对象。这几个核心对象在 MyBatis 的整个工作流程里的不同环节发挥作用。如果我们不用容器，而是自己来管理这些对象的话，我们必须思考一个问题：什么时候创建和销毁这些对象？在一些分布式的应用里，在多线程高并发的场景中，如果要写出高效的代码，必须了解这四个对象的生命周期。我们可以从每个对象发挥作用的角度来理解，理解它们是干什么的，也就知道某个核心对象应该什么时候创建，应该什么时候销毁。

如果我们使用依赖注入框架，比如 Spring 框架（https://spring.io），依赖注入框架可以创建线程安全的、基于事务的 SqlSession 和 Mapper 对象，并将它们直接注入到我们的 bean 中，我们可以忽略它们的生命周期。Spring 中的 bean 是由容器管理的组成应用主干（backbone）的各种对象。下一章我们介绍 MyBatis 和 Spring 集成使用时，MyBatis 对象的生命周期是由 Spring 容器来管理的，我们无需关心 MyBatis 对象的生命周期。但是，通过本章的学习，理解在 Spring 框架中如何配置 MyBatis 也是非常必要的。

1. SqlSessionFactoryBuilder

这个类可以被实例化、使用和丢弃，一旦创建了 SqlSessionFactory，就不再需要它了。因此 SqlSessionFactoryBuilder 实例的最佳作用域是方法作用域。虽然可以重用 SqlSessionFactoryBuilder 来创建多个 SqlSessionFactory 的实例，但最好还是不要一直保留着它，以保证所有的 XML 解析资源可以被释放给更重要的事情。

2. SqlSessionFactory

SqlSessionFactory 一旦被创建就应该在应用的运行期间一直存在，没有任何理由丢弃它或重新创建另一个实例。使用 SqlSessionFactory 的最佳实践是在应用运行期间只创建一个实例，然后始终使用这个实例，多次创建 SqlSessionFactory 被视为是一种编写代码的“坏习惯”。因此 SqlSessionFactory 的最佳作用域是应用作用域。有很多方法可以做到对象只创建一次，最简单的就是使用单例模式或者静态单例模式。

3. SqlSession

每个线程都应该有自己的 SqlSession 实例。SqlSession 的实例不是线程安全的，因此是不能被共享的，所以 SqlSession 实例的最佳作用域是请求或方法作用域。绝对不能将 SqlSession 实例的引用放在一个类的静态域，甚至作为一个类的实例变量也不行。也绝不能将 SqlSession 实例的引用放在任何类型的托管作用域中，比如 Servlet 技术中的 HttpSession 作用域。如果应用正在使用一种 Web 框架，可以考虑将 SqlSession 放在一个和 HTTP 请求相似的作用域中。每收到一个 HTTP 请求，就打开一个 SqlSession，返回 HTTP 响应后，就关闭它。这个关闭操作很重要，为了确保每次都能执行关闭操作，应该把关闭操作放到 finally 语句块中。

```
SqlSession  session = null;        //定义在 try 外面，catch 和 finally 语句块也能访问
```

```
try{
    session = factory.openSession();
} finally {
    if(session!=null) session.close();
}
```

也可以使用带资源的 try 语句，即在 try 后面的圆括号中打开 SqlSession，当 try 语句结束时会自动执行关闭操作，以保证所有数据库资源都能被正确地释放。

```
try(SqlSession session = factory.openSession()){
    //try 后面圆括号中创建的 session 对象会在 try 结束时自动执行 session.close();
    //因为 SqlSession 实现了 Closeable 接口，其父接口是 AutoCloseable 接口
} catch (Exception e){
    //缺点是无法在这里调用 session.rollback()
}
```

4. Mapper 实例

映射器(Mapper)是一些绑定了 SQL 映射语句的 Java 接口，即持久层的数据访问对象 DAO(Data Access Object)。映射器接口的实例是从 SqlSession 中获得的。虽然从技术层面上来讲，映射器实例的最大作用域可以与获取它们的 SqlSession 对象的作用域相同。但方法作用域才是映射器实例的最合适的作用域。也就是说，映射器实例应该在调用它们的方法中被获取，使用完毕之后即可丢弃。映射器实例并不需要被显式地关闭。尽管在整个请求作用域保留映射器实例不会有什么问题，但是我们很快会发现，在请求作用域上管理太多资源的做法并不好。因此，我们最好将映射器实例放在方法作用域内。

```
try(SqlSession session = factory.openSession()){
    UserMapper mapper = session.getMapper(UserMapper.class);
} catch (Exception e){
    e.printStackTrace();
}
```

本章小结

持久化(Persistence)就是把数据保存到可永久保存的存储设备中。持久化的主要应用是将内存中的数据保存到关系型的数据库里面。持久层(Persistence Layer)是应用中专注于实现数据持久化的一个逻辑层面。ORM (Object Relationl Mapping) 的作用是在对象和关系型数据库之间做一个映射，使用 ORM 的程序可以通过操作对象来访问数据库。

MyBatis 是一款优秀的持久层框架，它通过简单的 XML 映射器就免除了几乎所有的 JDBC 代码以及设置参数和获取结果集的工作。MyBatis 简单易用，但它仅支持基本的字段映射，操作对象数据以及描述对象关系仍然需要通过编写 SQL 语句来实现，因此它被认为是一种半自动的 ORM 框架。

MyBatis Generator 是 MyBatis 的代码生成器。它将内省(introspect)数据库表并生成可用于访问表的构件:实体类、映射器接口、XML 映射文件。

MyBatis 全局配置文件控制着 MyBatis 的基础配置和核心行为。SqlSessionFactory 可以通过配置文件构建得到。SqlSessionFactory 一旦被创建就应该在应用的运行期间一直存在,从中可以获取 SqlSession 实例。SqlSession 实例不是线程安全的,每个线程都应该有它自己的 SqlSession 实例,它的最佳的作用域是请求或方法作用域。将 SqlSession 对象的关闭操作放在 finally 语句块中或使用带资源的 try 语句可以保证所有数据库资源都能被正确地释放。映射器实例(Mapper)是从 SqlSession 中获得的,方法作用域是映射器实例最合适的作用域。映射器实例并不需要被显式地关闭。

如果在使用 MyBastis 时想获得数据库生成的主键,可以在 MyBatis 配置文件中设置 useGeneratedKeys 的值为 true,在 XML 映射文件的<insert>标签中通过 keyProperty 给出数据库生成的主键的字段名。程序调用 insert(record)函数后,数据库生成的主键就会出现在插入对象的对应属性中。

习题十三

1. 在 MyBatis Generator 生成的 XML 映射文件中,除了 select、insert、update、delete 标签之外,还有哪些标签?请阅读以下两个 MyBatis 官方文档理解这些标签。

XML 映射文件:https://mybatis.org/mybatis-3/zh/sqlmap-xml.html

动态 SQL:https://mybatis.org/mybatis-3/zh/dynamic-sql.html

2. 如下 SQL 语句可以实现 MySQL 表的批量插入。MyBatis 也可以执行批量插入,并返回数据库生成的主键列表。请参考以下指导实现批量插入并获取数据库生成的多个主键。

```
INSERT INTO `user`(phone,`name`,credits)
   VALUES('17712345678','佟强',500),('18812345678','贺宇',800);
```

(1) 在文件 User.java 中给 User 类添加两个构造函数。

```
public User() {     }
public User(String name, String phone, Double credits) {
  this.name = name; this.phone = phone; this.credits = credits;
}
```

(2) 在文件 UserMapper.java 中给接口 UserMapper 添加 insertUsers()函数。

```
int insertUsers(List<User> userList);
```

(3) 在映射文件 UserMapper.xml 中添加 id 为 insertUsers 的<insert>标签。

```
<insert id="insertUsers" parameterType="java.util.List" keyProperty="id">
  insert into user (phone, name, credits) values
  <foreach collection="list" item="user" separator=",">
```

```
    (#{user.phone,jdbcType=VARCHAR},
    #{user.name,jdbcType=VARCHAR},
    #{user.credits,jdbcType=DOUBLE})
  </foreach>
</insert>
```

(4) 在文件 MyBatisDemo.java 的 try 语句块里面加入使用 insertUsers()函数的代码。

```
List<User> userList = Arrays.asList(
    new User("John","13312345678",1000.0),
    new User("Mary","15512345678",1200.0)
);
int count = mapper.insertUsers(userList);
session.commit();
System.out.printf("成功插入%d条user记录\n", count);
userList.forEach(u -> System.out.println(u));     //注意看Id
```

3. 使用 MyBatis 时，如果实体类中的属性名和表中的字段名不一样，比如字段名是 INFO，而实体类的属性名是 information。在不能修改属性名和字段名的情况下，如何解决这个问题？

4. JDBC 编程有哪些不足之处，MyBatis 是如何解决这些问题的？

5. 在关系型数据库中，SQL Join 用于根据两个或多个表中的字段之间的关系，从这些表中查询数据。请在本章的 mydb 数据库中新设计一个订单表(orders)。避免使用 order 作为表名，因为 order 是 SQL 中用于排序的关键词，虽然在 MySQL 中可以使用`order`进行转义。查询用户订单的 SQL 如下，请用 MyBatis 实现该查询，即给出查询结果对应的实体类、映射器接口和 XML 映射文件，并使用它们将查询结果输出。

```
SELECT u.id AS userId,u.name,o.id AS orderId,o.price
FROM `user` AS u
INNER JOIN orders AS o
ON u.id=o.uid
ORDER BY u.id
```

以下 SQL 是最简单的订单表，用户可能需要增加更多字段。

```
CREATE TABLE `mydb`.`orders` (
  `id` BIGINT NOT NULL AUTO_INCREMENT COMMENT '订单 ID',
  `uid` BIGINT COMMENT '用户 ID',
  `price` DOUBLE COMMENT '订单总价',
  PRIMARY KEY (`id`),
  CONSTRAINT `FK_UID` FOREIGN KEY (`uid`) REFERENCES `mydb`.`user` (`id`)
            ON UPDATE RESTRICT ON DELETE RESTRICT
) ENGINE = INNODB;
INSERT INTO orders(uid,price) VALUES(1,69.5),(1,200),(2,80),(2,100);
```

第 14 章 Spring MVC

Spring 提供了企业级应用开发的各种基础设施(infrastructure)。Spring 使得 Java 开发更快捷、更简单、更安全。Spring 专注于速度、简洁和效率,使它成为世界上最流行的 Java 框架之一。在 https://spring.io/projects 可以浏览 Spring 的全部项目。Spring Framework 是 Spring 诸多项目中的一个,它提供了依赖注入、事务管理、Web 应用、数据访问、消息等基础设施。以下 URL 是 Spring 框架的文档,浏览界面如图 14-1 所示。

```
https://docs.spring.io/spring-framework/docs/current/reference/html
```

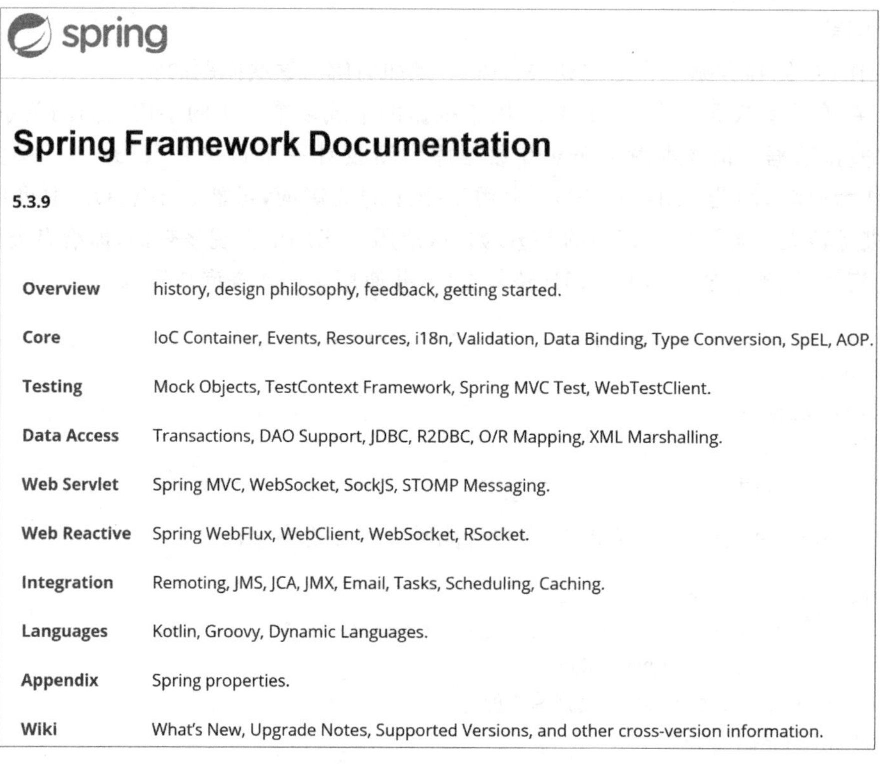

图 14-1 Spring 框架文档

Spring Framework 是 Spring 提供的支持企业级应用开发的一个项目,Spring MVC 是 Spring Framework 中的一个支持 Web 开发的模块。本章以 Spring 框架为基础,介绍 Spring MVC,并集成 MyBatis。

14.1 Spring 框架简介

本节对 Spring 框架的核心和 Spring MVC 进行简单的介绍。

14.1.1 Spring 框架的核心

Spring 框架的核心是一个支持控制反转(Inversion of Control,IoC)和面向切面编程(Aspect Oriented Programming,AOP)的容器,它的主要目的是为了简化企业级应用的开发。所谓控制反转就是应用本身不负责依赖对象的创建及维护,依赖对象的创建及维护是由外部容器负责的。这样控制权就从应用转移到了外部容器,控制权的转移就是所谓反转。依赖注入就是指:在运行时,由外部容器动态地将依赖对象注入到组件中。Spring 框架就是一个大容器,可以将所有对象的创建和依赖关系的维护交给 Spring 管理。

使用 Spring 框架的优势有:

(1) 方便解耦,简化开发。我们可以将对象之间的依赖关系交由 Spring 进行控制,避免硬编码所造成的过度代码耦合。有了 Spring,开发者不必再为单实例模式类、属性文件解析等这些底层的需求编写代码,可以更专注于上层的应用。

(2) 面向切面编程 AOP 可以方便地实现对程序进行权限拦截、运行监控等功能。AOP 允许将一些通用任务如安全、事务、日志等进行集中式管理,从而实现更好的复用。

(3) 使用声明式事务只需要通过配置就可以完成对事务(Transaction)的管理,而无须手动编程,也不需要处理复杂的事务传播。

(4) 方便集成各种优秀的框架。Spring 对主流的应用框架提供了集成支持,Struts2、Hibernate、MyBatis、Quartz 等都可以和 Spring 集成。

(5) 降低 Java EE API 的使用难度。Spring 对 Java EE 开发中难用的一些 API(JDBC、JavaMail、远程调用等),都提供了封装,通过 Spring 的简易封装,这些 Java EE API 的使用难度大为降低。

14.1.2 Spring MVC 简介

Spring MVC 是 Spring 框架为 Web 开发提供的 MVC 设计模式的 Web 框架。Spring MVC 对 Model、View 和 Controller 开发模式的角色做了非常清晰的划分,是结构清晰的 Servlet + JSP + JavaBean 的实现,而且和 Spring IoC 容器无缝结合。Spring MVC 是当今业界最主流的 Web 开发框架,以及最热门的开发技能。在 Spring 框架 5.0 版本中,Spring 又提供了非阻塞的反应性堆栈(Reactive-Stack) Web 框架 Spring WebFlux。

在 Spring MVC 中,Controller 替换 Servlet 来担负控制器的职责,用于接收请求,调用相应的 Model 进行处理,处理完成后调用相应的 View 对处理结果进行视图渲染,最终客户端得到响应信息。Spring MVC 采用松耦合可插拔的组件结构,具有高度可配置性,比其他 MVC 框架更具有扩展性和灵活性。

Spring MVC 的 Web 应用由三层架构组成，每一层 Spring 都提供了不同的解决技术。

- Web 层：Spring MVC 支持各种视图技术 JSP、FreeMarker、Thymeleaf。
- 业务层：Spring IoC 容器、面向切面编程 AOP、声明式事务。
- 持久层：Spring JDBC、Spring ORM。

14.2 理解控制反转

本节通过简单的示例来理解控制反转，也称为依赖注入。

控制反转指的是对象的创建权反转（交给）给 Spring 容器，其效果是实现了程序的解耦合。获取对象的方式变了，对象创建的控制权不是“使用者”，而是“框架”或者“容器”。用更通俗的话来说，IoC 就是指对象的创建，并不是在代码中用 new 运算符创建出来，而是 Spring 容器根据配置创建的，然后再由 Spring 注入到依赖这个对象的其他对象中。

14.2.1 添加 Spring 依赖

如果在网站 https://mvnrepository.com 上搜索“spring”，搜索结果中会有很多 Spring 构件。为了统一管理多个 Spring 构件的版本，我们在 pom.xml 中的<properties>标签的内部定义一个属性 spring.version，属性值填入最新的版本。

```
<spring.version>5.3.9</spring.version>
```

然后在 pom.xml 中加入依赖 spring-context，就可以使用 IoC 容器了。

```
<!-- Spring Context -->
<dependency>
    <groupId>org.springframework</groupId>
    <artifactId>spring-context</artifactId>
    <version>${spring.version}</version>
</dependency>
```

单击 pom.xml 编辑界面下方的【Dependency Hierarchy】选项卡，展开分支，就可以看到 spring-context 的依赖层次关系，如图 14-2 所示。

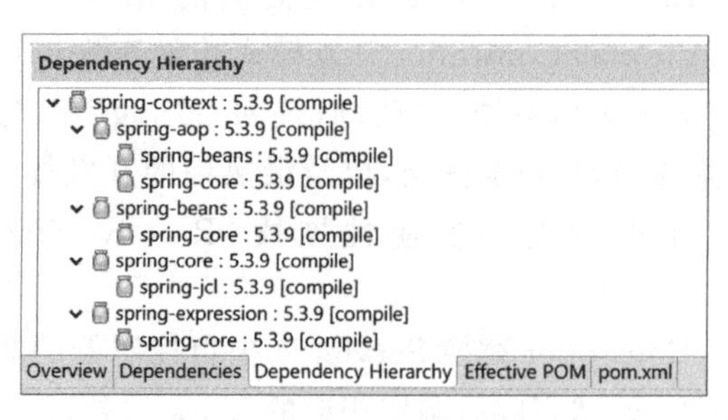

图 14-2 spring-context 的依赖层次

可见，spring-context 要用到 spring-aop、spring-beans、spring-core 和 spring-expression，而 spring-core 要用到 spring-jcl。Maven 会根据可传递性依赖的原则，将这些依赖的构件也包含进来，并最终打包到 WAR 文件中。将 myapp.war 文件复制到 Tomcat 的 webapps 目录下就会被自动解压和部署，在 Web 应用的 WEB-INF/lib 目录下，我们可以看到如图 14-3 所示的 6 个 JAR 文件。

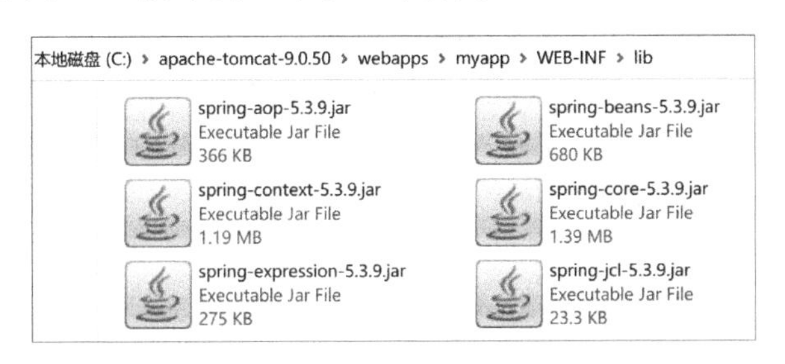

图 14-3 Spring 的基本构件

14.2.2 设计依赖注入需要的类

在 entity 包里创建实体类 Member，它有 phone、name、birthday 三个属性，其中 birthday 为 java.util.Date 类型，并为各个属性提供 Get 方法和 Set 方法（通过 Eclipse→Source→Generate Getters and Setters 可以自动生成这些方法）。Java util 包里的 Date 类可以和 MySQL 数据库的 Date、DateTime、TimeStamp、Time 四种字段类型相匹配。字段类型 Date 是业务需求只精确到天的日期类型，DateTime 是业务需求要精确到秒的时间类型，TimeStamp 是系统服务于不同时区的用户时需要用的时间类型，Time 是当业务需求中只需要每天的时间时可用的时间类型。

```
package cn.edu.uibe.entity;
import java.util.Date;
public class Member {
    private String phone;
    private String name;
    private Date birthday;
    public Member() { }
    public Member(String phone, String name, Date birthday) {
      this.phone = phone; this.name = name; this.birthday = birthday;
    }
    //省略各个属性的 Getters 和 Setters
    可以使用 Eclipse 的 Souce 菜单下的 Generate Getters and Setters 生成
}
```

在“da”包里创建数据访问接口 MemberDao，在这个接口内声明可以根据手机号查询得到一个 Member 对象的 selectByPhone()函数。

```
package cn.edu.uibe.da;
import cn.edu.uibe.entity.Member;
```

```
public interface MemberDao {
    Member selectByPhone(String phone);
}
```

在 da.impl 包里创建数据访问接口 MemberDao 的实现类 MemberDaoImpl。我们可以在 MySQL 数据库中创建一个 member 表,为其设计 phone、name 和 birthday 三个字段(birthday 字段可以采用 MySQL 的 Date 类型),并在 phone 字段上创建一个唯一索引,然后使用 JDBC 代码连接数据库在 member 表上查询。但考虑到本节要介绍的是依赖注入,为了方便调试,类中定义了一个预先保存好两组对象的 HashMap 对象,其中关键字是 phone,每个 phone 唯一对应一个 Member 对象。

```
package cn.edu.uibe.da.impl;
import java.util.Calendar;
import java.util.HashMap;
import java.util.Map;
import cn.edu.uibe.da.MemberDao;
import cn.edu.uibe.entity.Member;
public class MemberDaoImpl implements MemberDao {
    private Map<String, Member> dataMap = new HashMap<>();
    public MemberDaoImpl() {
        Calendar day1 = Calendar.getInstance();
        day1.set(2002, 0, 15);     //2002年1月15日
        Calendar day2 = Calendar.getInstance();
        day2.set(2003, 9, 22);     //2003年10月22日
        Member dataArray[] = new Member[] {
                new Member("13387654321", "张三", day1.getTime()),
                new Member("16623456789", "李四", day2.getTime()) };
        for (Member member : dataArray) {
            dataMap.put(member.getPhone(), member);
        }
    }
    @Override
    public Member selectByPhone(String phone) {
        return dataMap.get(phone);
    }
}
```

在 vo 包里创建实体类 MemberVo,它的属性 birthday 为 String 类型(保存格式化的日期字符串)。vo(View Objec)即视图对象,专用于前端。为了方便输出 MemberVo 类的实例,我们覆盖了 toString()函数(Eclipse→Source→Generate toString)。

```
package cn.edu.uibe.vo;
public class MemberVo {
    private String phone;
    private String name;
```

```
    private String birthday;
    //省略各个属性的 Getters 和 Setters
    public String toString(){return phone + " " + name + " " + birthday;}
}
```

在 service 包里创建接口 MemberService,声明 getMemberByPhone()函数。

```
package cn.edu.uibe.service;
import cn.edu.uibe.vo.MemberVo;
public interface MemberService {
    MemberVo getMemberByPhone(String phone);
}
```

在 service.impl 包里创建 MemberService 的实现类 MemberServiceImpl。这个实现类需要用到实现了 MemberDao 接口的对象,为此定义了一个 MemberDao 接口类型的引用 memberDao,并提供了一个函数 setMemberDao()。Spring 容器将会调用这个函数将它创建好的实现了 MemberDao 接口的实例注入进来。

```
package cn.edu.uibe.service.impl;
import java.text.SimpleDateFormat;
import cn.edu.uibe.da.MemberDao;
import cn.edu.uibe.entity.Member;
import cn.edu.uibe.service.MemberService;
import cn.edu.uibe.vo.MemberVo;
public class MemberServiceImpl implements MemberService{
    private MemberDao memberDao;
    //Spring 会调用这个函数将它创建好的 MemberDao 实例注入进来
    public void setMemberDao(MemberDao memberDao) {
        this.memberDao = memberDao;
        System.out.println("setMemberDao() called.");
    }
    @Override
    public MemberVo getMemberByPhone(String phone) {
        Member member = memberDao.selectByPhone(phone);
        if(member==null) return null;
        MemberVo memberVo = new MemberVo();
        memberVo.setPhone(member.getPhone());
        memberVo.setName(member.getName());
        SimpleDateFormat ft = new SimpleDateFormat("yyyy 年 MM 月 dd 日");
        memberVo.setBirthday(ft.format(member.getBirthday()));
        return memberVo;
    }
}
```

14.2.3 配置 Spring 依赖注入

在【src/main/resources】源文件夹中新建一个 UTF-8 字符集编码的 XML 文件，可以命名为 Spring-IoC.xml，编辑后内容如下：

```
<?xml version="1.0" encoding="UTF-8"?>
<beans xmlns="http://www.springframework.org/schema/beans"
       xmlns:xsi="http://www.w3.org/2001/XMLSchema-instance"
       xsi:schemaLocation="http://www.springframework.org/schema/beans
          https://www.springframework.org/schema/beans/spring-beans.xsd">
    <!-- 数据访问层对象 -->
    <bean id="memberDao" class="cn.edu.uibe.da.impl.MemberDaoImpl" />
    <!-- 服务层对象 -->
    <bean id="memberService"
         class="cn.edu.uibe.service.impl.MemberServiceImpl">
      <property name="memberDao" ref="memberDao" />
    </bean>
</beans>
```

<bean>标签用来定义一个 bean，其 id 属性唯一标识一个 bean，class 属性使用类的全称定义 bean 的数据类型。XML 文件中定义了两个 bean。第一个 bean 是数据访问层对象 memberDao，用于和数据库的表传输数据。第 2 个 bean 是服务层对象 memberService，它需要使用数据访问层对象 memberDao。实现类 MemberServiceImpl 中具有属性 memberDao 和用于注入 memberDao 实例的 setMemberDao()方法。<property>标签的 name 元素给出的是 MemberServiceImpl 的属性，ref 元素给出的是另外一个 bean 的定义，这表达了协作对象之间的依赖关系。关于 bean 的理解可阅读下段来自 Spring 的官方英文文档。

In Spring, the objects that form the backbone of your application and that are managed by the Spring IoC container are called beans. A bean is an object that is instantiated, assembled, and managed by a Spring IoC container. Otherwise, a bean is simply one of many objects in your application. Beans, and the dependencies among them, are reflected in the configuration metadata used by a container.

下面创建一个使用 Spring IoC 容器功能的 Java 类 SpringIocDemo，代码如下。

```
package cn.edu.uibe.demo;
import org.springframework.context.support.AbstractApplicationContext;
import org.springframework.context.support.ClassPathXmlApplicationContext;
import cn.edu.uibe.service.MemberService;
import cn.edu.uibe.vo.MemberVo;
public class SpringIocDemo {
  public static void main(String[] args) {
    //创建和组装 beans,可给出多个 xml 文件
    AbstractApplicationContext context;
```

```
        context = new ClassPathXmlApplicationContext("Spring-IoC.xml");
        //获得一个 bean 的实例
        MemberService memberService =
                context.getBean("memberService", MemberService.class);
        MemberVo memberVo = memberService.getMemberByPhone("13387654321");
        System.out.println(memberVo);
        memberVo = memberService.getMemberByPhone("16623456789");
        System.out.println(memberVo);
        memberVo = memberService.getMemberByPhone("19923456789");
        System.out.println(memberVo);
        context.close();
    }
}
```

运行结果如下：

```
setMemberDao() called.
13387654321 张三 2002 年 01 月 15 日
16623456789 李四 2003 年 10 月 22 日
null
```

从第一行的输出可见 setMemberDao()函数被调用了，这验证了 Spring 是依靠调用 setMemberDao 方法将 memberDao bean 注入到 memberService bean 中。中间两行输出了通过 memberService 的 getMemberByPhone()方法得到的两个 MemberVo 对象。最后一行的输出是 null，这是因为第三个给出的电话号码没有对应的 Member 对象。

id 是 memberDao 和 memberService 的 bean，是由 Spring 的 IoC 容器根据配置文件创建和组装的，Spring 将 memberDao 注入到 memberService 中。我们的代码没有自己创建这两个对象，而是使用 context.getBean()函数得到了一个实现 MemberService 接口的 bean。这就是 Spring 框架的依赖注入与控制反转。

14.3　Spring MVC 起步

本节介绍 Spring MVC 起步最简单的示例，内容包括添加 Spring MVC 依赖、配置分发器 DispatcherServlet、编写 Spring MVC 配置文件和控制器。

14.3.1　添加 Sping MVC 依赖

要使用 Spring MVC，就需要在 pom.xml 中加入依赖 spring-webmvc。如图 14-4 所示，spring-webmvc 要用到 spring-aop、spring-beans、spring-context、spring-core、spring-expression 和 spring-web。Maven 会根据依赖传递原则，将被依赖的构件也包含进来，而上一节加入的依赖 spring-context 则可以从 pom.xml 中移除。另外还需要加入依赖 javax.servlet-api 和 javax.servlet.jsp-api。这两个依赖的作用范围是 provided，只在开发

和测试阶段使用，而不打包到WAR文件中。因为Servlet容器（比如Tomcat）是会提供Servlet API和JSP API的，如果WAR文件中也有将会导致冲突。

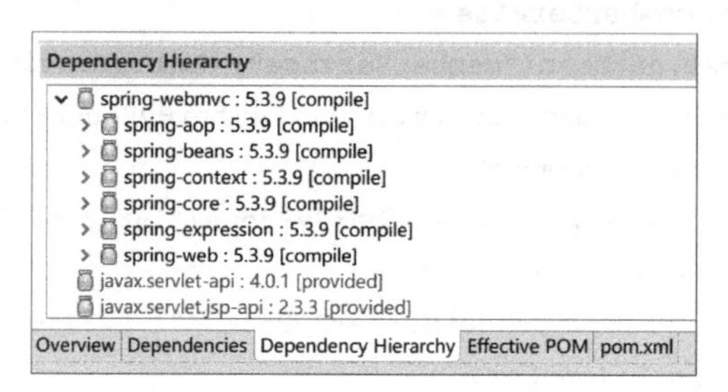

图 14-4　spring-webmvc 依赖关系

```
<!-- Spring Web MVC -->
<dependency>
    <groupId>org.springframework</groupId>
    <artifactId>spring-webmvc</artifactId>
    <version>${spring.version}</version>
</dependency>
<!-- Servlet API -->
<dependency>
    <groupId>javax.servlet</groupId>
    <artifactId>javax.servlet-api</artifactId>
    <version>4.0.1</version>
    <scope>provided</scope>
</dependency>
<!-- JSP API -->
<dependency>
    <groupId>javax.servlet.jsp</groupId>
    <artifactId>javax.servlet.jsp-api</artifactId>
    <version>2.3.3</version>
    <scope>provided</scope>
</dependency>
```

14.3.2　配置分发器DispatcherServlet

位于src/main/webapp/WEB-INF文件夹下的web.xml文件是Java Web应用的部署描述文件，里面可以定义监听器、过滤器和Servlet等。过滤器和Servlet需映射到URL模式来处理客户端的HTTP请求，监听器用于监听Web应用中发生的各种事件。要让Spring MVC在一个Web应用中工作起来，需要在web.xml中部署加载IoC容器的ContextLoaderListener和分发请求的DispatcherServlet。

ContextLoaderListener的作用是Web应用启动时自动装配ApplicationContext。这个监听器实现了ServletContextListener接口，当Web应用启动时，它实现的方法就会被调用来初始化Spring IoC容器。

DispatcherServlet是前端控制器，它拦截匹配的请求，并把拦截下来的请求依据相应的规则分发给目标Controller来处理。DispatcherServlet是前端控制器设计模式的实现，提供Spring MVC的集中访问点，负责分发请求，且与Spring IoC容器无缝集成，从而可以获得Spring的所有好处。通常，可以让它拦截所有请求。

以下web.xml文件还定义了Spring提供的字符集过滤器CharacterEncodingFilter，部署成让浏览器的每次发送请求都经过这个过滤器，作用是统一设置请求的字符集为UTF-8。

```
<?xml version="1.0" encoding="UTF-8"?>
<web-app xmlns:xsi="http://www.w3.org/2001/XMLSchema-instance"
  xmlns="http://xmlns.jcp.org/xml/ns/javaee"
  xsi:schemaLocation="http://xmlns.jcp.org/xml/ns/javaee
                      http://xmlns.jcp.org/xml/ns/javaee/web-app_4_0.xsd"
  id="WebApp_ID" version="4.0">
  <display-name>myapp</display-name>
  <!-- 请求只给出路径时,响应的默认文件 -->
  <welcome-file-list>
    <welcome-file>index.html</welcome-file>
    <welcome-file>index.jsp</welcome-file>
  </welcome-file-list>
  <!-- 容器启动时,自动装配 ApplicationContext 的配置信息 -->
  <listener>
    <listener-class>
      org.springframework.web.context.ContextLoaderListener
    </listener-class>
  </listener>
  <!-- Root WebApplicationContext 里面定义数据源、数据访问层对象、服务层对象 -->
  <context-param>
    <param-name>contextConfigLocation</param-name>
    <param-value>classpath*:root-context.xml</param-value>
  </context-param>
  <filter>
    <filter-name>characterEncodingFilter</filter-name>
      <filter-class>
        org.springframework.web.filter.CharacterEncodingFilter
      </filter-class>
    <init-param>
      <param-name>encoding</param-name>
      <param-value>UTF-8</param-value>
    </init-param>
    <init-param>
      <param-name>forceEncoding</param-name>
      <param-value>true</param-value>
```

```
    </init-param>
  </filter>
  <filter-mapping>
    <filter-name>characterEncodingFilter</filter-name>
    <url-pattern>/*</url-pattern>
  </filter-mapping>
  <servlet>
    <servlet-name>dispatcher</servlet-name>
    <servlet-class>
      org.springframework.web.servlet.DispatcherServlet
    </servlet-class>
    <!-- Servlet WebApplicationContext 里面定义控制器、视图解析器 -->
    <init-param>
      <param-name>contextConfigLocation</param-name>
      <param-value>classpath:app-context.xml</param-value>
    </init-param>
    <load-on-startup>1</load-on-startup>
  </servlet>
  <servlet-mapping>
    <servlet-name>dispatcher</servlet-name>
    <url-pattern>/</url-pattern>
  </servlet-mapping>
</web-app>
```

14.3.3 编写 Spring MVC 配置文件

在 src/main/resources 文件夹中创建一个 Spring 配置文件，内容暂时留空，文件名需要与 web.xml 中<context-param>配置的一致，故命名为 root-context.xml。Spring 读取这个文件创建 Root WebApplicationContext，Spring 建议将数据源 DataSource、数据访问层对象 DAO 和服务层对象 Service 相关的配置放在这个文件中。

```
<?xml version="1.0" encoding="UTF-8"?>
<beans xmlns="http://www.springframework.org/schema/beans"
    xmlns:xsi="http://www.w3.org/2001/XMLSchema-instance"
    xmlns:context="http://www.springframework.org/schema/context"
    xmlns:aop="http://www.springframework.org/schema/aop"
    xmlns:tx="http://www.springframework.org/schema/tx"
    xsi:schemaLocation="http://www.springframework.org/schema/beans
        http://www.springframework.org/schema/beans/spring-beans.xsd
        http://www.springframework.org/schema/context
        http://www.springframework.org/schema/context/spring-context.xsd
        http://www.springframework.org/schema/aop
        http://www.springframework.org/schema/aop/spring-aop.xsd
        http://www.springframework.org/schema/tx
```

```
        http://www.springframework.org/schema/tx/spring-tx.xsd">
</beans>
```

在 src/main/resources 文件夹里创建 app-context.xml，这个配置文件名需要和 web.xml 中 DispatcherServlet 配置的一致。Spring 读取这个配置文件创建的上下文被称为 Servlet WebApplicationContext。Spring 建议控制器、视图解析器等 MVC 上层配置放在这个配置文件中。理论上，Spring MVC 也可以只使用一个配置文件。以下配置文件告诉 Spring 去 controller 包和其子包扫描控制器，启用了 MVC 注解驱动，将 JSP 文件作为视图解析器，对静态文件的目录和 HTML 文件做了静态资源映射。

```
<?xml version="1.0" encoding="UTF-8"?>
<beans  xmlns="http://www.springframework.org/schema/beans"
        xmlns:xsi="http://www.w3.org/2001/XMLSchema-instance"
        xmlns:aop="http://www.springframework.org/schema/aop"
        xmlns:context="http://www.springframework.org/schema/context"
        xmlns:mvc="http://www.springframework.org/schema/mvc"
        xsi:schemaLocation="http://www.springframework.org/schema/beans
          http://www.springframework.org/schema/beans/spring-beans.xsd
          http://www.springframework.org/schema/aop
          http://www.springframework.org/schema/aop/spring-aop.xsd
          http://www.springframework.org/schema/context
          http://www.springframework.org/schema/context/spring-context.xsd
          http://www.springframework.org/schema/mvc
          http://www.springframework.org/schema/mvc/spring-mvc.xsd">
<!-- 扫描 **.controller 包和子包里的控制器 -->
<context:component-scan
        base-package="cn.edu.uibe.**.controller"
        use-default-filters="false">
  <!-- 让 Spring 只扫描注解@Controller 和@RestController  -->
  <context:include-filter type="annotation"
        expression="org.springframework.stereotype.Controller"/>
</context:component-scan>
<!-- 启用 Spring MVC 注解驱动 -->
<mvc:annotation-driven />
<!-- 视图解析器 -->
<bean id="internalResourceViewResolver" class=
"org.springframework.web.servlet.view.InternalResourceViewResolver">
  <!-- 前缀 视图文件要放在 src/main/webapp/WEB-INF/view/目录或子目录内 -->
  <property name="prefix" value="/WEB-INF/view/" />
  <!-- 后缀 视图文件的扩展名是.jsp -->
  <property name="suffix" value=".jsp" />
</bean>
<!-- 映射静态资源 映射 /img/ 为前缀的所有请求到 src/main/webapp/img/ -->
<mvc:resources mapping="/img/**"  location="/img/" />
```

```
<mvc:resources mapping="/js/**"  location="/js/" />
<mvc:resources mapping="/css/**"  location="/css/" />
<!-- 映射根路径以及子路径中所有扩展名为.html的请求到 src/main/webapp/ -->
<mvc:resources mapping="/**/*.html" location="/" />
</beans>
```

14.3.4 编写 Spring MVC 控制器

创建并编写第一个 Spring MVC 控制器 HelloWorldController。在控制器类的前面加上注解@Controller,在函数 hello()前面加上注解@GetMapping("/hello"),函数的返回值类型是 ModelAndView。

```
package cn.edu.uibe.controller;
import java.util.HashMap;
import java.util.Map;
import org.springframework.stereotype.Controller;
import org.springframework.web.bind.annotation.GetMapping;
import org.springframework.web.bind.annotation.RequestParam;
import org.springframework.web.servlet.ModelAndView;
@Controller
public class HelloWorldController {
    public HelloWorldController() {
        System.out.println("正在创建 HelloWorldController");
    }
    @GetMapping("/hello")
    public ModelAndView hello(String uname) {
        System.out.printf("hello(%s) called.\n",uname);
        Map<String, Object> model = new HashMap<>();      //Map 作为模型
        model.put("userName", uname);
        //hello 是视图的名字 hello -> /WEB-INF/view/hello.jsp
        return new ModelAndView("hello", model);
    }
}
```

在 src/main/webapp/WEB-INF/view 文件夹里创建 hello.jsp。视图文件所在的目录是在配置文件的视图解析器里给出的,设置在 WEB-INF 目录下是为了防止用户直接访问视图文件。WEB-INF 目录是不允许互联网用户直接访问的。

```
<%@ page contentType="text/html; charset=UTF-8" %>
<!DOCTYPE html><html><head><meta charset="UTF-8">
<title>HelloWorld</title>
</head><body>
    <h2>你好!${userName}</h2>
</body></html>
```

启动服务器后请求 http://localhost:8080/myapp/hello?uname=Mary，测试结果如图14-5所示。另外，在Eclipse的控制台(Console)可以见到Controller实例化时构造函数的输出，和每次hello()函数被调用的输出。

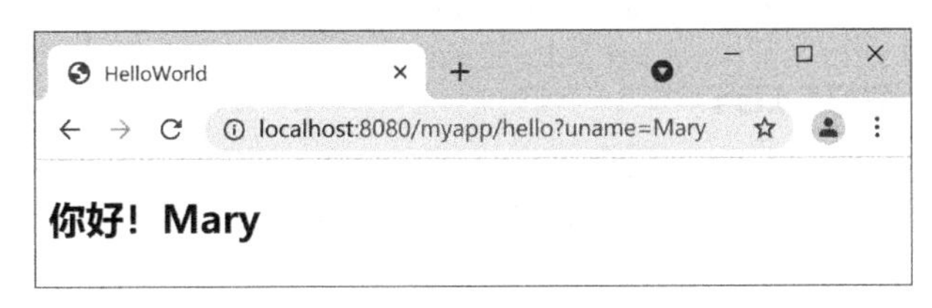

图 14-5 第一个 Spring MVC 示例

如果请求参数的名字和形式参数的名字不同，可以使用注解@RequestParam来配置，它的属性value给出的是请求参数的名字。属性required默认值是true，如果不传递请求参数会发生异常，可将其设置为false避免出现异常。

```
@GetMapping("/hey")
public ModelAndView hey(@RequestParam(value="uname", required=false)
                        String userName) {
    System.out.printf("hey(%s) called.\n",userName);
    Map<String, Object> model = new HashMap<>();
    model.put("userName", userName);
    return new ModelAndView("hello", model);
}
```

在浏览器地址栏输入 http://localhost:8080/myapp/hey?uname=John，测试结果如图14-6所示。

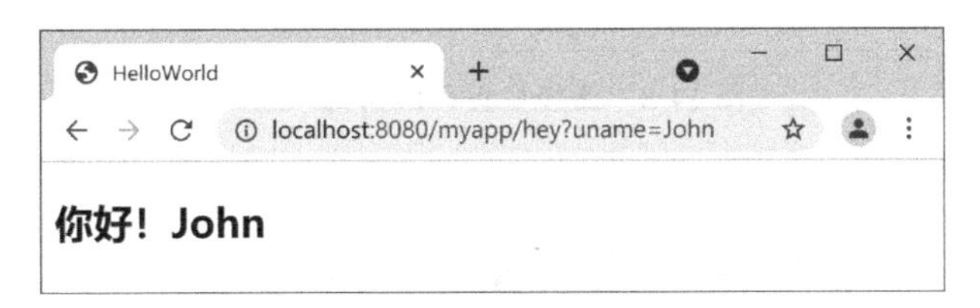

图 14-6 请求参数和形参名不同

还可以使用注解@RequestParam的属性defaultValue给出请求参数的默认值。

```
@GetMapping("/hi")
public ModelAndView hi(@RequestParam(value="uname", defaultValue="Lisa")
                       String userName) {
    System.out.printf("hey(%s) called.\n",userName);
    Map<String, Object> model = new HashMap<>();
    model.put("userName", userName);
    return new ModelAndView("hello", model);
}
```

在浏览器地址栏输入 http://localhost:8080/myapp/hi,测试结果如图 14-7 所示。

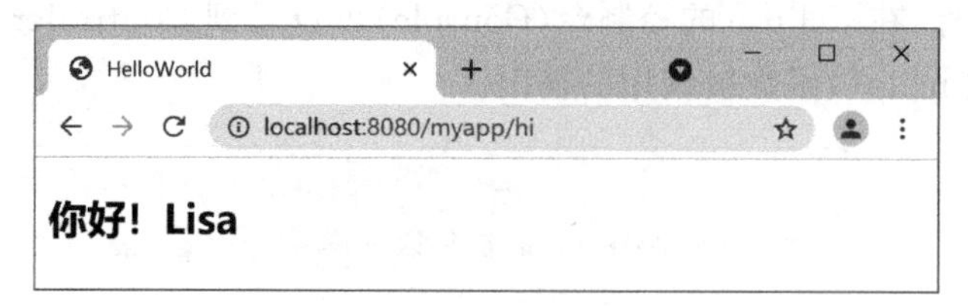

图 14-7 给出请求参数的默认值

Spring MVC 支持在请求的 URL 路径中传递数据,这需要在@GetMapping 中使用花括号给出数据在路径中出现的位置,在形参中的路径变量前面加上注解@PathVariable。

```
@GetMapping("/user/{userName}")
public ModelAndView helloUser(@PathVariable String userName) {
    System.out.printf("helloUser(%s) called.\n",userName);
    Map<String, Object> model = new HashMap<>();
    model.put("userName", userName);
    return new ModelAndView("hello", model);
}
```

浏览器请求 http://localhost:8080/myapp/user/Linda,测试结果如图 14-8 所示。

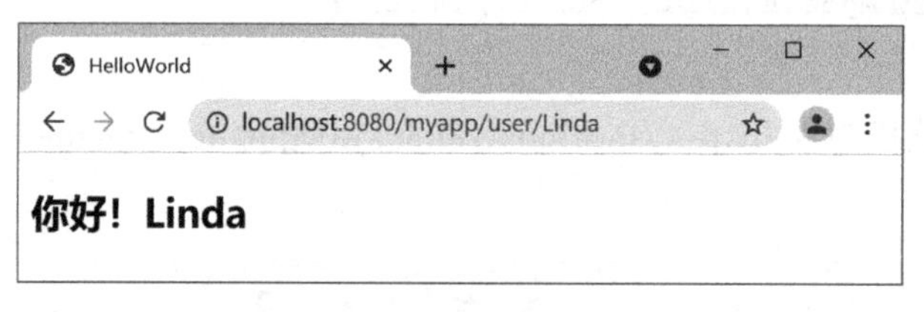

图 14-8 路径变量@PathVariable

14.4 接收多个请求参数

本节介绍让 Spring MVC 控制器的函数接收多个请求参数的几种方法。

14.4.1 使用 JavaBean 接收

在 vo 包里面设计一个类 UserModel,属性有两个 String 类型的变量 name 和 hometown,覆盖 toString()函数。这是一个传统的 JavaBean,传统的 bean 是用来封装数据对象的。而 Spring 的 bean 是由 Spring 实例化、组装和管理的构成程序主干的对象。

```
package cn.edu.uibe.vo;
public class UserModel {
    private String name;
    private String hometown;
```

```
    //省略各个属性的 Getters 和 Setters
    public String toString() {
        return "UserModel [" + name + ", " + hometown + "]";
    }
}
```

在 controller 包里创建控制器 WelcomeController。在 Spring MVC 中使用注解@RequestMapping 来映射请求，也就是通过它来指定可以处理哪些 URL 请求，它的 path 属性或 value 属性用于给出请求的路径，method 属性用来定义接收何种方法的请求，可以给 method 属性同时指定多个请求方法。

```
package cn.edu.uibe.controller;
import org.springframework.stereotype.Controller;
import org.springframework.web.bind.annotation.RequestMapping;
import org.springframework.web.bind.annotation.RequestMethod;
import org.springframework.web.servlet.ModelAndView;
import cn.edu.uibe.vo.UserModel;
@Controller
public class WelcomeController {
  @RequestMapping(path="/w1",
                  method={RequestMethod.GET, RequestMethod.POST})
  public ModelAndView welcome1(UserModel userModel) {
      System.out.println("welcome1:" + userModel);
      //welcome 是视图名, welcome -> WEB-INF/view/welcome.jsp
      //user 是模型名,在 welcome.jsp 中应写{user.*}
      //userModel 是模型对象,属性有 name 和 howntown
      return new ModelAndView("welcome", "user", userModel);
  }
}
```

创建并编辑 src/main/webapp/WEB-INF/view/welcome.jsp，内容如下：

```
<%@ page contentType="text/html; charset=UTF-8" %>
<!DOCTYPE html><html>
<head><meta charset="UTF-8"><title>Welcome</title></head>
<body>
   <h2>欢迎来自${user.hometown}的${user.name}!</h2>
</body></html>
```

请求 http://localhost:8080/myapp/w1?name=Lisa&hometown=Harbin，测试结果如图 14-9 所示。Eclipse 控制台输出为：

```
welcome1: UserModel [Lisa, Harbin]
```

为测试 POST 方法的请求，再创建 src/main/webapp/w1.html，内容如下：

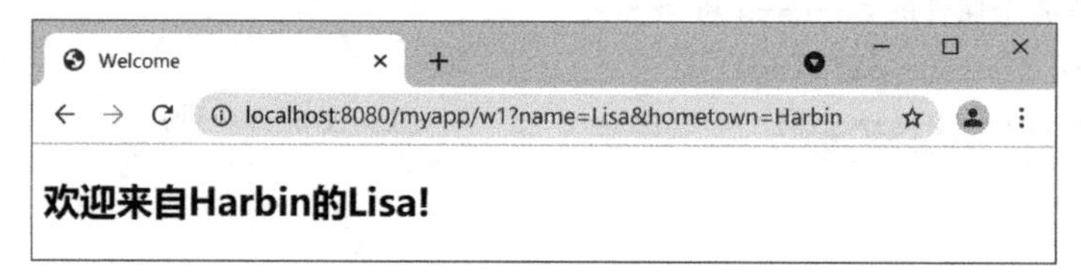

图 14-9 GET 方法请求 w1

```
<!DOCTYPE html><html><head><meta charset="UTF-8">
<title>Hello</title></head><body>
<form method="post" action="w1">
    <p>姓名：<input type="text" name="name"/> </p>
    <p>家乡：<input type="text" name="hometown"/> </p>
    <p><input type="submit" name="submit" value="提交"/> </p>
</form></body></html>
```

浏览器请求 http://localhost:8080/myapp/w1.html，在表单的文本框中输入姓名和家乡，如图 14-10 所示。

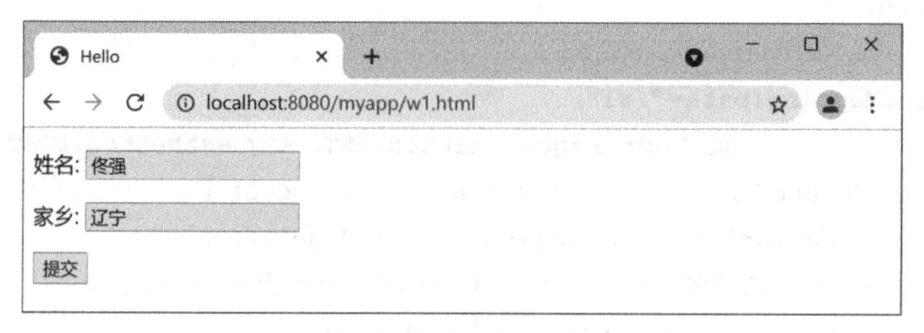

图 14-10 填写 w1.html 中的表单

单击提交按钮后，测试结果如图 14-11 所示。

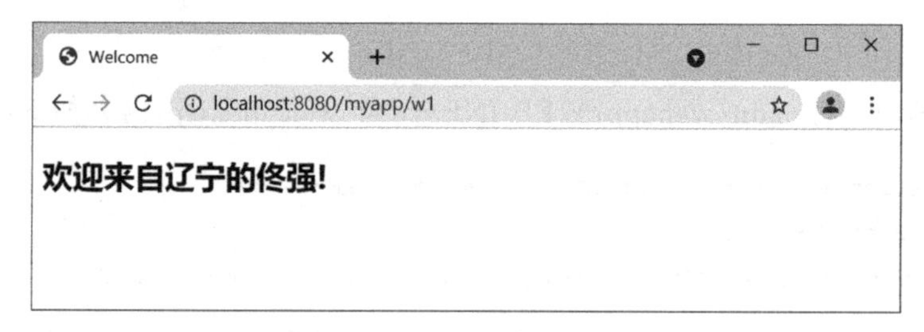

图 14-11 POST 方法请求 w1

14.4.2 其他接收多个请求参数的方法

为每个请求参数较多的表单都设计一个专门接收请求参数的 JavaBean 是挺不错的做法，但 Spring 提供了更多可供选择的方法。本小节介绍其他让 Spring MVC 控制器的函数接收多个请求参数的方法。

1. 通过 Map 对象接收

在控制器 WelcomeController 中导入接口 Map 和注解 RequestParam。

```
import java.util.Map;
import org.springframework.web.bind.annotation.RequestParam;
在 WelcomeController 中加入 welcome2()函数,映射为"/w2"。
//通过一个实现了 Map 接口的对象来接收请求参数
@RequestMapping("/w2")
public ModelAndView welcome2(@RequestParam Map<String,Object> map) {
    System.out.println("welcome2: " + map);
    return new ModelAndView("welcome", "user", map);
}
```

请求 http://localhost:8080/myapp/w2?name=Mary&hometown=Hawaii,测试结果如图 14-12 所示。

图 14-12 GET 方法请求 w2

为测试 POST 方法请求"/w2",再创建并编辑 src/main/webapp/w2.html,这个文件的内容与 w1.html 的内容几乎一样,除了 action="w2"之外没有区别,类似的文件还有 w3.html、w4.html、w7.html。浏览器请求 http://localhost:8080/myapp/w2.html,在表单文本框中输入姓名和家乡,如图 14-13 所示。

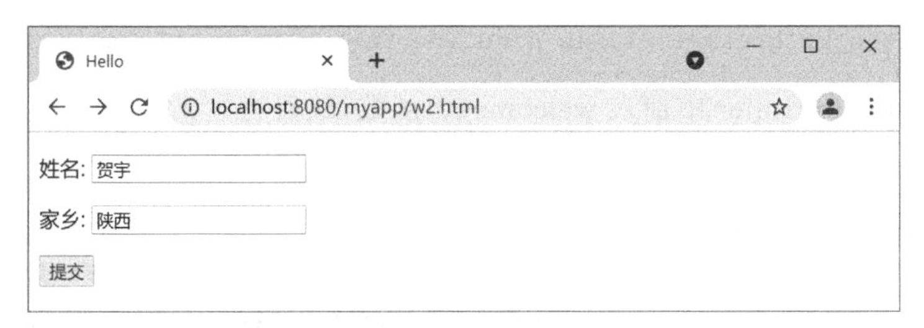

图 14-13 填写 w2.html 中的表单

单击提交按钮后,测试结果如图 14-14 所示。Eclipse 控制台输出为:

```
welcome2: {name=贺宇, hometown=陕西, submit=提交}
```

2. 通过形参接收

在 WelcomeController 中加入 welcome3()函数,映射为"/w3"。

```
//直接通过形式参数来接收
@RequestMapping("/w3")
```

图 14-14　POST 方法请求 w2

```
public ModelAndView welcome3(String name, String hometown) {
    UserModel user = new UserModel();
    user.setName(name);
    user.setHometown(hometown);
    System.out.println("welcome3:" + user);
    return new ModelAndView("welcome", "user", user);
}
```

请求 http://localhost:8080/myapp/w3?name=Kelly&hometown=Greece，控制台输出为：

```
welcome3:UserModel [Kelly, Greece]
```

3. 使用注解@RequestParam

在 WelcomeController 中导入接口 Map、类 HashMap 和注解 RequestParam。

```
import java.util.Map;
import java.util.HashMap;
import org.springframework.web.bind.annotation.RequestParam;
```

在 WelcomeController 中加入 welcome4()函数，映射为"/w4"。

```
//形参名和请求参数名不同时,可使用注解@RequestParam
@RequestMapping("/w4")
public ModelAndView welcome4(@RequestParam(required=false) String ne,
                             @RequestParam(required=false) String ht){
    Map<String,Object> map = new HashMap<String,Object>();
    map.put("name", ne);            //姓名
    map.put("hometown", ht);        //家乡
    System.out.println("welcome4:" + map);
    return new ModelAndView("welcome", "user", map);
}
```

请求 http://localhost:8080/myapp/w4?ne=John&ht=Texas，控制台输出为：

```
welcome4:{hometown=Texas, name=John}
```

4. 通过路径变量接收

在 WelcomeController 中导入注解 PathVariable。

```
import org.springframework.web.bind.annotation.PathVariable;
```

在 WelcomeController 中加入 welcome5()方法，映射如下：

```
//通过路径变量接收
@RequestMapping("/w5/name/{name}/ht/{hometown}")
public ModelAndView welcome5(@PathVariable String name,
                             @PathVariable String hometown) {
    UserModel user = new UserModel();
    user.setName(name);
    user.setHometown(hometown);
    System.out.println("welcome4:" + user);
    return new ModelAndView("welcome","user",user);
}
```

请求 http://localhost:8080/myapp/w5/name/Linda/ht/Minnesota，控制台输出为：

```
welcome5: UserModel [Linda, Minnesota]
```

5. 通过路径变量和形参接收

在 WelcomeController 中加入 welcome6()函数，注解如下：

```
//一个通过路径变量接收，一个通过带@RequestParam 注解的形参接收
@RequestMapping("/w6/name/{name}")
public ModelAndView welcome6(@PathVariable String name,
    @RequestParam(value="ht",required=false) String hometown) {
    UserModel user = new UserModel();
    user.setName(name);
    user.setHometown(hometown);
    System.out.println("welcome6: " + user);
    return new ModelAndView("welcome","user",user);
}
```

请求 http://localhost:8080/myapp/w6/name/Lisa?ht=France，控制台输出为：

```
welcome6: UserModel [Lisa, France]
```

6. 获取 HttpServletRequest 对象

在 WelcomeController 中导入接口 HttpServletRequest。

```
import javax.servlet.http.HttpServletRequest;
```

加入 welcome7()函数，形参中定义一个 HttpServletRequest 类型的引用变量 req，Spring 框架会在客户端请求时将 request 对象通过这个引用注入进来。

```
//获取 HttpServletRequest 对象
@RequestMapping("/w7")
public ModelAndView welcome7(HttpServletRequest req) {
    System.out.println(req.getContextPath());           //web应用虚拟路径
    System.out.println(req.getHeader("User-Agent"));    //客户端类型
    Map<String,Object> map = new HashMap<String,Object>();
    map.put("name", req.getParameter("name"));
    map.put("hometown", req.getParameter("hometown"));
    System.out.println("welcome7: " + map);
    return new ModelAndView("welcome","user", map);
}
```

请求 http://localhost:8080/myapp/w7?name=Shawn&hometown=Texas，控制台输出有3行，谷歌浏览器请求的控制台输出如下：

```
/myapp
Mozilla/5.0 (Windows NT 10.0; Win64; x64) AppleWebKit/537.36
            (KHTML, like Gecko) Chrome/91.0.4472.164 Safari/537.36
welcome7: {hometown=Texas, name=Shawn}
```

14.5 Spring MVC 进阶

本节介绍初学者会遇到的几个 Spring MVC 的小问题：Model 和 ModelMap、包括映射下一级路径、子包中的控制器、注入服务层组件、响应 JSON 对象。

14.5.1 Model 和 ModelMap

在本章之前的示例中，控制器函数的返回值一直是 ModelAndView。顾名思义，ModelAndView 是指模型和视图的集合，既包含模型又包含视图。ModelAndView 的实例是需要开发者自己手动创建的，里面的模型是一个 Map，允许不同关键字对应多个对象。开发者可以调用 addObject()方法向模型中添加视图需要的数据对象。

Spring 提供了 org.springframework.ui.Model 接口中同一个包下的类 ModelMap。如果控制器函数定义了 Model 或 ModelMap 类型的形式参数，那么 Spring 将会创建好的模型对象作为实际参数传递进来，而无需开发者自己创建模型对象。这样的控制器函数的返回值类型应为 String，返回的是视图名。开发者调用 addAttribute()方法向 Spring 创建的模型中增加视图需要的数据对象。也就是说，Spring 自动为 Model 或 ModelMap 形参创建实例，并传递为控制器函数的实参。

- Model 是一个接口，它的实现类为 ExtendedModelMap，继承自 ModelMap 类。

```
public class ExtendedModelMap extends ModelMap implements Model {
```

- ModelMap 继承自 LinkedHashMap。

```
public class ModelMap extends LinkedHashMap<String, Object> {
```

下面定义控制器类 InfoController，分别使用 ModelAndView、Model 和 ModelMap 三种方法给出了实现。函数 info0()的返回值类型是 ModelAndView，而 info1()和 info2()的返回值类型是 String。

```
package cn.edu.uibe.controller;
import org.springframework.stereotype.Controller;
import org.springframework.ui.Model;
import org.springframework.ui.ModelMap;
import org.springframework.web.bind.annotation.RequestMapping;
import cn.edu.uibe.vo.UserModel;
@Controller
public class InfoController {
    @RequestMapping("/info0")
    public ModelAndView info0(UserModel user) {
        ModelAndView mv = new ModelAndView();
        mv.setViewName("info");
        mv.addObject("userModel", user);
        mv.addObject("school","UIBE");
        return mv;
    }
    @RequestMapping("/info1")
    public String info1(UserModel user, Model model) {
        //user 只是局部变量,JSP 文件中不能使用 user.*,而要使用 userModel.*
        model.addAttribute("school", "UIBE");
        return "info";                                    //返回值是视图的名字
    }
    @RequestMapping("/info2")
    public String info2(UserModel user, ModelMap modelMap) {
        modelMap.addAttribute("school", "UIBE");
        return "info";
    }
}
```

创建并编辑视图文件 src/main/webapp/WEB-INF/view/info.jsp，内容如下：

```
<%@ page contentType="text/html; charset=UTF-8" %><!DOCTYPE html><html>
<head><meta charset="UTF-8"><title>学生信</title></head><body>
    <p>姓名: ${userModel.name} </p>
    <p>家乡: ${userModel.hometown} </p>
    <p>学校: ${school}</p>
</body></html>
```

可以在浏览器地址栏输入以下带着查询串(QueryString)的 URL。

```
http://localhost:8080/myapp/info0?name=Lisa&hometown=Hawaii
http://localhost:8080/myapp/info1?name=Tony&hometown=Texas
http://localhost:8080/myapp/info2?name=Mary&hometown=Harbin
```

请求“/info2”的测试结果如图 14-15 所示。

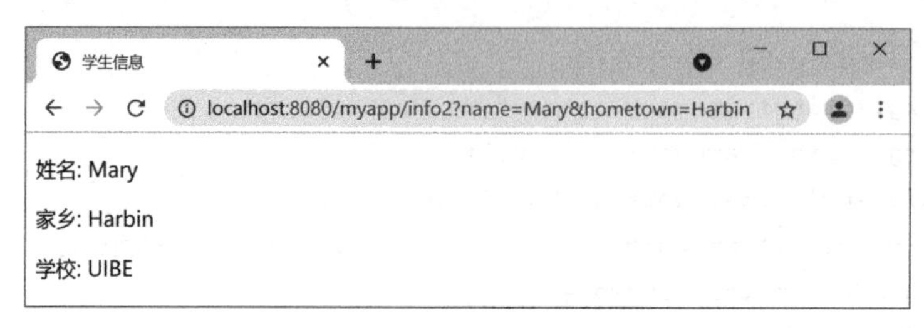

图 14-15　ModelMap 实例入参

14.5.2　映射下一级路径

在 controller 包中新建并编辑控制器 OrderController1，在映射注解中直接使用斜杠给出两级路径 @GetMapping("order/list1")。

```
package cn.edu.uibe.controller;
import java.util.*;
import org.springframework.stereotype.Controller;
import org.springframework.web.bind.annotation.*;
import org.springframework.web.servlet.ModelAndView;
@Controller
public class OrderController1 {
    @GetMapping("order/list1")
    public ModelAndView list(@RequestParam(defaultValue="1") String uid){
        Map<String, Object> map = new HashMap<>();
        map.put("uid", uid);
        //order/list_orders -> WEB-INF/view/order/list_orders.jsp
        return new ModelAndView("order/list_orders", map);
    }
}
```

视图名中返回了"order/list_orders"，这要求将视图文件放在 order 子目录中，即 src/main/webapp/WEB-INF/view/order 中。Web 应用部署之后，这个文件位于 ${TomcatHome}/webapps/myapp/WEB-INF/view/order 目录下。如果想修改视图文件目录的位置，可以修改配置文件中如下片段中的属性 prefix 的 value，比如修改为"/WEB-INF/pages"。

```
<!-- 视图解析器 -->
<bean id="internalResourceViewResolver" class=
"org.springframework.web.servlet.view.InternalResourceViewResolver">
```

```
  <!-- 前缀 视图文件位于 src/main/webapp/WEB-INF/view/目录或子目录内 -->
  <property name="prefix" value="/WEB-INF/view/" />
  <!-- 后缀 视图文件的扩展名是.jsp -->
  <property name="suffix" value=".jsp" />
</bean>
```

创建并编辑 src/main/webapp/WEB-INF/view/list_orders.jsp，内容如下：

```
<%@ page contentType="text/html; charset=UTF-8" %>
<!DOCTYPE html><html>
<head><meta charset="UTF-8"><title>订单列表</title></head>
    <body><p>用户 ID 为${uid}的订单列表</p></body>
</html>
```

请求 http://localhost:8080/myapp/order/list1?uid=1，可测试效果。

如果我们希望一个控制器里的映射都在某一条路径下面，则可以在控制器类定义的前面加上注解@RequestMapping，参见控制器 OrderController2 的代码。

```
package cn.edu.uibe.controller;
import org.springframework.web.bind.annotation.RequestMapping;
//其他 import 同 OrderController1.java
@Controller
@RequestMapping("/order")
public class OrderController2 {
    @GetMapping("/list2")
    public ModelAndView list(@RequestParam(defaultValue="1") String uid) {
        Map<String, Object> map = new HashMap<>();
        map.put("uid", uid);
        return new ModelAndView("order/list_orders",map);
    }
    //更多 order 路径下的 URL 映射
}
```

请求 http://localhost:8080/myapp/order/list2?uid=2，可测试效果。

14.5.3　控制器子包和多个控制器包

我们可以根据不同业务逻辑的分类，将控制器进行分类，比如把订单相关的控制器都放在子包 order 里。配置文件文件中如果是：

```
<context:component-scan base-package="cn.edu.uibe.controller" …
```

这里的属性名是 base-package，其含义是不仅在 cn.edu.uibe.controller 包里扫描注解生成 bean，也会在 controller 包的子包里扫描。OrderController3 位于子包 order 里，请求 http://localhost:8080/myapp/order/list3?uid=3 验证可用。

```
package cn.edu.uibe.controller.order;
```

```
//省略 import 部分
@Controller
@RequestMapping("/order")
public class OrderController3 {
    @GetMapping("/list3")
    public ModelAndView list(@RequestParam(defaultValue="3") String uid) {
        Map<String, Object> map = new HashMap<>();
        map.put("uid", uid);
        return new ModelAndView("order/list_orders",map);
    }
}
```

如果不喜欢在 controller 包下面区分子包的命名方式,而是更喜欢多个名称末尾是“controller”的控制器包,则可以在 base-package 中使用通配符。

```
<context:component-scan base-package="cn.edu.uibe.**.controller" …
```

控制器 OrderController4 位于“order.controller”包里,编写代码如下。请求 http://localhost:8080/myapp/order/list4?uid=4 验证可用。

```
package cn.edu.uibe.order.controller;
@Controller
@RequestMapping("/order")
public class OrderController4 {
    @GetMapping("/list4")
    public ModelAndView listOrders(@RequestParam String uid){
        Map<String, Object> map = new HashMap<>();
        map.put("uid", uid);
        return new ModelAndView("order/list_orders",map);
    }
}
```

14.5.4 注入服务层组件

位于 src/main/resources 文件夹里的 root-context.xml 之前没有配置内容,它生成的是 Root WebApplicationContext,其应定义数据源、数据访问层对象、服务层对象等底层对象,我们加入如下的 beans 定义,使用的类是 14.2 节定义好的。

```
<!-- 数据访问层对象 -->
<bean id="memberDao" class="cn.edu.uibe.da.impl.MemberDaoImpl" />
<!-- 服务层对象 -->
<bean id="memberService"
      class="cn.edu.uibe.service.impl.MemberServiceImpl">
    <property name="memberDao" ref="memberDao" />
</bean>
```

在 controller 包里面创建并编辑 MemberController,内容如下。

```
package cn.edu.uibe.controller;
//省略 import
@Controller
public class MemberController {
    @Autowired //按类型注入,无须 set 函数
    private MemberService memberService;
    @GetMapping("/member")
    public ModelAndView member(@RequestParam String phone) {
        MemberVo memberVo = memberService.getMemberByPhone(phone);
        return new ModelAndView("member","member",memberVo);
    }
    //因为使用了注解@Autowired,这个方法不会被调用,加上是为了验证这点
    public void setMemberService(MemberService memberService) {
        System.out.println("setMemberService() called.\n");
        this.memberService = memberService;
    }
}
```

创建并编辑 src/main/webapp/WEB-INF/view/member.jsp,内容如下:

```
<%@ page contentType="text/html; charset=UTF-8"%>
<!DOCTYPE html><html>
<head><meta charset="UTF-8">
<title>会员信息</title></head><body>
<ul>
    <li>电话: ${member.phone}</li>
    <li>姓名: ${member.name}</li>
    <li>生日: ${member.birthday}</li>
</ul>
</body></html>
```

浏览器请求 http://localhost:8080/myapp/member?phone=13387654321,测试结果如图 14-16 所示。

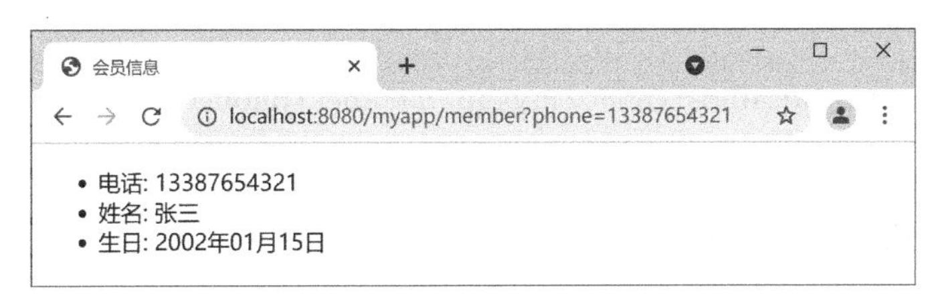

图 14-16 会员信息

Spring 支持使用注解来定义数据访问层对象和服务层对象。注解@Repository 用于定义数据访问层对象,注解@Service 用于定义服务层对象。将配置文件 root-context.

xml中的内容修改成如下基于注解去扫描特定包来定义bean的形式。在da包和其子包扫描数据访问层对象,在service包和其子包扫描服务层对象。

```
<!-- 扫描 da 包和子包里面的@Repository -->
<context:component-scan base-package="cn.edu.uibe.da"
                              use-default-filters="false">
  <context:include-filter type="annotation"
            expression="org.springframework.stereotype.Repository"/>
</context:component-scan>
<!-- 扫描 service 包和子包里面的@Service -->
<context:component-scan base-package="cn.edu.uibe.service"
                              use-default-filters ="false">
  <context:include-filter type="annotation"
            expression="org.springframework.stereotype.Service"/>
</context:component-scan>
```

- 修改MemberDaoImpl.java,导入注解Repository。

```
import org.springframework.stereotype.Repository;
```

- 在MemberDaoImpl的类名前面加入注解@Repository。

```
@Repository
public class MemberDaoImpl implements MemberDao {……
```

- 修改MemberServiceImpl.java,导入注解Autowired和Service。

```
import org.springframework.beans.factory.annotation.Autowired;
import org.springframework.stereotype.Service;
```

- 在MemberServiceImpl的类名前面加入注解@Service,在memberDao定义的前面加上注解@Autowired。

```
@Service
public class MemberServiceImpl implements MemberService{
    @Autowired
    private MemberDao memberDao;
}
```

再次请求http://localhost:8080/myapp/member?phone=13387654321,验证使用注解也可以工作。

14.5.5 响应JSON格式的文本

JS对象表示法(JavaScript Object Notation,JSON)是一种轻量级的数据交换格式。它采用完全独立于编程语言的文本格式来存储和表示数据,易于人的阅读和编写,同时也易于机器的解析和生成,可有效提升网络的传输效率。JSON格式已取代XML成为网络传输的常用数据格式,后端生成的JSON格式文本可服务于Web前端、手机App、小程序等。

在 pom.xml 中加入支持 JSON 的依赖 jackson-databind，而 jackson-databind 要用到 jackson-annotations 和 jackson-core，所以会导入 3 个 JAR 文件。

```
<!-- JSON Library -->
<dependency>
    <groupId>com.fasterxml.jackson.core</groupId>
    <artifactId>jackson-databind</artifactId>
    <version>2.12.4</version>
</dependency>
```

在 MemberController 中加入一个新的函数，返回值类型是 MemberVo，在函数前面加上注解@ResponseBody，则在请求这个函数映射的 URL 时，返回 JSON 格式的文本。Spring 自动将 Java 对象转换成 JSON 格式的文本。

```
package cn.edu.uibe.controller;
import org.springframework.beans.factory.annotation.Autowired;
import org.springframework.stereotype.Controller;
import org.springframework.web.bind.annotation.RequestMapping;
import org.springframework.web.bind.annotation.RequestParam;
import org.springframework.web.bind.annotation.ResponseBody;
import cn.edu.uibe.service.MemberService;
import cn.edu.uibe.vo.MemberVo;
@Controller
public class MemberController {
    @Autowired
    private MemberService memberService;
    @RequestMapping("/api/member")
    @ResponseBody
    public MemberVo getMember(@RequestParam String phone) {
        MemberVo memberVo = memberService.getMemberByPhone(phone);
        return memberVo;
    }
}
```

浏览器请求 http://localhost:8080/myapp/api/member?phone=13387654321，测试结果如图 14-17 所示。

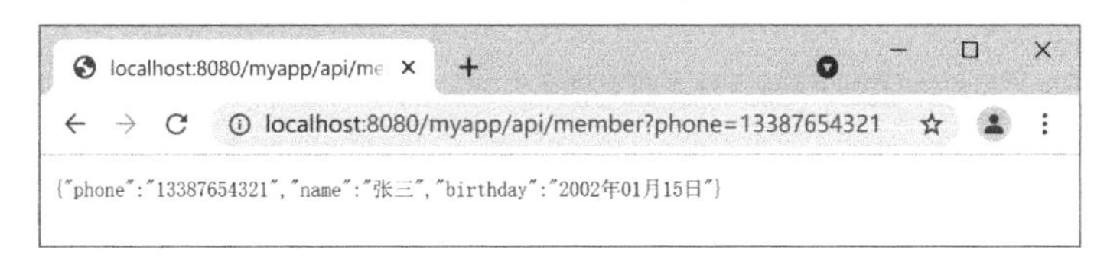

图 14-17　响应 JSON 对象

RestController 是一个自身被@Controller 和@ResponseBody 标记的注解，如果控

制器类的很多方法都返回 JSON，则可以在控制器类名的前一行加上@RestController 注解，这样每个响应 JSON 的方法就不需要单独加@ResponseBody 注解了。

注解 RestController 的定义前面被@Controller 和@ResponseBody 注解。

```
@Controller
@ResponseBody
public @interface RestController { …
```

下面将控制器前面的@Controller 改成@RestController，就可以去掉 getMember()函数前面的@ResponseBody 了。

```
package cn.edu.uibe.controller;
import org.springframework.web.bind.annotation.RestController;
@RestController
public class MemberController {
    @Autowired
    private MemberService memberService;
    @RequestMapping("/api/member")
    public MemberVo getMember(@RequestParam String phone) {
        MemberVo memberVo = memberService.getMemberByPhone(phone);
        return memberVo;
    }
}
```

再次请求 http://localhost:8080/myapp/api/member?phone=13387654321，可以验证正确响应 JSON 格式的文本。

14.6 Spring 集成 MyBatis

本节介绍 Spring 和 MyBatis 集成，并在 Spring MVC 中使用 MyBatis 来访问 MySQL 数据库。本节的示例需要使用第 13 章中的数据库和 MyBatis 映射文件及代码。

14.6.1 添加 MyBatis 相关的依赖

在 pom.xml 中添加 Spring ORM 的依赖、连接 MySQL 数据库的依赖、数据库连接池的依赖、MyBatis 的依赖以及 MyBatis 和 Spring 集成的依赖。数据库连接池选用的是 Apache Commons DBCP (Database Connection Pools)，也可以选用 c3p0、Druid 等。

```
<!-- Spring Object/Relational Mapping -->
<dependency>
    <groupId>org.springframework</groupId>
    <artifactId>spring-orm</artifactId>
    <version>${spring.version}</version>
</dependency>
<!-- JDBC driver for MySQL -->
```

```
<dependency>
    <groupId>mysql</groupId>
    <artifactId>mysql-connector-java</artifactId>
    <version>8.0.26</version>
</dependency>
<!-- Apache Commons DBCP -->
<dependency>
    <groupId>org.apache.commons</groupId>
    <artifactId>commons-dbcp2</artifactId>
    <version>2.8.0</version>
</dependency>
<!-- MyBatis SQL mapper framework  -->
<dependency>
    <groupId>org.mybatis</groupId>
    <artifactId>mybatis</artifactId>
    <version>3.5.7</version>
</dependency>
<!-- Spring bridge for MyBatis -->
<dependency>
    <groupId>org.mybatis</groupId>
    <artifactId>mybatis-spring</artifactId>
    <version>2.0.6</version>
</dependency>
```

还有一些构件会通过依赖传递被包含进来：

- spring-orm 依赖 spring-beans、spring-core、spring-jdbc、sping-tx。
- mysql-connector-java-8.0.26 依赖 protobuf-java。
- commons-dbcp2 依赖 commons-pool2 和 commons-logging。

14.6.2 集成 MyBatis 的配置文件

将之前的 root-context.xml 另存一份(root-context-old.xml)备用，然后修改文件内容如下。另一个配置文件 app-context.xml 内容保持不变，见 14.3.3 节。

```
<?xml version="1.0" encoding="UTF-8"?>
<beans xmlns="http://www.springframework.org/schema/beans"
    xmlns:xsi="http://www.w3.org/2001/XMLSchema-instance"
    xmlns:context="http://www.springframework.org/schema/context"
    xmlns:aop="http://www.springframework.org/schema/aop"
    xmlns:tx="http://www.springframework.org/schema/tx"
    xsi:schemaLocation="http://www.springframework.org/schema/beans
        http://www.springframework.org/schema/beans/spring-beans.xsd
        http://www.springframework.org/schema/context
        http://www.springframework.org/schema/context/spring-context.xsd
        http://www.springframework.org/schema/aop
```

```
        http://www.springframework.org/schema/aop/spring-aop.xsd
        http://www.springframework.org/schema/tx
        http://www.springframework.org/schema/tx/spring-tx.xsd" >
<!-- 引入 WEB-INF/classes 下的属性文件 jdbc.properties -->
<context:property-placeholder location="classpath:jdbc.properties" />
<!-- 配置 Apache 的 DBCP 数据源 -->
<bean id="dataSource" class="org.apache.commons.dbcp2.BasicDataSource"
                    destroy-method="close">
    <property name="driverClassName" value="${jdbc.driver}" />
    <property name="url" value="${jdbc.url}" />
    <property name="username" value="${jdbc.username}" />
    <property name="password" value="${jdbc.password}" />
</bean>
<!-- 配置 MyBatis 的 SqlSessionFactory 实例 -->
<bean id="sqlSessionFactory"
       class="org.mybatis.spring.SqlSessionFactoryBean">
  <!-- 引用数据源 -->
  <property name="dataSource" ref="dataSource"/>
  <!-- 额外 MyBatis 配置文件 -->
  <property name="configLocation" value="classpath:mybatis-config.xml"/>
  <!-- 实体类所在的包 -->
  <property name="typeAliasesPackage"
            value="cn.edu.uibe.**.entity,cn.edu.uibe.**.vo" />
  <property name="mapperLocations">
    <!-- XML 映射文件的多个位置 -->
    <array>
      <value>classpath*:cn/edu/uibe/dao/*Mapper.xml</value>
      <value>classpath*:cn/edu/uibe/mapper/*Mapper.xml</value>
    </array>
  </property>
</bean>
<!-- 自动扫描映射器接口 不能再配置其他标签扫描 dao 包或其子包 -->
<bean class="org.mybatis.spring.mapper.MapperScannerConfigurer">
  <property name="basePackage"
            value="cn.edu.uibe.dao,cn.edu.uibe.mapper"/>
  <property name="sqlSessionFactoryBeanName" value="sqlSessionFactory" />
</bean>
<!-- SqlSessionTemplate 实例负责管理 MyBatis 的 SqlSession -->
<bean id="sqlSessionTemplate"
      class="org.mybatis.spring.SqlSessionTemplate">
  <constructor-arg ref="sqlSessionFactory" />
</bean>
<!-- JDBC 事务管理器 -->
<bean id="txManager" class=
```

```
"org.springframework.jdbc.datasource.DataSourceTransactionManager">
  <property name="dataSource" ref="dataSource"/></bean>
<!-- 启用基于注解的事务管理,类名或方法名前需要添加@Transactional 注解 -->
<tx:annotation-driven transaction-manager="txManager" />
<!-- 扫描 service 包和子包里面的各种@Component,含@Service -->
<context:component-scan base-package="cn.edu.uibe.service" />
</beans>
```

配置文件引入的属性文件 jdbc.properties 的内容见 13.2.3 节,里面有定义数据源需要使用的数据库连接信息。不同连接池定义数据源时的属性名是不一样的,比如 DBCP 使用 driverClassName 给出驱动程序类名,而 c3p0 使用 driverClass 给出。如果更换连接池,配置文件中的 dataSource 配置也要做出相应的修改。

SqlSessionFactoryBean 的作用是在 Spring 应用上下文 ApplicationContext 中创建一个共享的 SqlSessionFactory 实例,Spring 通过依赖注入将它传递给基于 MyBatis 的数据访问层对象。SqlSessionFactoryBean 的属性 dataSource 引用上面定义的 JDBC 数据源 dataSource,属性 configLocation 给出的额外 MyBatis 配置文件的位置是 classpath:mybatis-config.xml。因此,需要在【src/main/resouces】源文件夹里创建并编辑 mybatis-config.xml。

```
<?xml version="1.0" encoding="UTF-8"?>
<!DOCTYPE configuration  PUBLIC "-//mybatis.org//DTD Config 3.0//EN"
          "http://mybatis.org/dtd/mybatis-3-config.dtd">
<configuration>
  <settings>
    <!-- 使用数据库生成的主键 -->
    <setting name="useGeneratedKeys" value="true"/>
  </settings>
</configuration>
```

属性 typeAliasesPackage 给出数据实体类所在的包(Package Patterns),允许用逗号分隔多个包,包名中可以使用通配符。

```
<property name="typeAliasesPackage"
          value="cn.edu.uibe.**.entity,cn.edu.uibe.**.vo" />
```

属性 mapperLocations 给出 MyBatis XML 映射文件的位置。

```
<property name="mapperLocations"
          value="classpath*:cn/edu/uibe/dao/*Mapper.xml"/>
```

如果需要给出多个映射文件的位置,可以使用 array 标签。

```
<property name="mapperLocations">
    <array>
        <value>classpath*:cn/edu/uibe/dao/*Mapper.xml</value>
        <value>classpath*:cn/edu/uibe/mapper/*Mapper.xml</value>
```

```
    </array>
</property>
```

MapperScannerConfigurer的作用是自动扫描映射器接口,它从basePackage开始递归地搜索映射器接口并把接口注册为MapperFactoryBean。属性basePackage允许给出多个用逗号或分号分隔的包。

```
<property name="basePackage"
        value="cn.edu.uibe.dao,cn.edu.uibe.mapper" />
```

需要注意的是,不能再让<context: component-scan>或其他标签来扫描这些包以及这些包的子包。因此,14.2节和14.5.4节的示例没有使用包名"dao"。

SqlSessionTemplate是mybatis-spring的核心,它确保实际使用的SqlSession实例是和当前的Spring事务关联在一起的那个实例。此外,它根据Spring的事务配置,管理session的生命周期,包含必要的关闭、提交和回滚操作。SqlSessionTemplate是线程安全的,单实例的,可以被多个DAO共享使用。

Spring为不同的数据访问层技术(比如JDBC、Hibernate、JPA、JTA)都提供了事务管理器。DataSourceTransactionManager是Spring提供的JDBC事务管理器,它是和MyBatis配合使用的事务管理器。

标签<tx:annotation-driven/>的作用是启用基于注解的事务管理。在类名的前面添加注解@Transactional可将这个类和其子类的所有方法都启用默认的事务管理。

```
@Transactional
public class UserServiceImpl implements UserService{……
```

方法名前面添加注解@Transactional只为这个方法配置事务管理。

```
@Transactional(isolation=Isolation.REPEATABLE_READ)
public Long addUser(UserVo userVo) {…
```

标签<context: component-scan>给出Spring扫描组件@Conponent的包。

```
<context:component-scan base-package="cn.edu.uibe.service" />
```

而注解Service是被@Component注解的,所以可以扫描到@Service。

```
@Component
public @interface Service {…
```

14.6.3 MVC中使用MyBatis

创建一个用于从客户端接收请求参数的模型类UserVo,与User类不同,其中credits属性是String类型的,便于格式化输出。

```
package cn.edu.uibe.vo;
public class UserVo {
    private Long id;
```

```
    private String phone;
    private String name;
    private String credits;
    //各个属性的 Getters 和 Setters
    public String toString() {
      return String.format("%d %s %s %s", id, name, phone, credits);
    }
}
```

创建一个用于输出 JSON 的类 MyResult,这就规定了 JSON 输出的统一格式。code 是响应代码,0 表示请求成功,还可以定义更多的响应代码。message 是对响应代码的简短描述。data 是 Object 类型的响应数据,可以携带任何 Java 对象。

```
package cn.edu.uibe.vo;
public class MyResult {
    private int code;                                         //代码
    private String message;                                   //消息
    private Object data;                                      //数据
    public MyResult(Object data){
        this(0,"success",data);                               //0 表示成功
    }
    public MyResult(int code,String message,Object data) {
        this.code = code;
        this.message = message;
        this.data = data;
    }
    //省略各个属性的 Getters 和 Setters
}
```

定义服务层接口 UserService 如下:

```
package cn.edu.uibe.service;
import java.util.List;
import cn.edu.uibe.vo.UserVo;
public interface UserService {
    UserVo getUserByPhone(String phone);
    List<UserVo> getAllUsers();
    //返回数据库生成的用户 ID,也将用户 ID 送到 userVo 的 Id 属性中
    Long addUser(UserVo userVo);
}
```

为了更方便地处理字符串,在 pom.xml 中加入 Apache Commons Lang3 的依赖,这样就可以使用 StringUtils.isBlank(str)函数来判断字符串是 null、""和"   "的情况,空引用 null、空串、多个空格都会被判断为是空白字符串。

```
<!-- Apache Commons Lang3 -->
```

```
<dependency>
    <groupId>org.apache.commons</groupId>
    <artifactId>commons-lang3</artifactId>
    <version>3.12.0</version>
</dependency>
```

创建并编写 UserServiceImpl 类如下。代码中使用了 Spring 框架的 BeanUtils 工具类从源 JavaBean 中往目标 JavaBean 中复制属性。

```
package cn.edu.uibe.service.impl;
import java.util.ArrayList;
import java.util.List;
import org.apache.commons.lang3.StringUtils;
import org.springframework.beans.BeanUtils;
import org.springframework.beans.factory.annotation.Autowired;
import org.springframework.stereotype.Service;
import org.springframework.transaction.annotation.Transactional;
import org.springframework.util.CollectionUtils;
import cn.edu.uibe.dao.UserMapper;
import cn.edu.uibe.entity.User;
import cn.edu.uibe.service.UserService;
import cn.edu.uibe.vo.UserVo;
@Service
public class UserServiceImpl implements UserService{
    @Autowired
    UserMapper userMapper;
    @Override
    public UserVo getUserByPhone(String phone) {
        User user = userMapper.selectByPhone(phone);
        if(user==null) return null;
        UserVo userVo = new UserVo();
        BeanUtils.copyProperties(user, userVo);
        userVo.setCredits(String.format("%.2f", user.getCredits()));
        return userVo;
    }
    @Override
    public List<UserVo> getAllUsers() {
        List<User> userList = userMapper.selectAllUsers();
        if(CollectionUtils.isEmpty(userList)) {
            return new ArrayList<UserVo>(0);
        }
        List<UserVo> users = new ArrayList<>(userList.size());
        for(User user: userList) {
            UserVo userVo = new UserVo();
            BeanUtils.copyProperties(user, userVo);
```

```
            userVo.setCredits(String.format("%.2f", user.getCredits()));
            users.add(userVo);
        }
        return users;
    }
    @Override
    @Transactional(isolation=Isolation.REPEATABLE_READ)
    public Long addUser(UserVo userVo) {
        if(userVo==null || StringUtils.isBlank(userVo.getPhone())) {
            return null;
        }
        User userDB = userMapper.selectByPhone(userVo.getPhone());
        if(userDB!=null) {
            return null;                              //已有相同电话号码的用户
        }
        User user = new User();
        BeanUtils.copyProperties(userVo, user);
        user.setCredits(100.0);                       //新用户赠送 100 积分
        int count = userMapper.insert(user);
        if(count==0) return null;
        userVo.setId(user.getId());
        userVo.setCredits(String.format("%.2f", user.getCredits()));
        //用于测试事务回滚,当 ID 是偶数时,抛出 RuntimeException 导致事务回滚
        if(user.getId().longValue()%2==0) {           //这段代码是后加的,应去掉
            throw new NullPointerException();
        }
        return user.getId();
    }
}
```

创建并编辑 UserController 如下,只支持单个用户查询功能。

```
package cn.edu.uibe.controller;
//省略全部 import
@RestController
public class UserController {
    @Autowired
    UserService userService;
    @GetMapping("/user")
    public ModelAndView getUser(@RequestParam String phone) {
        UserVo userVo = userService.getUserByPhone(phone);
        return new ModelAndView("user", "user", userVo);
    }
    @GetMapping("/api/user")
    public MyResult getUserA(@RequestParam String phone) {
```

```
        UserVo userVo = userService.getUserByPhone(phone);
        return new MyResult(userVo);
    }
}
```

创建并编辑 src/main/webapp/WEB-INF/view/user.jsp，内容如下：

```
<%@ page contentType="text/html; charset=UTF-8"%>
<!DOCTYPE html><html><head>
<meta charset="UTF-8">
<title>用户信息</title>
</head><body>
<ul>
    <li>用户 ID: ${user.id}</li>
    <li>电话: ${user.phone}</li>
    <li>姓名: ${user.name}</li>
    <li>积分: ${user.credits}</li>
</ul>
</body></html>
```

用浏览器请求 http://localhost:8080/myapp/user?phone=17712345678，测试结果如图 14-18 所示。

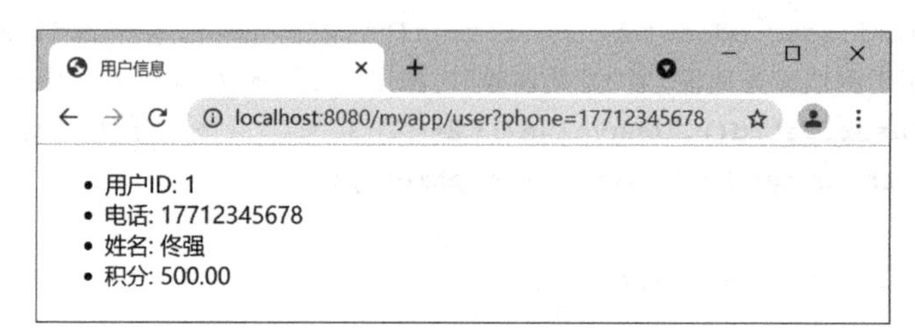

图 14-18　根据手机号查询用户信息

用浏览器请求 http://localhost:8080/myapp/api/user?phone=17712345678，测试结果如图 14-19 所示。

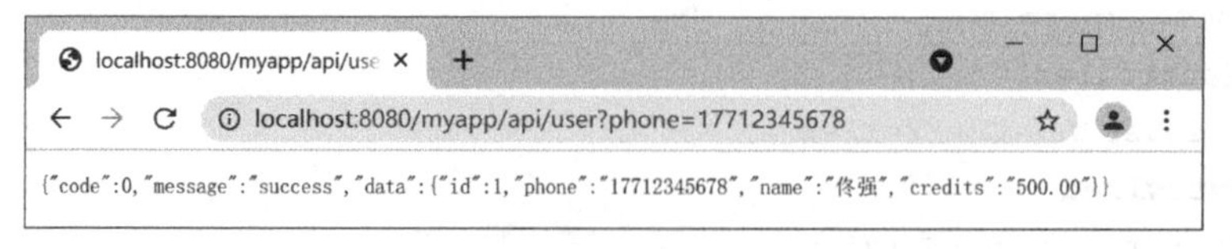

图 14-19　根据手机号查询用户信息得到 JSON

在 UserController 里面增加两个获取全部用户的方法。

```
@GetMapping("/users")
public ModelAndView getAllUsers() {
    List<UserVo> users = userService.getAllUsers();
    return new ModelAndView("user_list", "users", users);
```

```
}
@GetMapping("/api/users")
public MyResult getAllUsersA() {
    List<UserVo> users = userService.getAllUsers();
    return new MyResult(users);
}
```

为了使用 JSTL 的遍历标签<c:forEach>，在 pom.xml 中加入如下依赖。

```
<!-- JSTL -->
<dependency>
    <groupId>org.apache.taglibs</groupId>
    <artifactId>taglibs-standard-jstlel</artifactId>
    <version>1.2.5</version>
</dependency>
```

taglibs-standard-jstlel 依赖 taglibs-standard-spec 和 taglibs-standard-impl，所以会实际引入 3 个 JAR 文件。

创建并编辑 src/main/webapp/WEB-INF/view/user_list.jsp，内容如下：

```
<%@ page contentType="text/html; charset=UTF-8" %>
<%@ taglib prefix="c" uri="http://java.sun.com/jsp/jstl/core" %>
<!DOCTYPE html><html><head>
<meta charset="UTF-8">
<title>用户列表</title>
<style type="text/css">
table{
    border-collapse:collapse;
    border:solid 1px black;
}
td{padding:5px;}
</style></head><body>
<table>
    <tr><th>ID</th><th>电话</th><th>姓名</th><th>积分</th></tr>
    <c:forEach var="user" items="${users}">
    <tr>
        <td>${user.id}</td>
        <td>${user.phone}</td>
        <td>${user.name}</td>
        <td>${user.credits}</td>
    </tr>
    </c:forEach>
</table>
</body></html>
```

请求 http://localhost:8080/myapp/users，测试结果如图 14-20 所示。

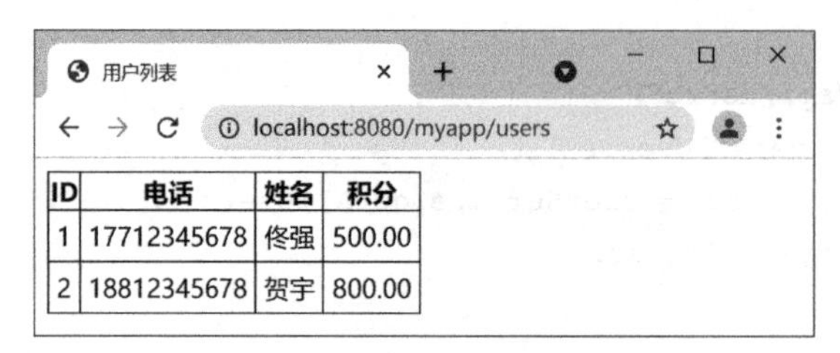

ID	电话	姓名	积分
1	17712345678	佟强	500.00
2	18812345678	贺宇	800.00

图 14-20 全部用户列表

请求 http://localhost:8080/myapp/api/users,测试结果如图 14-21 所示。

localhost:8080/myapp/api/users

{"code":0,"message":"success","data":
[{"id":1,"phone":"17712345678","name":"佟强","credits":"500.00"},
{"id":2,"phone":"18812345678","name":"贺宇","credits":"800.00"}]}

图 14-21 全部用户列表(JSON)

在 UserController 里增加两个新建用户的方法。

```
@PostMapping("adduser")
public ModelAndView addUser(UserVo userVo) {
    Long userId = userService.createUser(userVo);
    if(userId!=null) {
        return new ModelAndView("adduser", "user", userVo);
    }else {
        MyResult result = new MyResult(1001, "新建失败!", userVo);
        return new ModelAndView("error", "error", result);
    }
}
@PostMapping("api/adduser")
public MyResult addUserA(UserVo userVo) {
    Long userId = userService.createUser(userVo);
    if(userId!=null) {
        return new MyResult(userVo);
    }else {
        return new MyResult(1001, "新建失败!", userVo);
    }
}
```

在 src/main/webapp 目录下新建一个使用 POST 方法提交表单的页面 adduser.html,内容如下。再把它复制一份,命名为 addusera.html,然后将表单的 action 属性从"adduser"改为"api/adduser"。

```
<!DOCTYPE html> <html>
<head><meta charset="UTF-8">
```

```
<title>新建用户</title>
</head><body>
<form method="post" action="adduser">
    <p>电话: <input type="text" name="phone"/></p>
    <p>姓名: <input type="text" name="name" /></p>
    <p><input type="submit" name="submit" value="提交"/></p>
</form></body></html>
```

在 src/main/webapp/WEB-INF/view 目录下新建视图文件 adduser.jsp，内容如下：

```
<%@ page contentType="text/html; charset=UTF-8"%>
<!DOCTYPE html> <html>
<head><meta charset="UTF-8">
<title>新建用户成功</title></head><body>
<ul>
    <li>用户 ID: ${user.id} (数据库产生的 ID)</li>
    <li>电话: ${user.phone}</li>
    <li>姓名: ${user.name}</li>
    <li>积分: ${user.credits} (新用户赠送积分)</li>
</ul>
</body></html>
```

在 src/main/webapp/WEB-INF/view 目录下新建视图文件 error.jsp，内容如下：

```
<%@ page contentType="text/html; charset=UTF-8" %>
<!DOCTYPE html><html><head><meta charset="UTF-8">
<title>出错啦!</title>
</head><body>
    <p>错误代码: ${error.code}</p>
    <p>错误消息: ${error.message}</p>
</body></html>
```

使用浏览器访问 http://localhost:8080/myapp/adduser.html，填写表单数据，如图 14-22 所示，然后单击“提交”按钮。

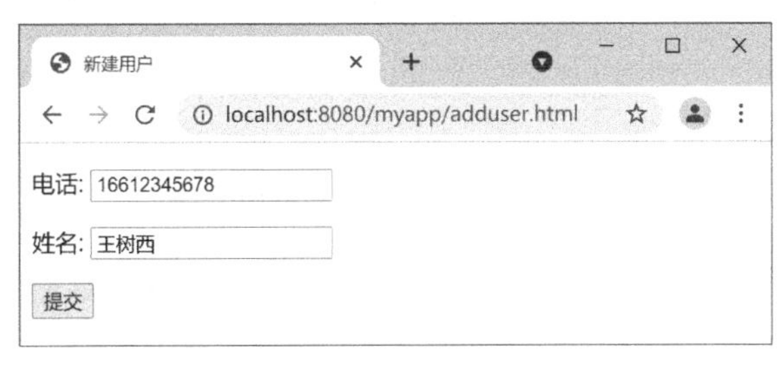

图 14-22 填写 adduser.html 中的表单

如果填写的电话号码在数据库中不存在，会执行成功，测试结果如图 14-23 所示。

如果电话号码在数据库中已经存在，则会执行失败，测试结果如图 14-24 所示。

使用浏览器访问 http://localhost:8080/myapp/addusera.html，填写表单数据，然后

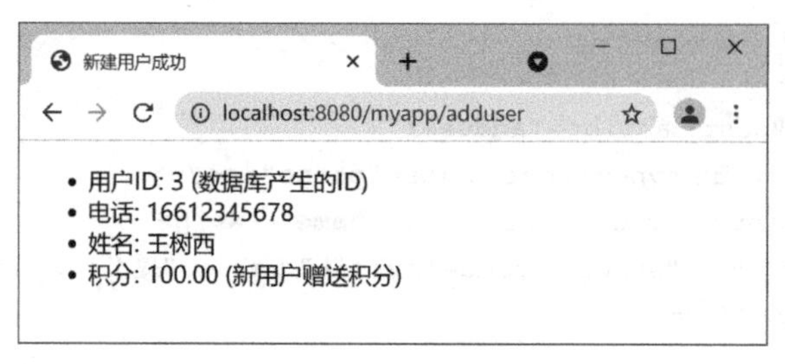

图 14-23 新建用户成功

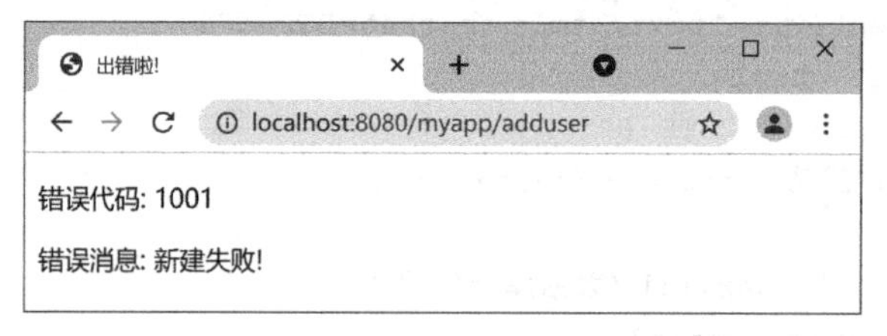

图 14-24 新建失败

单击“提交”按钮。

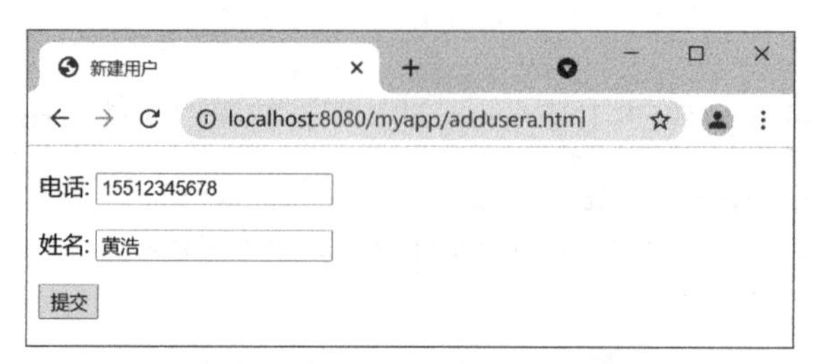

图 14-25 填写 addusera.html 中表单

如果填写的电话号码在数据库中不存在,会执行成功,测试结果如图 14-26 所示。

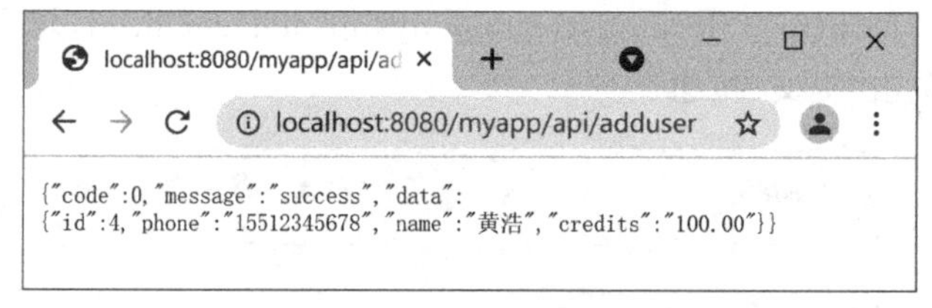

图 14-26 新建用户成功返回 JSON

如果电话号码在数据库中已经存在,则会执行失败,测试结果如图 14-27 所示。

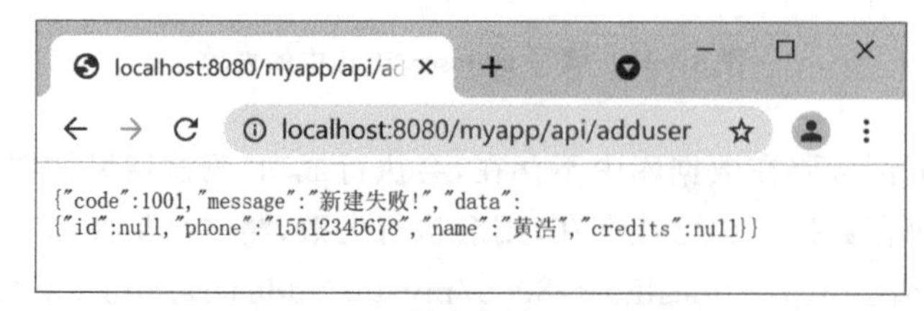

图 14-27 新建失败返回 JSON

再次使用浏览器请求 http://localhost:8080/myapp/users，可以看到 HTML 表格中新增的用户，如图 14-28 所示。

用户列表

localhost:8080/myapp/users

ID	电话	姓名	积分
1	17712345678	佟强	500.00
2	18812345678	贺宇	800.00
3	16612345678	王树西	100.00
4	15512345678	黄浩	100.00

图 14-28 增加的用户列表(HTML)

再次使用浏览器请求 http://localhost:8080/myapp/api/users，可以看到 JSON 输出中有新增的用户，如图 14-29 所示。

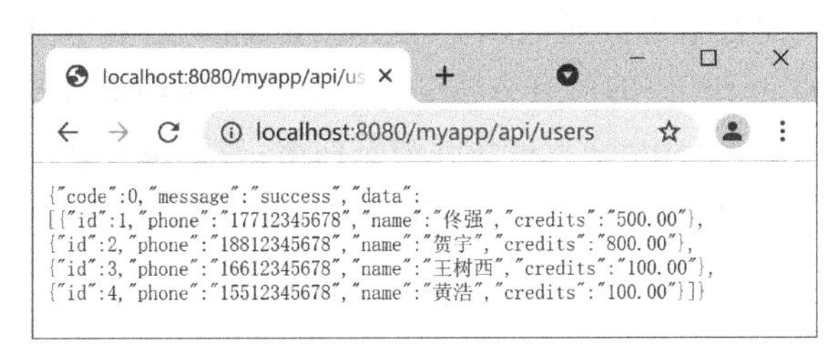

图 14-29 增加的用户列表(JSON)

14.6.4 AOP 声明式事务管理

面向切面编程(Aspect Oriented Programming)可作为面向对象编程(Object Oriented Programming)的补充，提供另一种设计程序结构的思路。面向切面编程模块化的核心是切面。在 Spring 框架中，AOP 的一个重要作用就是提供声明式事务管理。

要使用 AOP，需要在 pom.xml 中加入依赖 AspectJ Wearver。

```
<!-- AspectJ weaver -->
<dependency>
    <groupId>org.aspectj</groupId>
    <artifactId>aspectjweaver</artifactId>
    <version>1.9.7</version>
    <scope>runtime</scope>
</dependency>
```

Join point：接入点，程序执行期的一个点。在 Spring AOP 中，接入点始终表示方法的执行。Advice 是切面在特定接入点执行的动作。Pointcut：切点，用来匹配特定接入点的谓词(predicate)。Spring 框架使用标签<tx:advice>和<aop:config>来配置事务。在 root-context.xml 中加入如下的配置。

```
<!-- 配置事务 Advice 即事务处理逻辑 -->
<tx:advice id="uibeTxAdvice" transaction-manager="txManager" >
  <tx:attributes>
    <tx:method name="add * " read-only="false" isolation="REPEATABLE_READ"
          propagation="REQUIRED" rollback-for="java.lang.Exception" />
    <tx:method name="get * " read-only="true" timeout="5"/>
    <tx:method name=" * " />
  </tx:attributes>
</tx:advice>
<!-- 哪些包的哪些方法参与事务 -->
<aop:config>
  <aop:pointcut id="uibeService"
           expression="execution( * cn.edu.uibe.service. * . * (..))"/>
  <aop:advisor pointcut-ref="uibeService" advice-ref="uibeTxAdvice"/>
</aop:config>
```

标签<tx:advice>配置事务处理逻辑,<tx:attributes>配置事务属性。<tx:method name="add * ">表示 add 开头的所有方法。Spring 事务管理是根据异常来进行回滚操作的,默认的事务配置是 RuntimeException 触发回滚,检查型异常不触发。

标签<aop:pointcut>定义一个切点,表达式给出参与事务的方法。由于是在服务层进行数据库业务操作,配置的应该是 service 包及其子包里的函数。

```
expression="execution( * cn.edu.uibe.service. * . * (..))"
```

其中第 1 个 * 代表方法的返回值,第 2 个 * 代表 service 下的子包,第三个 * 代表方法名,“(..)”代表方法可以有 0 个或多个参数。

标签<aop:advisor>将切点 pointcut 描述的接入点和接入点要执行的动作 Advice 关联起来。这样,service 包及其子包里的方法都按照 uibeTxAdvice 给出的事务处理逻辑工作,而无需在源文件中使用注解@Transactional。

14.7 本章 pom.xml 文件

```
<project xmlns="http://maven.apache.org/POM/4.0.0"
    xmlns:xsi="http://www.w3.org/2001/XMLSchema-instance"
    xsi:schemaLocation="http://maven.apache.org/POM/4.0.0
    https://maven.apache.org/xsd/maven-4.0.0.xsd">
    <modelVersion>4.0.0</modelVersion>
    <groupId>cn.edu.uibe</groupId>
    <artifactId>myapp</artifactId>
    <version>0.0.1-SNAPSHOT</version>
    <packaging>war</packaging>
    <properties>
        <java.version>11</java.version>
```

```
        <spring.version>5.3.9</spring.version>
    </properties>
    <dependencies>
        <!-- Spring Web MVC -->
        <dependency>
            <groupId>org.springframework</groupId>
            <artifactId>spring-webmvc</artifactId>
            <version>${spring.version}</version>
        </dependency>
        <!-- Spring Object/Relational Mapping -->
        <dependency>
            <groupId>org.springframework</groupId>
            <artifactId>spring-orm</artifactId>
            <version>${spring.version}</version>
        </dependency>
        <!-- Servlet API -->
        <dependency>
            <groupId>javax.servlet</groupId>
            <artifactId>javax.servlet-api</artifactId>
            <version>4.0.1</version>
            <scope>provided</scope>
        </dependency>
        <!-- JSP API -->
        <dependency>
            <groupId>javax.servlet.jsp</groupId>
            <artifactId>javax.servlet.jsp-api</artifactId>
            <version>2.3.3</version>
            <scope>provided</scope>
        </dependency>
        <!-- JSON Library -->
        <dependency>
            <groupId>com.fasterxml.jackson.core</groupId>
            <artifactId>jackson-databind</artifactId>
            <version>2.12.4</version>
        </dependency>
        <!-- JDBC driver for MySQL -->
        <dependency>
            <groupId>mysql</groupId>
            <artifactId>mysql-connector-java</artifactId>
            <version>8.0.26</version>
        </dependency>
        <!-- Apache Commons DBCP -->
        <dependency>
            <groupId>org.apache.commons</groupId>
```

```
            <artifactId>commons-dbcp2</artifactId>
            <version>2.8.0</version>
        </dependency>
        <!-- MyBatis SQL mapper framework -->
        <dependency>
            <groupId>org.mybatis</groupId>
            <artifactId>mybatis</artifactId>
            <version>3.5.7</version>
        </dependency>
        <!-- Spring bridge for MyBatis -->
        <dependency>
            <groupId>org.mybatis</groupId>
            <artifactId>mybatis-spring</artifactId>
            <version>2.0.6</version>
        </dependency>
        <!-- AspectJ Weaver -->
        <dependency>
            <groupId>org.aspectj</groupId>
            <artifactId>aspectjweaver</artifactId>
            <version>1.9.7</version>
            <scope>runtime</scope>
        </dependency>
        <!-- Apache Commons Lang3-->
        <dependency>
            <groupId>org.apache.commons</groupId>
            <artifactId>commons-lang3</artifactId>
            <version>3.12.0</version>
        </dependency>
        <!-- JSTL -->
        <dependency>
            <groupId>org.apache.taglibs</groupId>
            <artifactId>taglibs-standard-jstlel</artifactId>
            <version>1.2.5</version>
        </dependency>
        <!-- JUnit testing framework -->
        <dependency>
            <groupId>junit</groupId>
            <artifactId>junit</artifactId>
            <version>4.12</version>
            <scope>test</scope>
        </dependency>
    </dependencies>
    <build>
        <resources>
```

```
        <resource>
            <directory>src/main/resources</directory>
            <includes>
                <include>**/*.properties</include>
                <include>**/*.xml</include>
            </includes>
            <excludes>
                <exclude>generatorConfig.xml</exclude>
                <exclude>*.sql</exclude>
            </excludes>
            <filtering>true</filtering>
        </resource>
    </resources>
    <plugins>
        <!-- 编译插件 -->
        <plugin>
            <artifactId>maven-compiler-plugin</artifactId>
            <version>3.8.1</version>
            <configuration>
                <encoding>UTF-8</encoding>
                <release>${java.version}</release>
                <skip>true</skip>
            </configuration>
        </plugin>
        <!-- 资源插件 -->
        <plugin>
            <groupId>org.apache.maven.plugins</groupId>
            <artifactId>maven-resources-plugin</artifactId>
            <version>3.2.0</version>
            <configuration>
                <encoding>UTF-8</encoding>
                <propertiesEncoding>UTF-8</propertiesEncoding>
            </configuration>
        </plugin>
        <!-- 测试插件 -->
        <plugin>
            <groupId>org.apache.maven.plugins</groupId>
            <artifactId>maven-surefire-plugin</artifactId>
            <version>2.22.2</version>
            <configuration>
                <skip>true</skip>
            </configuration>
        </plugin>
        <!-- WAR 打包插件 -->
```

```
            <plugin>
                <artifactId>maven-war-plugin</artifactId>
                <version>3.3.1</version>
            </plugin>
        </plugins>
    </build>
</project>
```

访问以下 URL 可下载本章项目的源码:

```
http://cs.uibe.edu.cn/myapp.zip
```

本章小结

Spring 为 Java 开发提供了各种基础设施。Spring 框架是 Spring 的一个核心项目。Spring 框架的核心是一个控制反转(Inversion of Control,IoC)和面向切面(AOP Aspect Oriented Programming)的容器。Spring MVC 是 Spring 框架的一个模块,是一个 MVC 设计模式的 Web 框架。Spring 提供的基础设施非常多,但 Spring 建议"Start small and use just what you need—Spring is modular by design"。

为了更好地让大家理解新加入的功能来自哪些类库,本章是在讲解过程中一点一点地为项目添加的依赖,最终的 pom.xml 文件内容见本章附录。由于 Maven 的依赖传递特性,它会将需要手工添加依赖的构件也包含进来,所以 pom.xml 中并不需要添加特别多的 Spring 依赖,只需要添加 spring-webmvc 和 spring-orm 即可。

本章首先简单介绍了 Spring 框架的控制反转容器具备的依赖注入能力和 Spring MVC 的分层架构,并讲解了一个理解依赖注入的实例,然后通过实例介绍了 Spring MVC 的常用功能,最后讲解了 Spring 和 MyBatis 的集成,在 Spring MVC 应用中将 MyBatis 作为持久层框架来访问 MySQL 数据库。本章项目采用的 Spring MVC + Spring IoC + MyBatis 的方案是当前 Java Web 后端开发主流的企业级解决方案。

Spring 的声明式事务处理给了一个约定,当业务方法没有发生异常时,Spring 就会让事务管理器提交事务,而发生异常时,则让事务管理器回滚事务。开发者可以使用基于注解的声明式事务管理,也可以使用基于 AOP 的声明式事务管理。注解@Transactional 和标签<tx:advice>用于配置事务处理逻辑。

在最新的 Spring Framework 5.0 版本中,Spring 还提供了非阻塞的反应性堆栈(Reactive-Stack) Web 框架 Spring WebFlux。访问 https://spring.io/projects 可以了解 Spring 的全部项目。你可能觉得本章 Spring MVC + Spring IoC + MyBatis 松耦合开发模式的配置有些复杂,Spring 还提供了更简单的 Spring Boot 项目。Spring Boot 项目可以创建独立运行的、产品等级的、只需最少配置的基于 Spring 的应用。使用 Spring Boot 时,Maven 和 Tomcat 都是无需自己下载的,Spring Boot 会自动从网络上下载。开发者可以在 https://start.spring.io 创建并下载一个 Spring Boot 项目,创建时可以选择项目依赖的模块(比如 Spring Web、MyBatis Framework、MySQL Driver、Thymeleaf)。

在掌握了第 13 章 MyBatis 和本章 Spring MVC 的基础上，再去学习 Spring Boot 的 Web 项目会是一件非常容易的事情。

习 题 十 四

1. 除了 Spring Framework，还有哪些 Spring 项目？
2. Spring Framework 由哪些模块组成？
3. 什么是 Spring IoC 容器？IoC 的优点有哪些？什么是 Spring 的依赖注入？
4. 什么是 Spring beans？什么是 bean 装配？
5. DispatcherServlet 在 Spring MVC 中的作用是什么？
6. 简述 Root WebApplicationContext 和 WebApplicationContext 的分工。
7. 如何配置 Spring 扫描组件@Component 的位置？
8. 注解@Controller 和注解@RestController 的区别是什么？
9. 注解@Repository 和注解@Service 的作用是什么？
10. Spring 和 MyBatis 集成时，Spring 如何找到 MyBatis 的各种文件？
11. Spring 如何实现基于面向切面编程 AOP 的声明式事务管理？

图书资源支持

感谢您一直以来对清华版图书的支持和爱护。为了配合本书的使用，本书提供配套的资源，有需求的读者请扫描下方的“书圈”微信公众号二维码，在图书专区下载，也可以拨打电话或发送电子邮件咨询。

如果您在使用本书的过程中遇到了什么问题，或者有相关图书出版计划，也请您发邮件告诉我们，以便我们更好地为您服务。

我们的联系方式：

地　　址：北京市海淀区双清路学研大厦 A 座 714

邮　　编：100084

电　　话：010-83470236　010-83470237

客服邮箱：2301891038@qq.com

QQ：2301891038（请写明您的单位和姓名）

资源下载：关注公众号“书圈”下载配套资源。

书圈

获取最新书目

观看课程直播